물리량의 단위

물리량	기 호	국제단위	공학단위	환산율	기 타
길이	s	m	–	–	
면적	A	m^2	–	–	
체적	V	m^3	–	–	
질량	m	kg	$kg_f \cdot s^2/m$✦	10	
시간	t	s	–	–	
각도	θ	rad	–	–	$2\pi\,\mathrm{rad} = 360°$
속도	v	m/s	–	–	$v = s/t$
가속도	a	m/s^2	–	–	$a = v/t$
힘(무게)	$F(W_f)$	$N(kg \cdot m/s^2)$, kN	kg_f, ton	10	$F = ma, W_f = mg$
분포하중	w	N/m, kN/m	kg_f/m, t/m	10	
모멘트(토오크)	$M(T)$	N · m, kN · m	$kg_f \cdot m$, t · m	10	$M = Fl$
응력(압력)	$f, \sigma, \tau(p)$	$Pa(N/m^2)$, MPa	kg_f/cm^2	10^5, 0.1	$\sigma = F/A$
일(에너지)	W	J(N · m), MJ	$kg_f \cdot m$, t · m	10	$W = Fs$
일률(동력)	P	W(J/s)	$kg_f \cdot m/s$	10	$P = W/t$
운동량(충격량)		kg · m/s	$kg_f \cdot s$	10	$Ft = \Delta mv$
밀도	ρ	kg/m^3	$kg_f \cdot s^2/m^4$✦	10	$\rho = m/V$
단위중량	γ	N/m^3	kg_f/m^3, t/m^3	10	$\gamma = W_f/V$
단면1차모멘트	G	cm^3, mm^3	–	–	$G_x = \int_A y\,dA$
단면2차모멘트	I	cm^4, mm^4	–	–	$I_x = \int_A y^2\,dA$
단면계수	Z	cm^3, mm^3	–	–	$Z_x = I/y$

✦는 역학에서 자주 사용하지 않는 단위.

단위의 접두어

지 수	기 호	접두어	지 수	기 호	접두어
10^{18}	E	exa	10^{-18}	a	atto
10^{15}	P	peta	10^{-15}	f	femto
10^{12}	T	tera	10^{-12}	p	pico
10^{9}	G	giga	10^{-9}	n	nano
10^{6}	M	mega	10^{-6}	μ	micro
10^{3}	k	kilo	10^{-3}	m	milli
10^{2}	h✦	hecto	10^{-2}	c✦	centi
10^{1}	da✦	deka	10^{-1}	d✦	deci

✦는 SI단위계에서 자주 사용하지 않음.

Greek Alphabet

A	α	*Alpha*	I	ι	*Iota*	P	ρ	*Rho*
B	β	*Beta*	K	κ	*Kappa*	Σ	σ	*Sigma*
Γ	γ	*Gamma*	Λ	λ	*Lambda*	T	τ	*Tau*
Δ	δ	*Delta*	M	μ	*Mu*	Υ	υ	*Upsilon*
E	ε	*Epsilon*	N	ν	*Nu*	Φ	ϕ	*Phi*
Z	ζ	*Zeta*	Ξ	ξ	*Xi*	X	χ	*Chi*
H	η	*Eta*	O	o	*Omicron*	Ψ	ψ	*Psi*
Θ	θ	*Theta*	Π	π	*Pi*	Ω	ω	*Omega*

쉽게 쓴 응용역학

| 민인기 지음 |

지우북스

PREFACE

과학기술의 발달과 함께 공학분야도 인력중심에서 기계중심으로 전환되고 있다.

역학의 분야도 컴퓨터의 발달로 해석프로그램을 이용하여 복잡한 수치계산을 전산처리하고 있는 추세이다. 이는 기술자가 전산자료의 입 · 출력에 치중하여 문제해결능력을 저하시킬 우려가 있다. 따라서 프로그램을 연산의 도구로 활용하고 정확한 해석과 분석을 위해서는 역학의 기본원리가 더욱더 중요해지고 있다.

응용역학은 구조물이 외부의 힘을 받고 있을 때 구조 내부에 발생되는 힘과 변형을 해석하여 안전하고 경제적인 구조물을 설계하는 학문으로 고전 물리학과 수학의 기초지식이 필수적이다. 그러나 고교에서 선택적 이수로 기초지식을 학습하지 않은 상태에서 역학을 배우는 것은 효율적이지 못하다.

따라서 본서에서는 물리 · 수학의 기초지식과 함께 역학의 기본원리를 쉽게 설명하여 보다 전문적인 원리를 학습하여 실무에 적응할 수 있노록 노력하였나.

본서의 내용은 대학에서 2시간~3시간 배정으로 2~3학기로 구성하는 것이 가장 적당하고 참고로 3학기로 분류하면 다음과 같다.

1학기 : 1장에서 힘의 정의, 힘의 합성과 분해, 힘의 평형조건 등을 통하여 힘의 기초적인 성질을 이해하고 2장에서는 구조물의 해석과 설계에서 필요한 단면의 성질을 파악한다. 3장에서는 응력과 변형률의 정의와 관계를 규명하고, 설계에 필요한 응력의 개념과 응력면에 따른 응력해석을 통하여 설계의 기초개념을 이해한다. 4장에서 구조물의 종류, 절점과 부재, 하중의 종류, 지점과 반력, 단면력 등을 정의하고, 자유물체개념을 통하여 구조물의 안정과 불안정, 정정과 부정정의 개념을 이해한다.

2학기 : 5장은 자유물체도 개념으로 정정보의 단면력을 구하고 영향선을 이용하여 이동하중에 대한 단면력의 최대값을 해석하는 방법을 학습한다. 6장은 단면력과 응력의 관계를 유도하여 단면의 설계개념을 이해한다. 7장은 정정라멘과 아치의 특성과 단면력을 구하고, 8장은 정정트러스의 종류와 개념을 파악하여 단면력을 해석한다. 9장은 세장비의 정의로 단주와 장주를 구별하고, 단주의 응력과 장주의 좌굴하중에 대하여 학습한다.

3학기 : 10장에서는 1장~9장의 구조물별 단면력 해석을 바탕으로 구조물의 변형을 해석하고, 11장에서는 10장의 변형을 기초로 부정정 보, 부정정 트러스, 부정정 라멘을 해석하는 여러 가지 방법을 학습한다.

민 인 기

CONTENTS

CHAPTER 01 정역학의 기초

CHAPTER 02 단면의 성질

CHAPTER 03 재료의 역학적 성질

CHAPTER 04 구조해석 일반

CHAPTER 05 정 정 보

CHAPTER 06 보의 응력

CHAPTER 07 정정 라멘과 아치

CHAPTER 08 트 러 스

CHAPTER 09 기 둥

CHAPTER 10 구조물의 변형

CHAPTER 11 부정정구조물의 해석

CHAPTER

01 정역학의 기초

CHAPTER 01

정역학의 기초

1.1 역학이란?

역학(力學)이란 외력을 받고 있는 물체의 정지 또는 운동 상태를 설명하고 예측하는 과학이라고 정의될 수 있다. 역학은 강체역학, 변형체역학, 유체역학의 세 분야로 나누어진다.

강체역학(剛體力學)은 물체를 완전한 강체로 가정하여 정지상태의 물체에 작용하는 힘과 그 평형을 다루는 정역학(statics)과 움직이는 물체를 다루는 동역학(dynamics)으로 나누어진다. 변형체역학(變形體力學)은 구조물을 완전한 강체가 아닌 변형체로서 다루는 학문이다. 변형을 고려하여 구조물의 외력에 대한 저항능력을 평가하는 분야가 재료역학이다. 유체역학(流體力學)은 비압축성유체와 압축성유체로 나누어지고, 비압축성유체의 분야에서 중요한 분야로 수리학이 있고 물의 문제를 다룬다.

응용역학(applied mechanics)은 상술한 강체역학과 재료역학의 원리를 이용하여 구조물의 내력, 응력, 변형 등을 연구하여 안정하고 경제적인 구조물을 실현하는 학문이다.

이 단원에서는 힘과 모멘트의 정의, 힘의 합성과 분해, 평형조건 등에 대하여 학습한다.

1.2 힘의 정의

단위(units)는 길이(m), 시간(초, s), 질량(kg)으로 표시하는 절대단위계와 길이(m), 시간(초, s), 질량(kg), 힘(kg f)로 표시하는 중력단위계가 있다.

"물체에 힘이 작용할 때 그 물체는 힘의 크기에 정비례하는 가속도로 힘의 방향으로 가속된다"는 **운동의 제2법칙**(힘과 가속도의 법칙)으로부터 힘이 정의된다.

힘 = 물체의 질량 × 가속도

$$F = ma$$

$1\,N = 1\,kg \cdot m/s^2$

$1\,dyne = 1\,g \cdot cm/s^2$

$1\,kgf = 1\,kg \cdot 9.8\,m/s^2 = 9.8\,kg \cdot m/s^2 = 9.8\,N \simeq 10\,N$

$1\,ton = 1000\,kgf$

즉, 질량 1 kg인 물체에 작용해서 1 m/s^{2}의 가속도를 낼 수 있는 힘이 1뉴우튼(N, newton)이고, 질량 1 g인 물체에 작용해서 1 cm/s^{2}의 가속도를 낼 수 있는 힘을 1다인(dyne)이라 한다.

$$W = mg$$

공학에서는 질량 1 kg인 물체에 중력가속도 1g (9.8 m/s^2)의 가속도를 낼 수 있는 힘을 1 kg 중 (kg f)이라 한다. 일반적으로 공학에서는 1 kg 중의 "중" 자와 1 kg f의 " f " 자를 생략하여 1 kg으로 표시하고, 이 힘을 무게의 단위로 kg과 ton을 사용한다.

모든 물리량은 크기만으로 표시할 수 있는 **스칼라**(scalar)량과 크기와 방향으로 표시해야 하는 **벡터**(vector)량으로 나눌 수 있다. 길이, 면적, 부피, 시간, 온도, 에너지 등은 크기만 있으므로 스칼라로 표시하며, 변위, 속도, 가속도, 운동량, 힘 등은 크기와 함께 방향도 고려해야 하는 벡터로 표시한다.

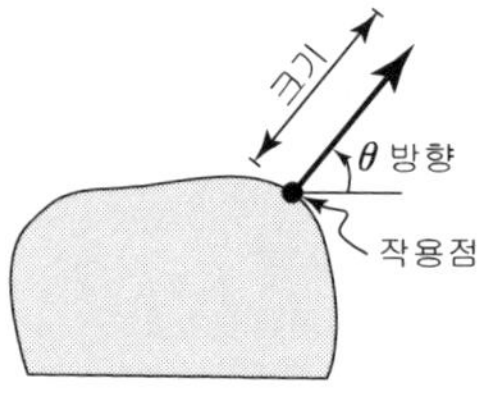

그림 1.1 힘의 3요소

물체에 힘이 작용했을 때 그 힘에 의해 나타나는 효과를 표시하기 위해서는 힘의 크기뿐만 아니라 "어느 방향으로 어디에 작용시켰느냐?"도 기술되어야 한다. 따라서 힘을 나타내기 위해서는 그림 1.1과 같이 **힘의 크기, 힘의 방향, 힘의 작용점**이 정의되어야 하고 이를 **힘의 3요소**라 한다.

1.3 모멘트

그림 1.2와 같이 봉을 O점에 고정시키고, A점에 힘 P를 작용시키면 봉은 O점을 중심으로 회전하게 된다. 이와 같이 어떤 점을 중심으로 회전하려고 하는 힘을 **모멘트**(moment)라고 하고 기호 M으로 표시한다.

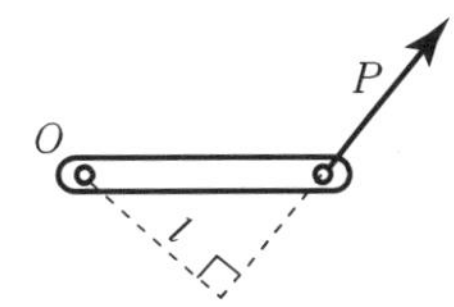

그림 1.2 모멘트

모멘트 = 힘의 크기 × 회전중심에서 수직거리

모멘트의 단위는 무게의 단위와 길이의 단위를 곱한 것으로 kg·cm, t·m로 표시한다. 그림 1.2에서 힘 P가 O점을 중심으로 봉을 반시계로 회전시키려는 모멘트의 크기(M_O)는

$$M_O = P \times l$$

로 계산된다. 모멘트의 부호는 회전방향으로 정하는데, 보통 시계방향(↷)을 (+), 반시계방향(↶)을 (−)로 하여 계산하고, 계산식에 방향을 표시하는 것이 원칙이다.

모멘트의 기하학적인 의미를 살펴보기 위하여 그림 1.3과 같이 힘을 밑변으로 작용점 O를 꼭지점으로 하는 삼각형을 그려보자. $\triangle AOB$의 면적과 점 O의 모멘트 관계는 다음과 같다.

$\triangle AOB$의 면적 $\quad A = P\dfrac{l}{2} \quad \therefore 2A = Pl$

점 O의 모멘트 $\quad M_O = Pl \quad \therefore M_O = 2\triangle AOB \quad$ (1.1)

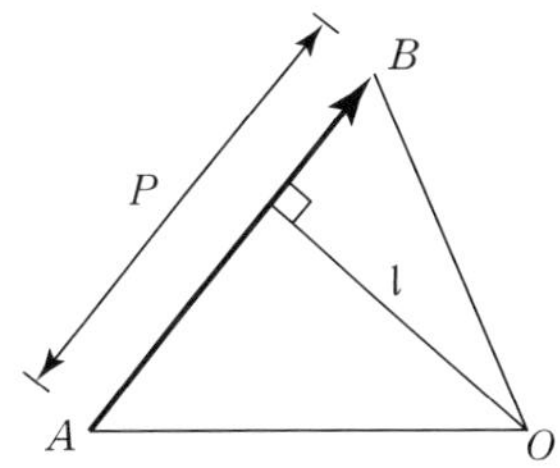

그림 1.3 모멘트의 의미

즉, 임의 점에 대한 모멘트는 힘 P와 삼각형을 이루는 면적의 2배와 같다.

예제 1.1 그림과 같이 힘이 작용할 때 O점의 모멘트(M_O)를 구하여라.

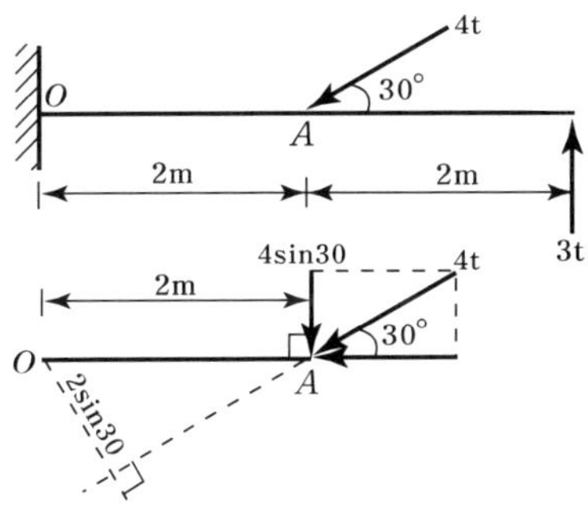

그림 1.4 예제 1.1

풀이

시계방향을 (+)로 가정하면

$$(\overset{\curvearrowright}{+})M_O = 4\times(2\sin 30^\circ) - 3\times 4$$
$$= (4\sin 30^\circ)\times 2 - 3\times 4 = -8\text{t}\cdot\text{m}$$

따라서, O점에 대한 모멘트는 반시계방향으로 8 t·m이다.

1.4 우력모멘트

힘의 크기가 같고 방향이 서로 반대이고 작용점이 다른 한 쌍의 평행한 힘을 **우력**(偶力, 짝힘, couple force)이라 하고, 이 힘의 회전력을 우력모멘트(짝힘모멘트)라고 한다.

모든 점에 대한 우력모멘트는 일정하다.(그림 1.5)

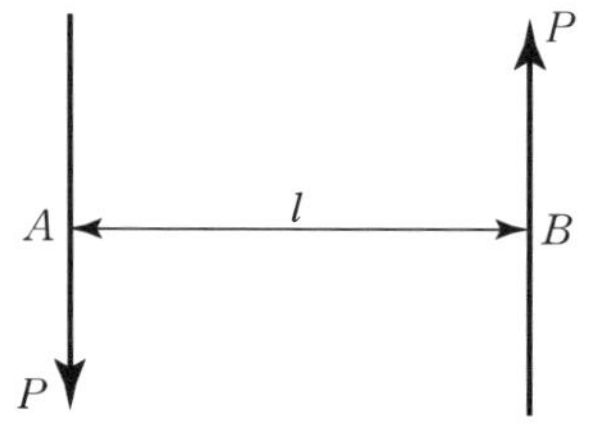

그림 1.5 우력모멘트

$$M_A = M_B = -P\,l \tag{1.2}$$

예제 1.2 그림 1.6과 같이 우력이 작용할 때 O점, A점, B점의 모멘트를 구하여라.

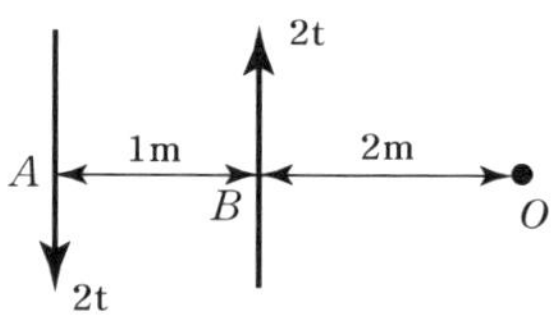

그림 1.6 예제 1.2

풀이

시계방향을 (+)로 가정하면

$$(\overset{\curvearrowright}{+})M_A = -2\times 1 = -2\text{t}\cdot\text{m}$$

$$(\overset{\curvearrowright}{+})M_B = -2\times 1 = -2\text{t}\cdot\text{m}$$

$$(\overset{\curvearrowright}{+})M_O = -2\times 3 + 2\times 2 = -2\text{t}\cdot\text{m}$$

$M_A = M_B = M_O = -2\text{t}\cdot\text{m}$로 같다. 따라서 모든 점에서 우력모멘트의 크기는 같다.

1.5 바리뇽의 정리

그림 1.7에서 P_1, P_2의 합력이 R이고, 임의의 O점에 대하여 모멘트를 고려한다. 식 (1.1)과 같이 모멘트 값은 힘(P)을 중심으로 만든 삼각형 면적의 2배와 같으므로, 점 O에 대한 모멘트는 다음과 같다.

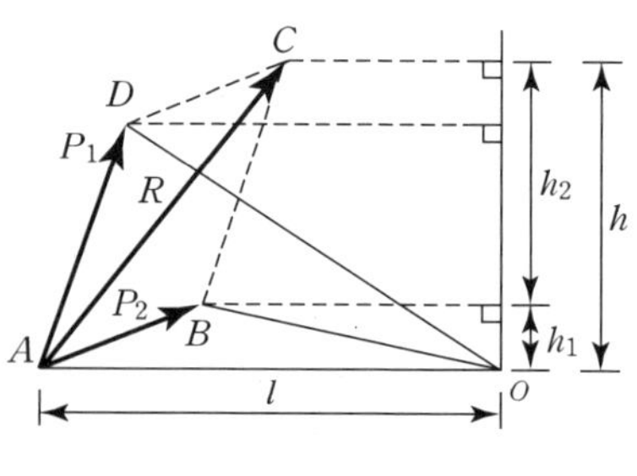

그림 1.7 바리뇽의 정리

P_1의 모멘트, $M_1 = 2\triangle AOD = l\,h_2$

P_2의 모멘트, $M_2 = 2\triangle AOB = l\,h_1$

R의 모멘트, $M = 2\triangle AOC = l\,h = l\,(h_1 + h_2)$

즉, P_1, P_2의 합력이 R이므로 $M_1 + M_2 = M$이 된다.

바리농의 정리(Varignon' s theorem)란 "임의의 점에 대한 여러 힘(分力)의 모멘트의 합은 그 점에 대한 합력의 모멘트와 같다."

예제 1.3 그림과 같이 힘이 작용할 때 합력의 작용점(x)을 구하여라.

풀이

(1) 합력(R)은 그림과 같이 아랫방향을 (+)로 가정하면

$(+\downarrow) R = 5 - 3 + 2 = 4\text{t}$

(2) 합력의 작용점(x), 모멘트는 시계방향을 (+)로 가정하면

$(\overset{\curvearrowright}{+}) M_A = +4 \times x = +5 \times 2 - 3 \times 6 + 2 \times 9$

$\therefore\ x = 2.5\,\text{m}$

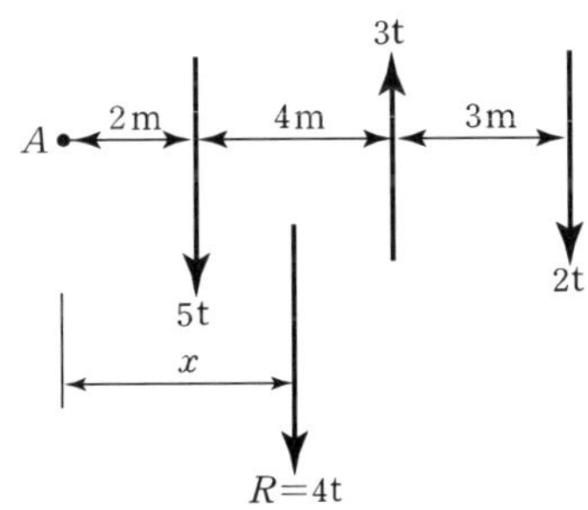

그림 1.8 예제 1.3

1.6 힘의 합성과 분해

한 부재에 여러 힘이 작용하고 있을 때, 이들 힘과 같은 영향을 미칠 수 있는 하나의 힘을 구하는 것을 **힘의 합성**이라 하고, 합성된 그 힘을 **합력**(resultant)이라 한다. 이와 반대로 부재에 1개의 힘을 여러 힘으로 나누는 것을 힘의 분해라고 하고, 분해된 각각의 힘을 **분력**(component)이라고 한다.

힘을 합성, 분해하는 방법에는 **도해법**(圖解法, graphical solution)과 **해석법**(解析法, analytical solution)이 있다.

도해법은 힘을 벡터로 표시하고 작도에 의하여 힘의 합력(또는 분력)을 구하는 방법이고, 해석법은 계산에 의하여 합력(또는 분력)을 구한다.

1.6.1 한 점에 두 힘이 작용하는 경우

1) 도해법

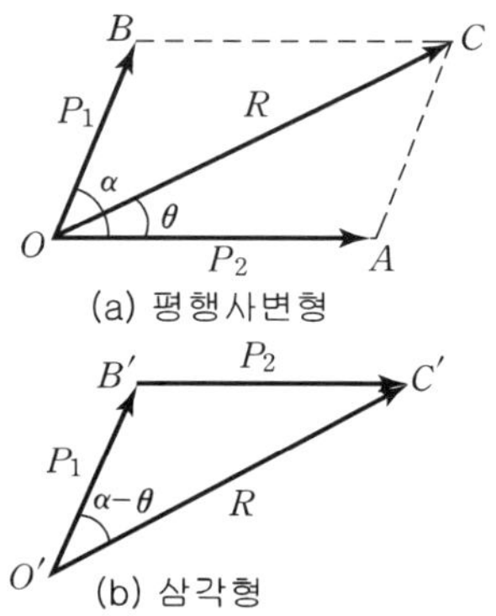

그림 1.9 도해법

그림 1.9 (a)와 같이 점 A에서 P_1과 나란한 선분 AC를 긋고, 점 B에서 P_2와 나란한 선분 BC를 그어서 만나는 점 C와 O의 선분 OC가 합력 R이다. 이것을 **힘의 평행사변형**이라고 한다. 또한 그림 1.9(b)와 같이 점 O에서 P_1과 나란하게 선분 $O'B'$를 긋고, 점 B'에서 P_2와 나란한 선분 $B'C'$을 긋는다. 점 O'과 C'의 선분 $O'C'$이 합력(R)이다. 여기서, 삼각형 $O'B'C'$를 **힘의 삼각형**이라고 한다.

2) 해석법

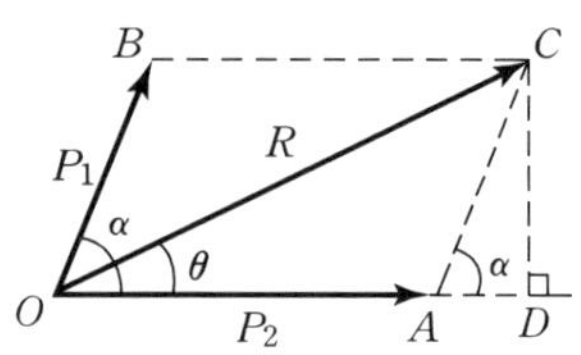

그림 1.10 해석법

그림 1.10과 같이 점 A에서 연장한 선분 AD를 긋고, 직각삼각형 $\triangle ODC$의 피타고라스 정리를 이용하여 힘을 합성한다.

① 합력(R)의 크기

$$OC^2 = OD^2 + CD^2 = (OA + AD)^2 + CD^2$$

$$R^2 = (P_2 + P_1\cos\alpha)^2 + P_1^2\sin^2\alpha$$

$$= P_1^2 + P_2^2 + 2P_1P_2\cos\alpha$$

$$R = \sqrt{P_1^2 + P_2^2 + 2P_1P_2\cos\alpha} \tag{1.3}$$

② 합력(R)의 방향

$$\tan\theta = \frac{CD}{OD} = \frac{P_1\sin\alpha}{P_2 + P_1\cos\alpha} \tag{1.4}$$

3) 힘의 분해

그림 1.10의 $\triangle AOC$에서 sin 법칙을 이용하여 합력(R)을 분력 P_1, P_2로 분해할 수 있다.

$$\frac{P_2}{\sin(\alpha-\theta)} = \frac{P_1}{\sin\theta} = \frac{R}{\sin(180-\alpha)} = \frac{R}{\sin\alpha}$$

$$\therefore P_1 = \frac{R\sin\theta}{\sin\alpha}, \quad P_2 = \frac{R\sin(\alpha-\theta)}{\sin\alpha} \tag{1.5}$$

예제 1.4 그림 1.11에서 두 힘의 합력의 크기와 방향을 구하여라.

풀이

(1) 합력의 크기

$$R = \sqrt{(4+3\cos 60°)^2 + (3\sin 60°)^2} \fallingdotseq 6.083\,\mathrm{t}$$

(2) 합력의 방향

$$\theta = \tan^{-1}\left(\frac{3\times \sin 60°}{4+3\times \cos 60°}\right) = 25.285°$$

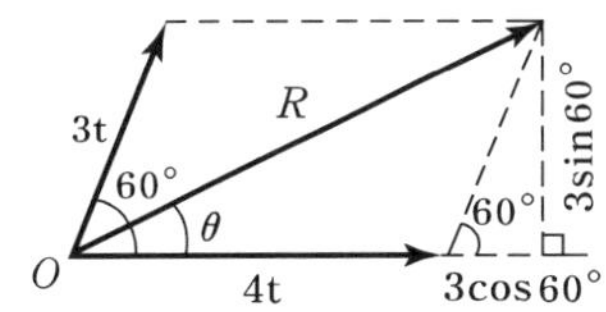

그림 1.11 예제 1.4

1.6.2 한 점에 여러 힘이 작용하는 경우

1) 도해법

그림 1.12 (a)는 먼저 P_1, P_2의 2개 힘을 평행사변형법에 의하여 R_1을 구한 후, R_1과 P_1에 평행사변형법을 반복하여 R_2를 구한 것이고, 그림 1.12(b)는 힘의 삼각형법으로 구한 그림이다.

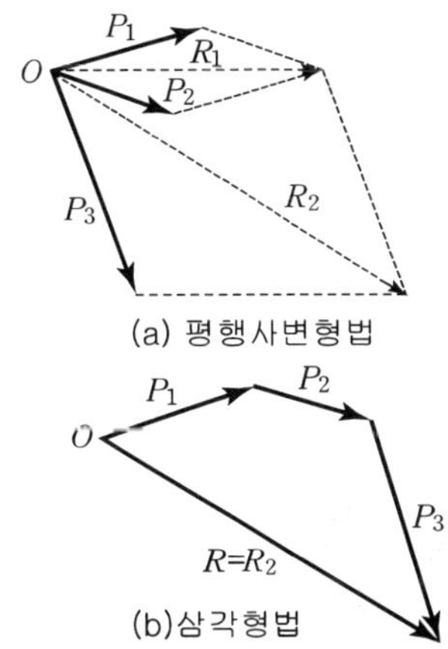

그림 1.12 도해법

2) 해석법

그림 1.13과 같이 여러 힘들이 작용하고 있을 경우 도해법으로 합력을 구하는 것은 번거로우므로 이러한 경우에는 해석법으로 합력을 구하는 것이 편리하다.

먼저, 점 O를 기준하여 x, y 축의 직각좌표를 만들고, 수평분력(H_i)과 수직분력(V_i)을 각각 구한 후, 수평성분과 수직성분을 각각 합하여 수평성분의 합력($\sum H$)과 수직성분의 합력($\sum V$)를 구한다.

$$H_1 = +P_1\cos\alpha_1 \qquad V_1 = +P_1\sin\alpha_1$$

$$H_2 = +P_2\cos\alpha_2 \qquad V_2 = -P_2\sin\alpha_2$$

$$H_3 = -P_3\cos\alpha_3 \qquad V_3 = -P_3\sin\alpha_3$$

$$H_4 = -P_4\cos\alpha_4 \qquad V_4 = +P_4\sin\alpha_4$$

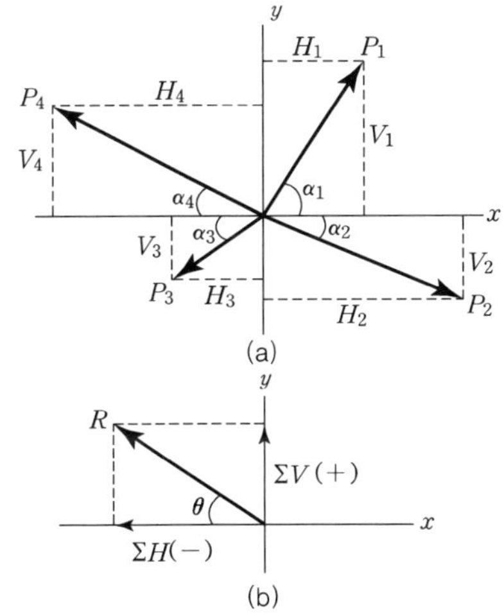

그림 1.13 해석법

$$\sum H = H_1 + H_2 + H_3 + H_4$$
$$\sum V = V_1 + V_2 + V_3 + V_4$$

$\sum H$ 는 $(-)$이고, $\sum V$ 가 $(+)$이면, 합력(R)은 그림(b)와 같이 제 2 상한에 있고, 그 크기와 방향(θ)은 다음과 같다.

$$\therefore R = \sqrt{(-\sum H)^2 + (\sum V)^2}$$

$$\tan\theta = \frac{\sum V}{\sum H} \tag{1.6}$$

예제 1.5 그림 1.14와 같이 여러 힘이 한 점에 작용할 때 합력의 크기와 방향을 구하여라.

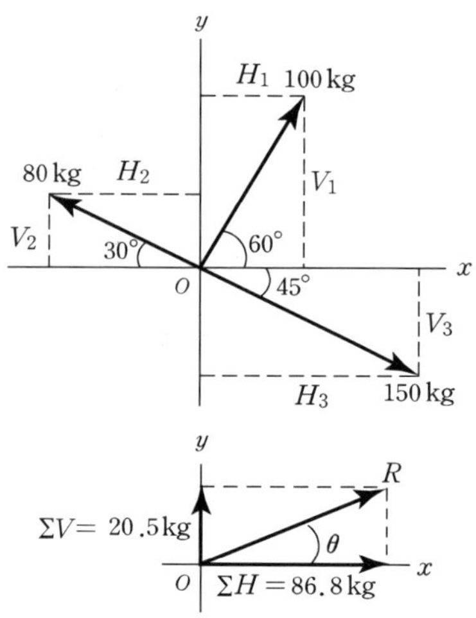

그림 1.14 예제 1.5

풀이

(1) 수평분력과 수평합력

$$H_1 = +100\cos 60° = 50 \text{ kg}$$
$$H_2 = -80\cos 30° = -69.3 \text{ kg}$$
$$H_3 = +150\cos 45° = +106.1 \text{ kg}$$
$$\sum H = +86.8 \text{ kg}$$

(2) 수직분력과 수직합력

$$V_1 = +100\sin 60° = 86.6 \text{ kg}$$
$$V_2 = +80\sin 30° = 40 \text{ kg}$$
$$V_3 = -150\sin 45° = -106.1 \text{ kg}$$
$$\sum V = +20.5 \text{ kg}$$

(3) 합력과 방향

$$R = \sqrt{(\sum H)^2 + (\sum V)^2}$$
$$= \sqrt{(86.8)^2 + (20.5)^2} = 89.2 \text{ kg}$$
$$\tan\theta = \frac{\sum V}{\sum H} = \frac{20.5}{86.8}$$
$$\theta = 13.288°$$

1.6.3 힘의 작용점이 다른 경우의 합성

1) 도해법

힘의 삼각형이나 힘의 다각형에 의하여 도해법으로 합력을 구할 수 있다. 그림 1.15 (a)와 같이 힘이 작용한다면 그림 1.15(b)와 같은 힘의 다각형으로 합력을 구한다.

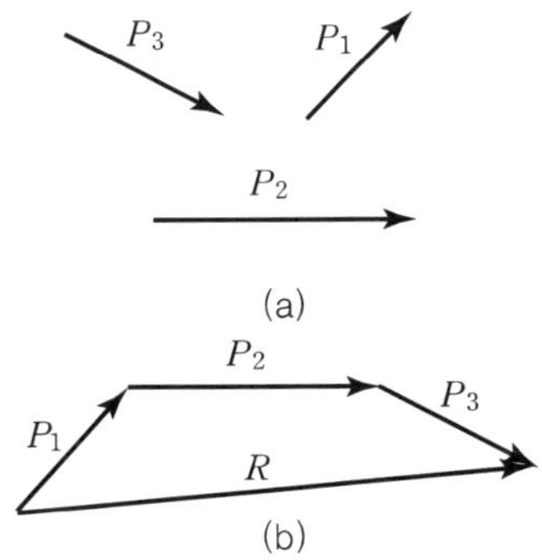

그림 1.15 도해법

2) 해석법

해석법은 한 점에 작용하는 경우와 마찬가지로 수직분력과 수평분력으로 나누어 합력을 구하지만, 합력 R의 작용점을 구할 때는 바리농의 정리를 이용하여 힘의 작용점을 구한다. 그림 1.16(a)와 같이 3개의 힘 P_1, P_2, P_3가 좌표 (x_1, y_1), (x_2, y_2), (x_3, y_3)에서 작용할 때, 합력의 크기(R)와 합력의 방향, 합력의 작용점을 구하면 다음과 같다.

$$H_1 = +P_1\cos\alpha_1 \quad H_2 = -P_2\cos\alpha_2 \quad H_3 = +P_3\cos\alpha_3$$

$$\sum H = H_1 + H_2 + H_3$$

$$V_1 = +P_1\sin\alpha_1 \quad V_2 = +P_2\sin\alpha_2 \quad V_3 = -P_3\sin\alpha_3$$

$$\sum V = V_1 + V_2 + V_3$$

$$\therefore R = \sqrt{(\sum H)^2 + (\sum V)^2} \tag{1.7}$$

$$\tan\theta = \frac{\sum V}{\sum H} \tag{1.8}$$

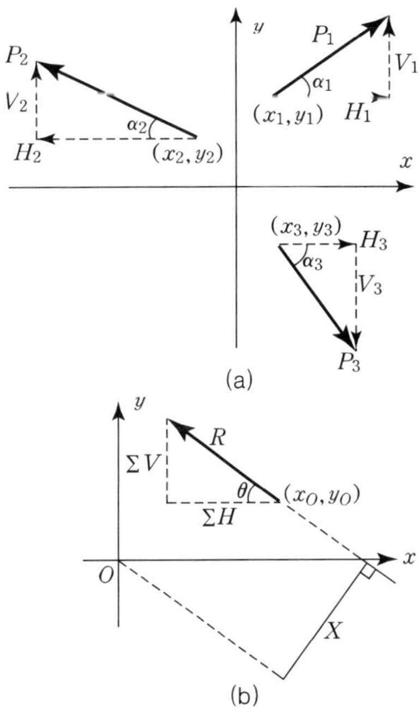

그림 1.16 해석법

또, 작용점(x_O, y_O)은 바리농의 정리를 이용하여 구한다.

$$x_O = \frac{V_1 x_1 + V_2 x_2 + V_3 x_3}{V_1 + V_2 + V_3}$$

$$y_O = \frac{H_1 y_1 + H_2 y_2 + H_3 y_3}{H_1 + H_2 + H_3} \tag{1.9}$$

$$\sum M_O = \sum V x_O + \sum H y_O = R X$$

$$\therefore X = \frac{\sum M_O}{R} \tag{1.10}$$

예제 1.6 그림 1.17과 같이 여러 힘이 작용점이 다르게 작용할 때 합력의 크기, 방향, 작용점을 구하여라.

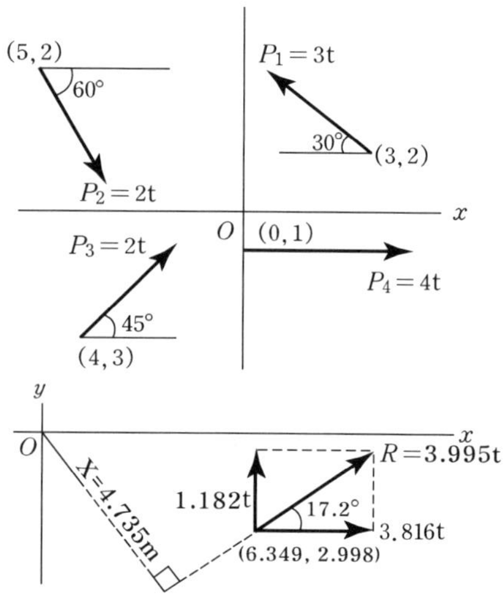

그림 1.17 예제 1.6

풀이

(1) 수평분력과 수평합력

$$H_1 = -3\cos 30° = -2.598\text{ t}$$
$$H_2 = +2\cos 60° = 1\text{ t}$$
$$H_3 = +2\cos 45° = +1.414\text{ t}$$
$$H_4 = 4\text{ t}$$
$$\sum H = +3.816\text{ t}$$

(2) 수직분력과 수직합력

$$V_1 = +3\sin 30° = 1.5\text{ t}$$
$$V_2 = -2\sin 60° = -1.732\text{ t}$$
$$V_3 = +2\sin 45° = 1.414\text{ t}$$
$$V_4 = 0$$
$$\sum V = +1.182\text{ t}$$

(3) 합력의 크기와 방향

$$R = \sqrt{3.816^2 + 1.182^2} = 3.995\text{ t}$$
$$\tan\theta = \frac{1.182}{3.816}$$
$$\theta = 17.219°$$

(4) 합력의 작용점(x_O, y_O)

$$-(2.6\times 2) + (1\times 2) - (1.414\times 3) - (4\times 1) = 3.816\,y_O$$
$$\therefore y_O = \frac{-11.442}{3.816} = -2.998\text{ m}$$
$$-(1.5\times 3) - (1.732\times 5) + (1.414\times 4) = -1.182\,x_O$$
$$\therefore x_O = \frac{-7.504}{-1.182} = 6.349\text{ m}$$

(5) 원점과 합력과의 수직거리(X)

$$-3.995\,X = -(3.816\times 2.998) - (1.182\times 6.349)$$

$$\therefore X = \frac{18.939}{4} = 4.735\ \mathrm{m}$$

1.7 힘의 평형

힘의 평형상태(平衡狀態)란 구속 받지 않은 어떤 물체에 힘이 작용할 때 그 물체가 이동하지 않고 회전하지도 않고 정지된 상태를 말한다. 평형상태가 되기 위한 조건으로는 도해법으로 힘을 합성하면 합력이 "0"이 되고, 힘의 다각형을 그렸을 때는 시력도가 폐합되어야 한다.

해석적으로는 수직분력의 대수합($\sum V$)은 "0"이고, 수평분력의 대수합($\sum H$)도 "0"이 되어야 이동하지 않는다. 또한, 모멘트의 대수합($\sum M$)이 "0"이 되어야 회전하지 않는다. 이와 같은 조건을 **힘의 평형조건**(平衡條件)이라고 한다.

$$\sum H = 0,\quad \sum V = 0,\quad \sum M = 0 \tag{1.11}$$

한편, 힘이 한 점에서 작용하는 경우에는 물체는 회전하지 않으므로 $\sum V = 0$ 과 $\sum H = 0$만 성립하면 평형이 된다.

또 여러 힘이 한 점에서 작용하고 평형상태를 유지할 때 그림 1.18(a)와 같이 P_1, P_2, P_3 3개의 힘이 평형을 이루고 있다면, 힘의 다각형은 그림 1.18(b)와 같이 폐합되어야 한다. 그러므로 정현법칙(正弦法則, sin 법칙)을 적용하면 다음과 같다.

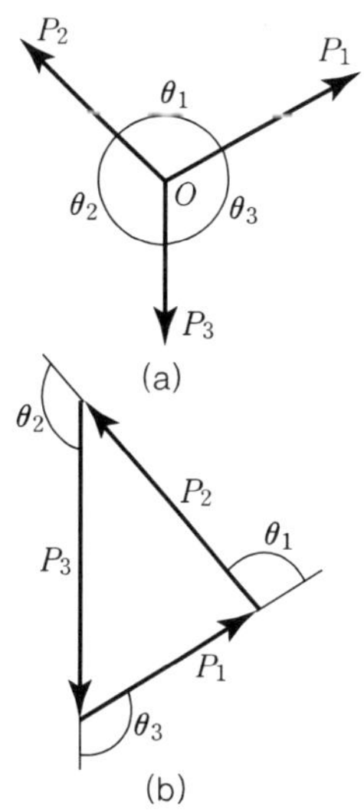

그림 1.18 힘의 평형

$$\frac{P_3}{\sin(180-\theta_1)} = \frac{P_1}{\sin(180-\theta_2)} = \frac{P_2}{\sin(180-\theta_3)}$$

$$\frac{P_3}{\sin\theta_1} = \frac{P_1}{\sin\theta_2} = \frac{P_2}{\sin\theta_3} \tag{1.12}$$

$$\sin(180-\theta) = \sin\theta$$

이 식을 **라미의 정리**(Lami's theorem)라 하고, 한 점에 세 힘이 평형을 이루고 있을 때 유용하다.

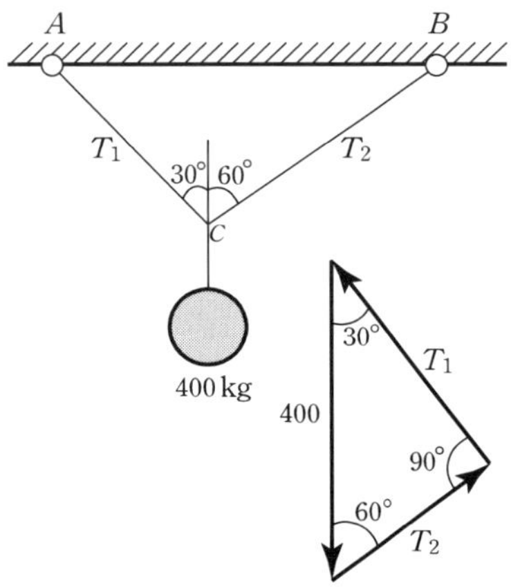

그림 1.19 예제 1.7

예제 1.7 그림 1.19와 같이 400 kg의 물체가 매달려 있다. T_1, T_2가 받고 있는 힘을 구하여라.

풀이

라미의 정리를 이용하면,

$$\frac{400}{\sin 90°} = \frac{T_1}{\sin 60°} = \frac{T_2}{\sin 30°}$$

$$\therefore\ T_1 = \frac{400 \times \sin 60°}{\sin 90°} = 346.4 \text{ kg}$$

$$\therefore\ T_2 = \frac{400 \times \sin 30°}{\sin 90°} = 200 \text{ kg}$$

연습문제

1. 그림 1.20에서 점 O에 대한 모멘트를 구하여라.

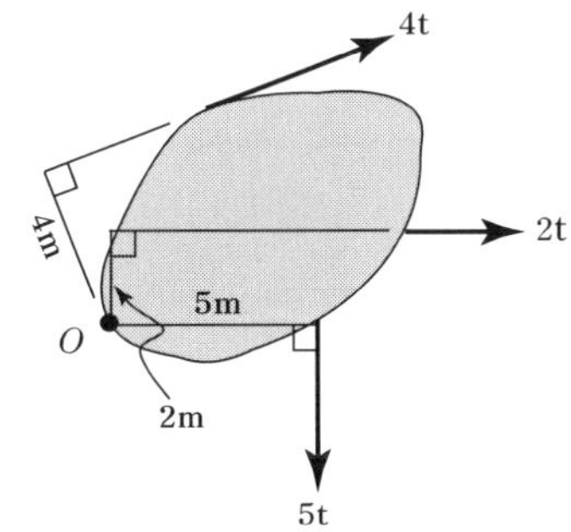

그림 1.20 연습문제 1

답 : $M_O = 45\ \mathrm{t \cdot m}$

2. 그림 1.21 합력과 합력의 위치를 구하여라.

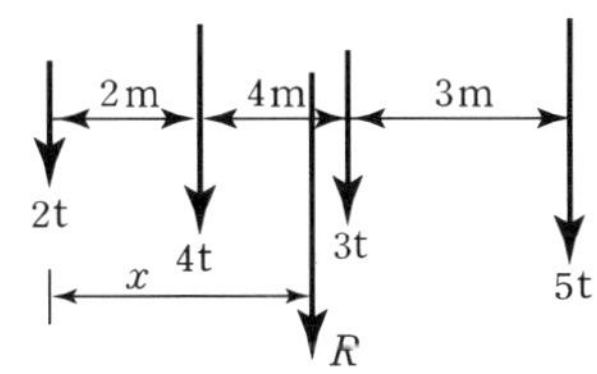

그림 1.21 연습문제 2

답 : $R = 14\mathrm{t}$, $x = 5.07\mathrm{m}$

3. 그림 1.22에서 점 O에 작용하는 두 힘의 합력의 크기와 방향을 구하여라.

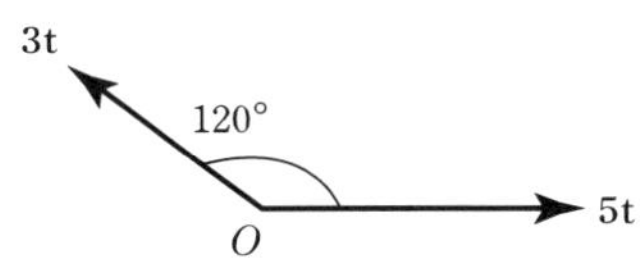

그림 1.22 연습문제 3

답 : $R = 4.359\mathrm{t}$, $\theta = 36.6^{\circ}$

4. 그림 1.23 점 O에 작용하는 두 힘의 합력의 크기와 방향을 구하여라.

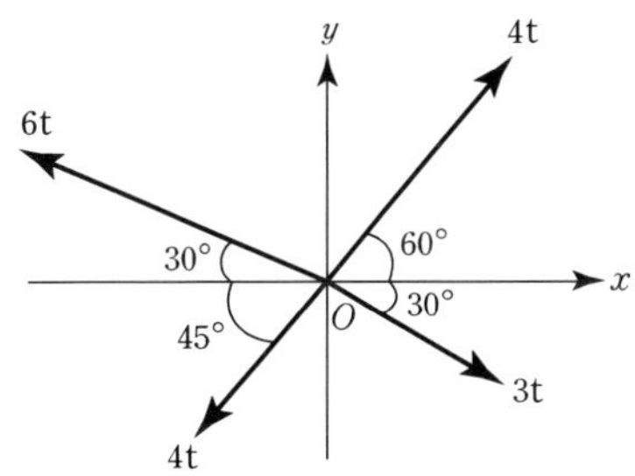

그림 1.23 연습문제 4

답 : $\Sigma H = -3.427\ \mathrm{t}$, $\Sigma V = 2.136\ \mathrm{t}$

$R = 4.038\ \mathrm{t}$, $\theta = 31.935^{\circ}$ (제 2 상한)

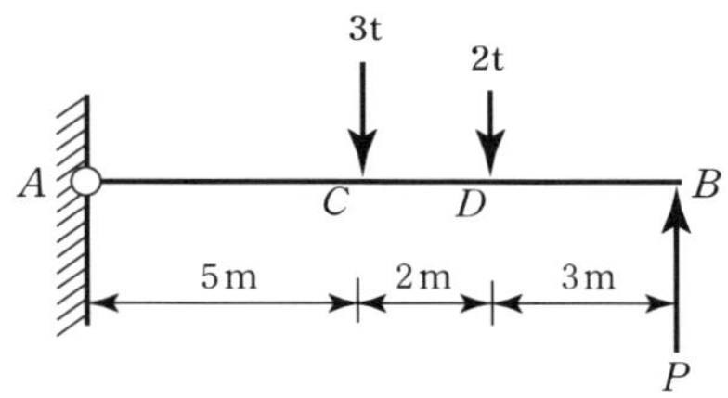

그림 1.24 연습문제 5

5. 그림 1.24에서 AB의 막대가 평형을 유지하기 위해서는 점 B에서 P는 얼마나 작용하면 되는가?

답 : $P = 2.9\,\text{t}$

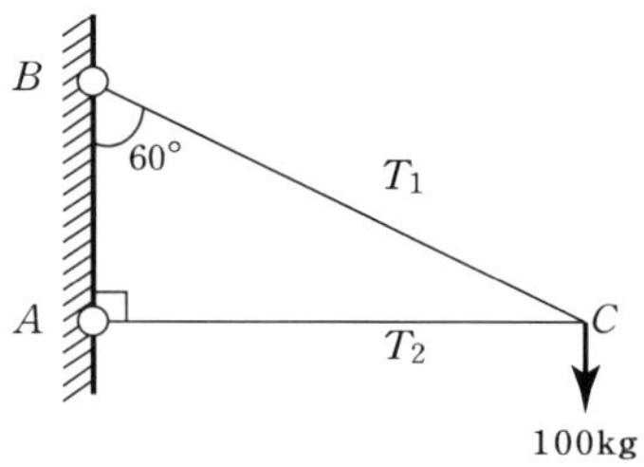

그림 1.25 연습문제 6

6. 그림 1.25와 같이 무게가 100 kg되는 물체를 매달았다. T_1, T_2가 받고 있는 힘의 크기는 얼마인가?

답 : $T_1 = 200\,\text{kg}$, $T_2 = 100\sqrt{3}\,\text{kg}$

CHAPTER

02 단면의 성질

CHAPTER

02

단면의 성질

부재의 잘린 면을 단면이라 하는데, 부재를 구부릴 때 재질이 같다면 단면이 작은 부재보다 단면이 큰 부재를 구부리는 것이 더 힘들다. 또한 같은 재질의 단면을 가진 부재라도 그 모양이 원형, 직사각형, 정사각형 등등의 단면모양에 따라 휘어지는 정도가 다르다. 즉, 선택된 단면의 모양에 따라 부재가 저항할 수 있는 능력의 크기가 다르다는 것을 알 수 있다. 따라서 부재단면의 형태에 따라 부재의 강도나 변형이 다르므로 안정하고 경제적인 구조물을 설계하기 위해서는 단면모양에 따른 단면의 성질을 분석하는 것이 중요하다.

이 장에서는 부재의 강도나 변형 등 설계에 필요한 것들을 구할 때 사용되는 단면의 성질들을 학습한다.

2.1 단면 1차 모멘트와 도심

2.1.1 단면 1차 모멘트

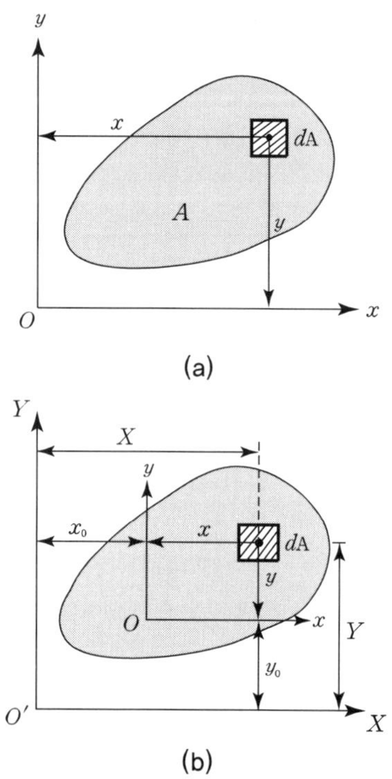

그림 2.1 단면 1차모멘트

그림 2.1(a)에서 면적이 A인 임의의 미소면적을 dA라 하고, 직교좌표축에서 dA까지의 거리를 x, y라 할 때 $x\,dA$, $y\,dA$를 전체 단면적에 대하여 적분한 것을 **단면 1차 모멘트**(geometrical moment of area)라 한다. x, y축에 대한 단면 1차 모멘트를 G_x, G_y라 하면 다음식과 같이 나타낼 수 있다.

$$G_x = \int_A y\,dA, \quad G_y = \int_A x\,dA \tag{2.1}$$

[어느 축의 단면 1차 모멘트 = (단면적) × (축까지 거리)]

단위는 길이와 면적 곱이므로 세제곱이 된다(cm^3, m^3).

그림 2.1(b)와 같이 x, y축에 대한 단면 1차 모멘트를 G_x, G_y라 하면, x_0, y_0 만큼 이동한축 X, Y축에 대한 단면 1차 모멘트 G_X, G_Y는 **평행축 정리**를 이용하여 구할 수 있다.

$$G_X = \int_A Y dA = \int_A (y_0 + y)\,dA = \int_A y_0\,dA + \int_A y\,dA$$
$$= y_0 A + G_x$$
$$G_Y = \int_A X dA = \int_A (x_0 + x)\,dA = \int_A x_0\,dA + \int_A x\,dA$$
$$= x_0 A + G_y \tag{2.2}$$

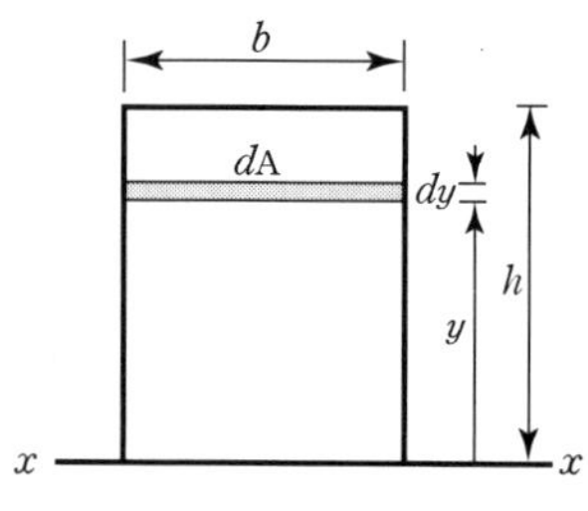

그림 2.2 예제 2.1

예제 2.1 그림 2.2 사각형 단면의 x축에 대한 단면1차 모멘트를 구하여라.

풀이

식 (2.1)의 정의에 의하여

$$dA = b\,dy$$
$$G_x = \int_A y\,dA = \int_0^h y\,b\,dy = \frac{bh^2}{2}$$

2.1.2 도 심

도형의 한 점을 지나는 직교좌표에 대한 단면1차 모멘트가 "0" 일 때 이 점을 그 도형의 도심(圖心, centroid)이라 한다. 즉, 기하학적으로 도형의 중심(中心)인 점이다.

그림 2.3은 직관적으로 알 수 있는 도형들의 도심의 위치(G)를 나타내고 있다. 원형단면의 도심은 원의 중심점이고, 사각형단면과 평행사변형 단면의 도심은 마주보는 꼭지점을 이어 만나는 점이 도심점이고, 삼각형 단면의 도심은 각각의 꼭지점에서 마주보는 변의 이등분점을 그리고 만나는 점이 도심의 위치이고, 사다리꼴 단면의 도심은 두 삼각형의 도심을 연결한 선과 윗변과 아랫변의 이등분점을 연결한 선이 교차하는 점이 도심의 위치이다. 그러나 그림 2.1(a)와 같이 직관적으로 도심의 위치를 알 수 없는 경우에는 단면1차 모멘트의 정의로부터 구할 수 있다.

그림 2.1(a)에서 dA가 미소면적이고 좌표축에서의 길이 x, y가 미소면직의 도심이므로 진체면적 A에 대힌 도심은 식 (2.1)에 의하여 $G_x = \int_A y\, dA = A\,\bar{y}$, $G_y = \int_A x\, dA = A\bar{x}$ 이므로

$$\bar{x} = \frac{G_y}{A}, \quad \bar{y} = \frac{G_x}{A} \tag{2.3}$$

또한, 도심을 알고 있는 도형들이 모여 하나의 도형을 이루고 있을 때 이 도형의 좌표축 x, y에 대한 도심의 위치 $\bar{x}$, $\bar{y}$는 다음 식으로 구할 수 있다.

$$\bar{x} = \frac{A_1x_1 + A_2x_2 + \ldots\ldots + A_nx_n}{A_1 + A_2 + \ldots\ldots + A_n} = \frac{\sum A \cdot x}{\sum A}$$
$$\bar{y} = \frac{A_1y_1 + A_2y_2 + \ldots\ldots + A_ny_n}{A_1 + A_2 + \ldots\ldots + A_n} = \frac{\sum A \cdot y}{\sum A} \tag{2.4}$$

여기서, $(x_1, y_1), (x_2, y_2) \ldots\ldots (x_n, y_n)$는 각 도형의 도심이다.

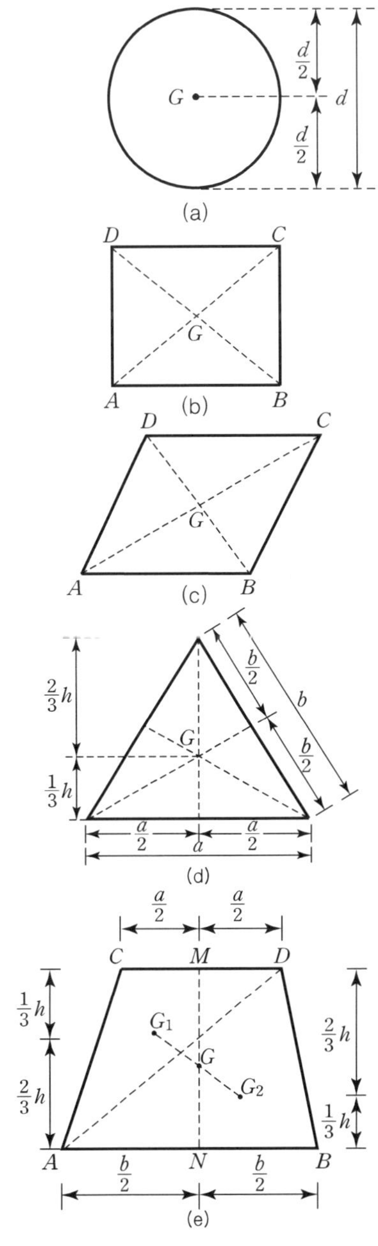

그림 2.3 여러 단면의 도심

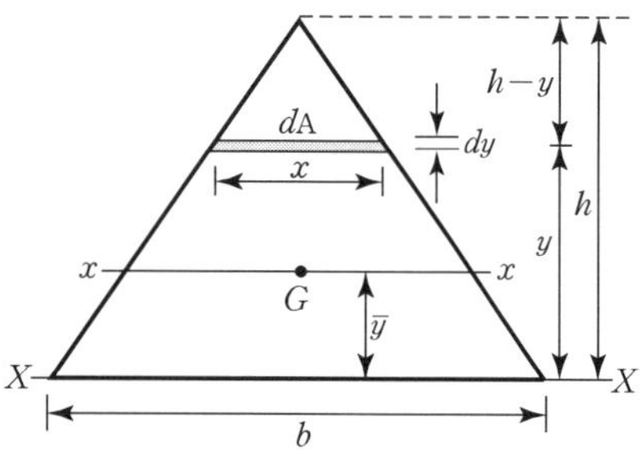

(a)

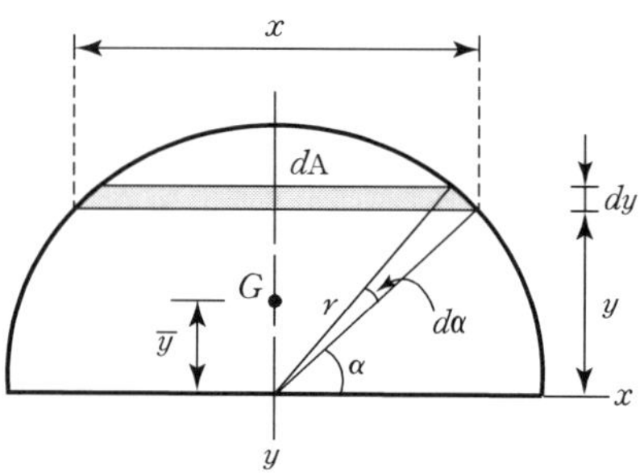

(b)

그림 2.4 예제 2.2

예제 2.2 그림 2.4의 삼각형과 반원형 단면의 도심을 구하여라.

풀이

(1) 삼각형 단면

$$h:\ b = (h-y):\ x$$

$$x = \frac{b}{h}(h-y)$$

$$dA = x\,dy = \frac{b}{h}(h-y)\,dy$$

$$G_X = \int_A y\,dA = \int_0^h y\frac{b}{h}(h-y)\,dy$$

$$= \frac{b}{h}\int_0^h (yh-y^2)\,dy = \frac{b}{h}\left(h\left[\frac{y^2}{2}\right]_0^h - \left[\frac{y^3}{3}\right]_0^h\right)$$

$$= \frac{b}{h}\left(\frac{h^3}{2}-\frac{h^3}{3}\right) = \frac{bh^2}{6}$$

$$\therefore \bar{y} = \frac{G_x}{A} = \frac{\frac{bh^2}{6}}{\frac{bh}{2}} = \frac{h}{3}$$

(2) 반원형 단면

$$y = r\sin\alpha,\quad y' = \frac{dy}{d\alpha} = r\cos\alpha,\quad dy = r\cos\alpha\,d\alpha$$

$$x = 2r\cos\alpha,\quad dA = x\,dy = 2r\cos\alpha\ r\cos\alpha\,d\alpha$$

$$G_x = \int_A y\,dA = \int_0^{\frac{\pi}{2}} yx\,dy$$

$$= \int_0^{\frac{\pi}{2}} r\sin\alpha\,2r\cos\alpha\,r\cos\alpha\,d\alpha$$

$$= 2r^3\int_0^{\frac{\pi}{2}}\cos^2\alpha\sin\alpha\,d\alpha$$

$u = \cos\alpha$로 놓으면,

$du = -\sin\alpha\,d\alpha$, $\sin\alpha = -\dfrac{du}{d\alpha}$ 이므로

$$= 2r^3\int_1^0 -u^2\,du = 2r^3\int_0^1 u^2\,du = 2r^3\left[\frac{1}{3}u^3\right]_0^1$$

$$= 2r^3\left[\frac{1}{3}-0\right] = \frac{2r^3}{3}$$

$$\therefore \bar{y} = \frac{G_x}{A} = \frac{2r^3/3}{\pi r^2/2} = \frac{4r}{3\pi}$$

예제 2.3 그림 2.5의 포물선 단면의 도심을 구하여라.

풀이

$y = ax^2$에서

$x = b,\ y = h$이므로 $h = ab^2,\ a = \dfrac{h}{b^2}$

$\therefore\ y = \dfrac{h}{b^2}x^2, \quad x = b\sqrt{\dfrac{y}{h}}$

$$A = \int_0^b y\,dx = \int_0^b \frac{h}{b^2}x^2 dx = \frac{h}{b^2}\left[\frac{x^3}{3}\right]_0^b = \frac{1}{3}bh$$

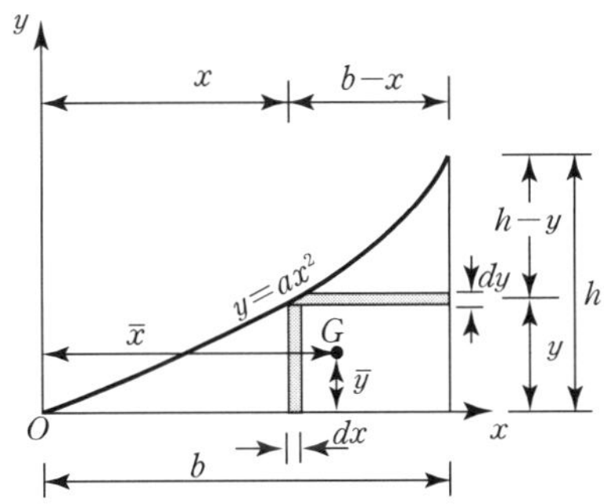

그림 2.5 예제 2.3

즉, 포물선과 x좌표축, y좌표축과의 면적은 사각형면적의 1/3, 2/3 임을 알 수 있다.

(1) x축에 대한 도심

$$G_x = \int_A y\,dA = \int_0^h y(b-x)\,dy$$

$$= \int_0^h y\left(b - b\sqrt{\frac{y}{h}}\right)dy$$

$$= \int_0^h y\,b\left(1 - \sqrt{\frac{y}{h}}\right)dy$$

$$= b\int_0^h \left(y - \frac{y^{3/2}}{h^{1/2}}\right)dy$$

$$= b\left[\frac{y^2}{2} - \frac{2y^{5/2}}{5h^{1/2}}\right]_0^h = \frac{bh^2}{10}$$

$$\therefore\ \bar{y} = \frac{G_x}{A} = \frac{bh^2/10}{bh/3} = \frac{3}{10}h$$

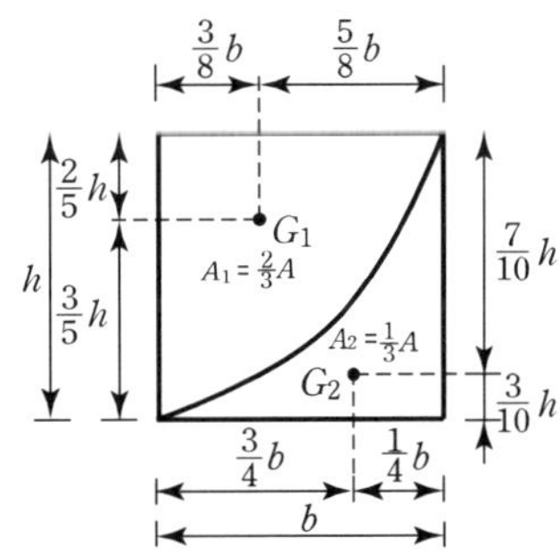

그림 2.6 포물선의 도심

(2) y축에 대한 도심

$$G_y = \int_A x\,dA = \int_0^b x\,y\,dx = \int_0^b x\,\frac{x^2}{b^2}h\,dx$$

$$= \frac{h}{b^2}\left[\frac{x^4}{4}\right]_0^b = \frac{bh^2}{4}$$

$$\therefore\ \bar{x} = \frac{G_y}{A} = \frac{bh^2/4}{bh/3} = \frac{3}{4}b$$

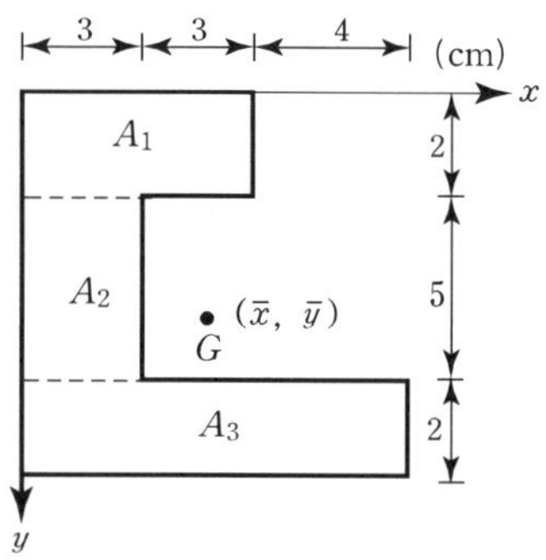

그림 2.7 예제 2.4

예제 2.4 그림 2.7과 같은 단면의 도심을 구하여라.

풀이

그림 2.7과 같이 도심을 알고 있는 사각형 단면 A_1, A_2, A_3로 구분하고, 식 (2.4)를 이용하여 단면의 도심의 좌표($\bar{x}$, $\bar{y}$)를 구한다.

$$G_x = A_1 y_1 + A_2 y_2 + A_3 y_3$$

$$A = A_1 + A_2 + A_3$$

(1) x축에 대한 도심

$$\bar{y} = \frac{A_1 y_1 + A_2 y_2 + \ldots\ldots + A_n y_n}{A_1 + A_2 + \ldots\ldots + A_n}$$

$$= \frac{(6\times 2)(1) + (3\times 5)(4.5) + (10\times 2)(8)}{12 + 15 + 20}$$

$$= 5.1 \text{ cm}$$

(2) y축에 대한 도심

$$\bar{x} = \frac{A_1 x_1 + A_2 x_2 + \ldots\ldots + A_n x_n}{A_1 + A_2 + \ldots\ldots + A_n}$$

$$= \frac{(6\times 2)(3) + (3\times 5)(1.5) + (10\times 2)(5)}{12 + 15 + 20}$$

$$= 3.4 \text{ cm}$$

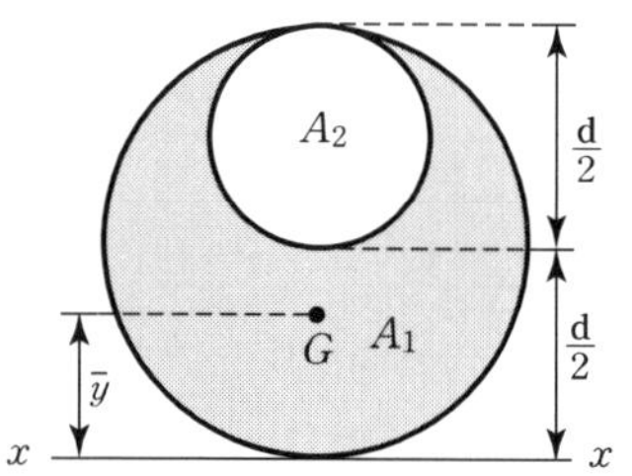

그림 2.8 예제 2.5

예제 2.5 그림 2.8의 원형단면에서 빗금친 부분의 도심을 구하여라.

풀이

그림 2.8과 같이 도심을 알고 있는 원형 단면 A_1, A_2로 구분하여 도심점 좌표($\bar{y}$)를 구한다.

$$G_x = A_1 y_1 - A_2 y_2$$

$$= \frac{\pi d^2}{4} \times \frac{d}{2} - \frac{\pi \left(\frac{d}{2}\right)^2}{4} \times \frac{3d}{4} = \frac{5\pi d^3}{64}$$

$$A = A_1 - A_2$$

$$= \frac{\pi d^2}{4} - \frac{\pi \left(\frac{d}{2}\right)^2}{4} = \frac{3\pi d^2}{16}$$

$$\bar{y} = \frac{G_x}{A} = \frac{5\pi d^3/64}{3\pi d^2/16} = \frac{5}{12} d$$

2.2 단면2차 모멘트

직사각형 단면을 가진 막대를 세워 놓을 경우가 눕혀 놓을 경우보다 더 잘 휘어지지 않는다. 이러한 휘어지는 정도는 단면2차 모멘트(관성모멘트, geometrical moment of inertia)에 따라 다르다.(10장 구조물의 변형 참조)

그림 2.9(a)에서 단면적 A, 미소면적 dA의 좌표를 x, y라 할 때 단면2차 모멘트(I)는 다음과 같이 정의된다.

$$I_x = \int_A y^2 dA, \quad I_y = \int_A x^2 dA \tag{2.5}$$

그림 2.9(b)와 같이 x, y축에 대한 단면2차 모멘트 I_x, I_y를 알고 있으면, x_0, y_0만큼 이동한 X, Y축에 대한 단면2차 모멘트 I_X, I_Y는 평행축 정리를 이용하여 쉽게 구할 수 있다.

$$\begin{aligned} I_X &= \int_A Y^2 dA = \int_A (y+y_0)^2 dA \\ &= \int_A y^2 dA + 2y_0 \int_A y dA + y_0^2 \int_A dA \\ &= I_x + 2y_0 G_x + A y_0^2 \end{aligned}$$

같은 방법으로

$$I_Y = I_y + 2x_0 G_y + A x_0^2 \tag{2.6}$$

x, y축이 단면의 도심축인 경우, 도심축에 대한 단면1차 모멘트는 $G_x = 0$, $G_y = 0$ 이므로 다음과 같다

$$\begin{aligned} I_X &= I_x + A y_0^2 \\ I_Y &= I_y + A x_0^2 \end{aligned} \tag{2.7}$$

식 (2.7)을 **평행축의 정리**라고 한다. 이 식에 의하면 단면적이 도심축에서 멀어짐에 따라 단면2차 모멘트의 값은 증가함을 알 수 있다.

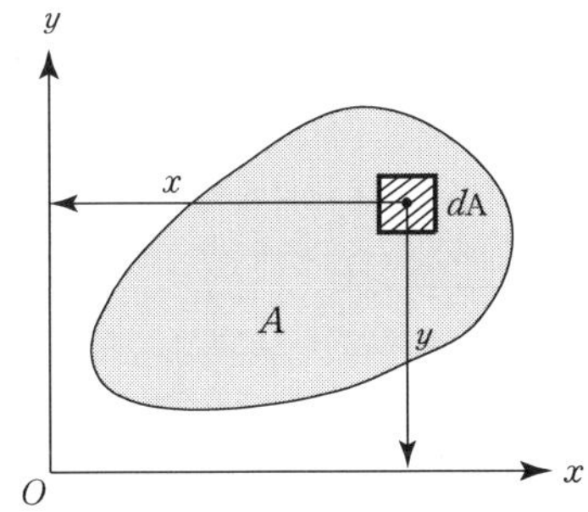

(a)

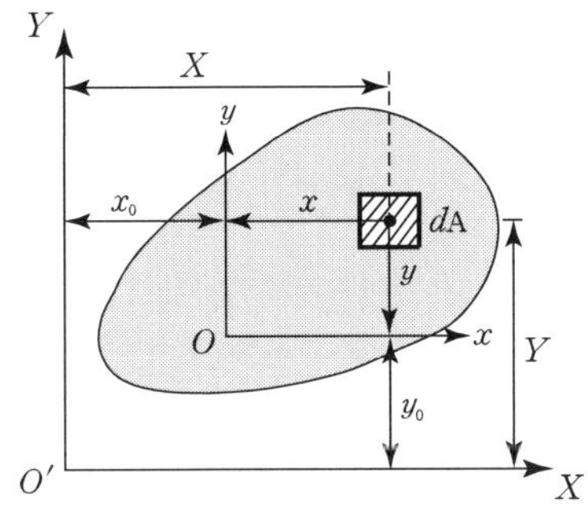

(b)

그림 2.9 단면2차 모멘트

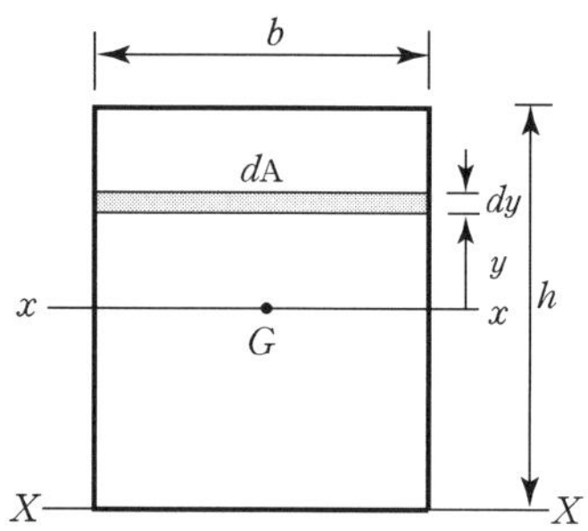

(a)

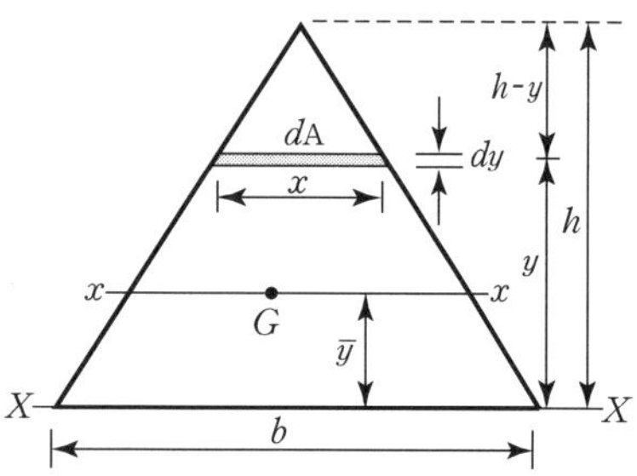

(b)

그림 2.10 예제 2.6

예제 2.6 그림 2.10의 사각형과 삼각형 단면에서 I_x, I_X를 구하여라.

풀이

(1) 사각형 단면

$$I_x = \int_A y^2 dA$$

$$= \int_{-h/2}^{h/2} y^2 b\,dy = b\left[\frac{y^3}{3}\right]_{-h/2}^{h/2}$$

$$= b\left(\frac{h^3}{24} + \frac{h^3}{24}\right) = \frac{bh^3}{12}$$

평행축의 정리 (식 2.7)에 의하여

$$I_X = I_x + A y_0^2$$

$$= \frac{bh^3}{12} + (bh)\left(\frac{h}{2}\right)^2 = \frac{bh^3}{3}$$

(2) 삼각형 단면

$$I_X = \int_A y^2 dA \text{ 에서}$$

$$I_X = \int_0^h y^2 \frac{b}{h}(h-y)dy$$

$$= \frac{b}{h}\left[\frac{hy^3}{3} - \frac{y^4}{4}\right]_0^h = \frac{bh^3}{12}$$

$$I_x = I_X - A y_0^2$$

$$I_x = \frac{bh^3}{12} - \left(\frac{bh}{2}\right)\left(\frac{h}{3}\right)^2 = \frac{bh^3}{36}$$

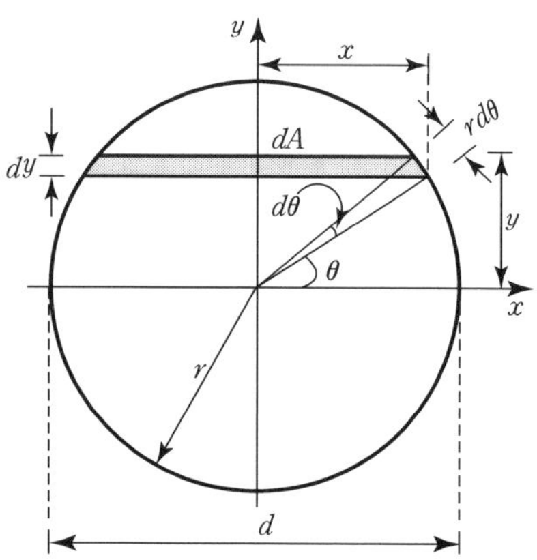

그림 2.11 예제 2.7

예제 2.7 그림 2.11의 원형 단면의 단면2차 모멘트를 구하여라.

풀이

$$x = r\cos\theta,\ y = r\sin\theta,\quad y' = \frac{dy}{d\theta} = r\cos\theta$$

$$dy = r\cos\theta\, d\theta$$

$$dA = 2x\,dy = 2r\cos\theta\, r\cos\theta\, d\theta = 2r^2\cos^2\theta\, d\theta$$

$$
\begin{aligned}
I_x &= \int_A y^2 dA \\
&= 2\int_0^{\pi/2} (r\sin\theta)^2 2r^2 \cos^2\theta\, d\theta \\
&= r^4 \int_0^{\pi/2} 4\sin^2\theta \cos^2\theta\, d\theta \\
&= r^4 \int_0^{\pi/2} \sin^2 2\theta\, d\theta = r^4 \left[\frac{\theta}{2} - \frac{1}{2\times 4}\sin 2\times 2\theta\right]_0^{\pi/2} \\
&= r^4 \left[\frac{\theta}{2} - \frac{\sin 4\theta}{8}\right]_0^{\frac{\pi}{2}} \\
&= \frac{\pi r^4}{4} = \frac{\pi D^4}{64}
\end{aligned}
$$

$$2\sin^2\theta = 1 - \cos 2\theta$$

$$2\cos^2\theta = 1 + \cos 2\theta$$

$$4\sin^2\theta\cos^2\theta = 1 - \cos^2 2\theta = \sin^2 2\theta$$

$$\int (\sin^2 ax)dx = \frac{1}{2}x - \frac{1}{4a}\sin 2ax$$

예제 2.8 그림 2.12 단면의 X에 대한 2차 모멘트를 구하여라.

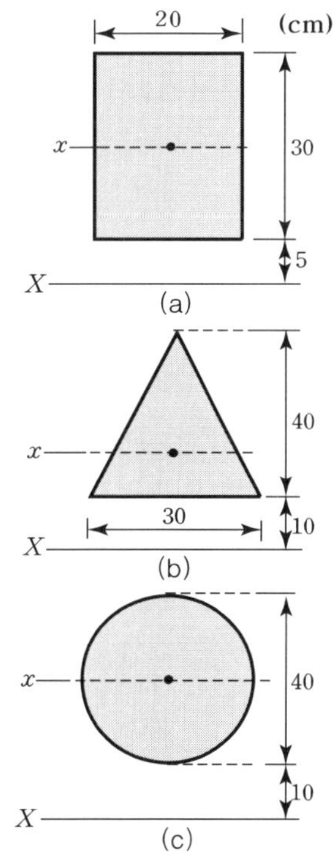

그림 2.12 예제 2.8

풀이

평행축 정리 $I_X = I_x + A\,y_0^2$ 를 이용하여

(1) 사각형단면

$$I_X = I_x + A{y_0}^2 = \frac{20\times 30^3}{12} + (20\times 30)(20)^2$$

$$= 285{,}000\ \text{cm}^4$$

(2) 삼각형단면

$$I_X = \frac{30\times 40^3}{36} + (30\times 40\times \frac{1}{2})\times(40\times\frac{1}{3}+10)^2$$

$$= 380{,}000\ \text{cm}^4$$

(3) 원형단면

$$I_X = \frac{\pi\times 40^4}{64} + \frac{\pi\times 40^2}{4}\times(30)^2$$

$$= 1{,}256{,}637\ \text{cm}^4$$

예제 2.9 그림 2.13과 같은 T형 단면에서 다음을 구하여라.

(1) 도심의 위치 $\bar{y}$

(2) 단면2차 모멘트 I_{xn}

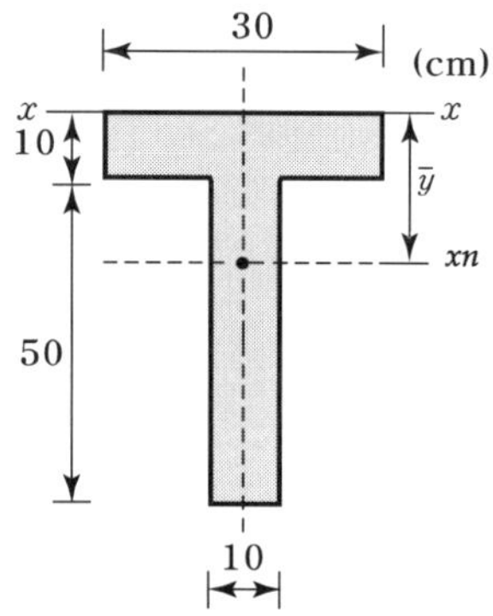

그림 2.13 예제 2.9

풀이

(1) $y_0 = \dfrac{G_x}{A} = \dfrac{(30\times 10\times 5)+(10\times 50\times 35)}{(30\times 10)+(10\times 50)}$

$= 23.8\,\text{cm}$

(2) $I_{xn} = \dfrac{30\times 10^3}{12} + (30\times 10)(23.8-5)^2 + \dfrac{10\times 50^3}{12} + (10\times 50)(60-23.8-25)^2$

$= 218{,}298.7\ \text{cm}^4$

2.3 단면계수

단면의 도심축에 대한 단면 2차 모멘트를 그 축으로부터 가장자리 연단까지의 거리로 나눈 것을 단면의 단면계수(section modulus)라 한다. 휨을 받는 부재의 경우, 단면계수가 클수록 휘어지기 어려우므로 단면을 선정 시 같은 단면적이라면 단면계수가 크게 단면을 결정하는 것이 부재의 안정에 유리하다.

임의 단면의 도심 G를 지나는 좌표축 x, y에 대한 단면 2차 모멘트를 I_x, I_y라 하고, 그림 2.14와 같이 도심축에서 상·하연단까지의 길이를 y_1, y_2 좌·우연단까지의 길이를 x_1, x_2라 할 때, x, y축에 대한 단면계수 Z_x, Z_y는 다음 식과 같다. 단위는 길이의 세제곱이다(cm^3).

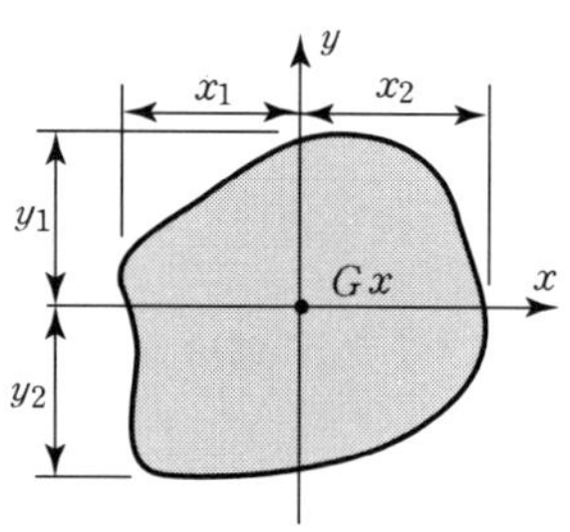

그림 2.14 단면계수

$$Z_{x1} = \frac{I_x}{y_1}, \quad Z_{x2} = \frac{I_x}{y_2}$$
$$Z_{y1} = \frac{I_y}{x_1}, \quad Z_{y2} = \frac{I_y}{x_2} \tag{2.8}$$

이 식에서 단면계수는 단면 2차 모멘트에 비례하고, 도심축에서 연단까지 거리에 반비례함을 알 수 있다.

예제 2.10 그림 2.15와 같은 단면들의 단면계수를 구하여라.

풀이

(1) 사각형 단면

$$Z_c = Z_t = \frac{I_{x_0}}{y} = \frac{bh^3/12}{h/2} = \frac{bh^2}{6}$$

(2) 삼각형 단면

$$Z_c = \frac{bh^3/36}{2h/3} = \frac{bh^2}{24} \text{ (상면)}$$

$$Z_t = \frac{bh^3/36}{h/3} = \frac{bh^2}{12} \text{ (하면)}$$

(3) 원형단면

$$Z_c = Z_t = \frac{\pi d^4/64}{d/2} = \frac{\pi d^3}{32}$$

사각형, 원형단면은 중립축에서 상・하면까지의 거리가 같으므로 단면계수가 같다.

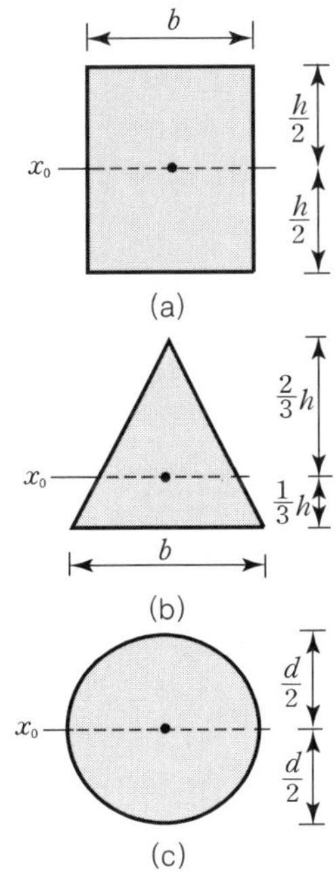

그림 2.15 예제 2.10

예제 2.11 그림 2.16과 같이 단면적이 같은 사각형 단면들의 단면계수를 비교하여라.

풀이

(1) 3×4 단면 $Z_a = \frac{I_x}{y} = \frac{bh^3/12}{h/2} = \frac{bh^2}{6} = 8\text{cm}^3$

(2) 2×6 단면 $Z_b = 12\text{cm}^3$

(3) 1×12 단면 $Z_c = 24\text{cm}^3$

$$Z_a : Z_b : Z_c = 8 : 12 : 24 = 2 : 3 : 6$$

사각형단면의 경우 단면계수는 폭에 비례하고 높이의 제곱에 비례하므로 폭보다는 높이를 크게 하는 것이 유리함을 알 수 있다.

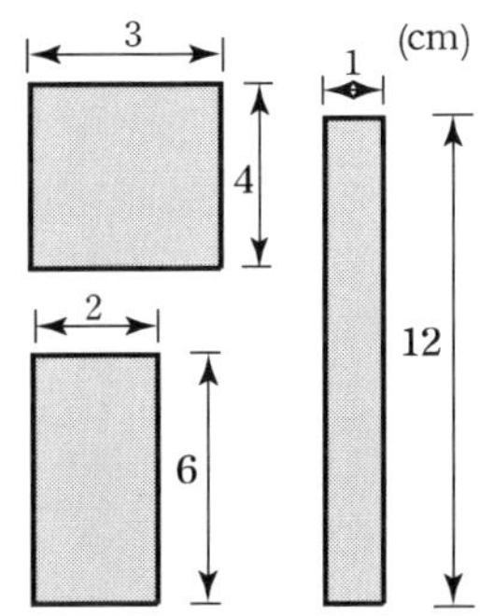

그림 2.16 예제 2.11

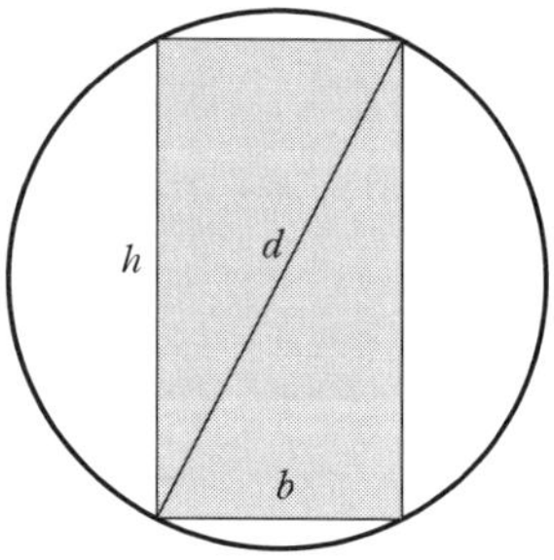

그림 2.17 예제 2.12

예제 2.12 그림 2.17의 원형단면에서 단면계수가 최대가 되는 직사각형의 폭과 높이의 비를 구하여라.

풀이

$h = \sqrt{d^2 - b^2}$ 이므로 $Z = \dfrac{b\,h^2}{6} = \dfrac{b\,(d^2 - b^2)}{6} = \dfrac{b\,d^2 - b^3}{6}$

단면계수(Z)가 최대가 되려면, $\dfrac{dZ}{db} = 0$일 때이므로

$$\frac{dZ}{db} = \frac{1}{6}(d^2 - 3b^2) = 0$$

$d^2 - 3b^2 = 0$에서 $b = \dfrac{d}{\sqrt{3}}$

따라서, $h = \sqrt{d^2 - \dfrac{d^2}{3}} = \sqrt{\dfrac{2}{3}}\,d$

$$b : h = \frac{d}{\sqrt{3}} : \sqrt{\frac{2}{3}}\,d = 1 : \sqrt{2}$$

2.4 단면2차 반경

어떤 도형의 도심축에 대한 단면2차 모멘트를 단면적으로 나눈 값의 제곱근을 단면2차 반경(회전반경, radius of gyration)이라고 한다. 회전반경의 단위는 길이의 단위와 같다(cm).

$$r_x = \sqrt{\frac{I_x}{A}}, \qquad r_y = \sqrt{\frac{I_y}{A}} \tag{2.9}$$

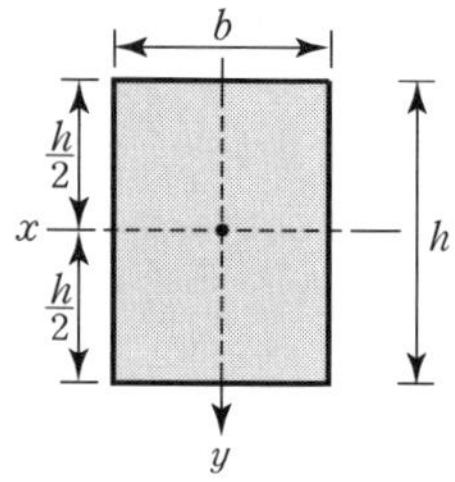

그림 2.18 예제 2.13

예제 2.13 그림 2.18의 사각형 단면에서 단면2차 반경을 구하여라.

풀이

$I_x = \dfrac{bh^3}{12}$ 이므로

$$r_x = \sqrt{\frac{I_x}{A}} = \sqrt{\frac{bh^3/12}{bh}} = \sqrt{\frac{h^2}{12}} = \frac{h}{2\sqrt{3}}$$

$$r_y = \sqrt{\frac{I_y}{A}} = \sqrt{\frac{h\,b^3/12}{b\,h}} = \sqrt{\frac{b^2}{12}} = \frac{b}{2\sqrt{3}}$$

2.5 단면 극 2차 모멘트

단면에서 직각좌표의 원점에 대한 단면 2 차 모멘트를 단면 극2 차 모멘트(극관성모멘트, polar moment of inertia)라고 한다.

그림 2.19에서 직각좌표의 O점에 대한 단면 극 2차 모멘트 (I_P)는 다음과 같이 정의된다.

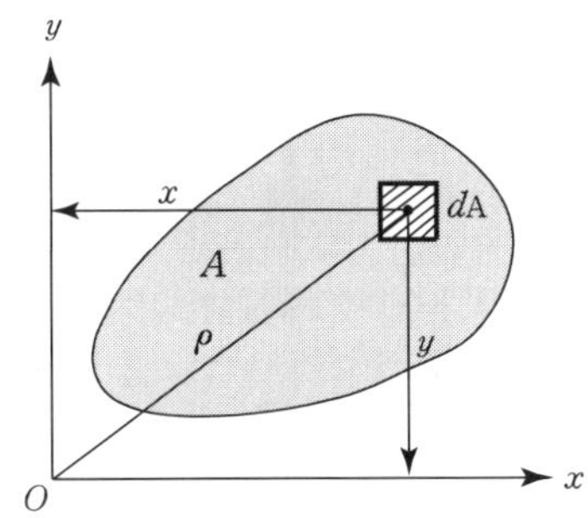

그림 2.19 단면 극2차 모멘트

$$I_P = \int_A \rho^2 \, dA$$

여기서, $\rho^2 = x^2 + y^2$ 이므로

$$\begin{aligned} I_P &= \int_A (x^2 + y^2)\, dA \\ &= \int_A x^2 dA + \int_A y^2 dA \qquad (2.10) \\ &= I_x + I_y \end{aligned}$$

단면 극 2 차 모멘트는 x, y 축에 대한 단면 2 차 모멘트의 합과 같다.

예제 2.14 그림 2.20의 사각형 단면에서 단면 극 2차 모멘트를 구하여라.

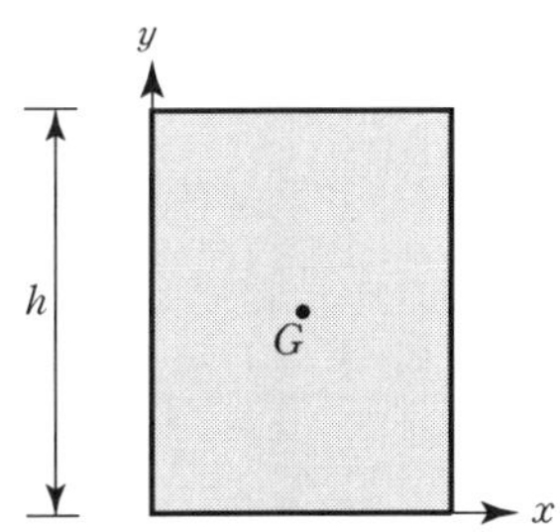

그림 2.20 예제 2.14

풀이

$$I_P = I_x + I_y = \frac{b\,h^3}{3} + \frac{h\,b^3}{3} = \frac{b\,h}{3}(h^2 + b^2)$$

2.6 단면 상승모멘트

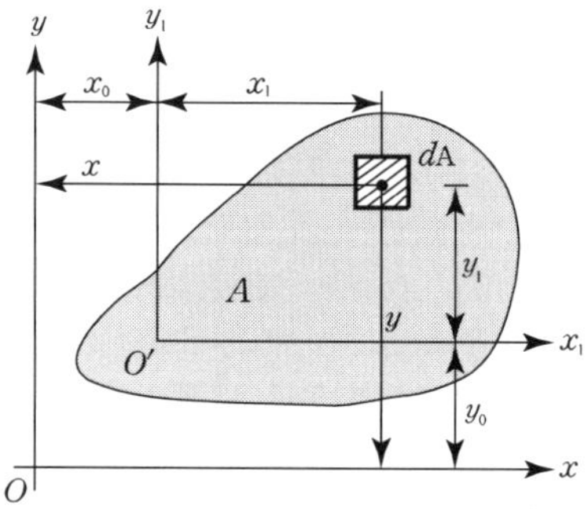

그림 2.21 단면 상승모멘트

그림 2.21에서 x, y 좌표축에서 미소면적(dA)까지의 거리를 x, y라 할 때 $xy\,dA$를 전 단면적에 대하여 적분한 것을 단면상승모멘트(I_{xy})라 한다.

$$I_{xy} = \int_A x\,y\,dA \tag{2.11}$$

그림 2.21에서 x, y 축과 x_1, y_1축의 단면상승모멘트 관계를 보면 다음과 같다. 식(2.11)에서

$$\begin{aligned} I_{xy} &= \int_A (x_0 + x_1)\,(y_0 + y_1)dA \\ &= x_0 y_0 \int_A dA + x_0 \int_A y_1 dA + y_0 \int_A x_1 dA + \int_A x_1 y_1 dA \\ &= x_0\,y_0\,A + x_0\,G_{x_1} + y_0\,G_{y_1} + I_{x_1 y_1} \end{aligned} \tag{2.12}$$

O' 점이 도심점에 작용하면 $G_{x_1} = 0$, $G_{y_1} = 0$이다. 즉,

$$I_{xy} = I_{x_1 y_1} + x_0\,y_0\,A \tag{2.13}$$

또한 x, y 축 중 어느 한 축에 대하여 단면이 대칭이면 $I_{x_1 y_1} = 0$이 된다.

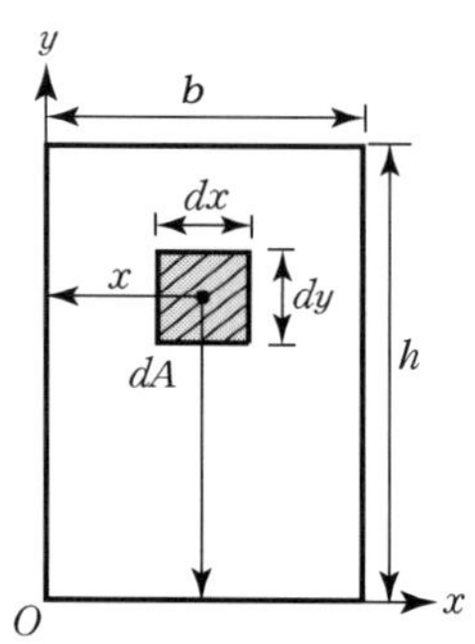

그림 2.22 예제 2.15

예제 2.15 그림 2.22의 사각형 단면에서 단면 상승모멘트를 구하여라.

풀이

$dA = dx\,dy$ 이므로

$$I_{xy} = \int_A x\,y\,dA = \int_0^b \int_0^h x\,y\,dx\,dy$$

$$= \left[\frac{x^2}{2}\right]_0^b \left[\frac{y^2}{2}\right]_0^h = \frac{b^2h^2}{4}$$

2.7 주 축

단면의 많은 축 중에서 단면 2 차 모멘트가 최대·최소가 되는 축을 **주축**이라 하고, 이 주축에 대한 단면2차 모멘트를 주단면 2 차 모멘트라고 한다. x, y 축에 대한 단면2차 모멘트(I_x, I_y)와 단면 상승모멘트(I_{xy})를 알고 있을 때 θ 만큼 회전된 축 (u, v)의 단면 2 차 모멘트(I_u, I_v)는 다음과 같다.

그림 2.23(a)는 x, y 좌표축에서 θ 만큼 회전된 축이 u, v 축이고, 그림 2.23(b)에서

$$u = af = Ob + bc = Ob + ed = x\cos\theta + y\sin\theta$$
$$v = ad - cd = ad - gh = y\cos\theta - x\sin\theta$$
$$= y\cos\theta - x\sin\theta$$

$$I_u = \int_A v^2\,dA = \int_A (-x\sin\theta + y\cos\theta)^2\,dA$$
$$= \int_A (x^2\sin^2\theta - 2xy\sin\theta\cos\theta + y^2\cos^2\theta)\,dA$$
$$= I_y\sin^2\theta - I_{xy}\,2\sin\theta\cos\theta + I_x\cos^2\theta$$

$$\therefore I_u = I_x\cos^2\theta + I_y\sin^2\theta - I_{xy}\sin 2\theta \qquad (2.14)$$

마찬가지로,

$$I_v = \int_A u^2\,dA = \int_A (x\cos\theta + y\sin\theta)^2\,dA$$
$$= \int_A (x^2\cos^2\theta + 2xy\cos\theta\sin\theta + y^2\sin^2\theta)\,dA$$
$$\therefore I_v = I_x\sin^2\theta + I_y\cos^2\theta + I_{xy}\sin 2\theta \qquad (2.15)$$

단면 상승모멘트(I_{uv})는

$$I_{uv} = \int_A uv\,dA$$
$$= \int_A (x\cos\theta + y\sin\theta)(-x\sin\theta + y\cos\theta)\,dA$$

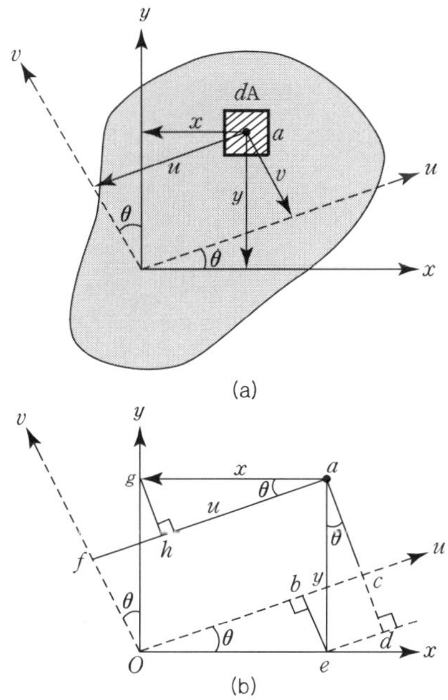

그림 2.23 주 축

$\sin 2\theta = 2\sin\theta\cos\theta$

$\sin\theta\cos\theta = \dfrac{\sin 2\theta}{2}$

$\cos^2\theta - \sin^2\theta = \cos 2\theta$

$\sin^2\theta + \cos^2\theta = 1$

$$= \int_A (-x^2\sin\theta\cos\theta + xy\cos^2\theta - xy\sin^2\theta + y^2\sin\theta\cos\theta)\, dA$$

$$= \int_A \{(y^2 - x^2)\sin\theta\cos\theta + xy(\cos^2\theta - \sin^2\theta)\}\, dA$$

$$= \int_A (y^2 - x^2)\frac{\sin 2\theta}{2}\, dA + \int_A xy\cos 2\theta\, dA$$

$$\therefore I_{uv} = \frac{I_x - I_y}{2}\sin 2\theta + I_{xy}\cos 2\theta \tag{2.16}$$

식 (2.14)와 식 (2.15)에서

$$I_u + I_v = I_x(\sin^2\theta + \cos^2\theta) + I_y(\sin^2\theta + \cos^2\theta)$$

$$\therefore I_u + I_v = I_x + I_y = I_P \tag{2.17}$$

식 (2.17)에서 I_u 가 최대이면 I_v 는 최소가 된다. 주축의 최대값은 $dI_u/d\theta = 0$일 때 θ 는 I_u가 최대가 되는 각이 된다.

$$\frac{dI_u}{d\theta} = -2I_x\sin\theta\cos\theta + 2I_y\sin\theta\cos\theta + 2I_{xy}\sin^2\theta - 2I_{xy}\cos^2\theta$$

$$= -2\{(I_x - I_y)\sin\theta\cos\theta + I_{xy}(\cos^2\theta - \sin^2\theta)\}$$

$$= -2\left\{\frac{I_x - I_y}{2}\sin 2\theta + I_{xy}\cos 2\theta\right\} = 0 \tag{2.18}$$

같은 방법으로 $dI_v/d\theta = 0$에서

$$\frac{dI_v}{d\theta} = 2\left\{\frac{I_x - I_y}{2}\sin 2\theta + I_{xy}\cos 2\theta\right\} = 0 \tag{2.19}$$

식 (2.18)과 식 (2.19)의 괄호안은 식 (2.16)의 우변과 같으므로

$$\frac{dI_u}{d\theta} = -2I_{uv} = 0, \qquad \frac{dI_v}{d\theta} = 2I_{uv} = 0$$

따라서 I_u 와 I_v가 주축이 되기 위해서 단면 상승모멘트가 “0"이 될 때이다. 식 (2.16)에서 주축이 생기는 각은

$$I_{uv} = \frac{I_x - I_y}{2}\sin 2\theta + I_{xy}\cos 2\theta = 0$$

$$\therefore \tan 2\theta = \frac{\sin 2\theta}{\cos 2\theta} = \frac{-I_{xy}}{\dfrac{I_x - I_y}{2}} \tag{2.20}$$

식 (2.20)을 그림 2.24와 같이 표현하여 $\sin 2\theta$, $\cos 2\theta$의 값을 구한다.

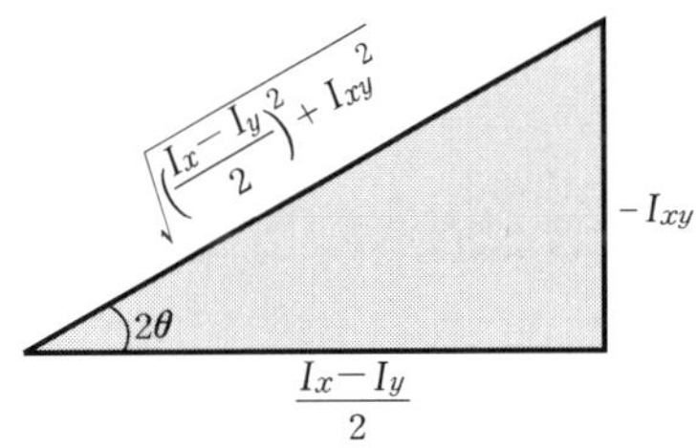

그림 2.24

$$\sin 2\theta = \frac{-I_{xy}}{\sqrt{\left(\dfrac{I_x - I_y}{2}\right)^2 + I_{xy}^2}} \tag{2.21a}$$

$$\cos 2\theta = \frac{\dfrac{I_x - I_y}{2}}{\sqrt{\left(\dfrac{I_x - I_y}{2}\right)^2 + I_{xy}^2}} \tag{2.21b}$$

식 (2.21a)와 식 (2.21b)를 식 (2.14)와 식 (2.15)에 대입하면 정리하면

$$I_{max} = I_u = \frac{I_x + I_y}{2} + \sqrt{\left(\frac{I_x - I_y}{2}\right)^2 + I_{xy}^2} \tag{2.22}$$

$$I_{min} = I_v = \frac{I_x + I_y}{2} - \sqrt{\left(\frac{I_x - I_y}{2}\right)^2 + I_{xy}^2}$$

예제 2.16 그림 2.25 L형 단면의 주축과 주단면2차 모멘트를 구하여라.

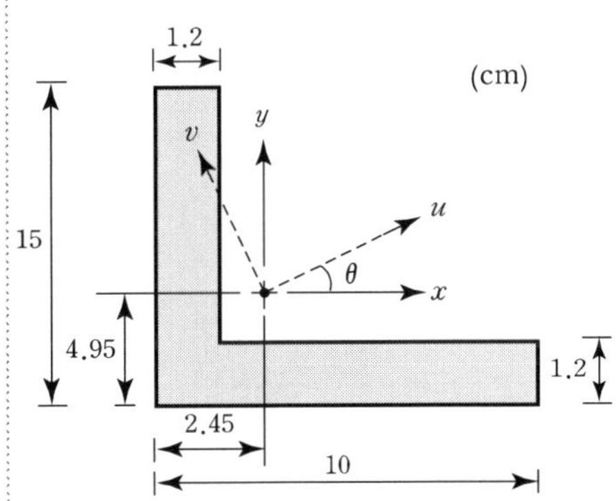

그림 2.25 예제 2.16

풀이

$I_x = 655\ \text{cm}^4$, $I_y = 237\ \text{cm}^4$,

$$I_{xy} = 1.2 \times 13.8 \times -1.85 \times 3.15 + 10 \times 1.2 \times 2.55 \times -4.35 = -230\ \text{cm}^4$$

$$I_{max,\,min} = \frac{(655 + 237)}{2} \pm \frac{1}{2}\sqrt{(655 + 237)^2 + 4(-230)^2}$$

$I_{max} = 757\ \text{cm}^4$, $I_{min} = 135\ \text{cm}^4$

$$\tan 2\theta = \frac{-2I_{xy}}{I_x - I_y} = -\frac{2(-230)}{655 - 237} = 1.10$$

$2\theta = 47.726^\circ$, $\theta = 23.863^\circ$

2.8 파푸스의 정리

2.8.1 제 1 정리(표면적에 대한 정리)

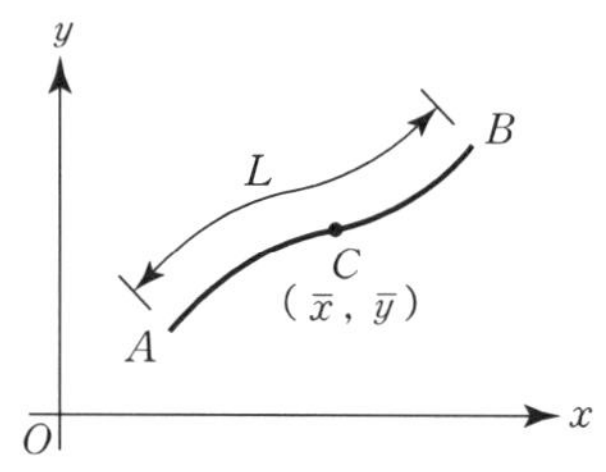

그림 2.26 파푸스의 제1정리

그림 2.26에서 AB의 길이가 L인 선분이 x 축을 중심으로 θ 만큼 회전시켰을 때 표면적 A는 다음과 같다.

$$A = L(\theta \, \bar{y}) = L 2\pi \bar{y} \tag{2.23}$$

여기서, 점 C는 선분 AB의 도심점

2.8.2 제 2 정리(체적에 대한 정리)

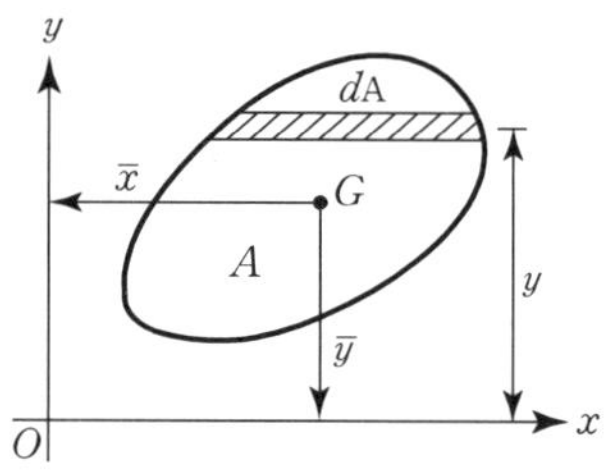

그림 2.27 파푸스의 제2정리

그림 2.27에서 단면 A가 x축을 중심으로 회전했을 때 체적 V는 다음과 같다.

$$V = \int_A 2\pi y \, dA = 2\pi \int_A y \, dA = 2\pi \bar{y} A = A(\theta \, \bar{y}) \tag{2.24}$$

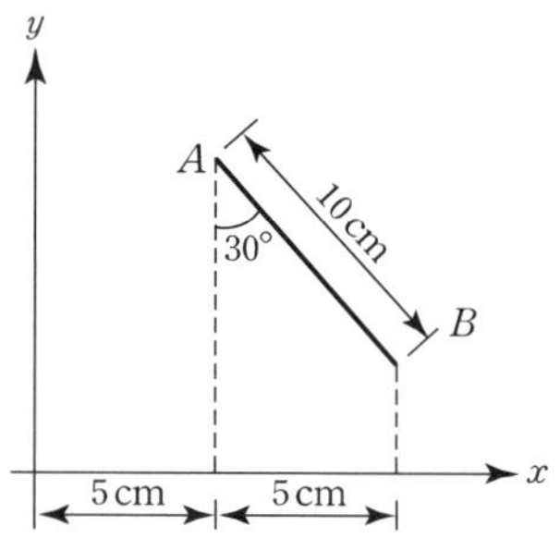

그림 2.28 예제 2.17

예제 2.17 그림 2.28과 같은 선분 AB를 y축을 중심으로 회전시켰을 때 생기는 표면적을 구하여라.

풀이

식 (2.23)으로부터

y축에서 도심거리 = 5 + 5/2 = 7.5 cm

도심이 이동한 거리 = 2 ×π× 7.5

$\therefore A = 10 \times (2 \times \pi \times 7.5) = 471.24 \text{ cm}^2$

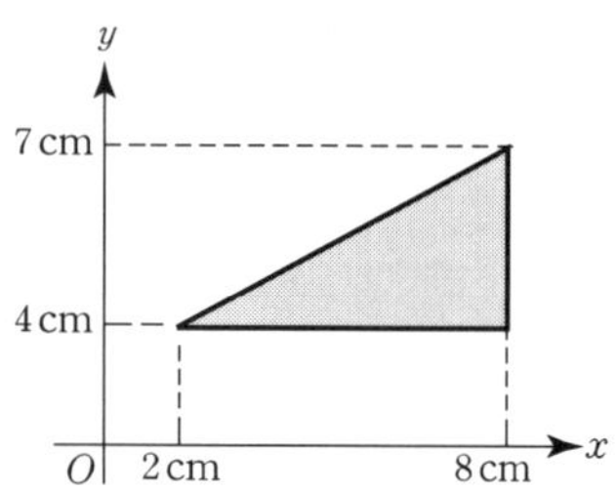

그림 2.29 예제 2.18

예제 2.18 그림 2.29과 같은 삼각형을 x축을 중심으로 회전시켰을 때 생기는 체적을 구하여라.

풀이

식 (2.24)로부터

$$A = 6 \times 3 \times \frac{1}{2} = 9 \text{ cm}^2, \qquad \bar{y} = 4 + \left(3 \times \frac{1}{3}\right) = 5 \text{ cm}$$

$$\therefore \; V = 2\pi \bar{y} A = 2\pi \times 5 \times 9 = 282.6 \text{ cm}^3$$

연습문제

1. 그림 2.30 사다리꼴 단면의 도심을 구하여라.

답 : $y_1 = \dfrac{h}{3} \times \dfrac{a+2b}{a+b}$, $y_2 = \dfrac{h}{3} \times \dfrac{2a+b}{a+b}$

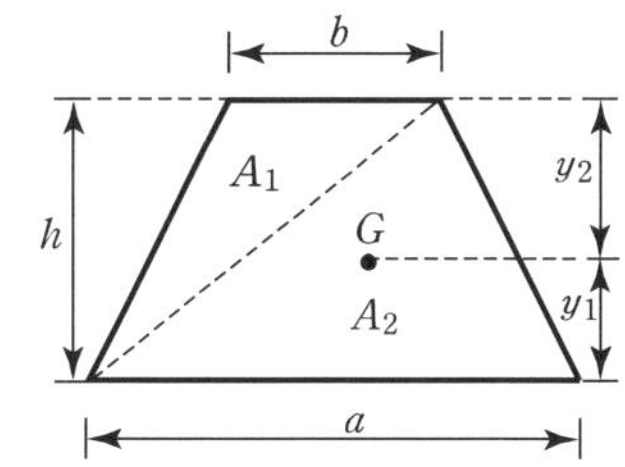

그림 2.30 연습문제 1

2. 그림 2.31과 같은 1/4원에서 빗금 친 부분의 도심 $\bar{y}$을 구하여라.

답 : $y = 5.84\,\text{cm}$

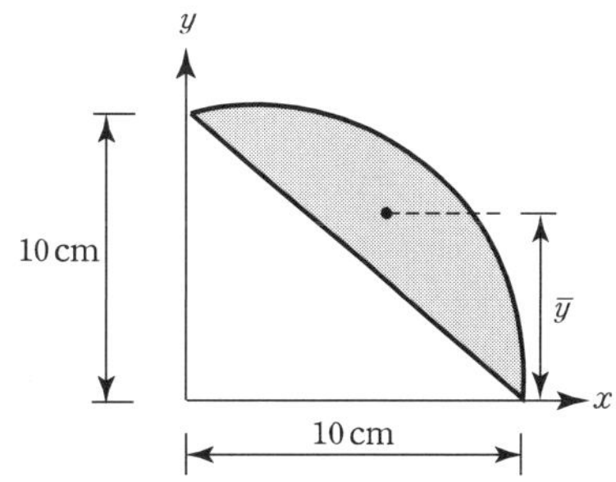

그림 2.31 연습문제 2

3. 그림 2.32에서 x, y축에 대한 단면 1 차 모멘트를 구하여라.

답 : $G_x = 214{,}500\ \text{cm}^3$, $G_y = 157{,}500\ \text{cm}^3$

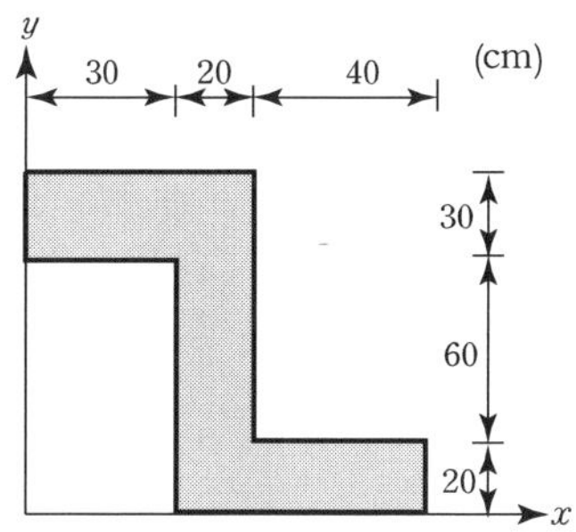

그림 2.32 연습문제 3

4. 그림 2.33의 I 형단면에서 도심($\bar{y}$)과 단면 2 차 모멘트(I_{nx})를 구하여라.

답 : $\bar{y} = \dfrac{5880.44}{164.8} = 35.68\,\text{cm}$, $I_{nx} = 119824.7\ \text{cm}^4$

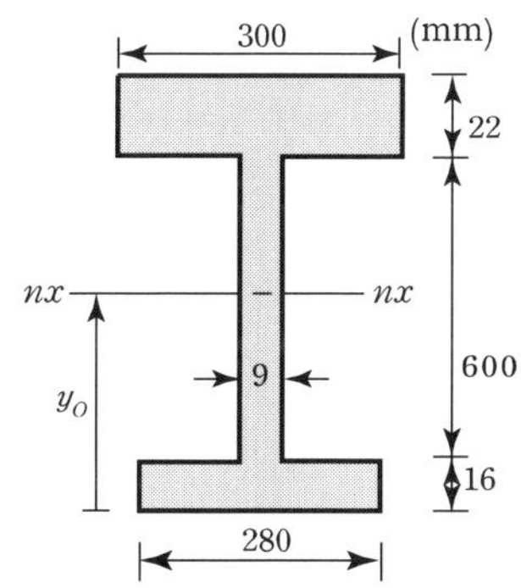

그림 2.33 연습문제 4

5. 그림 2.34의 단면들의 도심축에 대한 단면계수의 비를 구하여라.

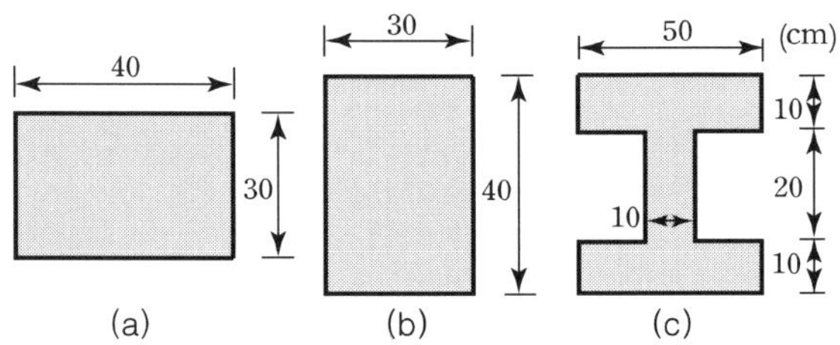

그림 2.34 연습문제 5

답. $Z_a : Z_b : Z_c = 3 : 4 : 6$

6. 그림 2.35의 T 형 단면에서 단면 2 차 모멘트, 단면계수, 단면2차 반경을 구하여라.

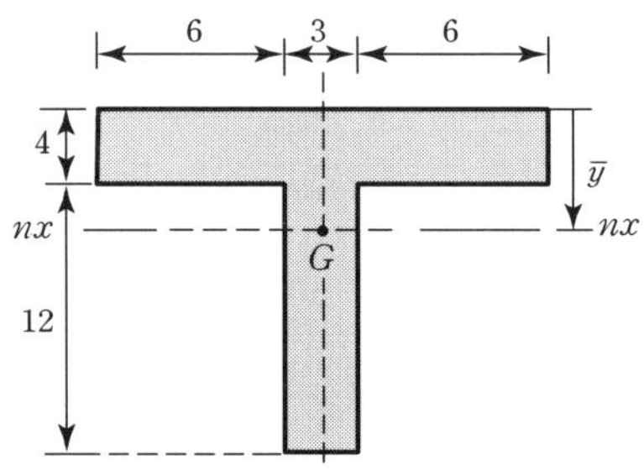

그림 2.35 연습문제 6

답 : $\bar{y} = \dfrac{480}{96} = 5\text{ cm}$, $I_x = 1952\text{ cm}^4$, $I_y = 1152\text{ cm}^4$

$Z_{x_1} = 390.4\text{cm}^3$, $Z_{x_2} = 177.5\text{ cm}^3$, $Z_y = 153.6\text{ cm}^3$

$r_x = 4.51\text{ cm}$, $r_y = 3.46\text{ cm}$

CHAPTER

03 재료의 역학적 성질

CHAPTER 03

재료의 역학적 성질

구조물이 외력을 받으면 구조물은 변형을 일으키며, 이에 저항하기 위하여 구조물 내부에는 내력이 발생한다. 이러한 외적변형과 내력에 의하여 구조물을 이루고 있는 부재들에는 내적변형과 응력이 발생한다.

이 장에서는 부재의 종류에 따른 물리적 성질로서 응력 · 변형의 개념과 역학적 성질을 이해하여 구조물 설계에 적절한 재료와 단면을 결정하는 방법을 학습한다.

3.1 응 력

부재에 외부힘이 작용하면 내부에서는 이에 저항하는 내부힘이 발생한다. 이 내부힘은 평형조건에 의해 외부힘과 크기는 같고 방향은 반대로 작용한다. 이 내부 힘을 **내력**(內力, internal force)이라 하고, 단위면적당 힘을 **응력**(應力, stress)이라고 한다. 응력의 단위는 kg/cm^2 으로 표시된다.

$$\begin{aligned} 1\ kg/cm^2 &= 9.8\ N/10^{-4}\ m^2 \\ &= 98{,}000\ N/m^2 \\ &\simeq 10^5\ Pa \\ &\simeq 0.1\ MPa \end{aligned}$$

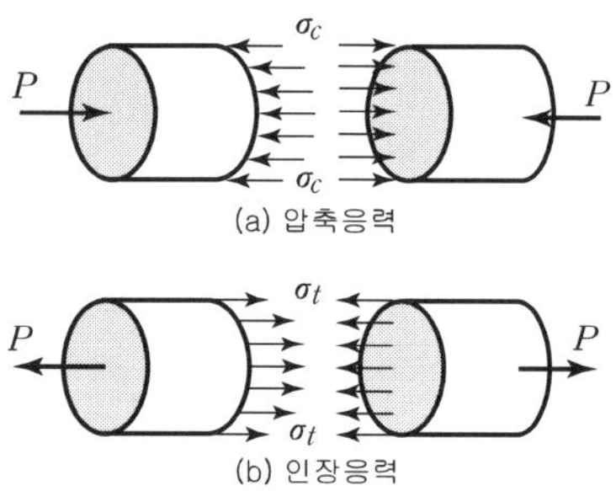

그림 3.1 수직응력

3.1.1 수직응력

그림 3.1(a)에서 외력(P)에 의해 부재가 압축을 받을 경우 내부에 발생되는 응력을 **압축응력**(σ_c, compressive stress)이라 하고, 그림 3.1(b)와 같이 인장을 받을 경우에 발생되는 응력을 **인장응력**(σ_t, tensile stress)이라고 한다.

압축응력과 인장응력의 방향은 단면과 수직하게 작용하므로 **수직응력**(normal stress)라고 한다. 부호는 압축응력을 (−), 인장응력은 (+)로 한다.

$$\sigma_c = -\frac{P}{A} \qquad \sigma_t = +\frac{P}{A} \tag{3.1}$$

여기서, σ_c : 압축응력 [kg/cm²]
σ_t : 인장응력 [kg/cm²]
A : 단면적 [cm²]

3.1.2 전단응력

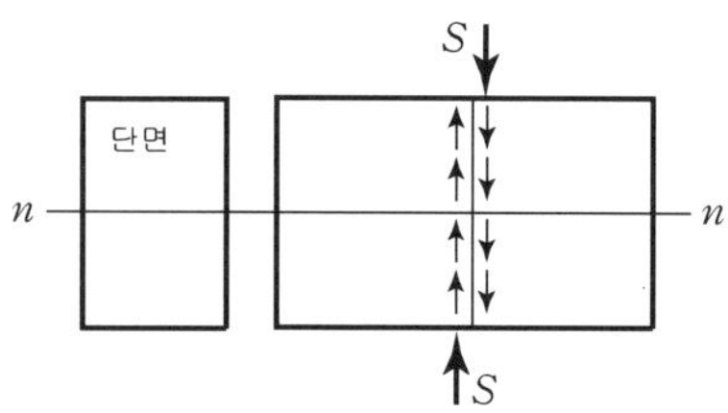

그림 3.2 전단응력

그림 3.2와 같이 외력(P)가 단면에 작용하면 부재는 잘려진다. 이러한 힘에 의해 부재 내부에서 저항하는 힘을 **전단력**(shearing force)이라 하고, 전단력을 단면적으로 나눈 값을 **전단응력**(shearing stress), 접선응력(tangential stress)이라 한다. 즉 단면에 분포하는 전단응력을 합하면 전단력이 된다.

$$\tau = \frac{S}{A} \tag{3.2}$$

여기서, S : 절단하려는 힘(전단력) [kg]
A : 단면적 [cm²]
τ : 전단응력 [kg/cm²]

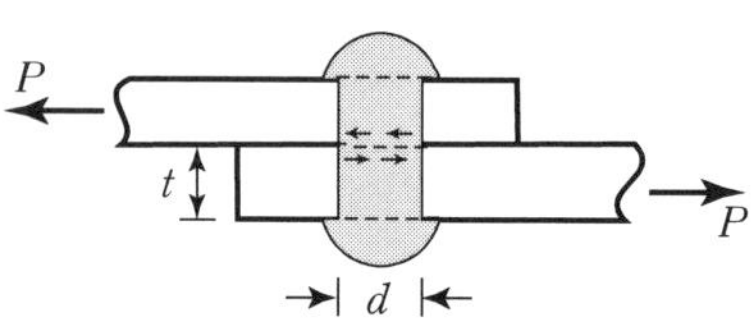

그림 3.3 리벳

그림 3.3은 전단응력의 예로 철판을 이음할 때 겹친 부분에 구멍을 뚫어 리벳이나 볼트를 넣고 연결하는 방법인데 힘 P가 작용하면 리벳은 철판 사이에서 잘리려고 하고, 이에 저항하려는 전단응력이 발생한다.

3.2 변형률

탄성체인 부재가 외력을 받으면 내부에 응력이 생기고 형상과 치수가 변화하는데 이 변화된 정도를 나타내는 것을 **변형률**(變形率, strain)이라고 한다. 변형 전 치수에 대한 변화된 치수의 비로 정의된다.

3.2.1 수직변형률

그림 3.4와 같이 원래의 길이가 l이고, 축방향의 힘에 의한 변화된 양을 Δl, Δd라 하면, 변형률(ϵ)은 다음과 같다.

$$\epsilon = \frac{\Delta l}{l}, \quad \beta = \frac{\Delta d}{d} \tag{3.3}$$

여기서, ϵ : 세로변형률(longitudinal strain)

β : 가로변형률(lateral strain)

변형률의 단위는 길이의 비이므로 무차원이다.

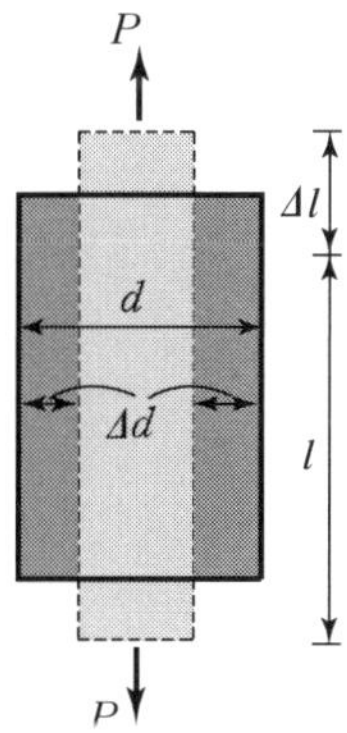

그림 3.4 수직변형률

3.2.2 전단변형률

그림 3.5와 같이 힘(S)이 작용하여 변형량이 Δl이 생기면 길이(l)에 대한 비율을 **전단변형률**(shearing strain)이라고 한다.

$$\gamma = \frac{\Delta l}{l} = \tan\phi \tag{3.4}$$

여기서, γ : 전단변형률

ϕ : radian

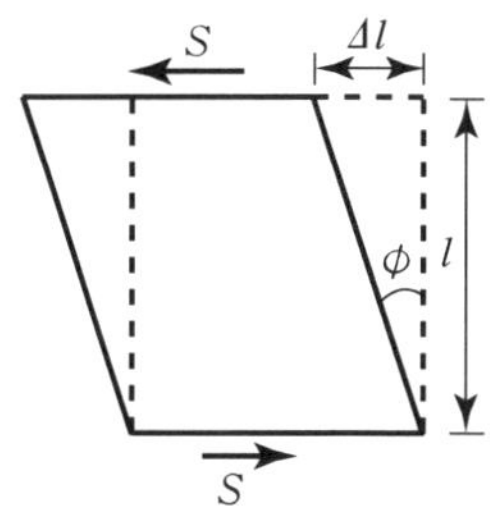

그림 3.5 전단변형률

3.2.3 체적변형률

물체가 물 속 또는 진공탱크 속에 있으면 모든 방향으로 압축 또는 인장을 받아 물체에 수축 또는 팽창이 생기고 체적이 변하게 된다. 이때 체적변화량을 ΔV라 할 때 체적 V에 대한 비율을 **체적변형률**이라고 한다.

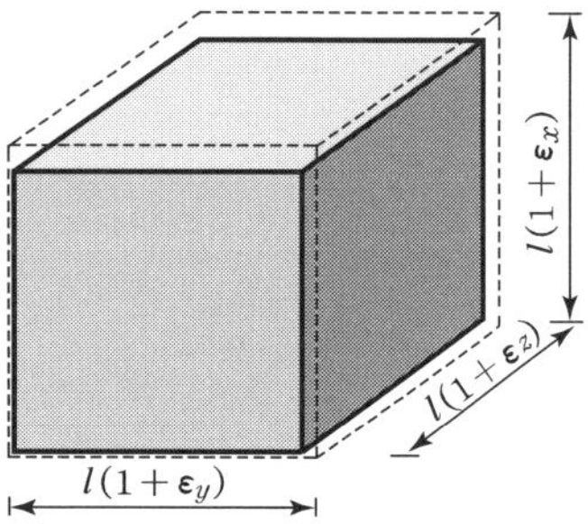

그림 3.6 체적변형률

$$
\begin{aligned}
\epsilon_V &= \frac{\Delta V}{V} \\
&= \frac{(l \pm \Delta l)^3 - l^3}{V} \simeq \pm 3\frac{\Delta l}{l} = \pm 3\epsilon
\end{aligned}
\tag{3.5}
$$

여기서, ϵ_V : 체적변형률

ϵ : 선변형률

윗 식에서 체적변형률(ϵ_V)은 선변형률(ϵ)의 3배이다.

3.2.4 온도변형률

균질하고 등방성인 물체에 온도가 변화하면 그 치수가 변화한다. 이때 온도변화(ΔT)에 따른 길이의 변화량(Δl)은 식 (3.6)과 같은 관계가 된다.

$$\Delta l = \alpha \cdot \Delta T \cdot L \tag{3.6}$$

여기서, α : 선팽창계수

ΔT : 온도변화

계수 α는 재료의 특성값으로 온도변화의 역수와 같은 관계를 나타내며, 강재의 경우 $\alpha = 10 \sim 12 \times 10^{-6}$/℃이다.

3.2.5 푸아송비

균일한 재료는 축방향으로 인장이나 압축력을 작용하면 축방향의 세로변형률(ϵ)과 축 직각방향의 가로변형률(β)이 생기는데, 이의 비를 **푸아송비**(ν, Poison's ratio)라고 한다.

$$
\begin{aligned}
\nu &= -\frac{\text{축 직각방향 변형률 (가로방향)}(\beta)}{\text{축방향 변형률 (세로변형률)}(\epsilon)} \\
&= -\frac{\Delta d / d}{\Delta l / l} \\
&= \frac{1}{m}
\end{aligned}
\tag{3.7}
$$

식 (3.7)에서 푸아송비의 역수를 **푸아송수** m (Poison's number)라고 한다. 일반적으로 강재의 경우 ν = 0.3, 콘크리트의 경우 ν = 0.15를 사용한다. 코르크는 ν = 0으로 병마개로 적합하다.

예제 3.1 지름 20 mm, 길이 2.5 m 되는 강봉에 인장력을 작용했더니 1.25 mm 늘어나고 지름은 0.002 mm 축소되었다. 이 강봉의 푸아송비를 구하여라.

풀이

$$\epsilon = \frac{\Delta l}{l} = \frac{0.125}{250} = 0.0005$$

$$\beta = \frac{\Delta d}{d} = \frac{0.0002}{2} = 0.0001$$

$$\therefore \text{ 푸아송비 } \nu = \frac{\beta}{\epsilon} = \frac{0.0001}{0.0005} = 0.2$$

3.3 응력과 변형률의 관계

3.3.1 Hooke의 법칙

1968년 영국의 과학자 Robert Hooke(1635~1703)는 균일한 재료에 인장시험을 하여 탄성한도 내에서 변화된 양(Δl)은 인장력(P)과 길이 l에 비례하고 단면적 A에 반비례함을 발견하였다. 이것을 훅의 법칙(Hooke's law)이라고 한다. 즉

$$\Delta l \propto \frac{Pl}{A} \tag{3.8}$$

그림 3.7은 시험편에 하중을 작용하여 응력과 변형의 관계를 표시한 **응력-변형률 선도**(stress-strain diagram)로 점 E까지는 선형변화 하다가, 힘을 더 작용하면 비선형이 되어 점 Y_U에서 변형률이 크게 변화하고 점 U에서 최고의 응력을 가지면서 변형이 커지고, 점 B에서 파괴된다. 0~E의 구간을 탄성상태, Y_U ~ Y_L의 구간을 소성상태라 한다. 탄성(elasticity)은 힘을 가

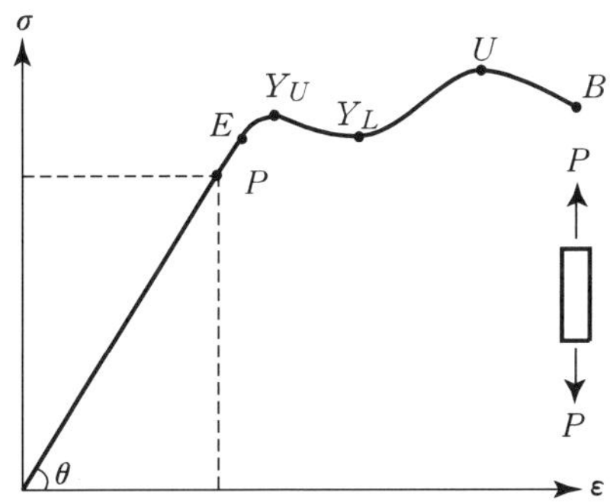

점 P : 비례한도(proportional limit)
점 E : 탄성한도(elastic limit)
점 Y_U : 상항복점(upper yield point)
점 Y_L : 하항복점(lower yield point)
점 U : 극한강도(ultimate strength)
점 B : 파괴강도(breaking strength)

그림 3.7 응력변형률 선도

할 때 변형하고 힘을 제거하면 원상태로 복귀하는 성질이고, 소성(plasticity)은 힘을 제거해도 원상으로 복귀하지 않고 변형상태로 있는 성질로 남아 있는 변형을 잔류변형(residual strain) 또는 영구변형(permanent strain)이라고 한다.

3.3.2 탄성계수

그림에서 OP 구간에서는 직선변화를 하므로 비례상수를 가진다. 이 비례상수를 **탄성계수**(modules of elasticity)라 하고, 또는 영계수(Young's modulus)라 한다. 즉,

$$\Delta l = \frac{1}{E}\frac{Pl}{A} = \frac{Pl}{EA}$$

$$\tan\theta = \frac{\sigma}{\epsilon} = E$$

$$\sigma = E\epsilon \tag{3.9}$$

여기서, E는 재료의 성질에 따라 다른 값을 갖고 재료가 강한 경우에는 값이 크다는 것을 알 수 있다. 식 (3.9)에서

$$E = \frac{\sigma}{\epsilon} = \frac{P/A}{\Delta l/l} = \frac{Pl}{A\Delta l} \tag{3.10}$$

예제 3.2 지름이 19 mm, 길이가 1m인 강봉에 3 t의 인장력을 받아 0.5 mm 늘어났다. 이 강봉의 탄성계수를 구하여라.

풀이

식 (3.10)으로부터

$$\sigma = \frac{P}{A} = \frac{3000}{3.14 \times 1.9^2/4} = 1060 \text{ kg/cm}^2$$

$$\epsilon = \frac{\Delta l}{l} = \frac{0.05}{100} = 0.0005$$

$$E = \frac{\sigma}{\epsilon} = \frac{1060}{0.0005} = 2{,}120{,}000 \text{ kg/cm}^2$$

예제 3.3 지름 2 cm, 길이 1 m의 강봉에 4 t의 인장력을 받는다. 강봉이 늘어난 길이를 구하여라. ($E = 2.1 \times 10^6\ \mathrm{kg/cm^2}$)

풀이

식 (3.10)으로부터

$$\therefore \Delta l = \frac{Pl}{EA} = \frac{4000 \times 100}{2.1 \times 10^6 \times \dfrac{\pi \times 2^2}{4}} = 0.0606\ \mathrm{cm}$$

3.3.3 전단탄성계수

응력 - 변형률 선도에도 Hooke의 법칙을 적용하면, 탄성한도 내에서 전단응력(τ)과 전단변형률(γ)이 비례관계를 갖고 이 비례상수를 **전단탄성계수**(modulus of shearing elasticity)라 한다.

$$G = \frac{\tau}{\gamma} = \frac{S}{A} \cdot \frac{1}{\gamma} \tag{3.11}$$

여기서, G : 진던단성계수 [kg/cm²]
τ : 전단응력 [kg/cm²]
γ : 전단변형률[rad]

수직탄성계수(E)와 전단탄성계수(G)의 관계는 다음 식과 같이 유도된다.

$$G = \frac{\tau}{\gamma} = \frac{E}{2(1+\nu)} = \frac{mE}{2(m+1)} \tag{3.12}$$

예제 3.4 단면적이 1 cm²이고 길이가 2 m인 강봉에 4 t의 인장력을 받아서 0.4 cm 늘어났다. 이 강봉의 탄성계수(E)와 전단탄성계수(G) 를 구하여라. (단, 푸아송비는 0.3)

풀이

식 (3.10)으로부터

$$E = \frac{Pl}{A\,\Delta l} = \frac{4000 \times 200}{1 \times 0.4} = 2{,}000{,}000\ \mathrm{kg/cm^2}$$

식 (3.12)로부터

$$G = \frac{E}{2(1+\nu)} = \frac{2{,}000{,}000}{2(1+0.3)} = 769{,}230\ \mathrm{kg/cm^2}$$

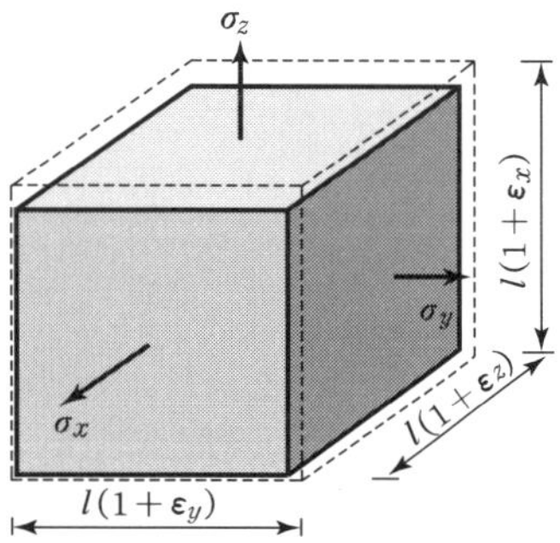

그림 3.8 인장을 받는 요소

3.3.4 체적탄성계수(K)

수직응력(σ)과 체적변형률(ϵ_V)의 비례상수를 **체적탄성계수**라 하고 K로 나타낸다.

$$\sigma = K\epsilon_V$$

$$K = \frac{\sigma}{\epsilon_V} = \frac{P/A}{\Delta V/V} = \frac{PV}{\Delta VA}$$

그림 3.8에서 변형된 육면체의 체적은

$$V' = V(1+\epsilon_x)(1+\epsilon_y)(1+\epsilon_z)$$

여기서, $V = l^3$이고 ϵ_x, ϵ_y, ϵ_z는 미소한 변형률 값이므로 2차항을 무시하면

$$\epsilon_V = \frac{V'}{V} = \epsilon_x + \epsilon_y + \epsilon_z = 3\epsilon \quad (3.13)$$

물체에 동일 압력이 작용할 때 $\sigma_x = \sigma_y = \sigma_z = \sigma$, $\epsilon_x = \epsilon_y = \epsilon_z = \epsilon$이 된다.

3.4 허용응력과 안전율

구조물의 설계는 시공에서 생기는 오차나 예기치 못한 하중의 적재가 구조물의 안전에 위험성이 있다. 그리하여 응력-변형률 선도에서 비례한도보다 낮은 값을 기준하여 설계하게 된다. 즉, 재료의 성질에 따라 **허용응력**(許容應力, allowable stress)값을 기준으로 한다. 이러한 허용응력값은 재료의 성질에 따라 일정한 비율을 가지는데 이것을 **안전율**($\boldsymbol{s}$, factor of safety)이라 한다. 안전율은 파괴강도와 허용응력의 비로 결정한다. 강재의 경우 항복강도에 안전율 약 1.7을 적용하고 있다.

$$\sigma_a = \frac{\sigma_y}{s} \quad \text{또는} \quad \sigma_a = \frac{\sigma_u}{s} \quad (3.14)$$

여기서, σ_a : 허용응력 [kg/cm^2]

σ_y : 항복강도 [kg/cm^2]

σ_u : 극한강도 [kg/cm^2]

s : 안전율

구조물을 설계하는 방법 중에서 허용응력설계법은 외력에 의해 발생되는 응력을 허용응력보다 작게 설계하는 방법으로 현재 강구조물의 설계에 많이 사용되고 있다.

$$\sigma \leqq \sigma_a\,, \quad \sigma = \frac{P}{A}\,, \quad P \leqq \sigma_a A \tag{3.15}$$

예제 3.5 강봉에 4 t의 인장력이 작용할 때 항복강도가 80 kg/cm^2 이면 이 강재의 지름은 얼마인가? (단, 안전율은 8)

풀이

식 (3.14)로부터

$$\sigma_a = \frac{\sigma_y}{s} = \frac{80}{8} = 10 \text{ kg/cm}^2$$

$$A = \frac{P}{\sigma_a} = \frac{4000}{10} = 400 \text{ cm}^2$$

$$d = \sqrt{\frac{4A}{\pi}} = \sqrt{\frac{4 \times 400}{\pi}} \doteqdot 22.57 \text{ cm}$$

3.5 합성재

합성재(composite member)는 철근 콘크리트와 같이 탄성계수가 다른 2개 이상의 재료가 동시에 외력을 받으면서 같은 변형이 생기도록 만든 부재를 말한다.

그림 3.9는 철근과 콘크리트가 합성된 기둥으로

철근과 콘크리트의 탄성계수 : E_1, E_2

철근과 콘크리트의 단면적 : A_1, A_2

철근과 콘크리트가 받는 압축응력 : σ_1, σ_2 일 때

$$\sigma_1 = E_1\,\epsilon, \qquad \sigma_2 = E_2\,\epsilon$$

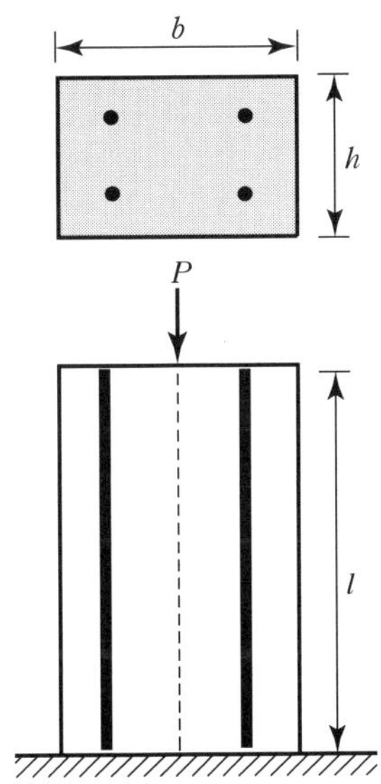

그림 3.9 합성기둥

윗 식에서 변형률 ϵ은 두 재료가 같으므로

$$\epsilon = \frac{\sigma_1}{E_1} = \frac{\sigma_2}{E_2} \tag{3.16}$$

$$P = \sigma_1 A_1 + \sigma_2 A_2 \tag{3.17}$$

식 (3.16)에서

$$\sigma_2 = \frac{E_2}{E_1} \sigma_1 \tag{3.18}$$

식 (3.18)을 식 (3.17)에 대입하면

$$P = \sigma_1 A_1 + \frac{E_2}{E_1}\sigma_1 A_2 = \sigma_1\left(A_1 + \frac{E_2}{E_1}A_2\right)$$

철근과 콘크리트의 탄성계수비를 $n = E_1/E_2$로 하면

$$\therefore \sigma_1 = \frac{P}{A_1 + \dfrac{E_2}{E_1}A_2} = \frac{nP}{nA_1 + A_2} \tag{3.19}$$

같은 방법으로 식 (3.17)에서 $\sigma_1 = \dfrac{E_1}{E_2}$, $\sigma_2 = n\sigma_2$를 대입하면

$$P = \frac{E_1}{E_2}\sigma_2 A_1 + \sigma_2 A_2 = \sigma_2\left(\frac{E_1}{E_2}A_1 + A_2\right)$$

$$\therefore \sigma_2 = \frac{P}{nA_1 + A_2} \tag{3.20}$$

예제 3.6 그림과 같이 철근 콘크리트 기둥에서 34 t의 압축력이 작용할 때. 콘크리트와 철근이 받는 응력을 구하여라.
(단, $E_s = 2.1\times 10^6$ kg/cm^2, $E_c = 1.4\times 10^5$ kg/cm^2)

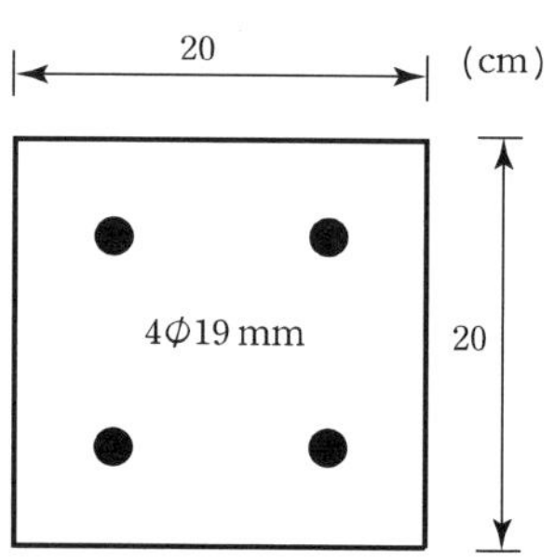

그림 3.10 예제 3.6

풀이

식 (3.19)로부터

$$A_c = 20\times 20 = 400\ \text{cm}^2$$

$$A_s = \frac{3.14\times 1.9^2}{4}\times 4 = 11.34\ \text{cm}^2$$

$$n = \frac{E_s}{E_c} = \frac{2.1\times 10^6}{1.4\times 10^5} = 15$$

$$\sigma_c = \frac{P}{A_c + nA_s} = \frac{34,000}{400 + (15\times 11.34)} = 59.6\ \mathrm{kg/cm^2}$$

$$\sigma_s = n\sigma_c = 15\times 59.6 = 894\ \mathrm{kg/cm^2}$$

3.6 비틀림

그림 3.11에서 원형단면의 한쪽을 고정시키고 다른 끝에서 우력모멘트 T를 작용하면 선분 ab는 비틀림(torsion)을 받아 선분 ac로 변형한다. 이때 단면 ac의 내부에서 비틀림응력(torsional stress)이 생긴다. 여기서 T를 비틀림모멘트(twisting moment) 또는 토크(torque)라고 한다. 우력을 간단하게 표시하기 위하여 두 개의 화살표로 나타내는 벡터를 이용할 수 있다. 우력이 작용하는 면에 수직하고 우수(右手)법칙에 의하여 그 방향이 결정된다. 그림 3.11에서 $\measuredangle bac = \gamma$, $\measuredangle boc = \phi$, 반지름 $= r$ 이고, γ는 미소하므로 $\tan\gamma \fallingdotseq \gamma$ 이다

$$\tan\gamma = \frac{bc}{ab} = \frac{r\,\phi}{l}$$

$$\therefore \gamma = \frac{r\,\phi}{l}\,[\mathrm{radian}]$$

Hooke의 법칙에서 $\tau = G\gamma$ 이므로

$$\tau = Gr\frac{\phi}{l} = G\,r\,\theta \tag{3.21}$$

여기서, G : 전단탄성계수

γ : 전단변형률

ϕ : 비틀림각

θ : 단위 길이당 비틀림각$\left(\theta = \dfrac{\phi}{l}\right)$

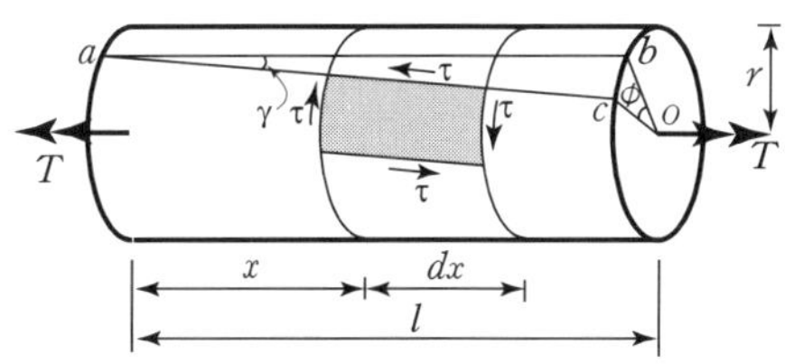

그림 3.11 비틀림을 받는 봉

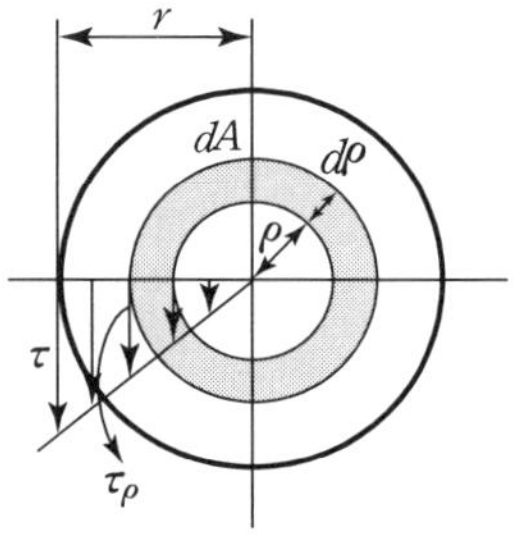

그림 3.12 내부단면

그림 3.12에 표시한 전단응력들의 합력은 전 비틀림우력 T와 정적으로 같으므로

$$dT = \tau_\rho \, \rho \, dA = G\theta \, \rho^2 \, dA$$

$$T = \int_A G\theta \rho^2 \, dA = G\theta \int_A \rho^2 \, dA = G\theta \, I_P \qquad (3.22)$$

여기서, $I_P = \int_A \rho^2 \, dA$

식 (3.22)에서 $\theta = \dfrac{\phi}{l}$ 이므로

$$\therefore \phi = \frac{Tl}{GI_P} \qquad (3.23)$$

식 (3.22)와 식 (3.21)에서 $T = \dfrac{\tau}{r} I_P$ 이므로

$$\therefore \tau = \frac{Tr}{I_P} \qquad (3.24)$$

3.7 원환응력

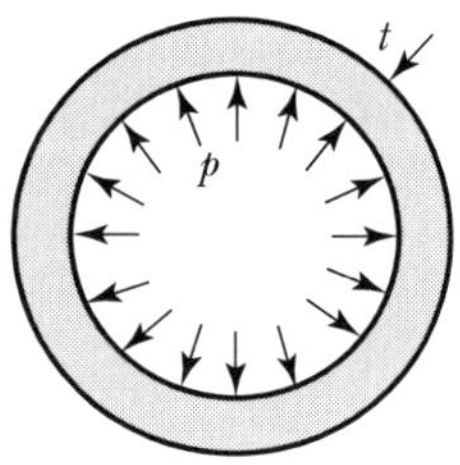

(a) 관내부 압력

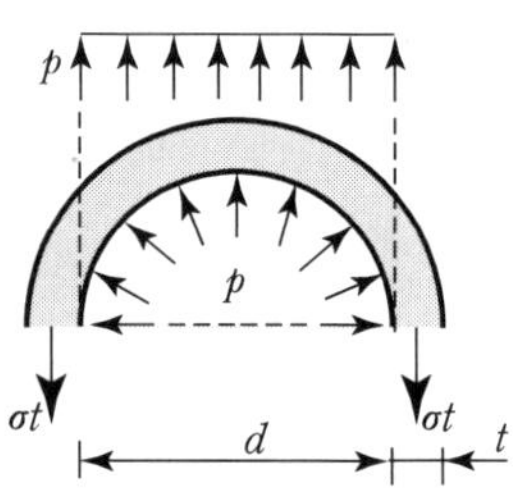

(b) 힘의 평형

그림 3.13 압을 받는 관

수도관이나 가스관과 같이 얇은 관에서 그림 3.13과 같은 원환응력이 생긴다. 관벽이 받는 수압과 관내부의 응력의 합은 정역학적으로 평형하므로

$$2\sigma t = p \, d$$

$$\therefore \sigma = \frac{p\,d}{2t} = \frac{p\,r}{t} \text{ (Barlow의 공식)} \qquad (3.25)$$

3.8 응력해석

구조물이 외력을 받을 때, 부재내부에는 수직응력과 전단응력이 생긴다. 수직응력이 1개의 축에 생기는 경우 1축 응력, 수직응력이 2개의 축에 생기는 경우 2축 응력, 전단응력만 생기는 경우 순수전단 상태, 수직응력과 전단응력이 모두 생기는 경우를 평면응력 상태라 한다. 이 절에서는 가장 일반적인 평면응력 상태부터 기타 여러 가지 응력 상태를 설명한다.

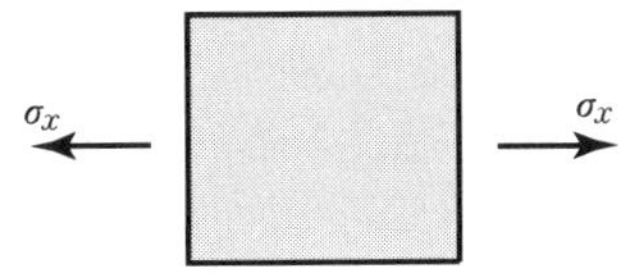

그림 3.14 1축 응력

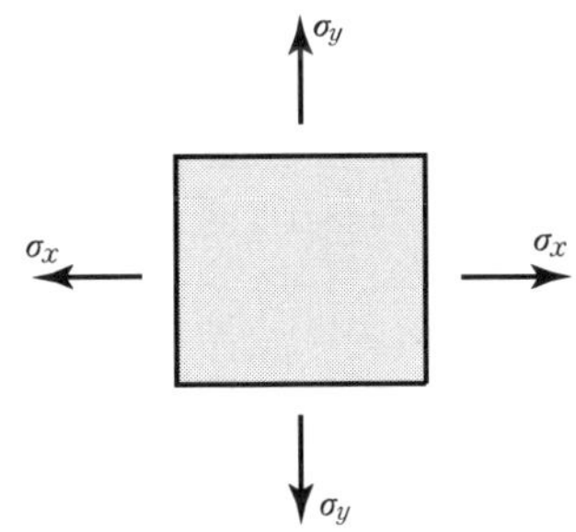

그림 3.15 2축 응력

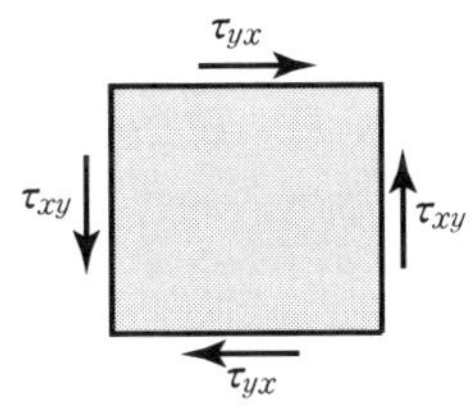

그림 3.16 순수전단

3.8.1 평면응력

재료의 응력상태는 3축 방향을 고려해야 하지만 얇은 판에서 두께 방향으로 작용하는 z 축 응력이 작을 경우 z 축은 무시한다. 응력이 평면상태에 작용한다면 이 응력을 평면응력(plane stress)이라 한다. 그림 3.17(a)는 σ_x, σ_y, τ_{xy}가 작용하는 평면응력의 요소를 표현한 그림이다.

τ_{xy} : 첨자 x는 응력이 작용하는 면

첨자 y는 응력이 작용하는 방향

τ_{xy}와 τ_{yx}는 공액전단응력으로 $\tau_{xy} = \tau_{yx}$의 관계가 있다.

그림 3.17(b)는 y축면에서 θ만큼 경사진 면에서의 수직응력 σ_n과 전단응력 τ_θ를 나타낸 것이다. 면 ab의 단면적을 A_x, 면 ac의 단면적을 A_n, 면 bc의 단면적을 A_y라고 하면,

$$
\begin{aligned}
\cos\theta &= \frac{A_x}{A_n}, \quad A_x = A_n\cos\theta \\
\sin\theta &= \frac{A_y}{A_n}, \quad A_y = A_n\sin\theta
\end{aligned}
\tag{3.26}
$$

그림 3.17(b)에서 경사면의 응력 σ_n, τ_θ을 구하기 위하여 정역학적 힘의 평형을 적용하면 다음과 같다.

[법선방향] $\sigma_n A_n - (\sigma_x A_x)\cos\theta - (\sigma_y A_y)\sin\theta$

$- (\tau_{xy} A_x)\sin\theta - (\tau_{yx} A_y)\cos\theta = 0$

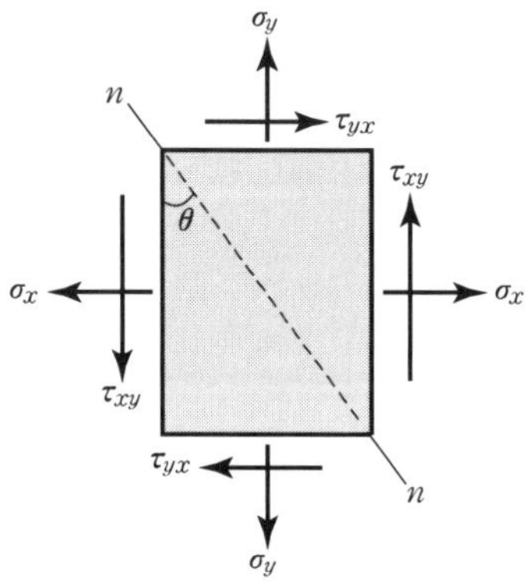

(a) 응력요소

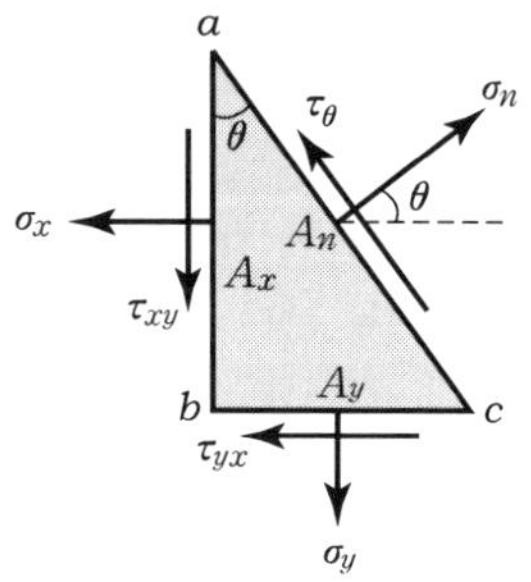

(b) 경사면의 응력

그림 3.17 평면응력

$$\sin^2\theta = \frac{1-\cos 2\theta}{2}$$

$$\cos^2\theta = \frac{1+\cos 2\theta}{2}$$

$$\sin 2\theta = 2\sin\theta\cos\theta$$

$$\cos 2\theta = \cos^2\theta - \sin^2\theta$$

[접선방향] $\tau_\theta A_n + (\sigma_x A_x)\sin\theta - (\sigma_y A_y)\cos\theta - (\tau_{xy} A_x)\cos\theta + (\tau_{yx} A_y)\sin\theta = 0$

윗 식에 A_x, A_y와 $\tau_{xy} = \tau_{yx}$를 대입하여 정리하면

$$\sigma_n = \sigma_x \cos^2\theta + \sigma_y \sin^2\theta + \tau_{xy}\sin\theta\cos\theta + \tau_{yx}\cos\theta\sin\theta$$

$$= \frac{1}{2}(\sigma_x + \sigma_y) + \frac{1}{2}(\sigma_x - \sigma_y)\cos 2\theta + \tau_{xy}\sin 2\theta \qquad (3.27)$$

$$\tau_\theta = -\sigma_x \sin\theta\cos\theta + \sigma_y \sin\theta\cos\theta + \tau_{xy}\cos^2\theta + \tau_{yx}\sin^2\theta$$

$$= -(\sigma_x - \sigma_y)\sin\theta\cos\theta + \tau_{xy}(\cos^2\theta - \sin^2\theta)$$

$$= -\frac{1}{2}(\sigma_x - \sigma_y)\sin 2\theta + \tau_{xy}\cos 2\theta \qquad (3.28)$$

식 (3.27)과 식 (3.28)에서

$\theta = 0$일 때 $\sigma_n = \sigma_x$, $\tau_\theta = \tau_{xy}$

$\theta = 90°$일 때 $\sigma_n = \sigma_y$, $\tau_\theta = -\tau_{xy}$

[1축 응력] $\sigma_y = \tau_{xy} = 0$ 일 때,

$$\sigma_n = \frac{1}{2}\sigma_x + \frac{1}{2}\sigma_x\cos 2\theta = \sigma_x\cos^2\theta$$

$$\tau_\theta = \frac{1}{2}\sigma_x \sin 2\theta$$

[2축 응력] $\tau_{xy} = 0$ 일 때,

$$\sigma_n = \frac{1}{2}(\sigma_x + \sigma_y) + \frac{1}{2}(\sigma_x - \sigma_y)\cos 2\theta$$

$$\tau_\theta = -\frac{1}{2}(\sigma_x - \sigma_y)\sin 2\theta$$

[순수 전단] $\sigma_x = \sigma_y = 0$ 일 때,

$$\sigma_n = \tau_{xy}\sin 2\theta$$

$$\tau_\theta = \tau_{xy}\cos 2\theta$$

3.8.2 주응력과 최대전단응력

평면응력에 대한 경사면의 응력에 관한 변환공식(식 3.27, 28)에서 수직응력 σ_n과 전단응력 τ_θ는 요소가 각 θ만큼 회전함에 따라 연속적으로 변화한다는 것을 알 수 있다. 설계를 함에 있어 부재에 발생되는 최대의 양과 음의 수직응력이라는 주응력(principal stress)과 최대전단응력이 필요하다.

1) 주응력

주응력을 유도하기 위하여 식 (3.27)의 σ_n을 θ에 대하여 도함수를 구하여 "0"으로 놓으면

$$\begin{aligned}\frac{d\sigma_n}{d\theta} &= -(\sigma_x - \sigma_y)\sin 2\theta + 2\tau_{xy}\cos 2\theta \\ &= -2\tau_\theta = 0\end{aligned} \tag{3.29}$$

따라서 최대 수직응력이 생길 때 전단응력은 "0"이 된다.

주응력이 작용하는 평면을 주평면(principal plane)과 그 때의 각을 θ_p라 하고, 식 (3.29)로부터

$$\tan 2\theta_p = \frac{\sin 2\theta_p}{\cos 2\theta_p} = \frac{\tau_{xy}}{\dfrac{\sigma_x - \sigma_y}{2}} \tag{3.30}$$

0°~360° 사이에서 수직응력(σ_n)은 두 개의 값이 존재하는데, 각각 최대주응력(σ_1)과 최소주응력(σ_2)이라 한다.

주응력을 구하기 위하여 식 (3.30)을 그림 3.18과 같이 표현하여 $\sin 2\theta_p$와 $\cos 2\theta_p$를 구한다.

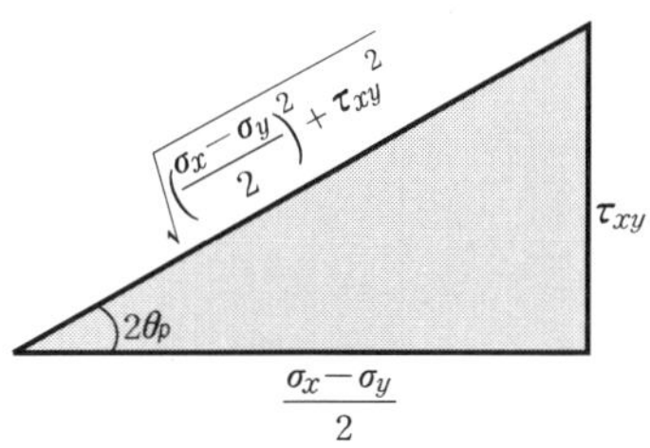

그림 3.18

$$\sin 2\theta_p = \frac{\tau_{xy}}{\sqrt{\left(\dfrac{\sigma_x - \sigma_y}{2}\right)^2 + \tau_{xy}^2}} \tag{3.31a}$$

$$\cos 2\theta_p = \frac{\dfrac{\sigma_x - \sigma_y}{2}}{\sqrt{\left(\dfrac{\sigma_x - \sigma_y}{2}\right)^2 + \tau_{xy}^2}} \tag{3.31b}$$

$\sin 2\theta_p$와 $\cos 2\theta_p$를 식 (3.27)에 대입하여 두 개의 주응력중에서 대수적으로 큰 값을 σ_1이라 표시하면

$$\sigma_n = \frac{\sigma_x + \sigma_y}{2} + \frac{\sigma_x - \sigma_y}{2}\cos 2\theta + \tau_{xy}\sin 2\theta$$

$$\therefore \sigma_1 = \frac{\sigma_x + \sigma_y}{2} + \sqrt{\left(\frac{\sigma_x - \sigma_y}{2}\right)^2 + \tau_{xy}^2}$$

주응력의 작은 값을 σ_2라 하고, 그림 3.18에서 θ를 90° 회전시키면 $\sin 2\theta_p$와 $\cos 2\theta_p$ 값은 크기는 같고 부호만 (−)이므로 최소주응력(σ_2)은 다음과 같다.

$$\therefore \sigma_2 = \frac{\sigma_x + \sigma_y}{2} - \sqrt{\left(\frac{\sigma_x - \sigma_y}{2}\right)^2 + \tau_{xy}^2}$$

위 두 식을 주응력에 대하여 하나의 공식으로 조합하면

$$\therefore \sigma_{1,2} = \frac{\sigma_x + \sigma_y}{2} \pm \sqrt{\left(\frac{\sigma_x - \sigma_y}{2}\right)^2 + \tau_{xy}^2} \tag{3.32}$$

윗 식에서 $\sigma_1 + \sigma_2 = \sigma_x + \sigma_y =$ 일정 임을 알 수 있다.

2) 최대전단응력

최대전단응력($\tau_{\max}$)을 유도하기 위하여 식 (3.28)의 τ_θ을 θ에 대하여 도함수를 구하고 이것을 "0"으로 놓으면

$$\frac{d\tau_\theta}{d\theta} = -(\sigma_x - \sigma_y)\cos 2\theta - 2\tau_{xy}\sin 2\theta = 0 \tag{3.33}$$

위 식으로부터

$$\tan 2\theta_s = \frac{\sin 2\theta_s}{\cos 2\theta_s} = -\frac{\frac{\sigma_x - \sigma_y}{2}}{\tau_{xy}} \tag{3.34}$$

각 θ_s는 최대전단응력평면의 방향을 정의한다.

식 (3.30)과 식 (3.34)를 서로 비교하면,

$$\tan 2\theta_s = -\frac{1}{\tan 2\theta_p} = -\cot 2\theta_p$$

가 된다. 삼각함수로부터 $\tan(\theta + 90°) = -\cot\theta$ 이므로

$$2\theta_s = 2\theta_p \pm 90°$$

혹은

$$\theta_s = \theta_p \pm 45° \tag{3.35}$$

위 식에서 최대전단응력평면은 주평면에서 45°의 위치에서 발생됨을 알 수 있다.

최대전단응력을 구하기 위하여 식 (3.34)를 그림 3.19와 같이 표현하여 $\sin 2\theta_s$ 와 $\cos 2\theta_s$ 를 구한다.

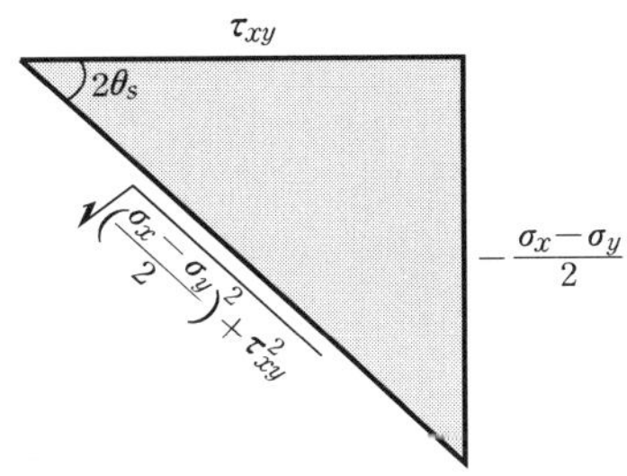

그림 3.19

$$\sin 2\theta_s = \frac{-\frac{\sigma_x - \sigma_y}{2}}{\sqrt{\left(\frac{\sigma_x - \sigma_y}{2}\right)^2 + \tau_{xy}^2}} \tag{3.36a}$$

$$\cos 2\theta_s = \frac{\tau_{xy}}{\sqrt{\left(\frac{\sigma_x - \sigma_y}{2}\right)^2 + \tau_{xy}^2}} \tag{3.36b}$$

$\sin 2\theta_s$와 $\cos 2\theta_s$를 식 (3.28)에 대입하면

$$\therefore \tau_{\max} = \sqrt{\left(\frac{\sigma_x - \sigma_y}{2}\right)^2 + \tau_{xy}^2} \tag{3.37}$$

최대전단응력($\tau_{\max}$)과 주응력(σ_1, σ_2)의 관계를 표시하기 위하여 식 (3.32)로부터

$$\sigma_1 - \sigma_2 = 2\sqrt{\left(\frac{\sigma_x - \sigma_y}{2}\right)^2 + \tau_{xy}^2} = 2\tau_{\max}$$

$$\tau_{\max} = \frac{\sigma_1 - \sigma_2}{2} \tag{3.38}$$

3.8.3 모어의 응력원

평면응력에 대한 변환공식 식 (3.27), 식 (3.28)은 모어의 원(Mohr's circle)이라고 하는 도식적인 형태로 나타낼 수 있다. 식 (3.27), 식 (3.28)을 다음과 같이 정리하고

$$\sigma_n - \frac{1}{2}(\sigma_x + \sigma_y) = \frac{1}{2}(\sigma_x - \sigma_y)\cos 2\theta + \tau_{xy}\sin 2\theta$$

$$\tau_\theta = -\frac{1}{2}(\sigma_x - \sigma_y)\sin 2\theta + \tau_{xy}\cos 2\theta$$

윗 식에 양변을 제곱하여 합하면

$$\left(\sigma_n - \frac{1}{2}(\sigma_x + \sigma_y)\right)^2 + \tau_\theta^2 = \left(\frac{\sigma_x - \sigma_y}{2}\right)^2 + \tau_{xy}^2$$

윗 식은 중심좌표 $C = \left(\frac{\sigma_x + \sigma_y}{2},\ 0\right)$ 이고

반지름 $R = \sqrt{\left(\frac{\sigma_x - \sigma_y}{2}\right)^2 + \tau_{xy}^2}$ 인 원의 방정식이 된다.

평면응력에 대한 경사진 요소의 응력(σ_n, τ_θ), 주응력(σ_1, σ_2), 최대전단응력(τ_{max})을 하나의 모어의 원으로 나타내면 다음 그림과 같다.(그림 3.20)

$$C = \left(\frac{\sigma_x + \sigma_y}{2},\ 0\right)$$

$$R = \sqrt{\left(\frac{\sigma_x - \sigma_y}{2}\right)^2 + \tau_{xy}^2}$$

$$\sigma_n = OC + R\cos\beta$$

$$\tau_\theta = R\sin\beta$$

$$\sigma_1 = OC + R$$

$$\sigma_2 = OC - R$$

$$\tau_{max} = R$$

$$\tan 2\theta_p = \frac{\tau_{xy}}{\frac{\sigma_x - \sigma_y}{2}}$$

$$\theta_s = \theta_p + 45°$$

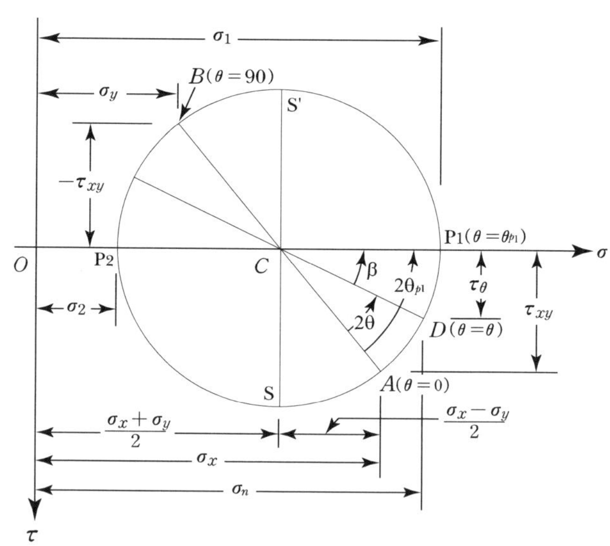

그림 3.20 모어의 원

예제 3.7 그림 3.21과 같이 2축응력 요소에서 다음의 응력들을 구하고 모어의 원을 그려라.

(1) $\theta = 30°$에서의 응력(σ_n, τ_θ)

(2) 최대주응력(σ_1, σ_2)과 주응력면(θ_p)

(3) 최대전단응력($\tau_{\max}$)과 최대전단응력면(θ_s)

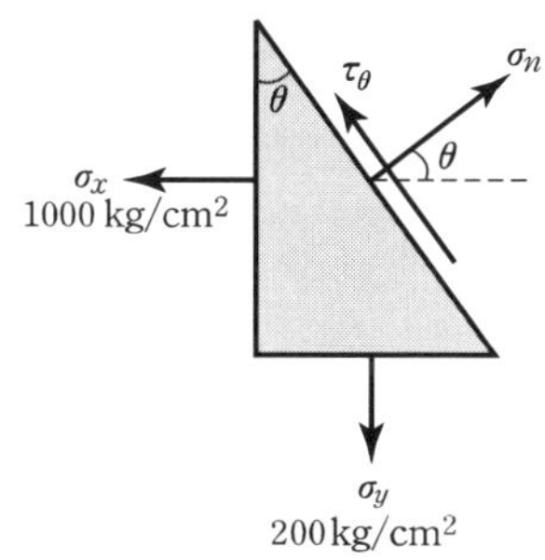

그림 3.21 예제 3.7

풀이

(1) 식 (3.27, 28)을 이용하여 구하면

$$\begin{aligned}\sigma_n &= \frac{1}{2}(\sigma_x+\sigma_y)+\frac{1}{2}(\sigma_x-\sigma_y)\cos 2\theta \\ &= \frac{1}{2}(1000+200)+\frac{1}{2}(1000-200)\cos 60° \\ &= 800\ \text{kg/cm}^2\end{aligned}$$

$$\begin{aligned}\tau_\theta &= -\frac{1}{2}(\sigma_x-\sigma_y)\sin 2\theta \\ &= -\frac{1}{2}(1000-200)\sin 60° \\ &= -346.4\ \text{kg/cm}^2\end{aligned}$$

(2) 식 (3.30)과 식 (3.32)를 이용하여 구하면

$$\tan 2\theta_p = \frac{\tau_{xy}}{\dfrac{\sigma_x-\sigma_y}{2}} = 0$$

$$\theta_p = 0°$$

$$\sigma_{1,2} = \frac{\sigma_x+\sigma_y}{2} \pm \sqrt{\left(\frac{\sigma_x-\sigma_y}{2}\right)^2+\tau_{xy}^2}$$

$$= 600 \pm 400 = 1000,\ 200\ \text{kg/cm}^2$$

(3) 식 (3.34)와 식 (3.37)을 이용하여 구하면

$$\tan 2\theta_s = -\frac{\dfrac{\sigma_x-\sigma_y}{2}}{\tau_{xy}} = -\infty$$

$$\theta_s = -45°$$

$$\tau_{\max} = \sqrt{\left(\frac{\sigma_x-\sigma_y}{2}\right)^2+\tau_{xy}^2}$$

$$= \frac{\sigma_x-\sigma_y}{2} = 400\ \text{kg/cm}^2$$

(4) 모어의 응력원

이상을 작도하면 그림 3.22와 같다.

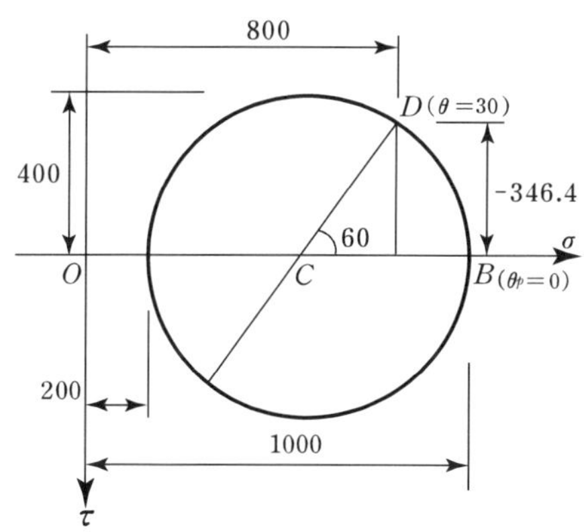

그림 3.22 예제 3.7

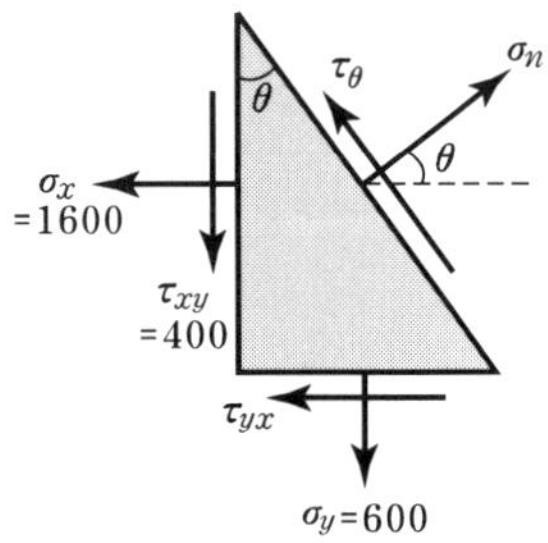

그림 3.23 예제 3.8

예제 3.8 그림 3.23과 같은 평면응력 상태에서 다음의 응력들을 모어의 원을 이용하여 구하여라.

풀이

그림 3.20을 이용하여 모어의 원을 작도하면

중심 $C=\left\{\dfrac{\sigma_x+\sigma_y}{2},\ 0\right\}=(1100,\ 0)$

반경 $R=\sqrt{\left(\dfrac{\sigma_x-\sigma_y}{2}\right)^2+\tau_{xy}^2}=640.312$

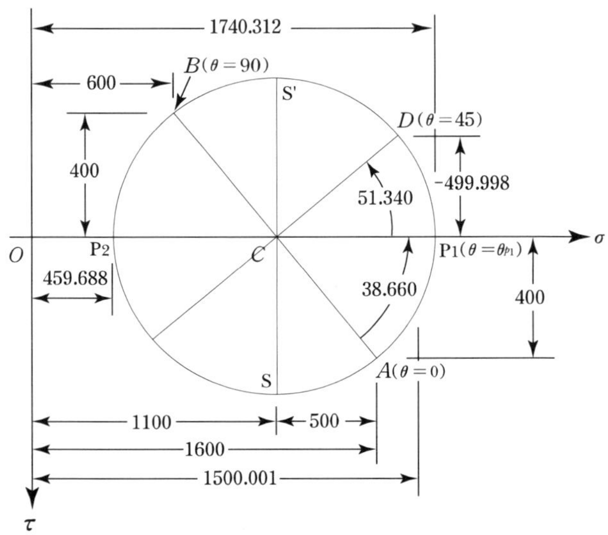

그림 3.24 모어의 원

(1) 최대주응력(σ_1, σ_2)와 주응력면(θ_p)

$\sigma_{1,2}=\overline{OC}\pm R=1100\pm 640.312=1740.312,\quad 459.688\ \text{kg/cm}^2$

$2\theta_p=\tan^{-1}\left\{\dfrac{\tau_{xy}}{(\sigma_x-\sigma_y)/2}\right\}=38.660°$, 따라서 $\theta_P=19.330°$

(2) 최대전단응력($\tau_{\max}$)와 최대전단응력면(θ_s)

$\tau_{\max}=R=640.312\,\text{kg/cm}^2$

$2\theta_s=2\theta_p+90°=38.660°+90°=128.330°,\ \theta_s=64.330°$

(3) $\theta=45°$에서의 응력(σ_n, τ_θ)

$\beta=2\theta-2\theta_p=90.0-38.660=51.340°$

$\sigma_n=\overline{OC}+R\cos\beta=1100+640.312\cos 51.34°=1500.001\ \text{kg/cm}^2$

$\tau_\theta=R\sin\beta=640.312\sin 51.34°=(-)499.998\ \text{kg/cm}^2$

연습문제

1. 지름 20 mm인 강봉에 10 t의 인장력을 작용하여 0.01 cm 늘어났다. 강봉의 길이를 구하여라. (단, $E = 2.1 \times 10^6$ kg/cm^2)

답 : $l = 6.6$ cm

2. 그림 3.25와 같은 지압볼트연결에서 볼트 M22($d = 22$mm)의 전단응력을 구하여라.

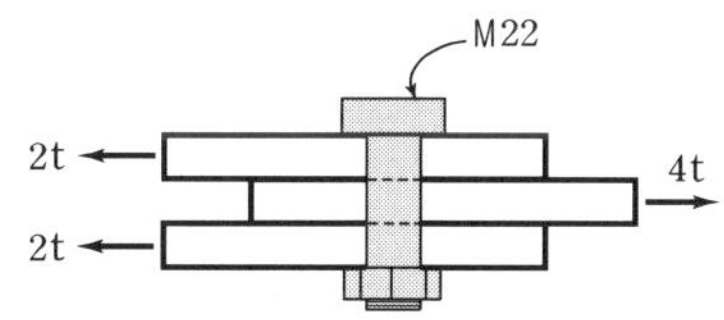

그림 3.25 연습문제 2

답 : $\tau = 526.177$ kg/cm^2

3. 봉이 힘을 받아 길이방향으로 0.0008 cm 늘어났다. 푸아송비가 0.33일 때 가로방향의 변형량을 구하여라.
(단, 강봉의 길이는 지름의 2배임)

답 : $\Delta d = 0.0001$ cm

4. 길이 1 m이고 10 cm × 10 cm 단면의 각재에 8 t의 압축력을 작용하여 1 mm 줄어들었다. 이 재료의 탄성계수를 구하여라.

답 : $E = 80{,}000$ kg/cm^2

5. 지름이 2 cm인 강봉에 3 t의 하중을 작용하여 0.00075 rad의 전단변형이 생겼다. 이 강봉의 전단탄성계수를 구하여라.

답 : $G = 1.27 \times 10^6$ kg/cm^2

6. 강재의 탄성계수가 2.1×10^6 kg/cm^{2}이고, 푸아송비가 0.303이다. 전단탄성계수(G)를 구하여라.

답 : $G = 8.05 \times 10^5$ kg/cm^2

7. 그림 3.26과 같은 강봉의 변형량을 구하여라.($E = 2100$ kg/cm^2)

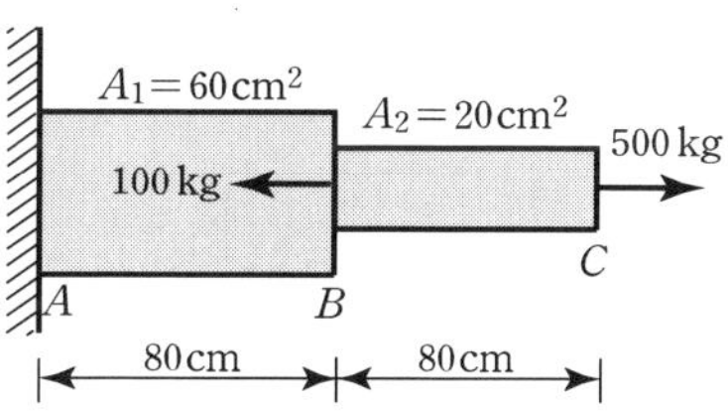

그림 3.26 연습문제 7

답 : $\Delta l = 1.206$ cm

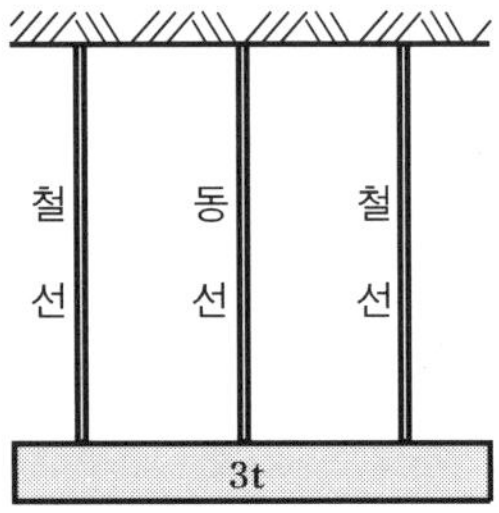

그림 3.27 연습문제 8

8. 그림 3.27에서 3 t의 무게를 매달고 있는 선재의 응력을 구하여라.
($E_{동선} = 1{,}050{,}000\,\text{kg/cm}^2$, $E_{철선} = 2{,}100{,}000\,\text{kg/cm}^2$, $A_{동선} = 1.0\,\text{cm}^2$, $A_{철선} = 0.5\,\text{cm}^2$)

답 : $\sigma_{동선} = 1000\,\text{k/g/cm}^2$, $\sigma_{철선} = 2000\,\text{kg/cm}^2$

9. 하중 40 t을 받는 콘크리트 기둥을 설계할 때 허용응력을 50 kg/cm²라고 하면 정사각형 단면의 경우와 원형단면의 경우 치수를 결정하여라.

답 : 정사각형 단면 $b \geqq 28.3\,\text{cm}$, 원형단면 $d \geqq 32\,\text{cm}$

10. 단면적이 20cm²인 강봉을 양단에서 고정시키고, 온도를 10℃ 상승할 때 압축력을 구하여라.
($E = 2.1 \times 10^6\,\text{kg/cm}^2$, $\alpha = 11.5 \times 10^{-6}/℃$)

답 : $P = 4830\,\text{kg}$

11. 지름이 4 cm, 길이 1 m인 강봉을 한쪽을 고정시키고 자유단에서 6000 kg·cm의 비틀림 우력을 작용시킬 때 전단응력을 구하여라.

답 : $\tau_{\max} = 477\,\text{kg/cm}^2$

12. 안지름이 80 cm, 두께 12 mm인 강관이 수압 30 kg/cm²을 받고 있다. 강관에 작용하는 원환응력을 구하여라.

답 : $\sigma = 1000\,\text{kg/cm}^2$

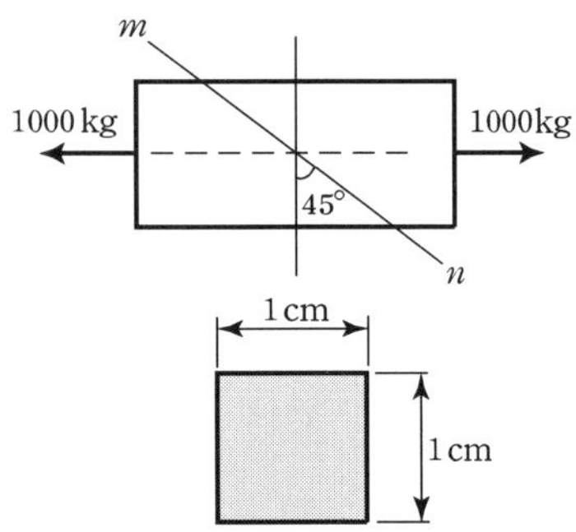

그림 3.28 연습문제 13

13. 그림 3.28과 같이 인장력이 작용할 때 경사면 mn의 수직응력(σ_n)과 전단응력(τ_θ)을 모어의 원을 이용하여 구하여라.

답 : $\sigma_n = 500\,\text{kg/cm}^2$, $\tau_\theta = 500\,\text{kg/cm}^2$

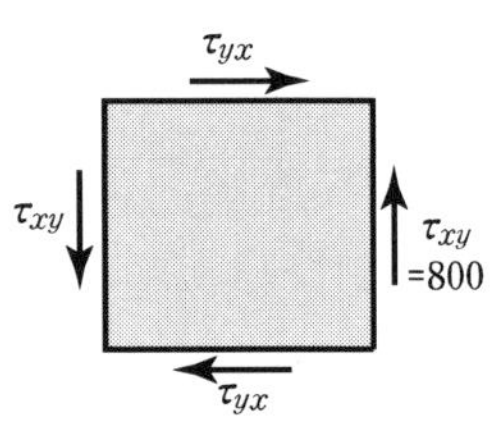

그림 3.29 연습문제 14

14. 그림 3.29와 같은 순수전단 상태에서 주응력과 주응력면($\sigma_{1,2}$, θ_p) 최대전단응력과 최대전단응력면($\tau_{\max}$, θ_s)을 모어의 원을 이용하여 구하여라.

답 : $\sigma_{1,2} = \pm\,800\,\text{kg/cm}^2$, $\theta_p = 45°$, $\tau_{\max} = 800\,\text{kg/cm}^2$, $\theta_s = 0°$

CHAPTER

04 구조해석 일반

CHAPTER 04

구조해석 일반

구조물은 사용기간 동안 안전하면서 사용목적에 적합하고 동시에 경제적이고 환경과 조화를 이루어야 한다. 이러한 구조물을 설계하기 위한 기초지식으로 본 장에서는 구조물의 역학적 분류, 구조물을 구성하고 있는 절점, 부재, 지점 등에 대해 알아보고, 구조물에 작용하는 외부하중과 구조물이 받는 내력에 대하여 학습한다. 또한 안정구조와 불안정구조, 정정구조와 부정정구조를 판별하여 구조물의 역학적 특징을 파악한다.

4.1 구조물의 종류

공학자는 구조물의 여러 가지 형식을 이해하고 그 형태와 기능을 알아야 한다. 구조물은 구조적 형태, 역학적 거동, 기능 등에 따라 다양하게 분류할 수 있는데 여기서는 구조형식에 따라 분류한다.

(a) 보

1) **보**(beam)

단면의 치수에 비하여 상대적으로 길이가 긴 구조로 교량의 상부구조, 건물의 바닥 등 가장 기본적으로 사용하고 있는 구조이다. 길이방향에 수직한 외부하중을 받아 주로 휨에 의하여 저항하는 구조로 그림 4.1(a)는 가장 일반적인 단순보이다.

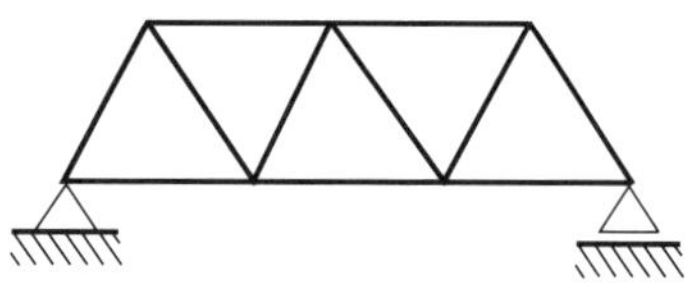

(b) 트러스

2) **트러스**(truss)

단일 부재의 길이가 길어지면 지지점 간의 간격이 길어져 단면의 크기가 증가하므로 비효율적이 된다. 이를 극복하기 위하여 직선 부재를 삼각형 모양(truss)의 틀로 구성한 구조물이 트러스이다. 주로 교량의 상부구조, 건물의 지붕구조, 철탑구조 등에 적용되고 그림 4.1(b)는 가장 일반적인 트러스이다.

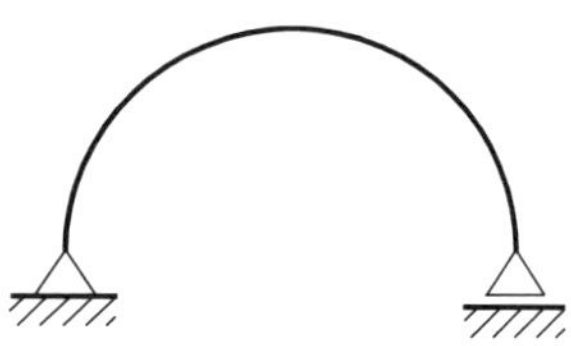

(c) 아치

3) **아치**(arch)

지지점의 간격을 길게 하기 위하여 부재를 곡선으로 하여 주로 압축에 의하여 외력에 저항하는 구조로 교량구조물에 가장 널리 사용되고 그림 4.1(c)는 교량의 아치를 나타내고 있다.

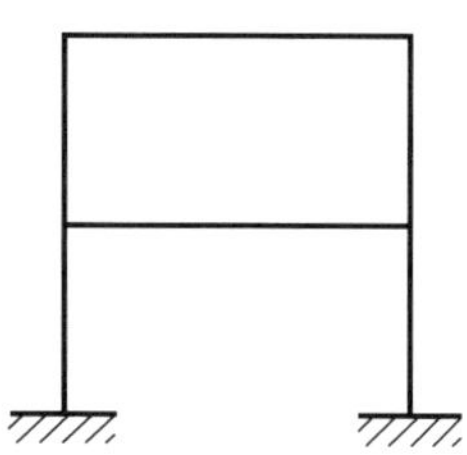

(d) 라멘

4) **라멘**(rahmen)

보와 기둥이 강결된 뼈대구조로 건물의 골조, 교량의 상부구조, 하부구조, 각종 강구조물 등에 가장 일반적으로 사용되는 구조이다.

5) 기둥(column)

부재 축방향의 외력에 대하여 압축으로 저항하는 구조로 주로 상부구조의 하중을 하부구조에 전달하는 역할을 수행한다. 건물의 기둥, 교량의 교각, 각종 구조물의 지주로 사용된다.

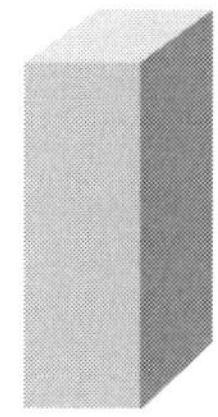

(e) 기둥

6) 평판(plate)과 쉘(shell)

이상의 보에서부터 기둥까지의 구조는 부재의 도심축선의 1차원적인 선형기하형상을 갖는 구조이지만 평판과 쉘은 면부재의 도심축선의 2차원적인 면의 기하형상을 갖는 구조이다. 그림 4.1(f)와 같이 면이 평면인 구조를 평판이라 하고, 곡면인 경우를 쉘이라 한다. 교량과 건물의 바닥판, 지붕구조, 경기장의 돔(dome) 등에 사용된다.

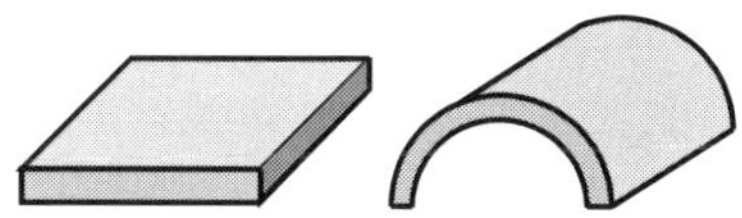

(f) 평판과 쉘

7) 구체(solid)

모든 부재는 실제로 3차원의 구체이나 보, 트러스, 아치, 라멘, 기둥 등은 1차원적 구조로 간주하고, 평판과 쉘은 2차원적 구조로 간주한다. 그러나 댐, 중력식옹벽, 육중한 기초구조물, 중요한 부재의 정밀해석 등은 3차원으로 취급한다.(그림 4.1(g))

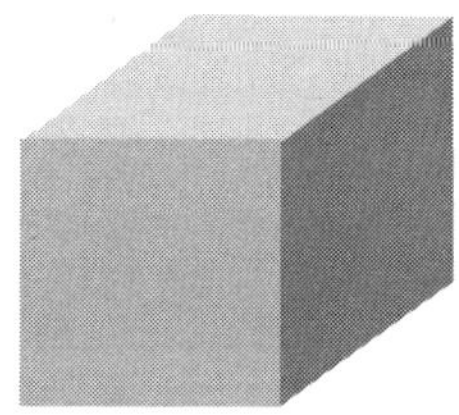

(g) 구체

그림 4.1 구조물의 종류

4.2 절점과 부재

구조물을 형성하고 있는 단위요소를 부재(member)라고 하고, 부재와 부재가 만나는 접합점을 절점(節点, joint, node) 또는 격점이라고 한다. 절점에는 회전이 자유로운 힌지절점(hinged joint, 또는 활절)과 절점이 고정되어 있는 강결절점(rigid joint)이 있다. 즉 힌지절점에서 휨모멘트는 "0"이 된다.

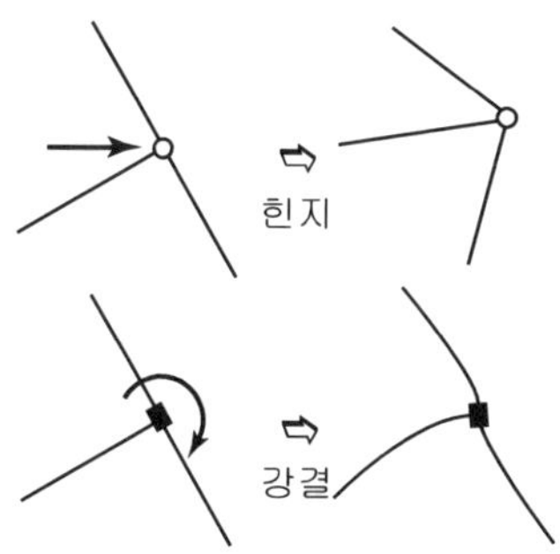

그림 4.2 부재의 연결

4.3 하중의 종류

구조물에 작용하는 모든 외부 힘(구조물의 자중, 차량, 군중, 바람, 지진, 수압, 토압… 등)을 하중(荷重, load)이라 하고, 무게 단위로 표시한다. 하중은 작용상태, 시간, 방향 등 여러 가지로 나눌 수 있다(자세한 분류는 설계분야의 각종 시방서 참고). 역학적으로 분포상태에 따라 분류하면 다음과 같다.

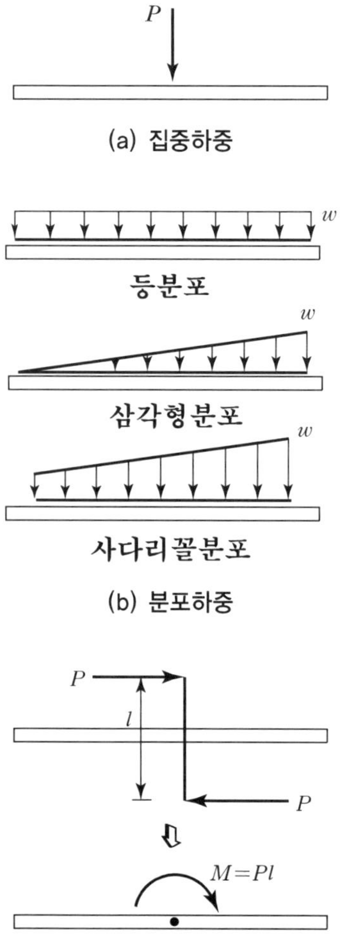

(a) 집중하중

(b) 분포하중

(c) 모멘트 하중

그림 4.3 하중의 종류

1) **집중하중**(concentrated load)

그림 4.3(a)와 같이 한 점에 집중하여 작용하는 하중으로, 완전한 집중하중은 존재하지 않지만 해석의 편의를 위하여 작용 분포가 작은 하중은 한 점에 작용하는 집중하중으로 가정한다. 단위는 무게의 단위 kg, ton을 사용한다.

2) **분포하중**(distributed load)

자중, 수압, 토압 등과 같이 부재의 길이에 걸쳐 분포하여 작용하는 하중으로 그 크기가 변하지 않는 등분포하중(uniform load)과 그 크기가 변하는 부등분포하중(ununiform load)이 있다. 단위는 무게의 단위를 길이로 나눈 kg/cm, t/m를 사용한다(그림 4.3b).

3) **모멘트하중**(moment load)

구조물을 회전시키려는 하중으로 그림 4.3c와 같은 경우에 모멘트하중으로 이상화한다. 모멘트의 단위는 kg · cm, t · m를 사용한다.

4.4 지점과 반력

구조물에 작용하는 하중을 하부구조, 기초지반, 다른 구조물에 전달하는 지지점을 지점(支点, support)이라 한다. 지간(span)은 그림 4.4와 같이 지지점 간의 길이이고, 경간은 받쳐주는 지점의 순수한 길이이다.

평형조건에 따라 지점에는 하중에 의해 작용하는 하중과 크기가 같고 방향이 반대인 힘인 **반력**(反力, reaction)이 발생한다. 그림 4.4에서 외력 w, P가 작용할 때 지점 A에서 수직반력(V_A), 수평반력(H_A), 지점 B에서는 수직반력(V_B)이 작용하여 구조물은 하중과 반력 사이에서 평형을 이룬다.

지점에는 이동지점(roller support)과 회전지점(hinged support) 및 고정지점(fixed support) 등이 있다.

표 4.1에서 **롤러지점**은 구조물을 수직방향만 구속하고, **힌지지점**은 핀으로 연결되어 수직과 수평방향으로 구속하고, **고정지점**은 완전 고정되어 있으므로 수직과 수평, 회전방향으로 구조물을 모두 구속한다.

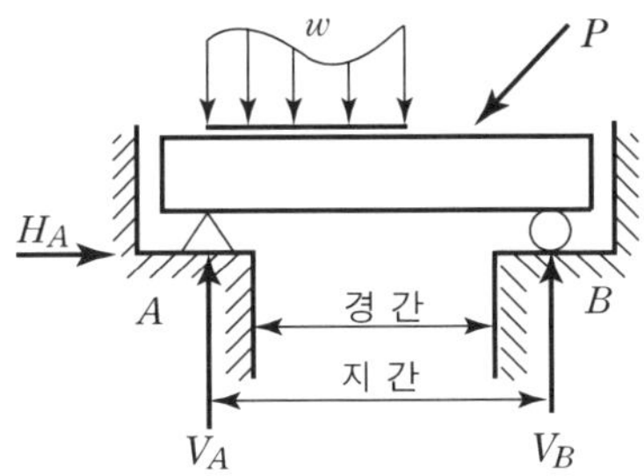

그림 4.4 지점과 반력

표 4.1 지점의 종류와 반력수

종 류	지점의 구조	기 호	반력수	반력의 종류
이동지점 (롤러)	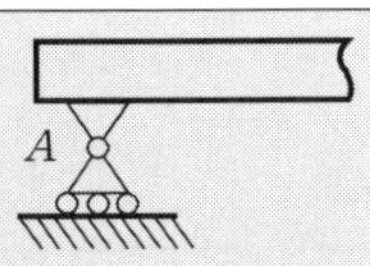	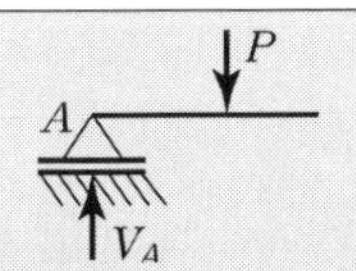	1	수직반력
회전지점 (힌지)	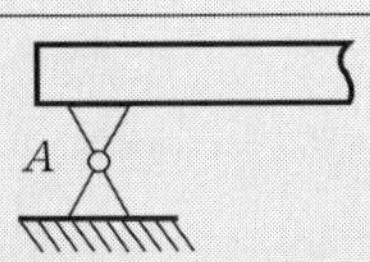	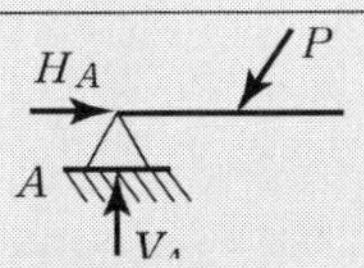	2	수직반력 수평반력
고정지점	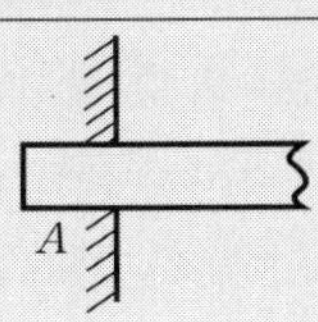	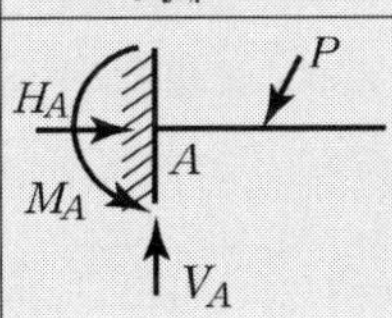	3	수직반력 수평반력 모멘트반력

4.5 단면력

보, 트러스, 라멘, 아치, 기둥 등의 1차원 부재에 하중이 작용하면 부재는 축력(axial force), 전단력(shear force), 휨모멘트(bending moment)를 받으며 이러한 3힘을 단면력(斷面力), 내력(內力)이라고 하고 평형조건을 이용하여 구한다.

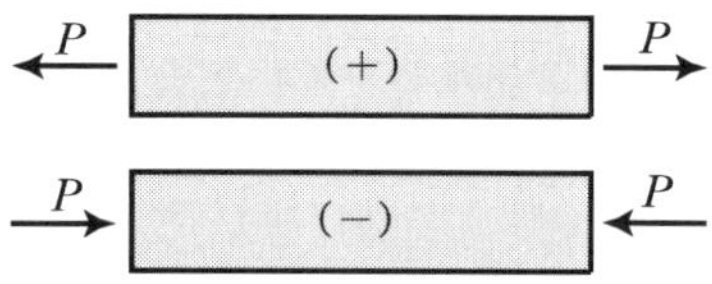

그림 4.5 축방향력

1) **축방향력**(axial force)
그림 4.5와 같이 부재에 축방향으로 작용하는 단면력으로 부호는 인장력을 (+), 압축력을 (−)로 정의한다.

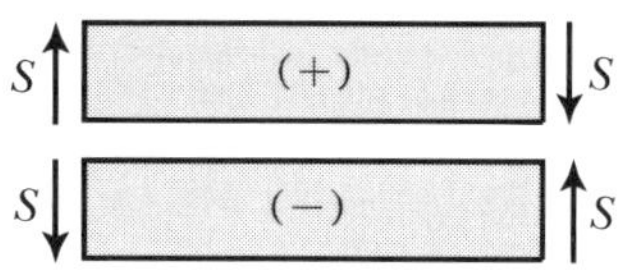

그림 4.6 전단력

2) **전단력**(剪斷力, shearing force)
그림 4.6과 같이 보의 축에 외력이 직각방향으로 작용하여 보를 절단하려는 힘으로 부호는 왼쪽 면에서 상향, 오른쪽 면에서 하향인 경우 (+)이고, 그 반대의 경우를 (−)로 정의한다.

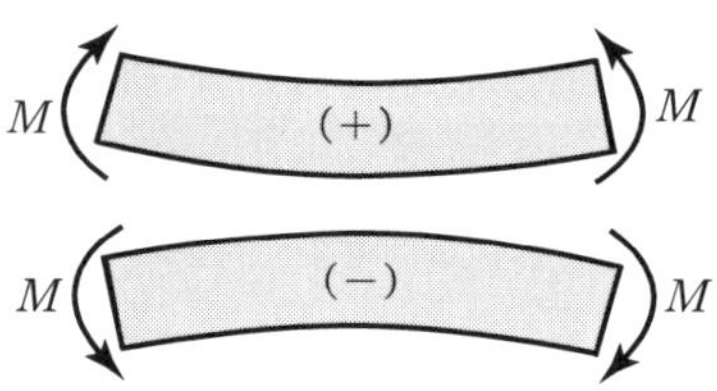

그림 4.7 모멘트

3) **휨모멘트**(bending moment)
외력에 의하여 보를 휘어지게 하려는 모멘트의 크기로 회전모멘트와 구별되고, 부호는 그림 4.7과 같이 오목하게 휘어지면 (+), 볼록하게 휘어지면 (−)로 정의한다.

4.6 자유물체도

역학에서 실제구조물의 외력, 반력, 단면력, 기하학적 형상 등을 적절히 고려한 자유물체도(free body diagram, FBD)를 작도하는 것은 매우 중요하다. 자유물체도란 구조물의 전체 또는 임의의 특정부분 요소에 작용하는 외력과 지점반력이나 단면력을 힘으로 대치시켜 평형조건을 유지하도록 구조물에 작용하는 힘을 도식화하여 표현한 것이다. 1.7장에서 힘의 평형원리를 이용하여 미지의 힘을 구한 것도 결과적으로 자유물체도의 작도에 의한 것으로 볼 수 있다.

그림 4.8에서 구조물에 외력이 작용할 때 구조물이 가라안거나 밀려나지 않고 있는 것은 지점에서 반력이 작용하고 있기 때문이고, 부재가 파괴되지 않고 있는 것은 각 단면에서 외력에 저항하는 단면력이 작용하기 때문이다. 즉, 구조물에 작용하는 외력, 지점반력, 단면력이 힘의 평형 상태에 있으므로 미지의 지점반력과 단면력을 구할 때 자유물체도의 작도를 이용하는 것은 매우 유용하다. 궁극적으로 설계는 반력과 단면력을 힘의 평형조건을 이용하여 구해서 구조물의 안정성을 평가하는 것이다.

구조물이 힘의 평형상태에 있다는 것은 구조물은 움직이지 않고 있다고 할 수 있다. 따라서 공간상에 직교좌표를 도입하여 힘이 평형을 이루고 있을 조건은 다음과 같다.

$$\sum F_x = 0,\ \sum F_y = 0,\ \sum F_z = 0 \\ \sum M_x = 0,\ \sum M_y = 0,\ \sum M_z = 0 \tag{4.1}$$

위의 식 (4.1)은 3차원 공간에서의 힘의 평형방정식을 표현하는 식으로 x, y, z 방향으로 밀려나지도 않고, x, y, z 방향으로 회전도하지 않는다는 것이다. 3차원 공간을 2차원 xy 평면으로 축소하면 평형방정식은 다음과 같이 간략화 된다.

$$\sum F_x = 0,\quad \sum F_y = 0,\quad \sum M_z = 0 \tag{4.2}$$

여기서 주의해야 할 점은 식 (4.2)의 3번째 항에서 표현된 $\sum M_z = 0$이다. xy 평면의 경우 발생하는 모멘트는 y축을 감고 도는 회전력으로 발생되기 때문에 M_z가 됨을 이해해야 한다. 위의 3가지 평형방정식은 일반적으로 2차원 평면상에 표현되는 구조물의 해석을 위해 널리 사용된다. 식 (4.2)는 1.7절의 힘의 평형조건과 같은 식으로 본 교재에서는 1.7절의 표현방법을 사용한다.

$$\sum H = 0,\ \sum V = 0,\ \sum M = 0 \tag{4.3}$$

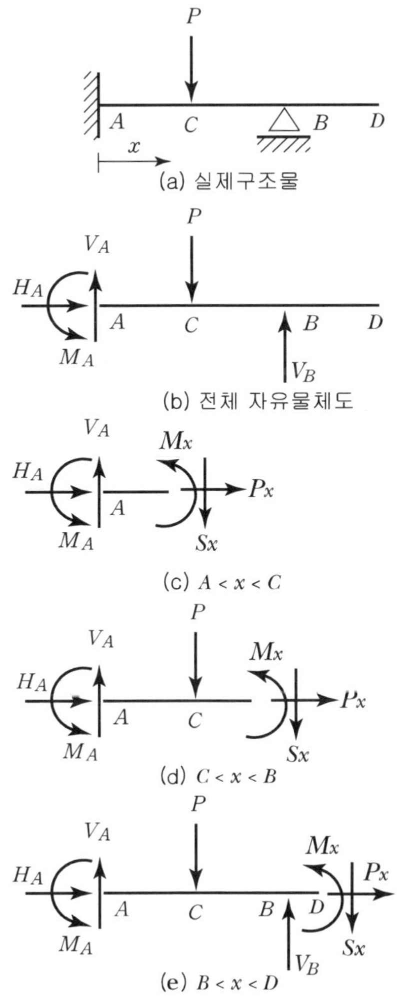

그림 4.8 자유물체도

4.7 구조물의 판별

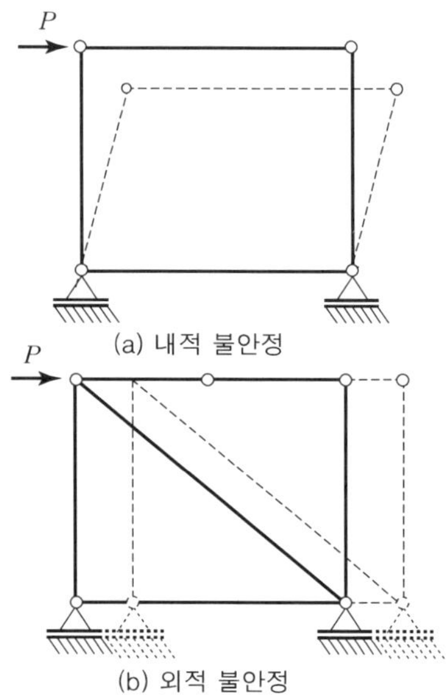

그림 4.9 불안정 구조

1) 안정과 불안정

구조물이 외력을 받으면 평형상태가 되고 변위가 생기지 않는 구조물을 **안정**(stable)이라 하고, 외력을 받아 구조물의 위치가 옮겨지는 것을 **불안정**(unstable)이라 한다. 또한 구조물의 형상이 변형하는 것을 **내적 불안정**이라 하고, 외력을 받아 구조물의 위치가 변하는 것을 **외적 불안정**이라고 한다. 이와 반대되는 것을 내적 안정, 외적 안정이라 한다.

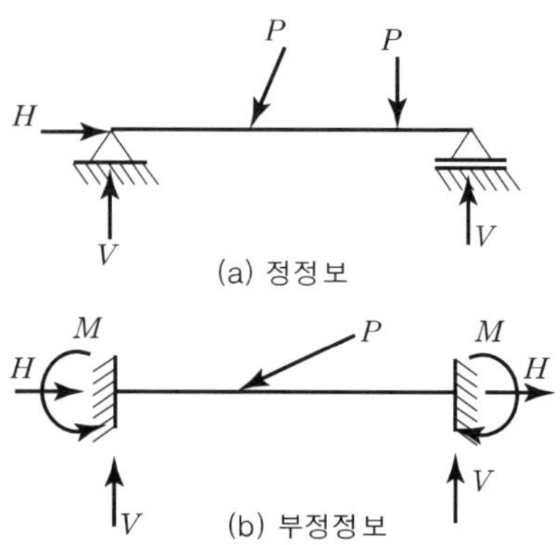

그림 4.10 정정과 부정정구조

2) 정정과 부정정

힘의 평형조건식만으로 반력과 단면력을 구하여 해석할 수 있을 때 **정정**(statically determinate)구조라 하고, 힘의 평형조건식만으로 반력과 단면력을 구할 수 없는 것을 **부정정**(statically indeterminate)구조라고 한다.

3) 구조물의 판별

구조물의 안정과 불안정, 정정과 부정정을 구분하는 판별식은 다음과 같다.

$$N = r + m + s - 2k \quad (4.3)$$

$N < 0$이면 불안정구조물

$N = 0$이면 정정구조물

$N > 0$이면 부정정구조물

여기서, N : 부정정차수

r : 반력수

m : 부재수

s : 절점에서 부재에 강접합된 강절점수(그림 4.11)

k : 절점수(지점이나 자유단도 절점수에 포함)

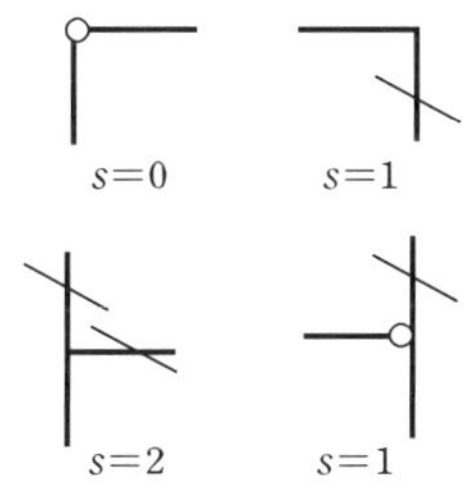

그림 4.11 강절점수

예제 4.1 그림 4.12와 같은 보들의 부정정차수를 구하여라.

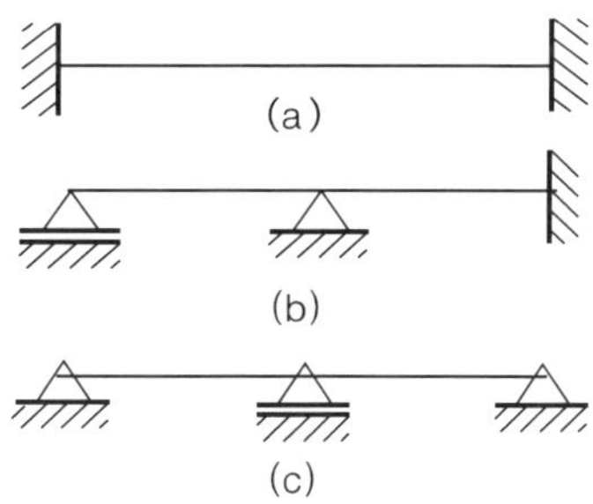

그림 4.12 예제 4.1

풀이 $N = r + m + s - 2k$

구 분	a	b	c
부정정차수 N	$N = 6+1+0-2\times2$ $= 3$ 3차 부정정	$N = 6+2+1-2\times3$ $= 3$ 3차 부정정	$N = 5+2+1-2\times3$ $= 2$ 2차 부정정
외적 부정정차수 N_e	$N_e = r-3 = 6-3$ $= 3$ 3차 외적 부정정	$N_e = r-3 = 6-3$ $= 3$ 3차 외적 부정정	$N_e = r-3 = 5-3$ $= 2$ 2차 외적 부정정
내적 부정정차수 N_i	$N_i = N - N_e = 3-3$ $= 0$ 내적 정정	$N_i = 1-1$ $= 0$ 내적 정정	$N_i = 1-1$ $= 0$ 내적 정정

예제 4.2 그림 4.13의 트러스와 라멘의 부정정차수를 구하여라.

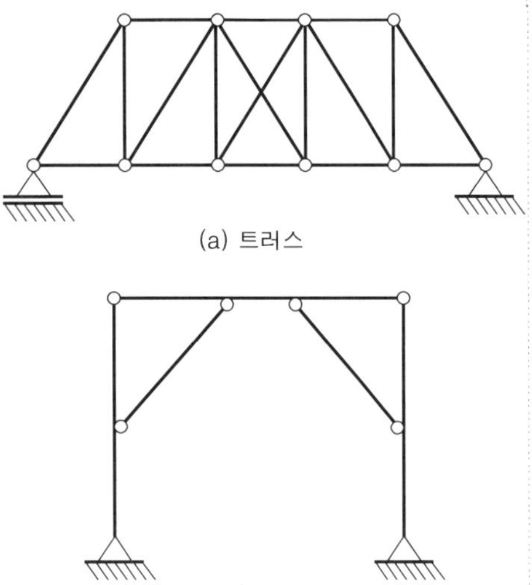

(a) 트러스

(b) 라 멘

그림 4.13 예제 4.2

풀이

$$N = r + m + s - 2k$$

구 분	트러스	라 멘
부정정차수 N	$N = 3+18+0-2\times10$ $=1$ 1차 부정정	$N=4+9+4-2\times8$ $=1$ 1차 부정정
외적 부정정차수 N_e	$N_e = r-3=3-3$ $= 0$ 정정	$N_e=4-3$ $=1$ 1차 외적 부정정
내적 부정정차수 N_i	$N_i = N - N_e$ $=1-0=1$ 1차 내적 부정정	$N_i = 1-1$ $=0$ 정정

CHAPTER

05 정정보

CHAPTER 05

정 정 보

여러 가지 구조물 중에서 가장 기본적인 구조형태가 보(beam)이다. 일반적으로 부재축 방향에 직각으로 외력이 작용하는 구조물을 보라고 한다. 보에 외적 하중이 작용하면 보의 내부에 부재력(단면력, 합응력)인 전단력, 휨모멘트가 생기고, 정적평형에 도달할 때까지 변형을 일으킨다. 본 장에서는 정정보의 지점반력, 단면력을 구하고, 변형은 9장에서 공부하기로 한다.

5.1 보의 종류

보를 분류하는 방법에는 여러 가지 방법이 있지만 역학적 특성으로 분류하면 정정보(statically determinate beam)와 부정정보(statically indeterminate beam)가 있다. 그림 5.1은 지점의 상태에 따라 분류한 것으로 정정보에는 단순보, 캔틸레버보, 내민보, 게르버보로 부정정보에는 연속보와 양단고정보로 구분한 것이다.

그림 5.1 보의 종류

5.2 단순보(simple beam)

5.2.1 집중하중이 작용하는 경우

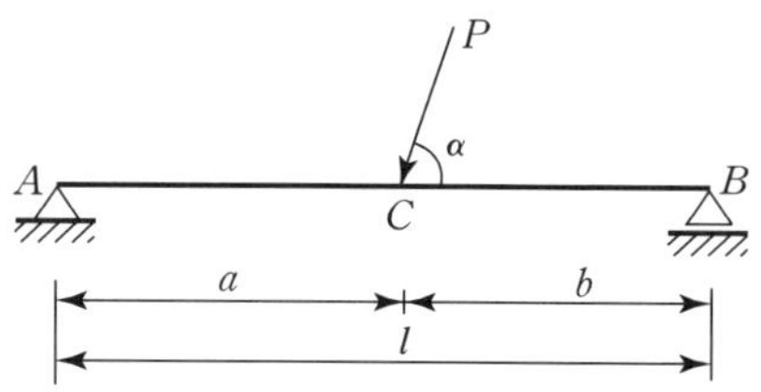

그림 5.2 집중하중을 받는 단순보

그림 5.2의 단순보에 집중하중 P가 작용할 때 자유물체도의 힘의 평형조건(4.6절 참조)을 이용하여 반력, 단면력을 구하고 단면력도를 작도한다.

힘의 평형조건 : $\sum H=0$, $\sum V=0$, $\sum M=0$

1) **지점반력**

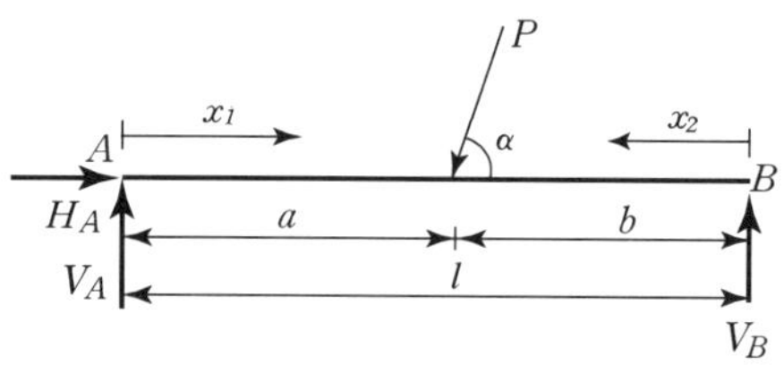

그림 5.2a 전체자유물체도

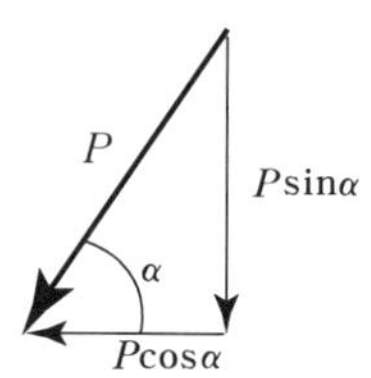

그림 5.2b 외력의 분력

단순보의 지점반력은 힌지지점 A에서 수직반력 V_A와 수평반력 H_A가 작용하고, 롤러지점 B에서 수직반력 V_B가 작용하여 반력수가 3개이므로 정정보이다. 반력을 구하기 위하여 그림 5.2a와 같이 전체구조물의 자유물체도를 작도하여 평형조건을 적용한다. 여기서 외력 P는 그림 5.2b와 같이 수평, 수직방향 분력으로 분해하여 적용한다.

① 먼저 A점 수직반력 V_A를 구하기 위하여 B점에서 모멘트의 평형조건을 이용한다.

$$(\overset{\curvearrowright}{+})\sum M_B=0,\ V_A l-(P\sin\alpha)b=0$$

$$\therefore\ V_A=\frac{Pb\sin\alpha}{l}$$

② 위와 같은 방법으로 B점의 수직반력 V_B를 구하기 위하여 A점에서 모멘트의 평형조건을 이용한다.

$$(\overset{\curvearrowleft}{+})\sum M_A=0,\ V_B l-(P\sin\alpha)a=0$$

$$\therefore\ V_B=\frac{Pa\sin\alpha}{l}$$

또는, A점 수직반력 V_A가 구해졌으므로 수직력의 평형조건을 이용하여 V_B를 구하는 것이 간편하다.

$$(+\uparrow)\sum V=0,\ V_A+V_B-P\sin\alpha=0$$

$$\therefore V_B=P\sin\alpha-V_A$$

$$=P\sin\alpha-\frac{(P\sin\alpha)(b)}{l}$$

$$=P\sin\alpha\left(\frac{l-b}{l}\right)$$

$$=\frac{Pa\sin\alpha}{l}$$

여기서, $a=l-b$

③ A점의 수평반력 H_A는 수평력의 평형조건을 이용한다.

$$(\underset{+}{\rightarrow})\sum H=0,\ H_A-P\cos\alpha=0$$

$$\therefore H_A=P\cos\alpha$$

2) 단면력

C점의 집중하중으로 인해 단면력이 불연속 변화하므로 임의의 위치에서 단면력을 구하기 위한 구간을 AC와 CB로 나눈다. 단면력은 각 구간의 자유물체도에서 힘의 평형조건을 이용한다.

단면력의 불연속변화
① 지점
② 하중이 불연속으로 작용하는 곳
- 집중하중, 모멘트가 작용하는 곳
- 분포하중의 시작과 끝
③ 부재의 연결이 변하는 곳
- 내부힌지
- 부재축이 변하는 곳

(1) 구간 AC $(0\leq x_1\leq a)$

① 축력(P_{x1})

$$(\underset{+}{\rightarrow})\sum H=0,\ P_{x1}+H_A=P_{x1}+P\cos\alpha=0$$

$$\therefore P_{x1}=-P\cos\alpha$$

축력(P_{x1})은 위치(x_1)의 함수가 아니므로 구간 AC에서 $P\cos\alpha$로 일정함을 알 수 있다.

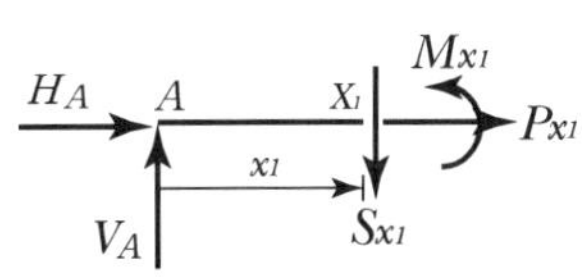

그림 5.2c 구간AC 자유물체도

② 전단력(S_{x1})

$$(+\downarrow)\sum V=0,\ S_{x1}-V_A=S_{x1}-P\frac{b}{l}\sin\alpha=0$$

$$\therefore S_{x1}=P\frac{b}{l}\sin\alpha$$

마찬가지로 전단력(S_{x1})도 구간 AC에서 일정.

③ 휨모멘트(M_{x1})

$$(\overset{\curvearrowleft}{+})\sum M_{X1}=0,\ M_{x1}-(V_A)x_1=M_{x1}-\left(\frac{Pb}{l}\sin\alpha\right)x_1=0$$

$$\therefore M_{x1}=\left(\frac{Pb}{l}\sin\alpha\right)x_1$$

휨모멘트(M_{x1})는 구간 AC에서 위치(x_1)의 1차방정식으로 위치에 따라 변함을 알 수 있다.

(2) **구간** BC $(0\leqq x_2\leqq b)$

① 축력(P_{x2})

$$(\overset{\leftarrow}{+})\sum H=0,\qquad \therefore P_{x2}=0$$

구간 BC에서 축력(P_{x1}) 방향으로 반력이나 외력이 없으므로 축력은 발생하지 않았다.

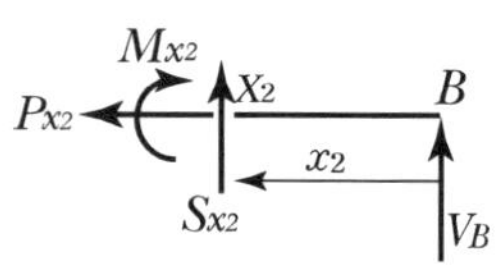

그림 5.2d 구간BC 자유물체도

② 전단력(S_{x2})

$$(+\uparrow)\sum V=0,\quad S_{x2}+V_A=S_{x2}+P\frac{a}{l}\sin\alpha=0$$

$$\therefore S_{x2}=-P\frac{a}{l}\sin\alpha$$

③ 휨모멘트(M_{x2})

$$(\overset{\curvearrowright}{+})\sum M_{X2}=0,\ M_{x2}-(V_B)x_2=M_{x2}-\left(\frac{Pa}{l}\sin\alpha\right)x_2=0$$

$$\therefore M_{x2}=\left(\frac{Pa}{l}\sin\alpha\right)x_2$$

3) 단면력도

이상에서 구한 전구간의 단면력을 도식화한 것을 단면력도라 한다.

① 축력도(Axial Force Diagram)는 축력을 그린 것으로 AFD로

표시한다.

② 전단력도(Shearing Force Diagram)는 전단력을 그린 것으로 SFD로 표시한다.

③ 휨모멘트도(Bending Moment Diagram)는 휨모멘트를 그린 것으로 BMD로 표시한다.

단면력도는 일반적으로 기준선에서 윗방향을 (+), 아랫방향을 (−)로 나타낸다.

그림 5.2e에서 집중하중이 작용하는 경우 전단력도는 0차 함수(상수함수)이고, 휨모멘트도는 x의 1차함수임을 알 수 있다.

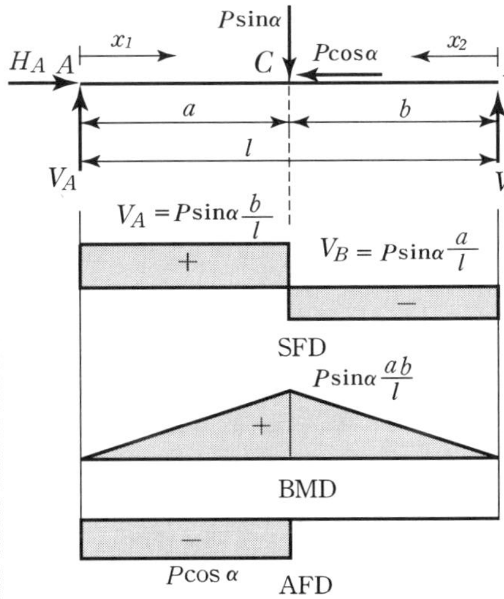

그림 5.2e 단면력도

예제 5.1 그림 5.3 단순보의 C점의 단면력을 구하고 단면력도를 그려라.

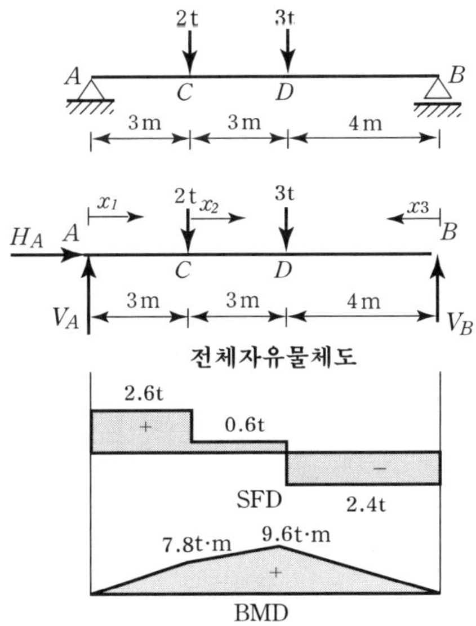

그림 5.3 예제 5.1

풀이

수평외력이 없으므로 축력 H_A는 발생하지 않음.

1) 지점반력

$(\overset{\rightarrow}{+})\sum H = 0, \quad \therefore H_A = 0$

$(\overset{\curvearrowright}{+})\sum M_B = 0, \quad V_A \times 10 - 2 \times 7 - 3 \times 4 = 0$

$\therefore \ V_A = 2.6\text{t}$

$(+\uparrow)\sum V = 0, \quad V_A + V_B - 2 - 3 = 0$

$\therefore \ V_B = 2 + 3 - 2.6 = 2.4\text{ t}$

2) C점의 단면력

C점을 기준으로 구간 AC, 구간 CB 중에서 어느 한쪽의 자유물체도로부터 C점의 단면력을 구할 수 있다. 일반적으로 간단한 쪽을 선택한다.

$(+\downarrow)\sum V = 0, \quad S_C - 2.6 = 0 \qquad \therefore S_C = 2.6\text{ t}$

$(\overset{\curvearrowleft}{+})\sum M_C = 0, \quad M_C - 2.6 \times 3 = 0 \qquad \therefore M_C = 7.8\text{t}\cdot\text{m}$

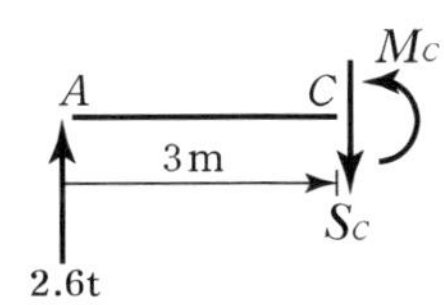

그림 5.3a AC 자유물체도

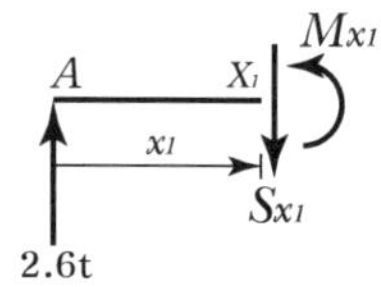

그림 5.3b 구간AC 자유물체도

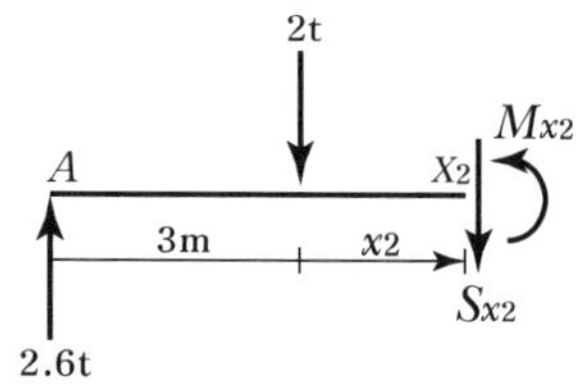

그림 5.3c 구간CD 자유물체도

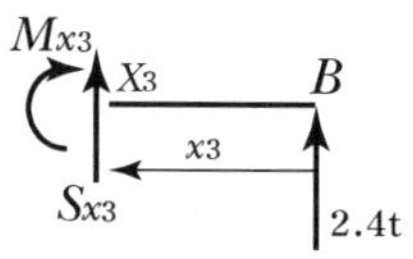

그림 5.3d 구간BD 자유물체도

3) 단면력

① 구간 $AC\ (0 \leqq x_1 \leqq 3)$

$(+\downarrow)\sum V = 0,\ S_{x1} - 2.6 = 0 \qquad \therefore S_{x1} = 2.6\,\mathrm{t}$

$(\curvearrowleft +)\sum M_{X1} = 0,\ M_{x1} - 2.6\,x_1 = 0 \qquad \therefore M_{x1} = 2.6\,x_1$

② 구간 $CD(0 \leqq x_2 \leqq 3)$

$(+\downarrow)\sum V = 0,\ S_{x2} - 2.6 + 2 = 0 \qquad \therefore S_{x2} = 0.6\,\mathrm{t}$

$(\curvearrowleft +)\sum M_{X2} = 0,\ M_{x2} - 2.6 \times (3 + x_2) + 2x_2 = 0$

$\therefore M_{x2} = 0.6\,x_2 + 7.8$

③ 구간 $BD(0 \leqq x_3 \leqq 4)$

$(+\uparrow)\sum V = 0,\ S_{x3} + 2.4 = 0 \qquad \therefore S_{x3} = -2.4\,\mathrm{t}$

$(\curvearrowright +)\sum M_{X3} = 0,\ M_{x3} - 2.4x_3 = 0$

$\therefore M_{x3} = 2.4\,x_3$

5.2.2 분포하중이 작용하는 경우

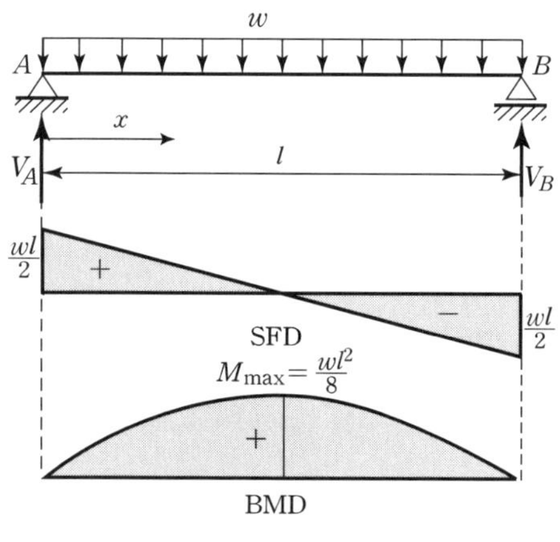

그림 5.4 등분포하중을 받는 단순보

그림 5.4에서 분포하중의 합력의 크기는 면적과 같고, 작용점은 면적의 도심에 위치한다.

1) 지점반력

$$(\curvearrowright +)\sum M_B = 0,\ V_A\,l - (wl)\frac{l}{2} = 0$$

$$\therefore V_A = \frac{wl}{2}$$

구조물에 작용하는 하중과 기하형상이 대칭이므로

$$\therefore V_B = V_A = \frac{wl}{2}$$

2) 단면력

단면력을 구하기 위한 구간은 단면력이 부재 AB에서 연속이므로 $(0 \leqq x \leqq l)$의 한 구간으로 충분하다.

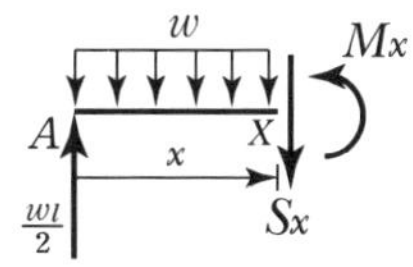

그림 5.4a AB 자유물체도

① 전단력

$$(+\downarrow)\sum V = 0,\ S_x - \frac{wl}{2} + wx = 0$$

$$\therefore S_x = \frac{wl}{2} - wx \text{ (1차 방정식, 직선)}$$

$x = 0$일 때, $S_{x=0} = \dfrac{wl}{2} = V_A$

$x = \dfrac{l}{2}$일 때, $S_{x=\frac{l}{2}} = 0$

$x = l$ 이면 $S_{x=l} = -\dfrac{wl}{2} = -V_B$

② 휨모멘트

$$(\overset{\curvearrowleft}{+})\sum M_X = 0,\ M_x - \left(\frac{wl}{2}\right)x + (wx)\frac{x}{2} = 0$$

$$\therefore M_x = \frac{wl}{2}x - \frac{w}{2}x^2 \text{ (2차 방정식, 곡선)}$$

③ 최대휨모멘트 $M_{\max}$

$x = 0$일 때, $M_{x=0} = 0 = M_A$

$x = \dfrac{l}{2}$일 때, $M_{x=\frac{l}{2}} = \dfrac{wl}{2} \times \dfrac{l}{2} - \dfrac{wx^2}{2} = \dfrac{wl^2}{8}$

$x = l$ 일 때, $M_{x=l} = 0 = M_B$

$\dfrac{dM_x}{dx} = 0$일 때, 휨모멘트는 최대값을 가지므로,

$$\frac{dM_x}{dx} = \frac{wl}{2} - wx = 0, \quad \therefore x = \frac{l}{2}$$

$x = \dfrac{l}{2}$일 때 전단력은 “0” 이고 휨모멘트는 최대가 된다. 따라서 전단력이 “0”이 되는 곳에서 휨모멘트가 최대가 된다.

$$\therefore M_{\max} = M_{x=\frac{l}{2}} = \frac{wl^2}{8}$$

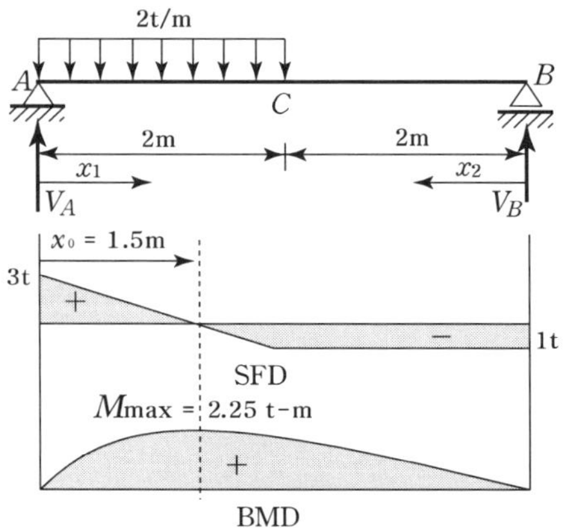

그림 5.5 예제 5.2

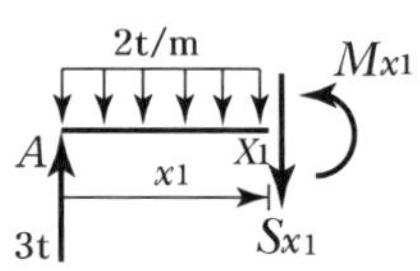

그림 5.5a 구간AC 자유물체도

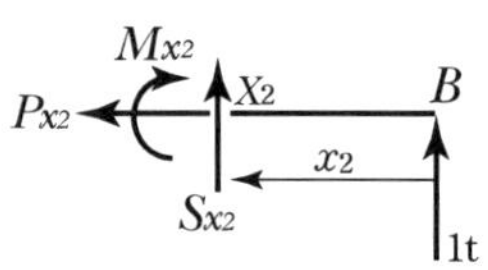

그림 5.5b 구간BC 자유물체도

예제 5.2 그림 5.5 단순보의 단면력도를 그려라.

풀이

1) 지점반력

$(\overset{\curvearrowright}{+})\sum M_B = 0,\ V_A \times 4 - (2\times 2)\times 3 = 0$

$\therefore\ V_A = 3\text{t}$

$(+\uparrow)\sum V = 0,\ V_A + V_B - 2\times 2 = 0$

$\therefore\ V_B = 2\times 2 - 3 = 1\,\text{t}$

2) 단면력

① 구간 AC $(0 \leqq x_1 \leqq 2)$

$(+\downarrow)\sum V = 0,\ S_{x1} - 3 + 2x_1 = 0$

$\therefore S_{x1} = -2x_1 + 3$

$(\overset{\curvearrowleft}{+})\sum M_{X1} = 0,\ M_{x1} - 3x_1 + (2x_1)\dfrac{x_1}{2} = 0$

$\therefore M_{x1} = 3x_1 - x_1^2$

② 구간 BC $(0 \leqq x_2 \leqq 2)$

$(+\uparrow)\sum V = 0,\ S_{x2} + 1 = 0$

$\therefore S_{x2} = -1\,\text{t}$

$(\overset{\curvearrowright}{+})\sum M_{X2} = 0,\ M_{x2} - 1x_2 = 0$

$\therefore M_{x2} = x_2$

③ 최대휨모멘트

전단력은 구간 AC에서 "0"인 곳을 지나고, 그 점에서 휨모멘트는 최대값을 갖는다.

$S_{x1} = 2x_0 - 3 = 0$

$x_0 = 1.5\,\text{m}$

$\therefore M_{\max} = M_{x_0=1.5} = 3\times 1.5 - 1.5^2 = 2.25\,\text{t}\cdot\text{m}$

예제 5.3 그림 5.6 단순보의 단면력을 구하고 단면력도를 그려라.

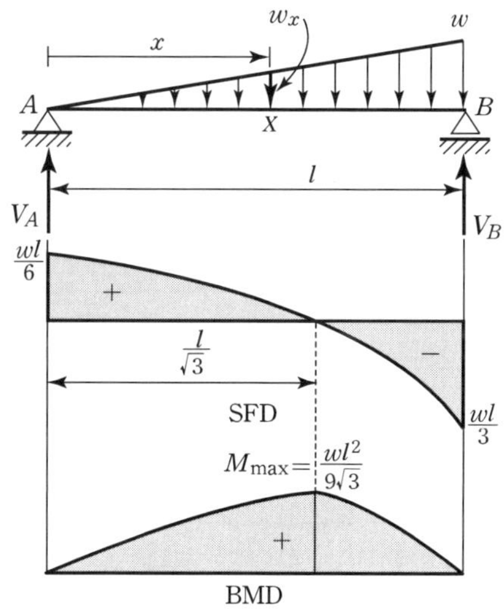

그림 5.6 예제 5.3

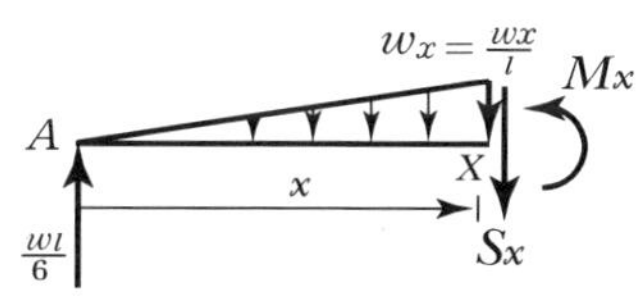

그림 5.6a 자유물체도

풀이

1) 지점반력

$$(\curvearrowright +)\sum M_B = 0,\ V_A l - \frac{wl}{2} \times \frac{l}{3} = 0$$

$$\therefore V_A = \frac{wl}{6}$$

$$(+\uparrow)\sum V = 0,\ V_A + V_B - \frac{wl}{2} = 0$$

$$\therefore V_B = \frac{wl}{2} - \frac{wl}{6} = \frac{wl}{3}$$

2) 단면력

임의 X점에서 분포하중의 크기 w_x는 삼각형의 닮은 꼴에 의하여

$$w : l = w_x : x, \quad w_x = \frac{wx}{l}$$

① 전단력

$$(+\downarrow)\sum V = 0,\ S_x - \frac{wl}{6} + \frac{1}{2}\frac{wx}{l}x = 0$$

$$\therefore S_x = \frac{wl}{6} - \frac{1}{2}\frac{wx}{l}x \quad \text{(2차 곡선)}$$

② 휨모멘트

$$(\curvearrowright +)\sum M_x = 0,\ M_x - \frac{wl}{6}x + \left(\frac{1}{2}\frac{wx}{l}x\right)\frac{x}{3} = 0$$

$$\therefore M_x = \frac{wl}{6}x - \frac{w}{6l}x^3 \quad \text{(3차 곡선)}$$

③ 최대휨모멘트 M_{max}

전단력이 "0"인 점에서 최대휨모멘트가 발생.

$$S_x = \frac{wl}{6} - \frac{wx^2}{2l} = 0$$

$$x = \frac{l}{\sqrt{3}} = 0.5774l$$

$$\therefore M_{max} = \frac{wl}{6}\left(\frac{l}{\sqrt{3}}\right) - \frac{w\left(\frac{l}{\sqrt{3}}\right)^3}{6l} = \frac{wl^2}{9\sqrt{3}} = 0.064wl^2$$

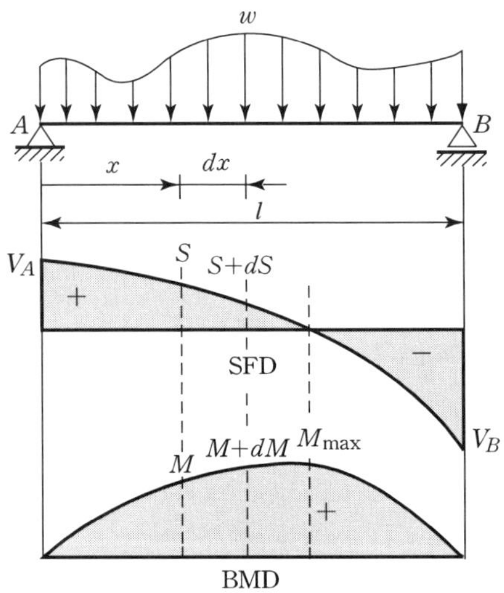

그림 5.7(a) 분포하중을 받는 단순보

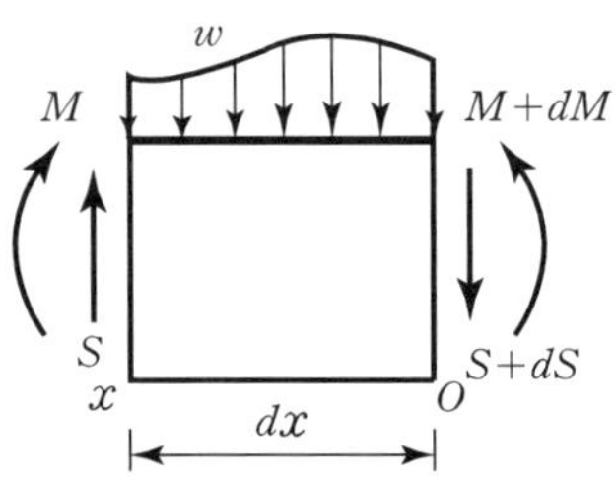

그림 5.7(b) 미소요소의 자유물체도

5.2.3 전단력과 휨모멘트 관계

그림 5.7(a)와 같이 단순보에서 임의의 분포하중 w가 작용할 때, 점 x의 전단력을 S, 휨모멘트를 M이라 하고, 점 x에서 dx만큼 떨어진 단면의 전단력을 $S+dS$, 휨모멘트를 $M+dM$이라 하자.

그림 5.7(b)와 같이 임의의 요소 dx의 자유물체도에 평형조건을 적용하면,

$$(+\uparrow)\sum V=0$$

$$S-w\,dx-(S+dS)=0,\ -w\,dx=dS$$

$$\therefore \frac{dS}{dx}=-w \tag{5.1}$$

즉, 전단력을 미분하면 분포하중이 된다.

$$(\overset{\curvearrowright}{+})\sum M_O=0$$

$$Sdx+M-(M+dM)-\frac{w}{2}(dx)^2=Sdx-dM-\frac{w}{2}(dx)^2=0$$

여기서, $(dx)^2$는 미소거리의 제곱이므로 무시하면

$$\therefore \frac{dM}{dx}=S \tag{5.2}$$

즉, 휨모멘트를 미분하면 전단력이 된다.

식 (5.1)과 (5.2)를 정리하면

$$\frac{d^2M}{d\,x^2}=\frac{dS}{dx}=-w \tag{5.3}$$

$$M=\int S\,dx=-\int\int w\,dx \tag{5.4}$$

식 (5.1)~(5.4)의 관계를 도식화하면 다음과 같다.

예제 5.4 그림 5.8 단순보의 단면력도를 "5.2.3 전단력과 휨모멘트 관계를 이용하여 그려라.

풀이

1) 지점반력

$$(\overset{\curvearrowright}{+})\sum M_B = 0,\ \ V_A \times 10 - 2\times 8 - 3\times 5 - 4\times 4\times \frac{4}{2} = 0$$

$$\therefore V_A = 6.3\,\mathrm{t}$$

$$(+\uparrow)\sum V = 0,\ \ V_A + V_B - 2 - 3 - 4\times 4 = 0$$

$$\therefore V_B = 14.7\,\mathrm{t}$$

2) 단면력도

전단력도는 반력, 집중하중, 분포하중의 시작과 끝에서 불연속이고, 왼쪽에서 시작할 때 윗방향 반력과 하중은 (+)값이고, 아래방향 하중은 (−)값이 된다.

휨 모멘트도는 반력모멘트와 하중모멘트의 작용점에서 불연속이고, 왼쪽에서 시작할 때 (↷)방향 반력과 하중은 (+)값이고, (↶)방향 반력과 하중은 (−)값이 된다. 또한, 전단력을 적분한 것이 휨모멘트이므로 전단력도의 면적만큼 증감한다.

① A점

전단력도 : 6.3 t의 반력이 윗 방향으로 작용하므로 (+)값으로 6.3만큼 불연속으로 증가.

모멘트도 : 반력모멘트와 하중모멘트가 없으므로 "0"

② 구간 AC

전단력도 : 외력이 작용하지 않으므로 변화량 없음.

모멘트도 : 전단력도의 면적(+6.3×2 =+12.6) 만큼, 1차 곡선으로 증가.

③ C점

전단력도 : 2 t의 하중이 아랫방향으로 작용하므로 (−)값으로 2만큼 불연속으로 감소. (+6.3 − 2 =+4.3)

모멘트도 : 하중모멘트가 없으므로 변화량 "0".

④ 구간 CD

전단력도 : 외력이 작용하지 않으므로 변화량 없음.

모멘트도 : 전단력도의 면적(+4.3×3 =+12.9) 만큼, 1차 곡선으로 증가.(+12.6+12.9 =+25.5)

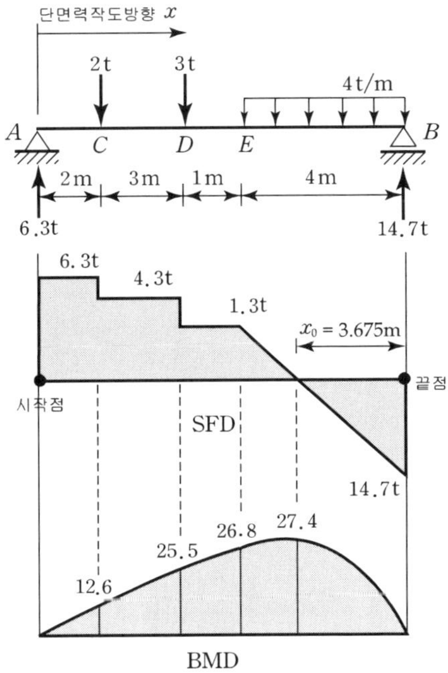

그림 5.8 $S-M$ 관계를 이용한 단면력도

⑤ D점

전단력도 : 3 t의 하중이 아래방향으로 작용하므로 (−)값으로 3 만큼 불연속으로 감소. (+4.3 − 3 =+1.3)

모멘트도 : 하중모멘트가 없으므로 변화량 "0".

⑥ 구간 DE

전단력도 : 외력이 작용하지 않으므로 변화량 없음.

모멘트도 : 전단력도의 면적(+1.3×1 =+1.3) 만큼, 1차곡선으로 증가.(+25.5+1.3 =+26.8)

⑦ E점

전단력도 : 집중하중이 없으므로 변화량 "0"

모멘트도 : 하중모멘트가 없으므로 변화량 "0"

⑧ 구간 BE

전단력도 : 분포하중이 일정하게 아래로 작용하므로 (−)값, 즉(−4×4 =−16)만큼 선형(직선)적으로 감소.(+1.3 − 16 =− 14.7)

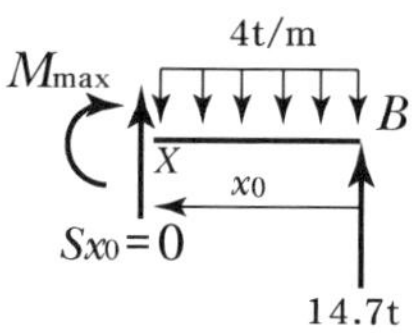

그림 5.8a 구간BE 자유물체도

모멘트도 : 전단력도가 1차곡선이므로 모멘트도는 2차곡선이고, 전단력이 "0"인 점에서 모멘트는 최대값을 갖는다.

$$(+\uparrow)\sum V = 0,\ S_{x_0} + 14.7 - 4x_0 = 0$$

$$S_{x_0} = 4x_0 - 14.7 = 0,\ \therefore x_0 = 3.675\,\text{m}$$

전단력도의 면적 $\frac{1}{2}\times 1.3\times(4-3.675) = +0.211$

만큼 2차곡선으로증가(+26.8+0.211 = 27.011)하고,

음의 면적 $\frac{1}{2}\times(-14.7)\times 3.675 = -27.011$ 만큼 감소하여 "0"이 된다.

⑨ B점

전단력도 : 구간 EB에서 B점의 전단력과 B점의 반력이 일치하므로 전단력도가 맞게 작도됨.

모멘트도 : 구간 EB에서 B점의 휨모멘트와 B점의 반력이 "0"으로 일치하므로 휨모멘트도가 맞게 작도됨.

5.2.4 모멘트하중이 작용하는 경우

그림 5.9와 같이 우력이 작용하면 보에는 한 점에 모멘트하중으로 작용한다.

그림 5.10과 같이 모멘트 하중이 작용하는 경우 단면력을 구해보자.

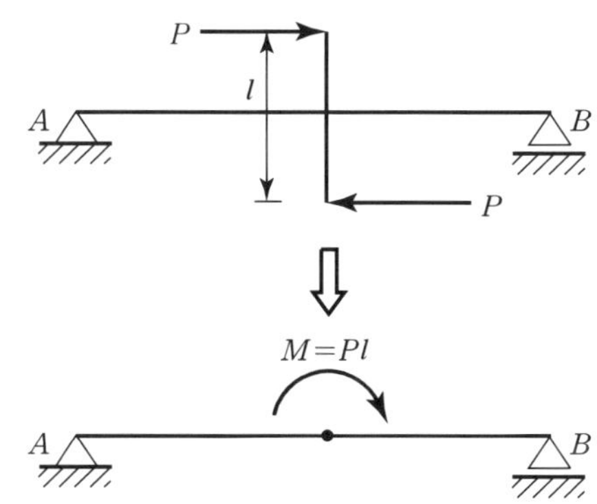

그림 5.9 모멘트하중의 외력

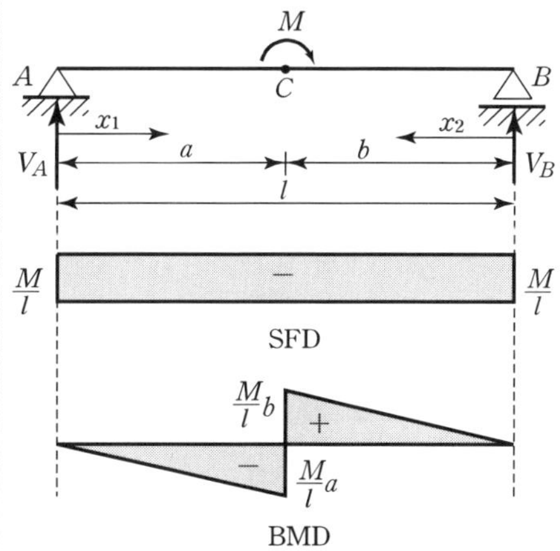

그림 5.10 모멘트하중이 작용하는 단순보

1) 지점반력

$$(\overset{\curvearrowright}{+})\sum M_B = 0,\ V_A l + M = 0$$

$$\therefore V_A = -\frac{M}{l}$$

$$(+\uparrow)\sum V = 0,\ V_A + V_B = -\frac{M}{l} + V_B = 0$$

$$\therefore V_B = \frac{M}{l}$$

여기서, V_A 값의 $(-)$는 $(\uparrow)$을 $(+)$로 가정하여 계산하였는데 결과가 $(-)$이므로 반대방향$(\downarrow)$으로 작용한다.

반력은 상향으로 작용하는 경우 **정반력**이라 하고, 아랫방향으로 작용할 때 **부반력**이라 하므로 V_A는 부반력이고 V_B는 정반력이다.

2) 단면력

(1) 구간 AC $(0 \leq x_1 \leq a)$

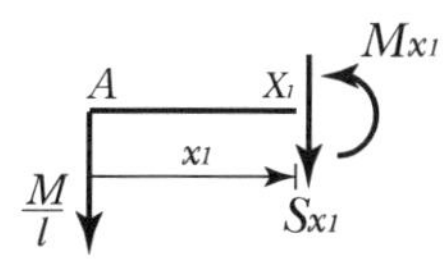

그림 5.10a 구간AC 자유물체도

① 전단력(S_{x1})

$$(+\downarrow)\sum V = 0,\ S_{x1} + \frac{M}{l} = 0$$

$$\therefore S_{x1} = -\frac{M}{l}$$

② 휨모멘트(M_{x1})

$$(\overset{\curvearrowright}{+})\sum M_{X1} = 0,\ M_{x1} + (\frac{M}{l})x_1 = 0$$

$$\therefore M_{x1} = -\frac{M}{l}x_1$$

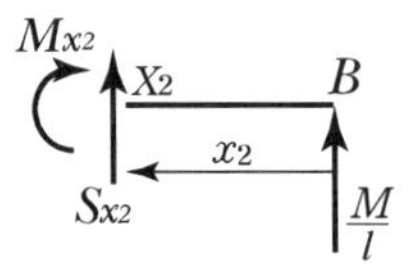

그림 5.10b 구간BC 자유물체도

(2) 구간 BC$(0 \leqq x_2 \leqq b)$

① 전단력 (S_{x2})

$$(+\uparrow)\sum V = 0,\quad S_{x2} + \frac{M}{l} = 0$$

$$\therefore S_{x2} = -\frac{M}{l}$$

② 휨모멘트 (M_{x2})

$$(\curvearrowright +)\sum M_{X2} = 0,\quad M_{x2} - \left(\frac{M}{l}\right)x_2 = 0$$

$$\therefore M_{x2} = \frac{M}{l}x_2$$

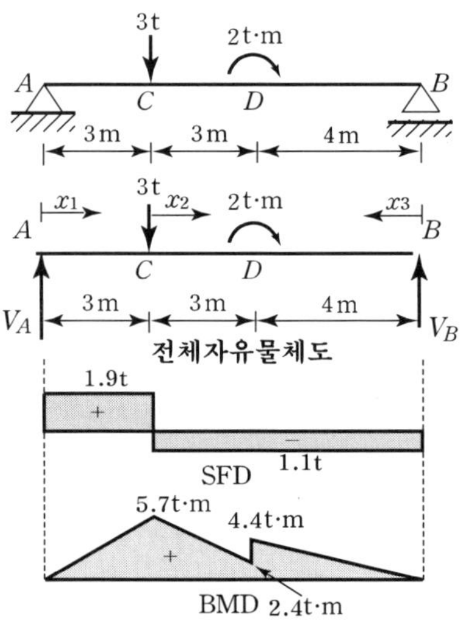

그림 5.11 예제 5.5

예제 5.5 그림 5.11 단순보의 단면력도를 그려라.

풀이

1) 지점반력

$$(\curvearrowright +)\sum M_B = 0,\quad V_A \times 10 - 3 \times 7 + 2 = 0$$

$$\therefore V_A = 1.9\text{t}$$

$$(+\uparrow)\sum V = 0,\quad V_A + V_B - 3 = 0$$

$$\therefore V_B = 3 - 1.9 = 1.1\,\text{t}$$

2) 단면력

① 구간 $AC\,(0 \leqq x_1 \leqq 3)$

$$(+\downarrow)\sum V = 0,\quad S_{x1} - 1.9 = 0$$

$$\therefore S_{x1} = 1.9\,\text{t}$$

$$(\curvearrowleft +)\sum M_{X1} = 0,\quad M_{x1} - 1.9x_1 = 0$$

$$\therefore M_{x1} = 1.9x_1$$

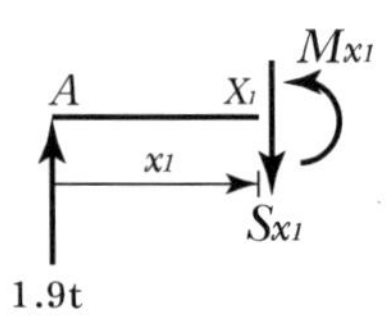

그림 5.11a 구간AC 자유물체도

② 구간 CD $(0 \leqq x_2 \leqq 3)$

$(+\downarrow)\sum V = 0,\ S_{x2} - 1.9 + 3 = 0$

$\therefore S_{x2} = -1.1\ \text{t}$

$(\circlearrowleft +)\sum M_{X2} = 0,\ M_{x2} - 1.9 \times (3 + x_2) + 3x_2 = 0$

$\therefore M_{x2} = 5.7 - 1.1\,x_2$

③ 구간 BD $(0 \leqq x_3 \leqq 4)$

$(+\uparrow)\sum V = 0,\ S_{x3} + 1.1 = 0$

$\therefore S_{x3} = -1.1\ \text{t}$

$(\circlearrowright +)\sum M_A = 0,\ M_{x3} - 1.1x_3 = 0$

$\therefore M_{x3} = 1.1\,x_3$

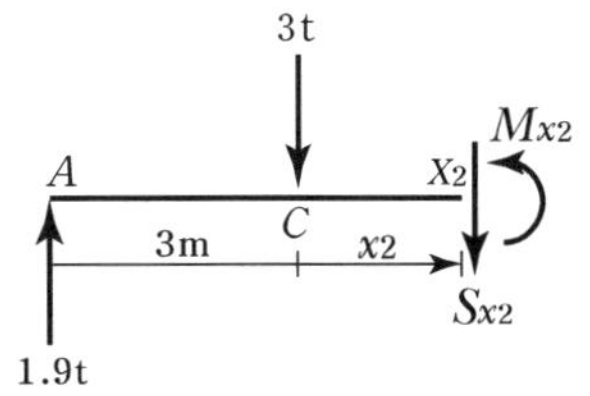

그림 5.11b 구간CD 자유물체도

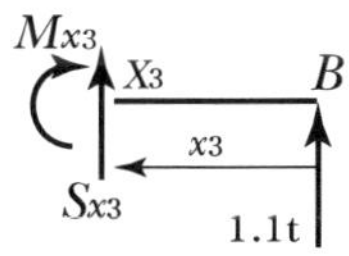

그림 5.11c 구간BD 자유물체도

연습문제

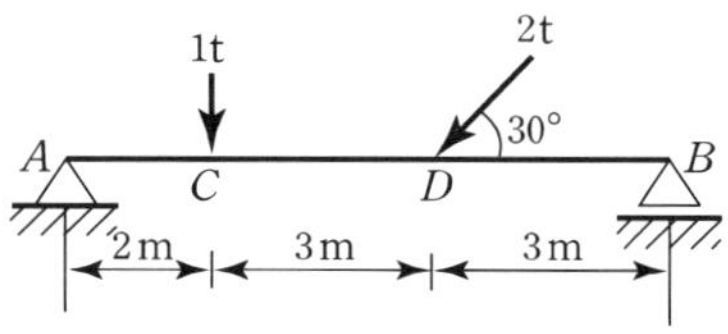

그림 5.12 연습문제 1

1. 그림 5.12의 단면력도를 그려라.

답 : $V_A = 1.125$ t, $V_B = 0.875$ t, $H_A = 1.732$ t

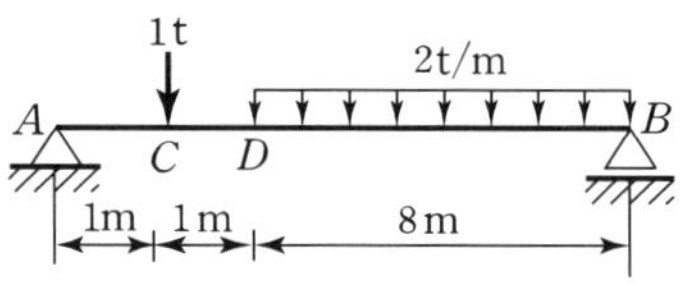

그림 5.13 연습문제 2

2. 그림 5.13의 단면력도를 그려라.

답 : $V_A = 7.3$ t, $V_B = 9.7$ t

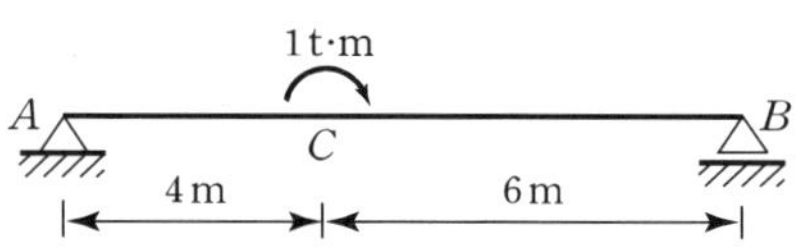

그림 5.14 연습문제 3

3. 그림 5.14의 단면력도를 그려라.

답 : $V_A = -0.1$ t, $V_B = 0.1$ t

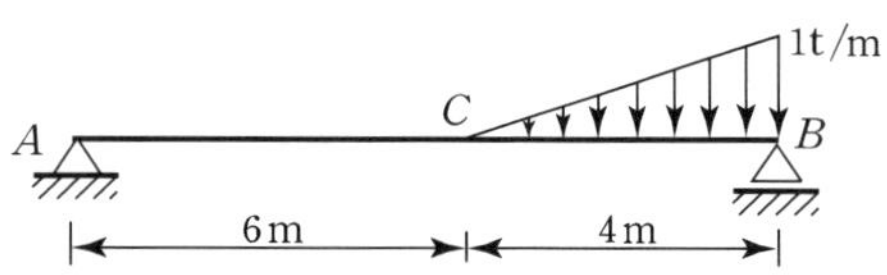

그림 5.15 연습문제 4

4. 그림 5.15의 단면력도를 그려라.

답 : $V_A = 0.267$ t, $V_B = 1.733$ t

5.3 캔틸레버보

캔틸레버보(cantilever beam)는 한쪽이 고정되고 다른 쪽은 자유단인 보로 외팔보라고도 한다.

5.3.1 집중하중이 작용하는 경우

1) 지점반력

캔틸레버보의 지점반력은 고정단 A점에서 수직반력(V_A), 수평반력(H_A), 모멘트반력(M_A)이 발생하여 반력수가 3개이므로 정정보이다.

반력을 구하는 방법은 단순보와 같다.

$$(\overset{\rightarrow}{+})\sum H=0,\ H_A-P\cos\alpha=0$$

$$\therefore H_A=P\cos\alpha$$

$$(+\uparrow)\sum V=0,\ V_A-P\sin\alpha=0$$

$$\therefore V_A=P\sin\alpha$$

$$(\overset{\curvearrowleft}{+})\sum M_A=0,\ M_A-(P\sin\alpha)a=0$$

$$\therefore M_A=Pa\sin\alpha$$

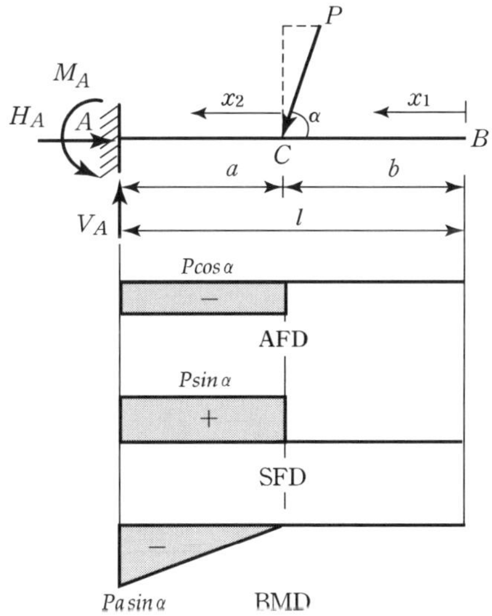

그림 5.16 집중하중을 받는 켄틸레버보

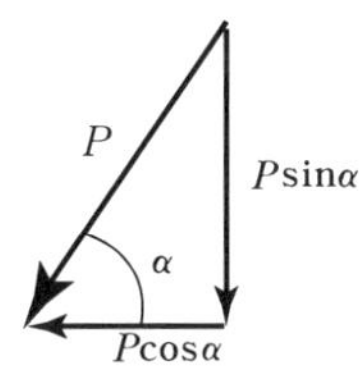

2) 단면력

일반적으로 캔틸레버는 자유단에서부터 자유물체도를 선택하는 것이 계산에 편리하다.

(1) 구간 BC ($0 \le x_1 \le b$)

① 축력(P_{x1})

$$(\overset{\leftarrow}{+})\sum H=0,\quad \therefore P_{x1}=0$$

② 전단력 (S_{x1})

$$(+\uparrow)\sum V=0,\quad \therefore S_{x1}=0$$

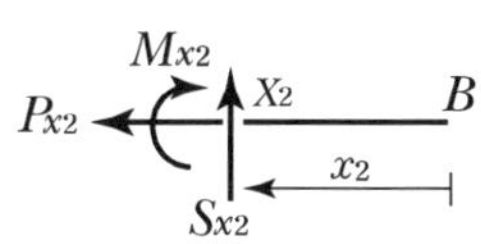

그림 5.16a 구간BC 자유물체도

③ 휨모멘트 (M_{x1})

$$(\overset{\curvearrowright}{+})\sum M_{X1}=0, \quad \therefore M_{x2}=0$$

(2) 구간 CA $(0 \leq x_2 \leq a)$

① 축력 (P_{x2})

$$(\overset{\leftarrow}{+})\sum H=0, \; P_{x2}+P\cos\alpha=0$$

$$\therefore P_{x2}=-P\cos\alpha$$

② 전단력 (S_{x2})

$$(+\uparrow)\sum V=0, \; S_{x2}-P\sin\alpha=0$$

$$\therefore S_{x2}=P\sin\alpha$$

③ 휨모멘트 (M_{x2})

$$(\overset{\curvearrowright}{+})\sum M_{X2}=0, \; M_{x2}+(P\sin\alpha)x_2=0$$

$$\therefore M_{x2}=-(P\sin\alpha)x_2$$

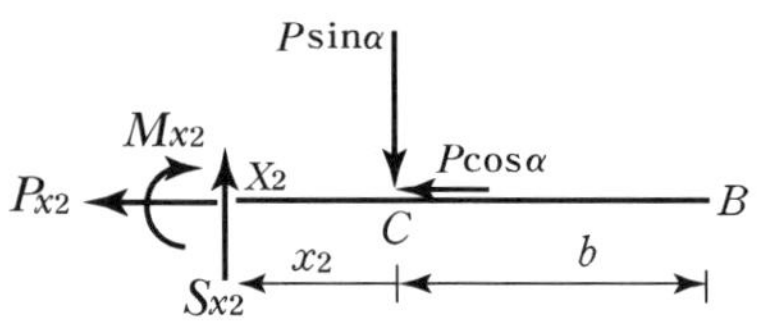

그림 5.16b 구간CA 자유물체도

예제 5.6 그림 5.17 캔틸레버보의 단면력도를 그려라.

풀이

수평외력이 없으므로 축력 H_A는 발생하지 않음.

1) 지점반력

$$(+\uparrow)\sum V=0, \; V_A-3-2=0$$

$$\therefore V_A=5\,\mathrm{t}$$

$$(\overset{\curvearrowleft}{+})\sum M_A=0, \; M_A-3\times2-2\times5=0$$

$$\therefore M_A=16\,\mathrm{t\cdot m}$$

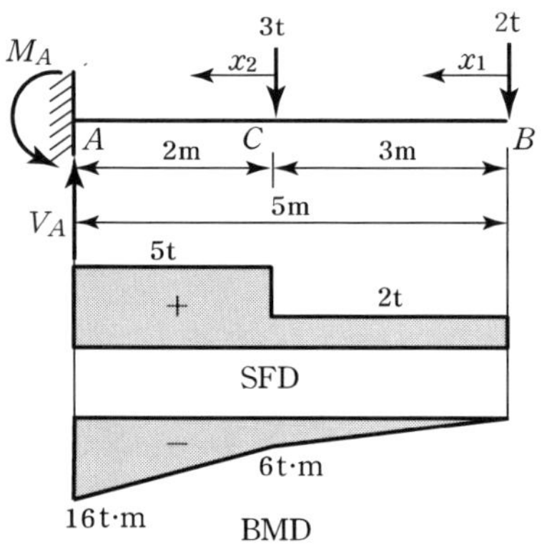

그림 5.17 예제 5.6

2) 단면력

① 구간 BC $(0 \leq x_1 \leq 3)$

$(+\uparrow)\sum V = 0,\ S_{x1} - 2 = 0 \qquad \therefore S_{x1} = 2\,\mathrm{t}$

$(\overset{\curvearrowright}{+})\sum M_{X1} = 0,\ M_{x1} + 2x_1 = 0 \quad \therefore M_{x1} = -2x_1$

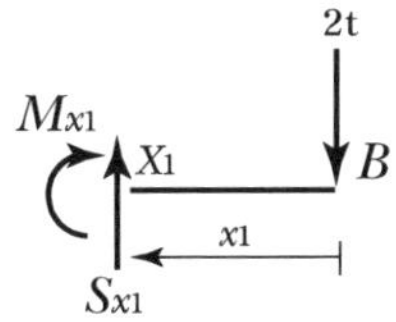

그림 5.17a 구간BC 자유물체도

② 구간 CA $(0 \leq x_2 \leq 2)$

$(+\uparrow)\sum V = 0,\ S_{x2} - 2 - 3 = 0 \quad \therefore S_{x2} = 5\,\mathrm{t}$

$(\overset{\curvearrowright}{+})\sum M_{X2} = 0,\ M_{x2} + 3x_2 + 2(x_2 + 3) = 0 \quad \therefore M_{x2} = -5x_2 - 6$

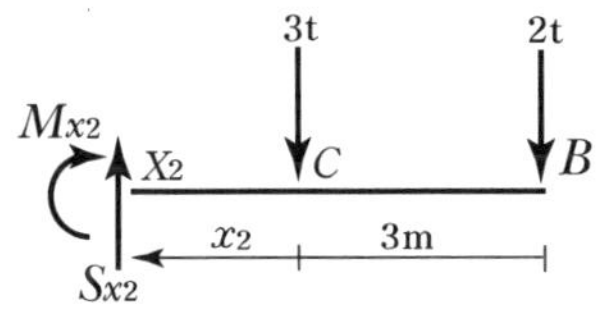

그림 5.17b 구간CA 자유물체도

5.3.2 분포하중이 작용하는 경우

1) 지점반력

$(\overset{\leftarrow}{+})\sum H = 0, \qquad \therefore H_B = 0$

$(+\uparrow)\sum V = 0,\ V_B - wl = 0 \qquad \therefore V_B = wl$

$(\overset{\curvearrowright}{+})\sum M_B = 0,\ M_B - wl \times \dfrac{l}{2} = 0 \quad \therefore M_B = \dfrac{wl^2}{2}$

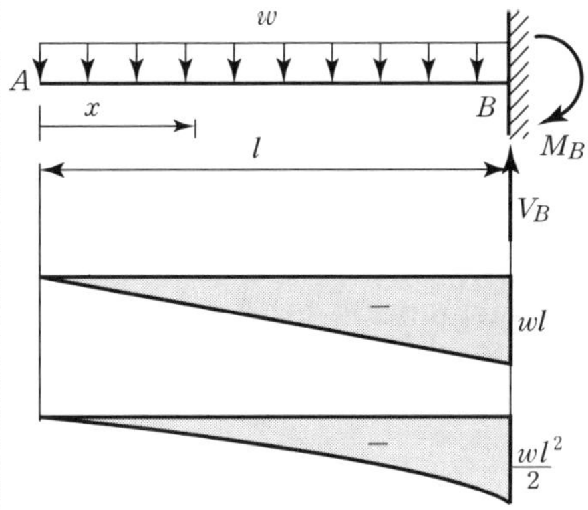

그림 5.18 분포하중이 작용

2) 단면력

(1) 구간 AB $(0 \leq x \leq l)$

① 전단력(S_x)

$(+\downarrow)\sum V = 0,\ S_x + wx = 0 \qquad \therefore S_x = -wx$

② 휨모멘트(M_x)

$(\overset{\curvearrowleft}{+})\sum M_X = 0,\ M_x + wx \times \dfrac{x}{2} = 0 \quad \therefore M_x = \dfrac{-wx^2}{2}$

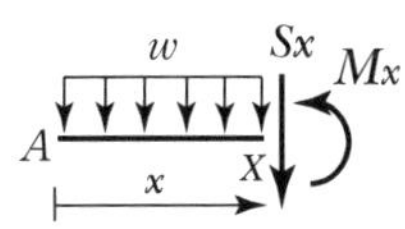

그림 5.18a 구간AB 자유물체도

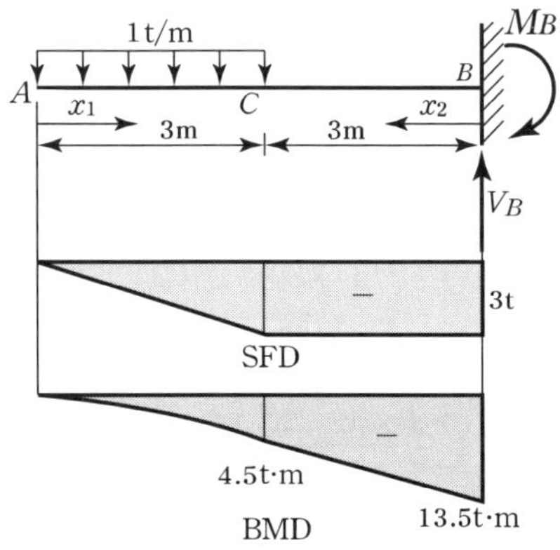

그림 5.19 예제 5.7

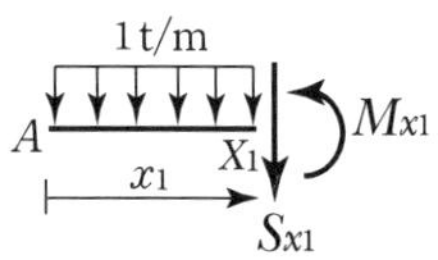

그림 5.19a 구간AC 자유물체도

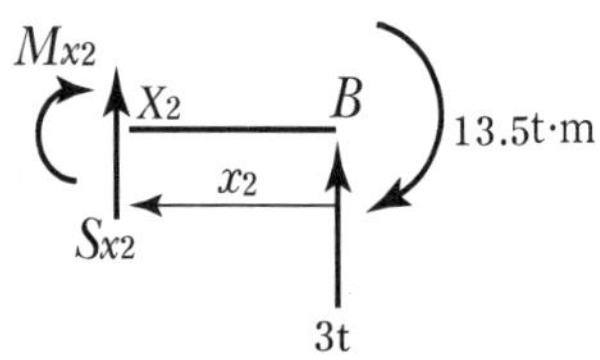

그림 5.19b 구간BC 자유물체도

예제 5.7 그림 5.19 캔틸레버보의 단면력도를 그려라.

풀이

1) 지점반력

$(+\uparrow)\sum V=0,\ V_B-1\times 3=0 \qquad \therefore V_B=3\,\text{t}$

$(\overset{\curvearrowright}{+})\sum M_B=0,\ M_B-1\times 3\times(3+1.5)=0 \qquad \therefore M_B=13.5\,\text{t}\cdot\text{m}$

2) 단면력

① 구간 $AC(0\leq x_1\leq 3)$

$(+\downarrow)\sum V=0,\ S_{x1}+1\times x_1=0 \qquad \therefore S_{x1}=-x_1$

$(\overset{\curvearrowright}{+})\sum M_{X1}=0,\ M_{x1}+1x_1\times\dfrac{x_1}{2}=0 \qquad \therefore M_{x1}=-\dfrac{x_1^2}{2}$

② 구간 $BC(0\leq x_2\leq 3)$

$(+\uparrow)\sum V=0,\ S_{x2}+3=0 \qquad \therefore S_{x2}=-3\,\text{t}$

$(\overset{\curvearrowright}{+})\sum M_{X2}=0,\ M_{x2}-3x_2+13.5=0 \qquad \therefore M_{x2}=3x_2-13.5$

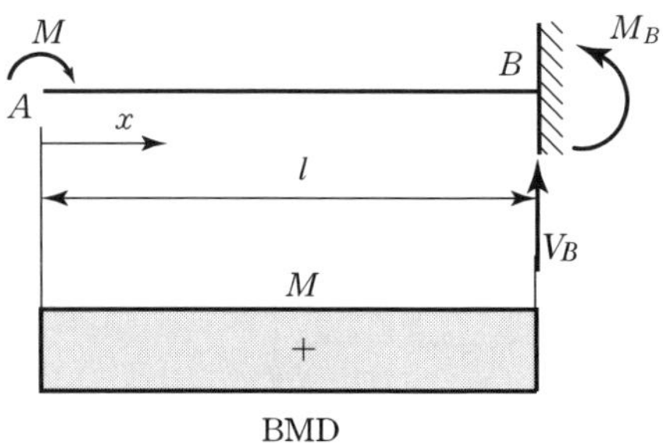

그림 5.20 모멘트하중이 작용하는 캔틸레버보

5.3.3 모멘트하중이 작용하는 경우

5.2.4절의 단순보에 모멘트하중이 작용하는 경우와 같다. 그림 5.20과 같은 경우에서 단면력을 구하면 다음과 같다.

1) 지점반력

$(+\uparrow)\sum V=0 \qquad \therefore V_B=0$

$(\overset{\curvearrowright}{+})\sum M_B=0,\ M_B-M=0 \qquad \therefore M_B=M$

2) 단면력

$(+\downarrow)\sum V=0 \qquad \therefore S_x=0$

$(\overset{\frown}{+})\sum M_X=0,\ M_x-M=0 \qquad \therefore M_x=M$

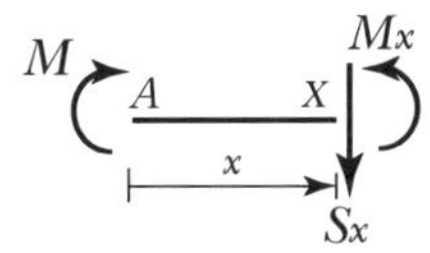

그림 5.20a 구간AB 자유물체도

이 경우에 전단력은 없고, 휨모멘트는 M으로 일정함을 알 수 있다. 단면력도에서 왼쪽에서 오른쪽으로 작도할 때, 외력과 반력모멘트는 시계방향일 경우 (+)값을 나타낸다.

예제 **5.8** 그림 5.21 캔틸레버보의 단면력도를 그려라.

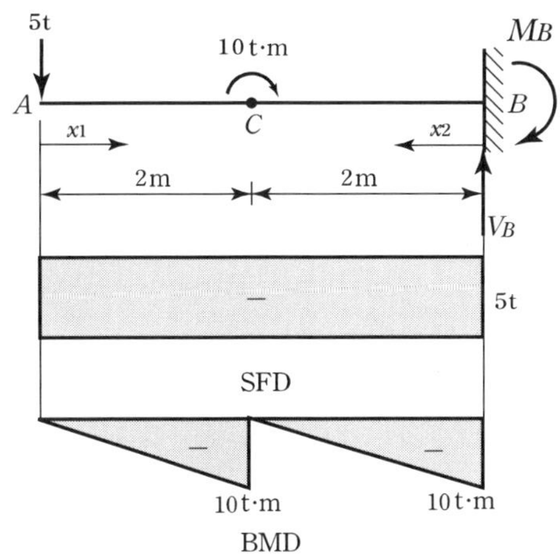

그림 5.21 예제 5.8

풀이

1) 지점반력

$(+\uparrow)\sum V=0,\ V_B-5=0 \qquad \therefore V_B=5\,\mathrm{t}$

$(\overset{\frown}{+})\sum M_B=0,\ M_B-5\times4+10=0 \qquad \therefore M_B=10\,\mathrm{t\cdot m}$

2) 단면력

① 구간 AC $(0\le x_1\le 2)$

$(+\downarrow)\sum V=0,\ S_{x1}+5=0 \qquad \therefore S_{x1}=-5\mathrm{t}$

$(\overset{\frown}{+})\sum M_{X1}=0,\ M_{x1}+5x_1=0 \qquad \therefore M_{x1}=-5x_1$

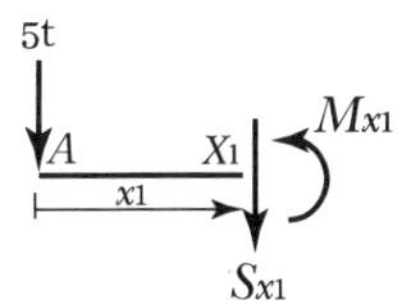

그림 5.21a 구간AC 자유물체도

② 구간 BC $(0\le x_2\le 2)$

$(+\uparrow)\sum V=0,\ S_{x2}+5=0 \qquad \therefore S_{x2}=-5\,\mathrm{t}$

$(\overset{\frown}{+})\sum M_{X2}=0,\ M_{x2}+10-5x_2=0 \qquad \therefore M_{x2}=5x_2-10$

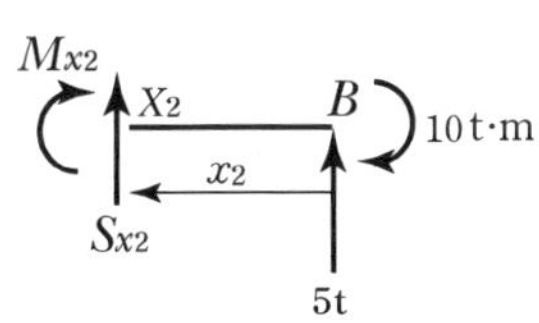

그림 5.21b 구간BC 자유물체도

전단력은 5t으로 일정하고, 하중모멘트가 C점에서 시계방향으로 10t·m 작용하므로 C점에서 +10만큼 불연속하게 증가한다.

5.4 내민보

내민보(overhanging beam)는 단순보에서 내민부분이 있는 정정보다. 그림 5.22에서 구조적으로 AB구간은 단순보이고 CA구간과 BE구간은 캔틸레버보로 구성되어 있다.

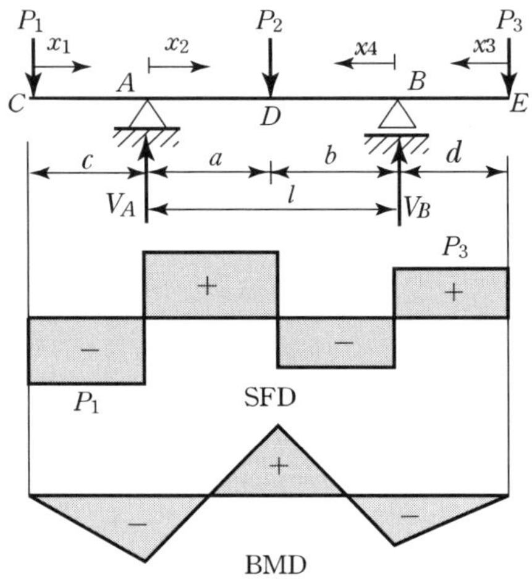

그림 5.22 집중하중을 받는 내민보

5.4.1 집중하중이 작용하는 경우

1) 지점반력

① A점 수직반력(V_A)

$$(\underset{+}{\curvearrowright})\sum M_B = 0,\quad V_A l - P_1(c+l) - P_2 b + P_3 d = 0$$

$$\therefore V_A = \{P_1(c+l) + P_2 b - P_3 d\}\frac{1}{l}$$

② B점 수직반력(V_B)

$$(+\uparrow)\sum V = 0,\quad V_A + V_B - P_1 - P_2 - P_3 = 0$$

$$\therefore V_B = P_1 + P_2 + P_3 - V_A$$

2) 단면력

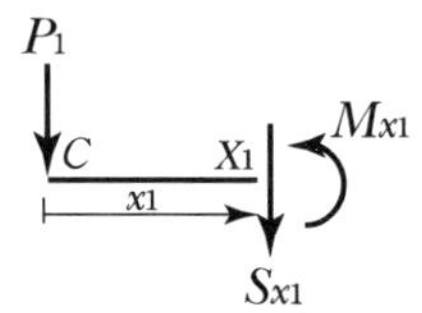

그림 5.22a 구간CA 자유물체도

(1) 구간 CA ($0 \leqq x_1 \leqq c$)

$$(+\downarrow)\sum V = 0,\quad S_{x1} + P_1 = 0$$

$$\therefore S_{x1} = -P_1$$

$$(\underset{+}{\curvearrowleft})\sum M_{X1} = 0,\quad M_{x1} + P_1 x_1 = 0$$

$$\therefore M_{x1} = -P_1 x_1$$

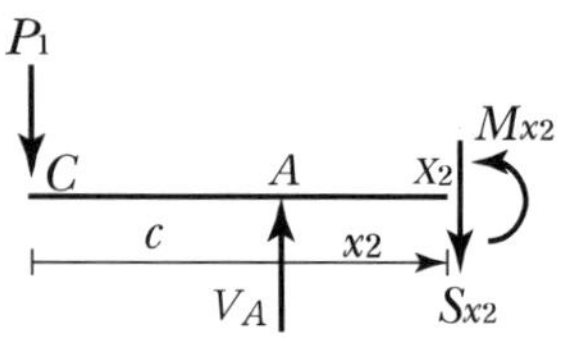

그림 5.22b 구간AD 자유물체도

(2) 구간 AD ($0 \leqq x_2 \leqq a$)

$$(+\downarrow)\sum V = 0,\quad S_{x2} + P_1 - V_A = 0$$

$$\therefore S_{x2} = V_A - P_1$$

$$(\underset{+}{\curvearrowleft})\sum M_{X2} = 0,\quad M_{x2} + P_1(c + x_2) - V_A \times x_2 = 0$$

$$\therefore M_{x2} = (V_A - P_1)x_2 - P_1 \times c$$

(3) 구간 EB $(0 \leqq x_3 \leqq d)$

$$(+\uparrow)\sum V=0,\ S_{x3}-P_3=0$$

$$\therefore\ S_{x3}=P_3$$

$$(\overset{\curvearrowright}{+})\sum M_{X3}=0,\ M_{x3}+P_3\times x_3=0$$

$$\therefore\ M_{x3}=-P_3\times x_3$$

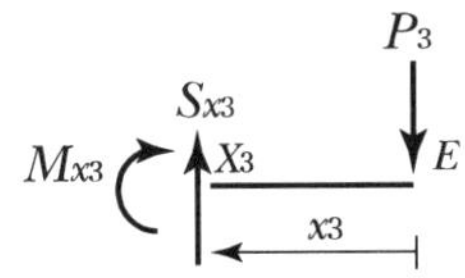

그림 5.22c 구간EB 자유물체도

(4) 구간 BD $(0 \leqq x_4 \leqq b)$

$$(+\uparrow)\sum V=0,\ S_{x4}-P_3+V_B=0$$

$$\therefore\ S_{x4}=P_3-V_B$$

$$(\overset{\curvearrowright}{+})\sum M_{X4}=0,\ M_{x4}-V_B\times x_4+P_3(x_4+d)=0$$

$$\therefore\ M_{x4}=(V_B-P_3)x_4-P_3\times d$$

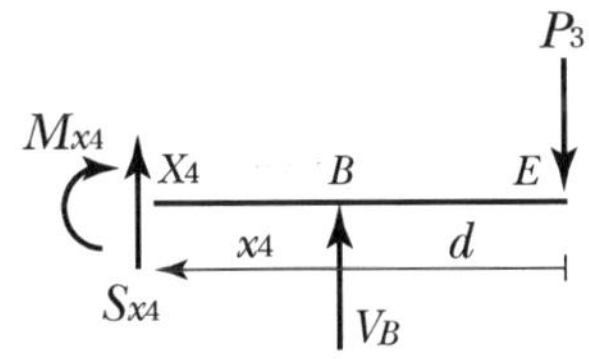

그림 5.22d 구간BD 자유물체도

예제 5.9 그림 5.23 내민보의 단면력도를 그려라.

풀이

1) 지점반력

① A점 수직반력(V_A)

$$(\overset{\curvearrowright}{+})\sum M_B=0,\ V_A\times 10-3\times 12-8\times 6+2\times 2=0$$

$$\therefore\ V_A=8\text{t}$$

② B점 수직반력(V_B)

$$(+\uparrow)\sum V=0,\ V_A+V_B-3-8-2=0$$

$$\therefore\ V_B=5\,\text{t}$$

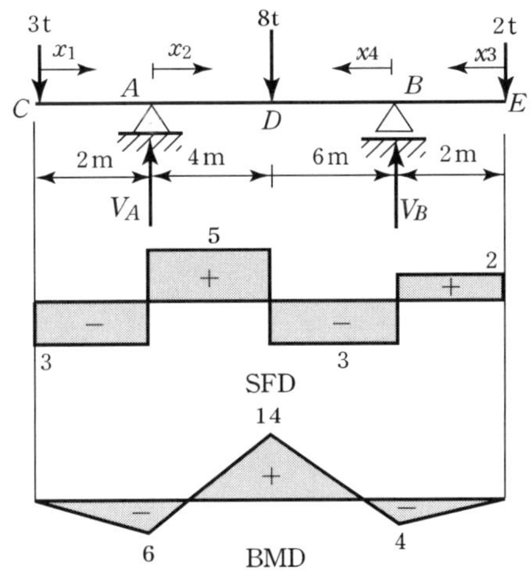

그림 5.23 예제 5.9

2) 단면력

① 구간 $CA\ (0 \leqq x_1 \leqq 2)$

$$(+\downarrow)\sum V=0,\ S_{x1}+3=0,\qquad \therefore S_{x1}=-3\text{t}$$

$$(\overset{\curvearrowleft}{+})\sum M_{X1}=0,\ M_{x1}+3x_1=0,\qquad \therefore\ M_{x1}=-3x_1$$

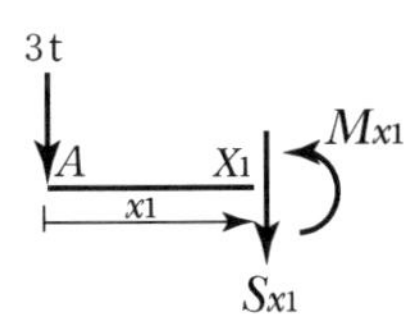

그림 5.23a 구간CA 자유물체도

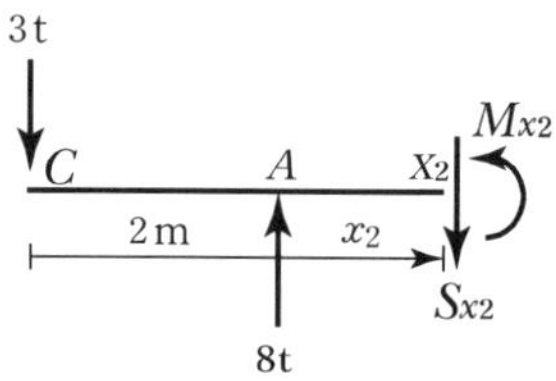

그림 5.23b 구간AD 자유물체도

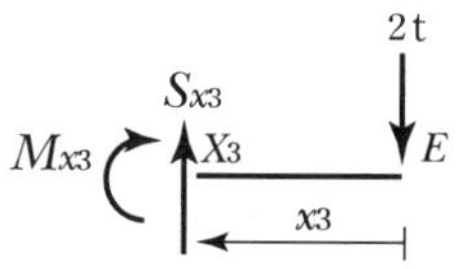

그림 5.23c 구간EB 자유물체도

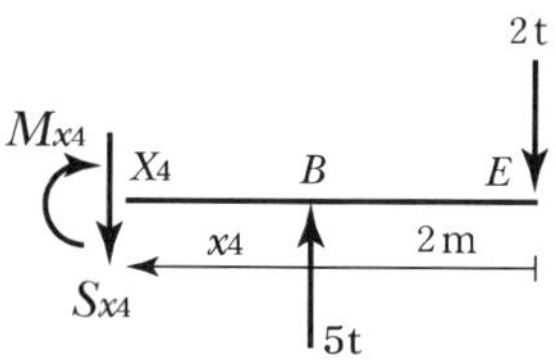

그림 5.23d 구간BD 자유물체도

② 구간 $AD(0 \leqq x_2 \leqq 4)$

$(+\downarrow)\sum V=0,\ S_{x2}+3-8=0$

$\therefore\ S_{x2}=5\text{t}$

$(\overset{\curvearrowleft}{+})\sum M_{X2}=0,\ M_{x2}+3\times(2+x_2)-8\times x_2=0$

$\therefore\ M_{x2}=5x_2-6$

③ 구간 $EB\ (0 \leqq x_3 \leqq 2)$

$(+\uparrow)\sum V=0,\ S_{x3}-2=0$

$\therefore\ S_{x3}=2\text{t}$

$(\overset{\curvearrowright}{+})\sum M_{X3}=0,\ M_{x3}+2\times x_3=0$

$\therefore\ M_{x3}=-2x_3$

④ 구간 $BD(0 \leqq x_4 \leqq 6)$

$(+\uparrow)\sum V=0,\ S_{x4}-2+5=0$

$\therefore\ S_{x4}=-3\text{t}$

$(\overset{\curvearrowright}{+})\sum M_{X4}=0,\ M_{x4}-5\times x_4+2(x_4+2)=0$

$\therefore\ M_{x4}=3x_4-4$

5.4.2 분포하중이 작용하는 경우

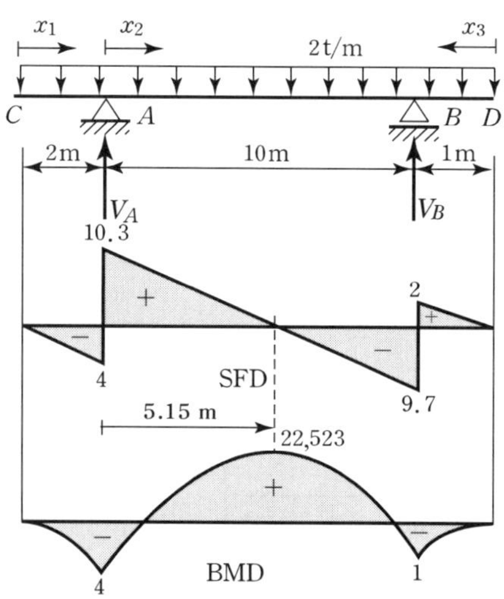

그림 5.24 분포하중을 받는 내민보

그림 5.24와 같은 내민보에서 등분포하중이 작용할 때 단면력을 구하면 다음과 같다.

1) 지점반력

① A점 수직반력(V_A)

$$(\overset{\curvearrowright}{+})\sum M_B=0,\ V_A\times 10-(2\times 13)\times\left(\frac{13}{2}-1\right)=0$$

$\therefore\ V_A=14.3\text{t}$

② B점 수직반력(V_B)

$$(+\uparrow)\sum V=0,\ V_A+V_B-2\times 13=0$$

$\therefore\ V_B=11.7\text{t}$

2) 단면력

(1) 구간 CA$(0 \leqq x_1 \leqq 2)$

$$(+\downarrow)\sum V=0,\ S_{x1}+2x_1=0$$

$$\therefore S_{x1}=-2x_1$$

$$(\overset{\curvearrowleft}{+})\sum M_{X1}=0,\ M_{x1}+2x_1\times\frac{x_1}{2}=0$$

$$\therefore M_{x1}=-x_1^2$$

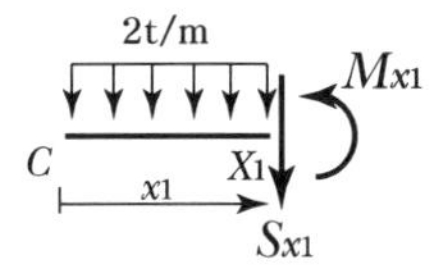

그림 5.24a 구간CA 자유물체도

(2) 구간 AB$(0 \leqq x_2 \leqq 10)$

$$(+\downarrow)\sum V=0,\ S_{x2}+2\times(2+x_2)-14.3=0$$

$$\therefore\ S_{x2}=10.3-2x_2$$

$$(\overset{\curvearrowleft}{+})\sum M_{X2}=0,\ M_{x2}+2\times(2+x_2)\times\left(\frac{2+x_2}{2}\right)-14.3\,x_2=0$$

$$\therefore M_{x2}=-x_2^2+10.3x_2-4$$

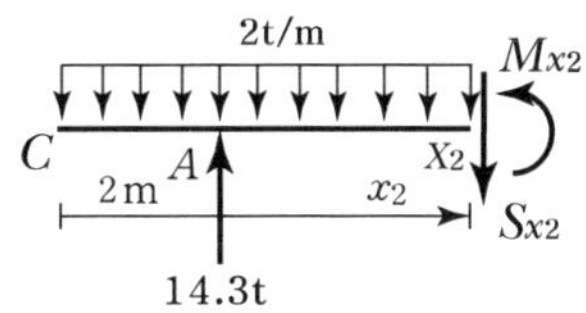

그림 5.24b 구간AB 자유물체도

(3) 구간 ED$(0 \leqq x_3 \leqq 1)$

$$(+\uparrow)\sum V=0,\ S_{x3}-2x_3=0$$

$$\therefore\ S_{x3}=2x_3$$

$$(\overset{\curvearrowright}{+})\sum M_{X3}=0,\ M_{x3}+(2x_3)\times\frac{x_3}{2}=0$$

$$\therefore M_{x3}=-x_3^2$$

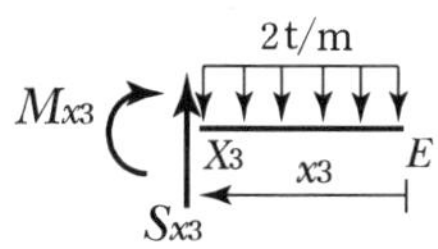

그림 5.24c 구간ED 자유물체도

(4) 최대휨모멘트

전단력이 "0"인 곳을 지나는 구간AB에서 최대휨모멘트가 발생한다.

$$S_{x2}=10.3-2x_0=0,\ x_0=5.15\,\mathrm{m}$$

따라서, M_{x2}에 $x_0=5.15\,\mathrm{m}$를 대입하면,

$$\therefore M_{\max}=M_{x_0=5.15}$$

$$=-5.15^2+10.3\times5.15-4=22{,}523\,\mathrm{t\cdot m}$$

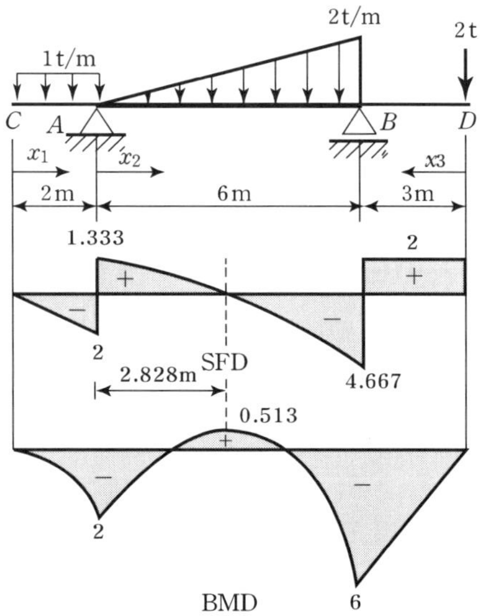

그림 5.25 예제 5.10

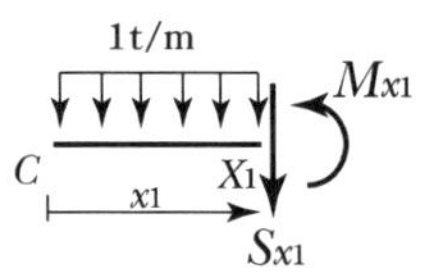

그림 5.25a 구간CA 자유물체도

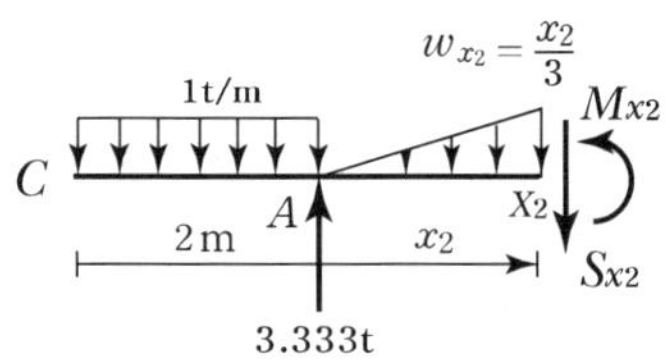

그림 5.25b 구간AB 자유물체도

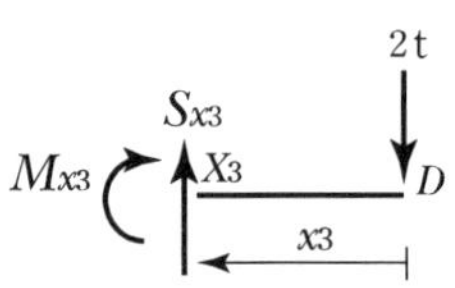

그림 5.25c 구간DB 자유물체도

예제 5.10 그림 5.25 내민보의 단면력도를 그려라.

풀이

1) 지점반력

① A점 수직반력(V_A)

$$(\curvearrowright +)\sum M_B = 0$$

$$V_A \times 6 - (1\times 2)\times 7 - (\frac{1}{2}\times 2 \times 6)\times(6\times\frac{1}{3}) + 2\times 3 = 0$$

$$\therefore\ V_A = 3.333\text{t}$$

② B점 수직반력(V_B)

$$(+\uparrow)\sum V = 0,\ \ V_A + V_B - (1\times 2) - \frac{1}{2}\times 2\times 6 - 2 = 0$$

$$\therefore\ V_B = 6.667\text{ t}$$

2) 단면력

① 구간 $CA\,(0 \leqq x_1 \leqq 2)$

$$(+\downarrow)\sum V = 0,\ \ S_{x1} + 1\times x_1 = 0 \qquad \therefore S_{x1} = -x_1$$

$$(\curvearrowright +)\sum M_{X1} = 0,\ \ M_{x1} + 1\times x_1 \times \frac{x_1}{2} = 0 \qquad \therefore M_{x1} = -\frac{x_1^2}{2}$$

② 구간 $AB\,(0 \leqq x_2 \leqq 6)$

$$(+\downarrow)\sum V = 0,\ \ S_{x2} + 1\times 2 - 3.333 + \frac{1}{2}\times\frac{x_2}{3}\times x_2 = 0$$

$$\therefore\ S_{x2} = -\frac{1}{6}x_2^2 + 1.333$$

$$(\curvearrowright +)\sum M_{X2} = 0,$$

$$M_{x2} + (1\times 2)(1+x_2) + (\frac{1}{2}\times\frac{x_2}{3}\times x_2)\times(\frac{x_2}{3}) - 3.333x_2 = 0$$

$$\therefore M_{x2} = -\frac{x_2^3}{18} + 1.333x_2 - 2$$

③ 구간 $DB\,(0 \leqq x_3 \leqq 3)$

$$(+\uparrow)\sum V = 0,\ \ S_{x3} - 2 = 0 \qquad \therefore S_{x3} = 2\text{t}$$

$$(\curvearrowright +)\sum M_{X3} = 0,\ \ M_{x3} + 2\times x_3 = 0 \qquad \therefore M_{x3} = -2x_3$$

④ 최대휨모멘트

전단력이 "0"인 구간 AB에서 최대휨모멘트가 발생.

$$\therefore S_{x2} = -\frac{1}{6}x_0^2 + 1.333 = 0,\ \ x_0 = 2.828\text{m}$$

따라서, M_{x2}에 $x_0 = 2.828\text{m}$를 대입하면,

$$\therefore M_{\max} = M_{x_0=2.828} = -\frac{2.828^3}{18} + 1.333\times 2.828 - 2 = 0.513\text{t}\cdot\text{m}$$

5.4.3 모멘트 하중이 작용한 경우

그림 5.26과 같은 내민보에서 모멘트하중이 작용할 때 단면력을 구하면 다음과 같다.

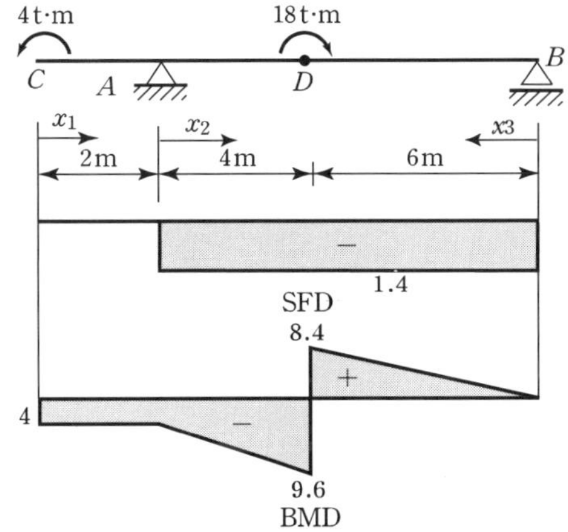

그림 5.26 모멘트하중을 받는 내민보

1) 지점반력

① A점 수직반력(V_A)

$$(\overset{\curvearrowright}{+})\sum M_B = 0,\ V_A \times 10 - 4 + 18 = 0$$

$$\therefore\ V_A = -1.4\text{t}$$

② B점 수직반력(V_B)

$$(+\uparrow)\sum V = 0,\ V_A + V_B = 0$$

$$\therefore\ V_B = 1.4\text{t}$$

2) 단면력

(1) 구간 CA($0 \leq x_1 \leq 2$)

$$(+\downarrow)\sum V = 0,\ S_{x1} = 0$$

$$(\overset{\curvearrowleft}{+})\sum M_{X1} = 0,\ M_{x1} + 4 = 0 \quad \therefore\ M_{x1} = -4\ \text{t·m}$$

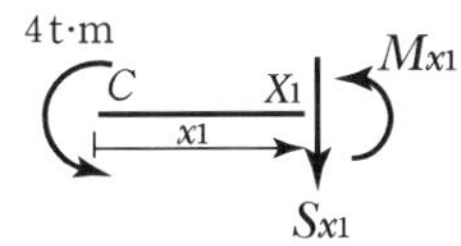

그림 5.26a 구간CA 자유물체도

(2) 구간 AD($0 \leq x_2 \leq 4$)

$$(+\downarrow)\sum V = 0,\ S_{x2} + 1.4 = 0 \quad \therefore\ S_{x2} = -1.4\text{t}$$

$$(\overset{\curvearrowleft}{+})\sum M_{X2} = 0,\ M_{x2} + 4 + 1.4x_2 = 0$$

$$\therefore\ M_{x2} = -1.4x_2 - 4$$

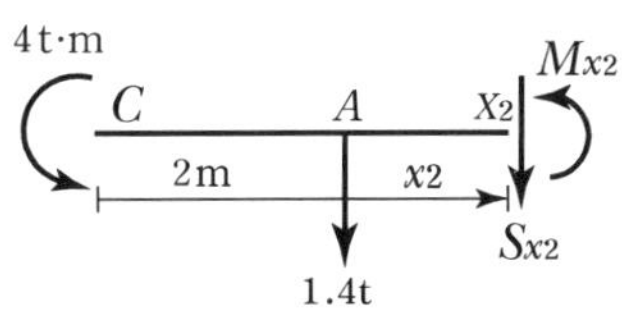

그림 5.26b 구간AD 자유물체도

(3) 구간 BD($0 \leq x_3 \leq 6$)

$$(+\uparrow)\sum V = 0,\ S_{x3} + 1.4 = 0 \quad \therefore\ S_{x3} = -1.4\ \text{t}$$

$$(\overset{\curvearrowright}{+})\sum M_{X3} = 0,\ M_{x3} - 1.4x_3 = 0 \quad \therefore\ M_{x3} = 1.4x_3$$

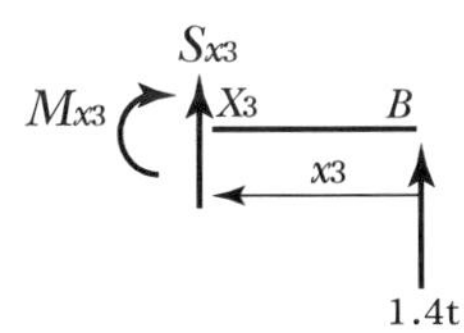

그림 5.26c 구간BD 자유물체도

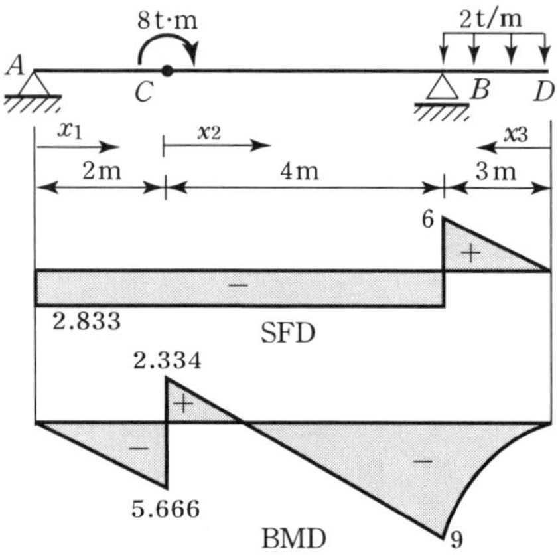

그림 5.27 예제 5.11

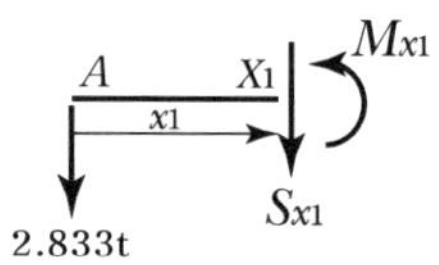

그림 5.27a 구간AC 자유물체도

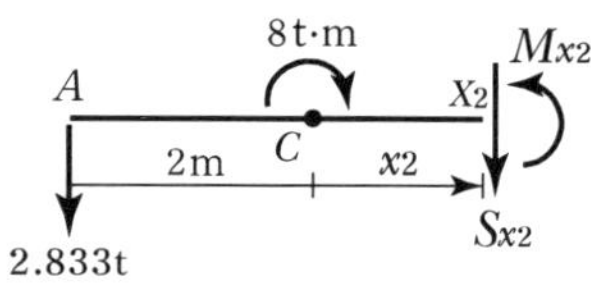

그림 5.27b 구간CB 자유물체도

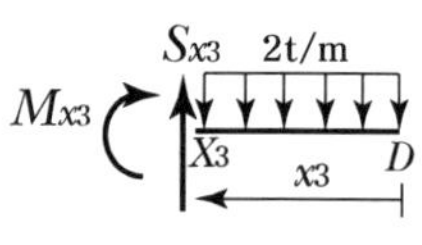

그림 5.27c 구간DB 자유물체도

예제 5.11 그림 5.27 내민보의 단면력도를 그려라.

풀이

1) 지점반력

① A점 수직반력(V_A)

$$(\overset{\curvearrowright}{+})\sum M_B = 0,\ \ V_A \times 6 + 8 + (2\times 3)\times \frac{3}{2} = 0$$

$$\therefore\ V_A = -2.833\mathrm{t}$$

② B점 수직반력(V_B)

$$(+\uparrow)\sum V = 0,\ \ V_A + V_B - 2\times 3 = 0$$

$$\therefore\ V_B = 8.833\ \mathrm{t}$$

2) 단면력

① 구간 $AC(0 \leqq x_1 \leqq 2)$

$$(+\downarrow)\sum V = 0,\ \ S_{x1} + 2.833 = 0$$

$$\therefore S_{x1} = -2.833\ \mathrm{t}$$

$$(\overset{\curvearrowleft}{+})\sum M_{X1} = 0,\ \ M_{x1} + 2.833 \times x_1 = 0$$

$$\therefore M_{x1} = -2.833x_1$$

② 구간 $CB(0 \leqq x_2 \leqq 4)$

$$(+\downarrow)\sum V = 0,\ \ S_{x2} + 2.833 = 0$$

$$\therefore S_{x2} = -2.833\ \mathrm{t}$$

$$(\overset{\curvearrowleft}{+})\sum M_{X2} = 0,\ \ M_{x2} + 2.833(2 + x_2) - 8 = 0$$

$$\therefore M_{x2} = 2.334 - 2.833x_2$$

③ 구간 $DB(0 \leqq x_3 \leqq 3)$

$$(+\uparrow)\sum V = 0,\ \ S_{x3} - 2x_3 = 0$$

$$\therefore\ S_{x3} = 2x_3$$

$$(\overset{\curvearrowright}{+})\sum M_{X3} = 0,\ \ M_{x3} + 2 \times x_3 \times \frac{x_3}{2} = 0$$

$$\therefore M_{x3} = -x_3^2$$

연습문제

1. 그림 5.28 단순보의 단면력도를 그려라.

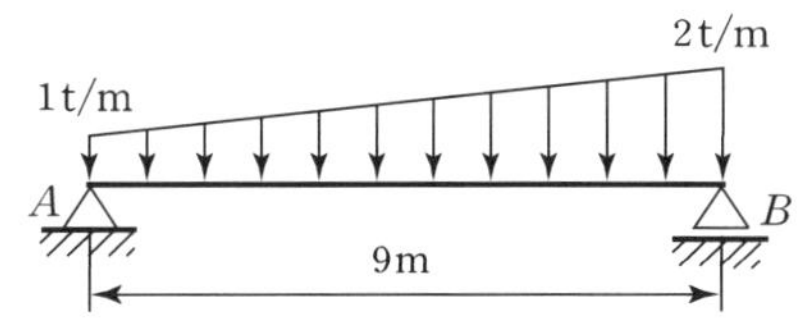

그림 5.28 연습문제 1

답 : $V_A = 6\,\mathrm{t}$, $V_B = 7.5\,\mathrm{t}$ $x = 4.748\,\mathrm{m}$, $M_{\max} = 15.234\,\mathrm{t \cdot m}$

2. 그림 5.29 캔틸레버보의 단면력도를 그려라.

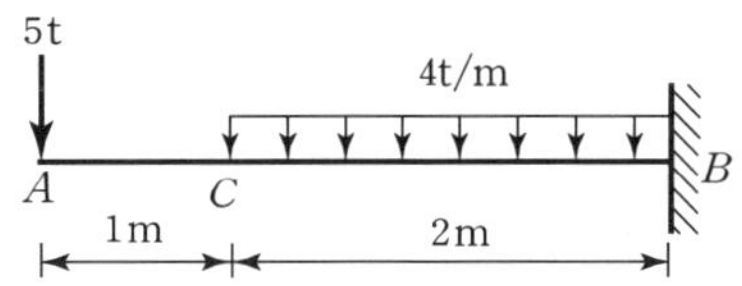

그림 5.29 연습문제 2

답 : $V_B = 13\,\mathrm{t}$, $M_C = -5\,\mathrm{t \cdot m}$, $M_B = 23\,\mathrm{t \cdot m}$

3. 그림 5.30 캔틸레버보의 단면력도를 그려라.

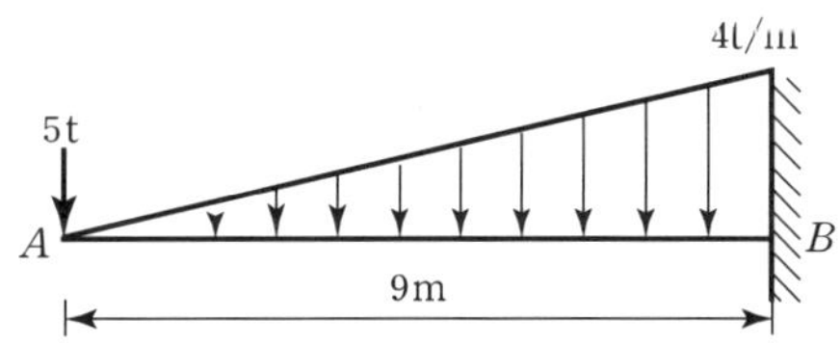

그림 5.30 연습문제 3

답 : $V_B = 23\,\mathrm{t}$, $M_B = 99\,\mathrm{t \cdot m}$

4. 그림 5.31 내민보에서 단면력도를 그려라.

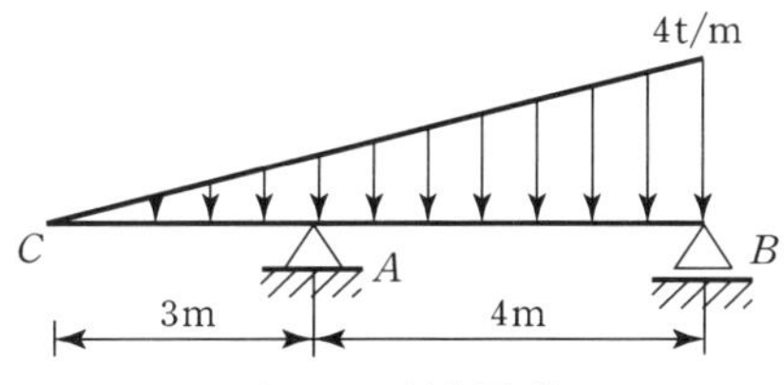

그림 5.31 연습문제 4

답 : $V_A = 8.167\,\mathrm{t}$, $V_B = 5.833\,\mathrm{t}$, $x \fallingdotseq 2.346\,\mathrm{m}$

$M_{\max} \fallingdotseq 4.609\,\mathrm{t \cdot m}$

5. 그림 5.32 내민보에서 단면력도를 그려라.

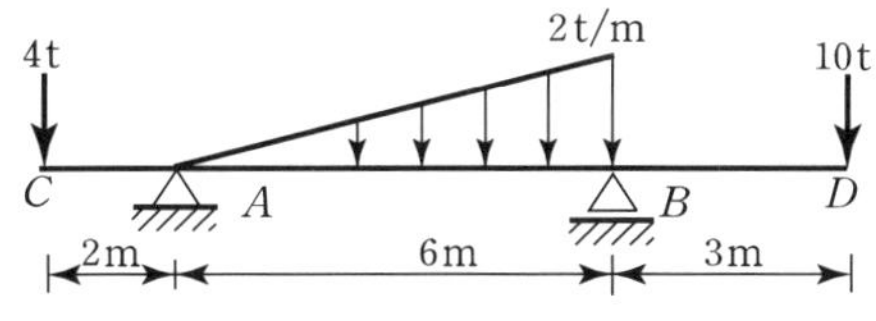

그림 5.32 연습문제 5

답 : $V_A = 2.33\,\mathrm{t}$, $V_B = 17.67\,\mathrm{t}$

5.5 게르버보

부정정보에 내부힌지를 도입하여 정정화한 보를 게르버보(Gerber beam)라 한다.

그림 5.33에서 (a)는 1차 부정정 연속보이지만, (b)는 내부힌지에서 휨모멘트 $M_G = 0$이라는 조건이 평형조건에 추가되어 정정보가 된다.

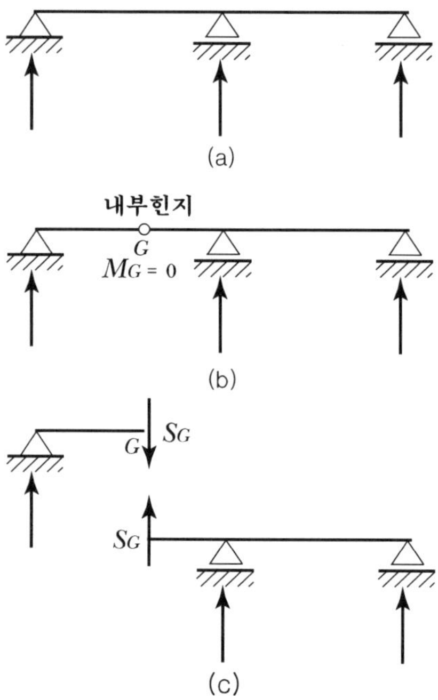

그림 5.33 게르버보

【게르버보의 해석방법】

① 내부힌지를 기준으로 각각의 부분 자유물체도를 만든다. (그림 5.33c)

② 우선 미지수(반력, 단면력)와 평형조건식 수가 같은 자유물체도(그림 5.33c의 경우 왼쪽)에서 반력과 내부힌지 점의 전단력을 구한다.

③ 위에서 구한 전단력 값을 나머지 자유물체도(그림 5.33c의 경우 오른쪽)에 적용하여 나머지 자유물체도의 반력을 구한다.

④ 단면력을 구하는 방법은 다른 정정보와 같다.

5.5.1 집중하중이 작용하는 경우

1) 지점반력

그림 5.34에서 AG자유물체도는 미지수 3개(V_A, V_B, S_G), GC 자유물체도는 미지수 2개(V_C, S_G)이다. 따라서 수평성분들을 제외하면 가용할 수 있는 평형조건이 2개이므로 GC자유물체도에서 V_C, S_G를 구한 후, AG자유물체도에서 V_A, V_B를 구할 수 있다.

(1) GC 자유물체도

$$(\overset{\curvearrowright}{+})\sum M_C = 0,\ S_G \times 6 - 2 \times 3 = 0$$

$$\therefore\ S_G = 1\,\mathrm{t}$$

$(+\uparrow)\sum V = 0,\ S_G + V_C - 2 = 0$

$\therefore\ V_C = 1\text{t}$

(2) AG 자유물체도

$(\overset{\curvearrowright}{+})\sum M_B = 0,\ V_A \times 5 - 8 \times 3 + 1 \times 2 = 0$

$\therefore\ V_A = 4.4\text{t}$

$(+\uparrow)\sum V = 0,\ V_A + V_B - 8 - 1 = 0$

$\therefore\ V_B = 4.6\text{t}$

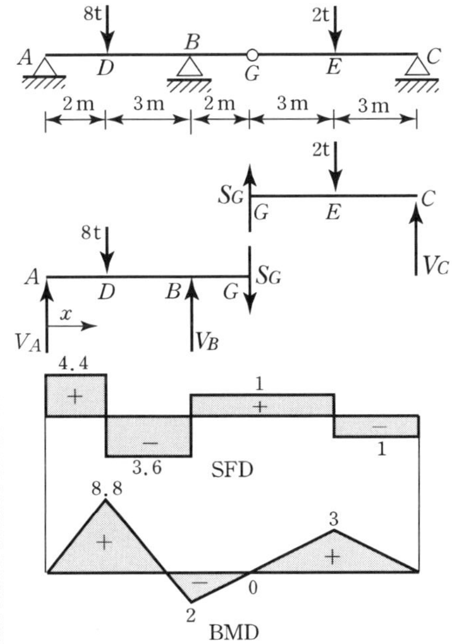

그림 5.34 집중하중을 받는 게르버보

2) 단면력도

그림 5.34의 단면력도는 하중-전단력-모멘트의 관계를 이용하여 예제 5.4와 같은 방법으로 직접 그렸다.

예제 5.12 그림 5.35 게르버보의 단면력도를 그려라.

풀이

1) 지점반력

AG자유물체도 : 미지수 2개(V_A, S_G)

GB자유물체도 : 미지수 3개(V_B, M_B, S_G)

① 구간 AG자유물체도

$(\overset{\curvearrowright}{+})\sum M_G = 0,\ V_A \times 5 - 10 \times 2 = 0 \quad \therefore\ V_A = 4\text{t}$

$(+\uparrow)\sum V = 0,\ V_A - S_G - 10 = 0 \quad \therefore\ S_G = -6\text{t}$

② 구간 GB자유물체도

$(\overset{\curvearrowright}{+})\sum M_B = 0,\ M_B + S_G \times 5 = 0 \quad \therefore\ M_B = 30\text{t}\cdot\text{m}$

$(+\uparrow)\sum V = 0,\ S_G + V_B = 0 \quad \therefore\ V_B = 6\text{t}$

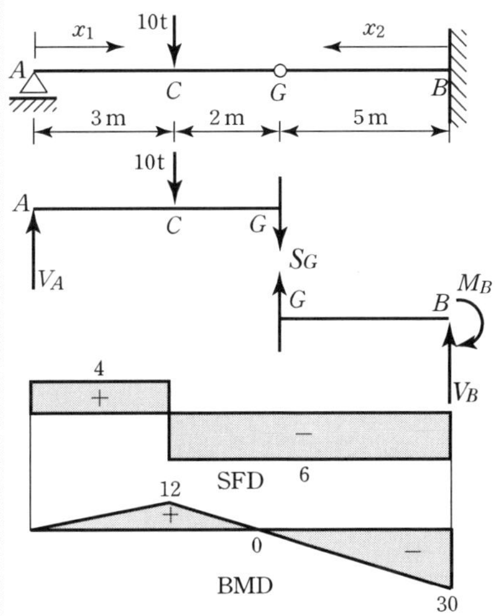

그림 5.35 예제 5.12

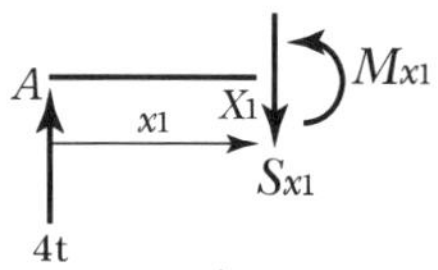

그림 5.35a 구간AC 자유물체도

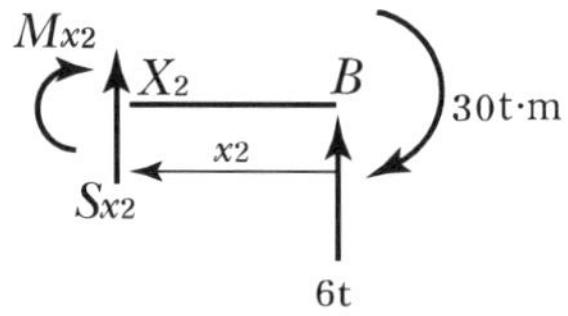

그림 5.35b 구간BC 자유물체도

2) 단면력

① 구간 $AC(0 \leqq x_1 \leqq 3)$

$(+\downarrow)\sum V=0,\ S_{x1}-4=0 \qquad \therefore\ S_{x1}=4\,\mathrm{t}$

$(\overset{\curvearrowleft}{+})\sum M_{X1}=0,\ M_{x1}-4\times x_1=0 \qquad \therefore\ M_{x1}=4x_1$

② 구간 $BC(0 \leqq x_2 \leqq 7)$

$(+\uparrow)\sum V=0,\ S_{x2}+6=0 \qquad \therefore\ S_{x2}=-6\,\mathrm{t}$

$(\overset{\curvearrowright}{+})\sum M_{X2}=0,\ M_{x2}+30-6\times x_2=0 \qquad \therefore\ M_{x2}=6x_2-30$

$M_{x2=5}=M_G=6\times 5-30=0$ 이므로 해석이 정확하다고 검증됨.

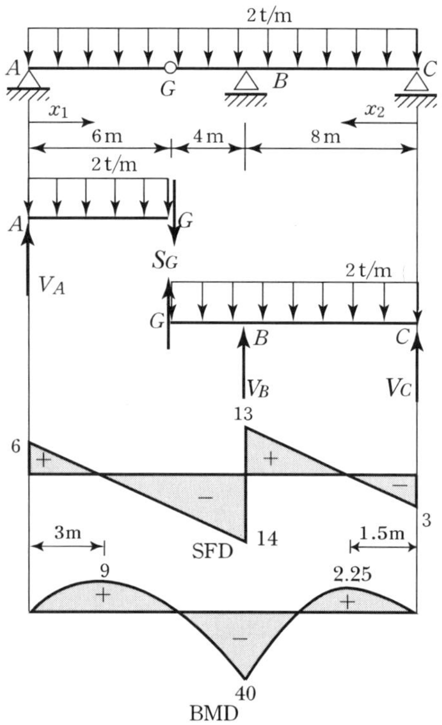

그림 5.36 분포하중을 받는 게르버보

5.5.2 분포하중이 작용하는 경우

1) 지점반력

(1) AG 자유물체도

$(\overset{\curvearrowright}{+})\sum M_G=0,\ V_A\times 6-(2\times 6)\times 3=0$

$\therefore\ V_A=6\,\mathrm{t}$

$(+\uparrow)\sum V=0,\ V_A-S_G-2\times 6=0$

$\therefore\ S_G=-6\,\mathrm{t}$

(2) GC 자유물체도

$(\overset{\curvearrowright}{+})\sum M_c=0,\ V_B\times 8+S_G\times 12-(2\times 12)\times 6=0$

$\therefore\ V_B=27\,\mathrm{t}$

$(+\uparrow)\sum V=0,\ S_G+V_B+V_C-2\times 12=0$

$\therefore\ V_C=3\,\mathrm{t}$

2) 단면력

① 구간 $AB(0 \leqq x_1 \leqq 10)$

$(+\downarrow)\sum V = 0,\ S_{x1} + 2 \times x_1 - 6 = 0$

$\therefore\ S_{x1} = 6 - 2x_1$

$(\overset{\curvearrowleft}{+})\sum M_{X1} = 0,\ M_{x1} + 2 \times x_1 \times \dfrac{x_1}{2} - 6 \times x_1 = 0$

$\therefore M_{x1} = 6x_1 - x_1^2$

$M_{x1=6} = M_G = 6 \times 6 - 6^2 = 0$으로 검증됨.

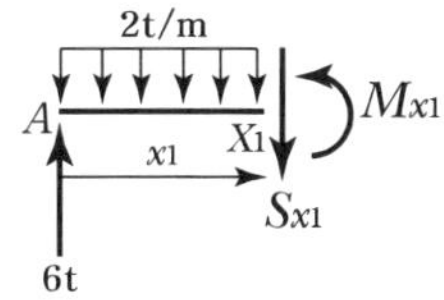

그림 5.36a 구간AB 자유물체도

② 구간 $CB(0 \leqq x_2 \leqq 8)$

$(+\uparrow)\sum V = 0,\ S_{x2} + 3 - 2x_2 = 0$

$\therefore\ S_{x2} = 2x_2 - 3$

$(\overset{\curvearrowright}{+})\sum M_{X2} = 0,\ M_{x2} + 2x_2 \times \dfrac{x_2}{2} - 3x_2 = 0$

$\therefore M_{x2} = 3x_2 - x_2^2$

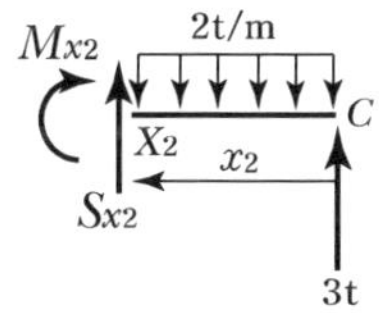

그림 5.36b 구간CB 자유물체도

3) 최대휨모멘트

모멘트도에서 알 수 있듯이 정모멘트의 극값은 AB와 CB구간에 각각 존재한다.

① 구간 AB

$S_{x1} = 6 - 2x_1 = 0,\ x_1 = 3\,\mathrm{m}$

$M_{x1,\max} = 6 \times 3 - 3^2 = 9\,\mathrm{t \cdot m}$

② 구간 CB

$S_{x2} = 2x_2 - 3 = 0,\ x_2 = 1.5\,\mathrm{m}$

$M_{x2,\max} = 3 \times 1.5 - 1.5^2 = 2.25\,\mathrm{t \cdot m}$

③ 따라서, 정모멘트의 최대값은 $9\,\mathrm{t \cdot m}$, 부모멘트의 최대는 $-40\,\mathrm{t \cdot m}$이다.

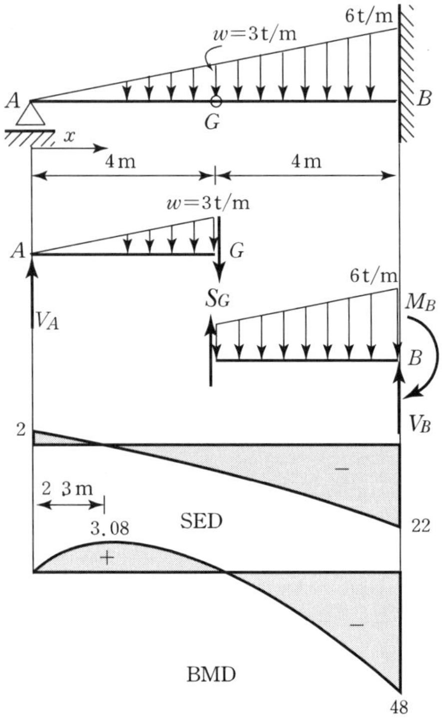

그림 5.37 예제 5.13

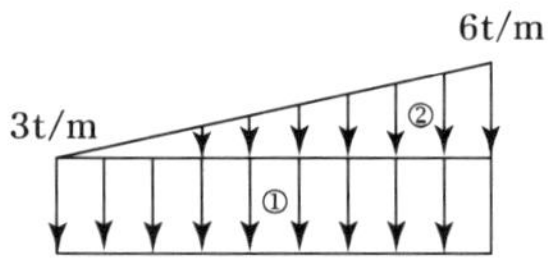

그림 5.37a 사다리꼴 분포하중

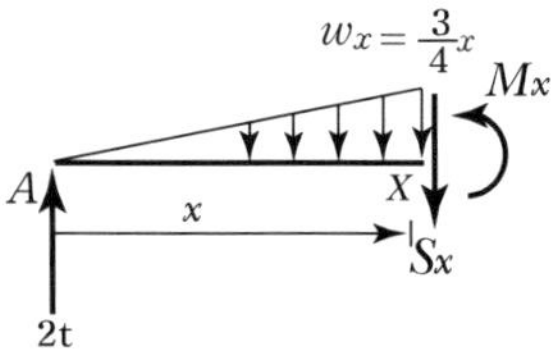

그림 5.37b 구간AB 자유물체도

예제 5.13 그림 5.37 게르버보의 단면력도를 그려라.

풀이

1) 지점반력

AG 자유물체도 : 미지수 2개(V_A, S_G)

GB 자유물체도 : 미지수 3개(V_B, M_B, S_G)

① 구간 AG자유물체도

$$(\overset{\curvearrowright}{+})\sum M_G = 0,\ V_A\times 4-(\frac{1}{2}\times 3\times 4)\times(4\times\frac{1}{3}) = 0$$

$$\therefore\ V_A = 2\text{t}$$

$$(+\uparrow)\sum V = 0,\ V_A - S_G - (\frac{1}{2}\times 3\times 4) = 0 \qquad \therefore\ S_G = -4\text{t}$$

② 구간 GB자유물체도

사다리꼴 분포하중의 경우 그림 5.37a와 같이 삼각형과 사각형으로 나누어 적용한다.

$$(\overset{\curvearrowright}{+})\sum M_B = 0,$$

$$M_B + S_G\times 4 - \left\{(3\times 4)\times 2 + (\frac{1}{2}\times 3\times 4)\times(4\times\frac{1}{3})\right\} = 0$$

$$\therefore M_B = 48\text{t}\cdot\text{m}$$

$$(+\uparrow)\sum V = 0,\ S_G + V_B - \left\{(3\times 4) + (\frac{1}{2}\times 3\times 4)\right\} = 0$$

$$\therefore\ V_B = 22\text{t}$$

2) 단면력

① 구간 $AB\,(0\leq x\leq 8)$

$$(+\downarrow)\sum V = 0,\ S_x - 2 + (\frac{1}{2}\times\frac{3}{4}x\times x) = 0$$

$$\therefore\ S_x = 2-\frac{3}{8}x^2$$

$$(\overset{\curvearrowleft}{+})\sum M_X = 0,\ M_x - 2x + (\frac{1}{2}\times\frac{3}{4}x\times x)\times(x\times\frac{1}{3}) = 0$$

$$\therefore M_x = 2x - \frac{1}{8}x^3$$

② 최대휨모멘트

$$S_x = 2-\frac{3}{8}x^2 = 0,\ x = 2.3\text{m}$$

$$M_{\max} = M_{x=2.3} = 2\times 2.3 - \frac{1}{8}\times 2.3^3 = 3.08\text{t}\cdot\text{m}$$

5.5.3 모멘트하중이 작용하는 경우

1) 지점반력

(1) GC 자유물체도

$(\overset{\curvearrowright}{+})\sum M_C = 0,\quad S_G \times 5 + 5 = 0$

$\therefore\ S_G = -1\,\text{t}$

$(+\uparrow)\sum V = 0,\quad S_G + V_C = 0$

$\therefore\ V_C = 1\,\text{t}$

(2) AG 자유물체도

$(\overset{\curvearrowright}{+})\sum M_B = 0,\quad V_A \times 10 - 10 + S_G \times 5 = 0$

$\therefore\ V_A = 1.5\,\text{t}$

$(+\uparrow)\sum V = 0,\quad V_A + V_B - S_G = 0$

$\therefore\ V_B = -2.5\,\text{t}$

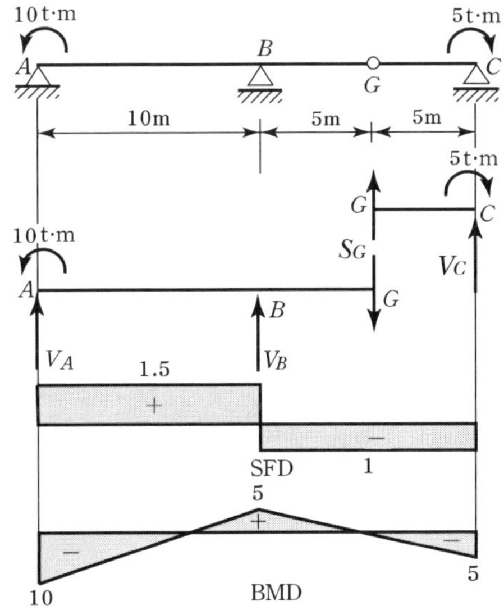

그림 5.38 모멘트하중을 받는 게르버보

2) 단면력

① 구간 $AB\,(0 \le x_1 \le 10)$

$(+\downarrow)\sum V = 0,\quad S_{x1} - 1.5 = 0$

$\therefore\ S_{x1} = 1.5\,\text{t}$

$(\overset{\curvearrowleft}{+})\sum M_{X1} = 0,\quad M_{x1} + 10 - 1.5x_1 = 0$

$\therefore\ M_{x1} = 1.5x_1 - 10$

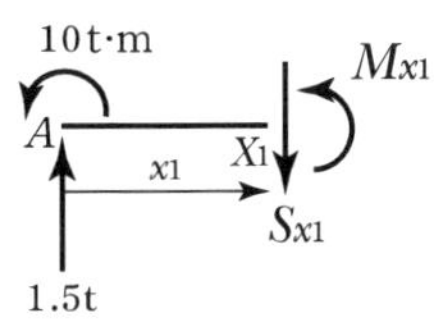

그림 5.38a 구간AB 자유물체도

② 구간 $CB\,(0 \le x_2 \le 10)$

$(+\uparrow)\sum V = 0,\quad S_{x2} + 1 = 0$

$\therefore\ S_{x2} = -1\,\text{t}$

$(\overset{\curvearrowright}{+})\sum M_{X2} = 0,\quad M_{x2} + 5 - x_2 = 0$

$\therefore\ M_{x2} = x_2 - 5$

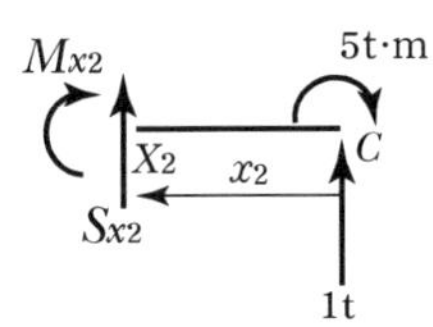

그림 5.38b 구간CB 자유물체도

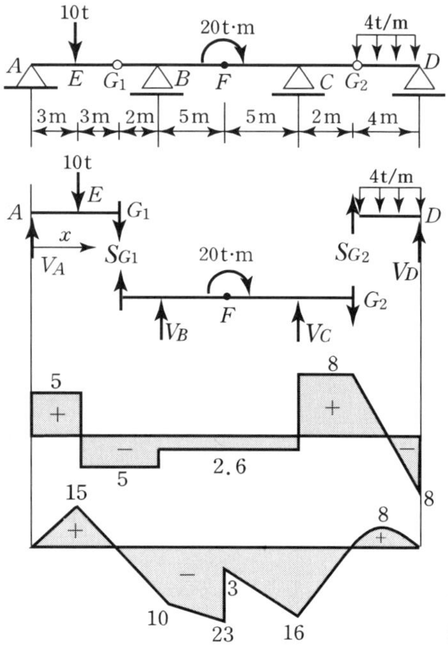

그림 5.39 예제 5.14

예제 5.14 그림 5.39 게르버보의 단면력도를 그려라.

풀이

1) 지점반력

① 구간 AG_1 자유물체도

$$(\overset{\curvearrowright}{+})\sum M_{G_1}=0,\quad V_A\times 6-10\times 3=0$$

$$\therefore\ V_A=5\text{t}$$

$$(+\downarrow)\sum V=0,\quad S_{G_1}-V_A+10=0$$

$$\therefore\ S_{G_1}=-5\text{t}$$

② 구간 G_2D 자유물체도

$$(\overset{\curvearrowleft}{+})\sum M_{G_2}=0,\quad V_D\times 4-4\times 4\times 2=0$$

$$\therefore\ V_D=8\text{t}$$

$$(+\uparrow)\sum V=0,\quad S_{G_2}+V_D-4\times 4=0$$

$$\therefore\ S_{G_2}=8\text{t}$$

③ 구간 G_1G_2 자유물체도

$$(\overset{\curvearrowright}{+})\sum M_C=0,\quad V_B\times 10+S_{G_1}\cdot 12+20+S_{G_2}\times 2=0$$

$$\therefore\ V_B=2.4\text{t}$$

$$(+\uparrow)\sum V=0,\quad V_C+V_B+S_{G_1}-S_{G_2}=0$$

$$\therefore\ V_C=10.6\text{t}$$

연습문제

1. 그림 5.40에서 반력과 D점의 단면력을 구하여라.

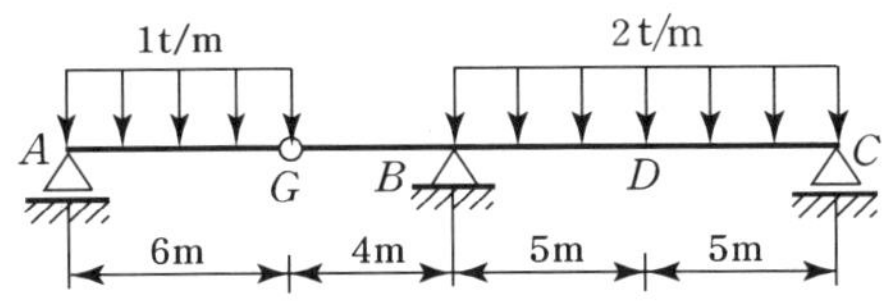

그림 5.40 연습문제 1

답 : $V_A = 3\,\text{t}$, $V_B = 14.2\text{t}$, $V_C = 8.8\text{t}$, $S_D = 1.2\text{t}$, $M_D = 19\text{t}\cdot\text{m}$

2. 그림 5.41 게르버보의 단면력도를 작도하여라.

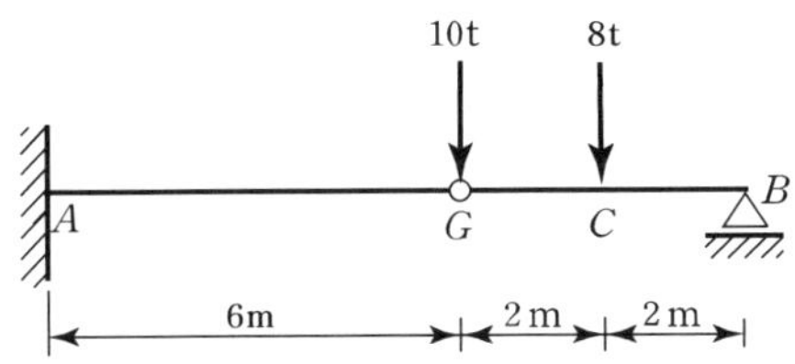

그림 5.41 연습문제 2

답 : $V_A = 14\,\text{t}$, $M_A = 84\text{t}\cdot\text{m}(\curvearrowleft)$, $V_B = 4\,\text{t}$

3. 그림 5.42 게르버보의 단면력도를 작도하여라.

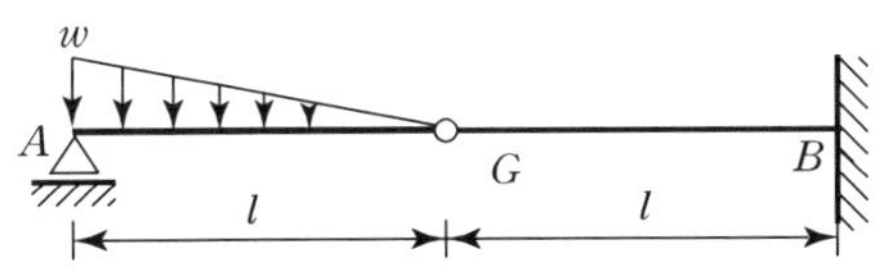

그림 5.42 연습문제 3

답 : $V_A = \dfrac{wl}{3}$, $M_B = \dfrac{wl^2}{6}(\curvearrowright)$, $V_B = \dfrac{wl}{6}$,

$x = \dfrac{l}{\sqrt{3}}$, $M_{\max} = \dfrac{wl^2}{9\sqrt{3}}$

5.6 보의 영향선

구조물은 설계에 지배적인 최대 단면력·응력을 일으키는 하중의 재하조건에 대해 설계되어야 한다. 자동차나 열차와 같이 재하위치가 변하는 이동하중(활하중)이 작용하는 구조물에서 반력·단면력이 최대가 되는 하중의 재하위치를 결정하는 것은 매우 중요하다.

【참고】 단면력도는 고정하중에 대해 위치에 따른 단면력들 값의 변화를 나타낸 것.

영향선(influence line)은 단위하중이 구조물 전체에 걸쳐 이동할 때 어느 특정점에서의 반력과 단면력 중 어느 것에 대한 변화를 나타낸 것이다. 이 장에서는 영향선 개념을 이용하여 최대 반력·단면력 값을 쉽게 해석한다.

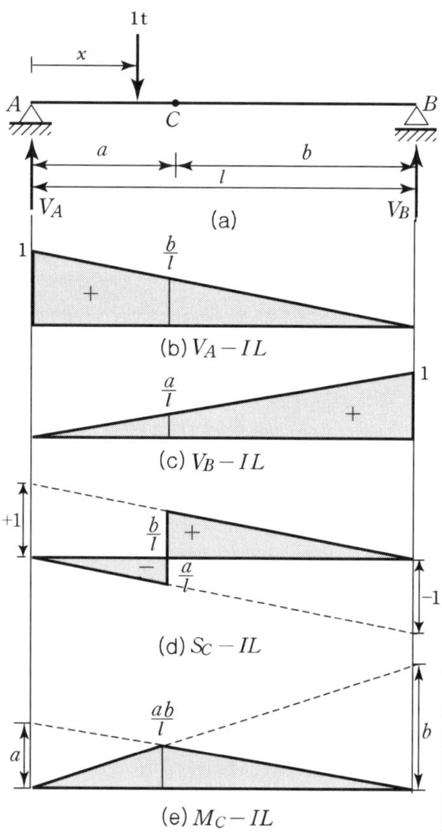

그림 5.43 단순보의 영향선

5.6.1 단순보의 영향선

그림 5.43(a)와 같이 단위하중 1 t 이 보를 이동할 때 지점 A, B의 반력과 모든 점의 단면력은 변화한다. 따라서 단위하중의 위치에 따른 반력 V_A와 V_B의 영향선과 C점의 단면력 S_C와 M_C의 영향선을 작도하자.

$V_A - IL$: 1 t의 위치에 대한 V_A의 변화량 선도
$V_B - IL$: 1 t의 위치에 대한 V_B의 변화량 선도
$S_C - IL$: 1 t의 위치에 대한 S_C의 변화량 선도
$M_C - IL$: 1 t의 위치에 대한 M_C의 변화량 선도

1) 반력의 영향선

$$(\overset{\curvearrowright}{+})\sum M_B = 0,\quad V_A l - 1 \times (l - x) = 0$$

$$\therefore\ V_A = \frac{l-x}{l}$$

$$(+\uparrow)\sum V = 0,\quad V_A + V_B - 1 = 0$$

$$\therefore\ V_B = \frac{x}{l}$$

반력 V_A, V_B는 x에 대한 1차함수로 표현되고, 이를 각각 그림 5.43(b), (c)와 같이 그래프로 그린 것이 반력 V_A에 대한 영향선($V_A - IL$)과 반력 V_B에 대한 영향선($V_B - IL$)이다.

2) 단면력의 영향선

(1) 하중이 구간 AC에 재하될 때($0 \leq x \leq a$)

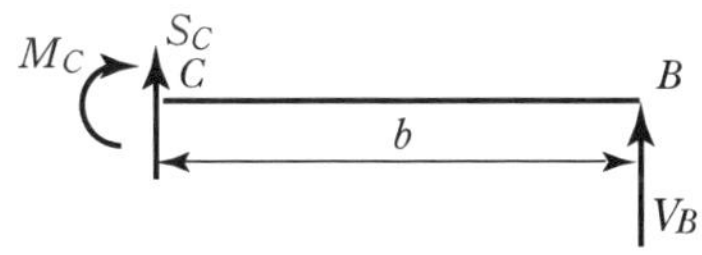

그림 5.43a 하중이 구간AC에 재하될 때

$$(+\uparrow)\sum V = 0,\ S_C + V_B = 0$$

$$\therefore\ S_C = -V_B = -\frac{x}{l}$$

$$(\overset{\curvearrowright}{+})\sum M_C = 0,\ M_C - V_B \cdot b = 0$$

$$\therefore M_C = V_B \cdot b = \frac{b}{l}x$$

(2) 하중이 구간 CB에 재하될 때 ($a \leq x \leq l$)

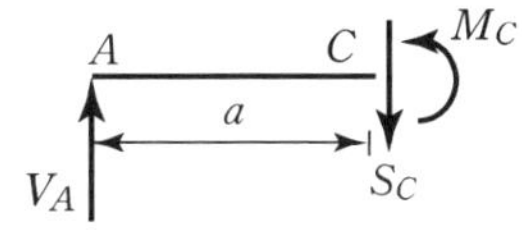

그림 5.43b 하중이 구간CB에 재하될 때

$$(+\downarrow)\sum V = 0,\ S_C - V_A = 0$$

$$\therefore\ S_C = V_A = \frac{l-x}{l}$$

$$(\overset{\curvearrowleft}{+})\sum M_C = 0,\ M_C - V_A \cdot a = 0$$

$$\therefore M_C = V_A \cdot a = \frac{a}{l}(l-x)$$

단면력 S_C, M_C도 x에 대한 1차함수로 표현되고, 이를 각각 그림 5.43(d), (e)와 같이 그래프로 그린 것이 전단력 S_C에 대한 영향선 ($S_C - IL$)과 휨모멘트 M_C에 대한 영향선 ($M_C - IL$)이다.

3) Muller-Breslau의 원리를 이용한 영향선 작도

영향선의 형상은 반력·단면력에 대응하는 구속을 해제하고 그 반력·단면력에 대응하는 단위힘을 작용시켜 만들어지는 처짐형상과 일정한 비율로 같다.

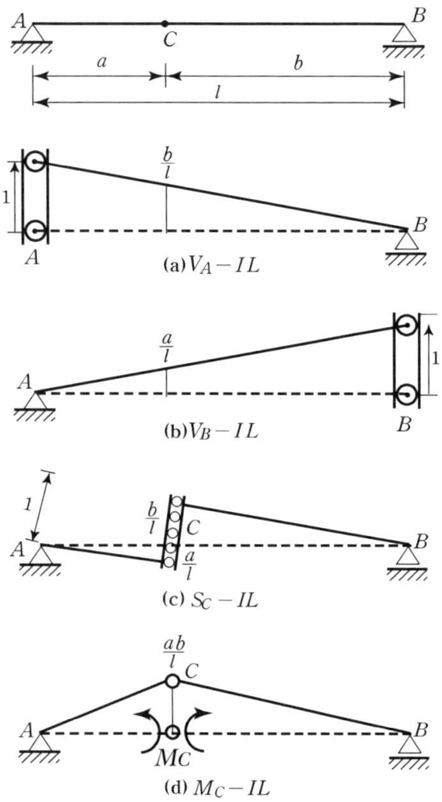

그림 5.44 M-B의 원리에 의한 영향선

(1) 지점반력 영향선 작도

① 반력 해제 : 해당 반력을 해제시키고 반력의 정(+)방향으로 단위변위 1 만큼 강체로 올림.

② 영향선작도 : 해당 지점에서 종거가 1인 직선이므로 다른 점의 종거는 비례식으로부터 구함.

(2) 전단력 영향선 작도

① 전단력 해제 : 해당 단면의 전단력을 해제시키고(그 단면에서 끊는다고 가정) 한 쌍의 정(+)의 전단력을 가하여 좌우측 보를 아래, 위로 총 변위가 단위변위가 되도록 강체로 이동시킴.

② 영향선작도 : 해당 단면의 좌우 종거는 좌우 지간거리에 비례하고, 다른 점의 종거는 비례식으로부터 구함.

(3) 모멘트 영향선 작도

① 반력 해제 : 해당 단면의 휨모멘트를 해제하고(내부힌지로 가정) 한쌍의 정(+)의 휨모멘트를 가하여 보를 강체로 단위각 $(\theta = 1)$만큼 꺽기게 함.

② 영향선작도 : 해당 단면의 종거는 총 지간거리에 대한 함수가 되고, 다른 점의 종거는 비례식으로부터 구함.

(4) 영향선을 이용한 반력과 단면력 값

집중하중이 작용하는 경우

= (작용점의 종거) × (집중하중의 크기)

분포하중이 작용하는 경우

= (분포하중의 구간에서 면적) × (분포하중값)

예제 5.15 그림 5.45의 단순보에서 반력과 C점의 단면력을 영향선을 이용하여 구하여라.

풀이

1) 지점반력

$$V_A = \{(①의\ 면적) \times w\} + (Py_1')$$

$$= (\frac{1+0.4}{2}) \times 6 \times 4 + (10 \times 0.2) = 18.8\ \text{t}$$

$$V_B = \{(②의\ 면적) \times w\} + (Py_2')$$

$$= (\frac{1}{2} \times 0.6 \times 6 \times 4) + (10 \times 0.8) = 15.2\ \text{t}$$

2) 전단력

$$S_C = (③의\ 면적 + ④의\ 면적) \times w + (Py_3')$$

$$= (-\frac{1}{2} \times 0.4 \times 4 + \frac{0.6+0.4}{2} \times 2) \times 4 + (10 \times 0.2)$$

$$= 2.8\ \text{t}$$

3) 휨모멘트

$$M_C = (⑤의\ 면적 + ⑥의\ 면적) \times w + (Py_4')$$

$$= (\frac{1}{2} \times 2.4 \times 4 + \frac{2.4+1.6}{2} \times 2) \times 4 + (10 \times 0.8)$$

$$= 43.2\ \text{t} \cdot \text{m}$$

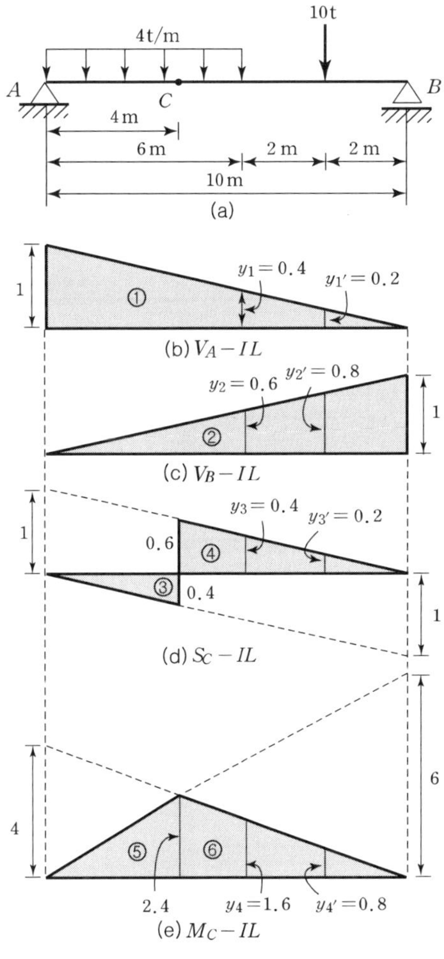

그림 5.45 예제 5.15

5.6.2 기타 정정보의 영향선

캔틸레버보의 영향선이나 내민보의 영향선, 게르버보의 영향선은 단순보의 영향선과 기본적인 방법이 같고, 그림 5.46~그림 5.48과 같다.

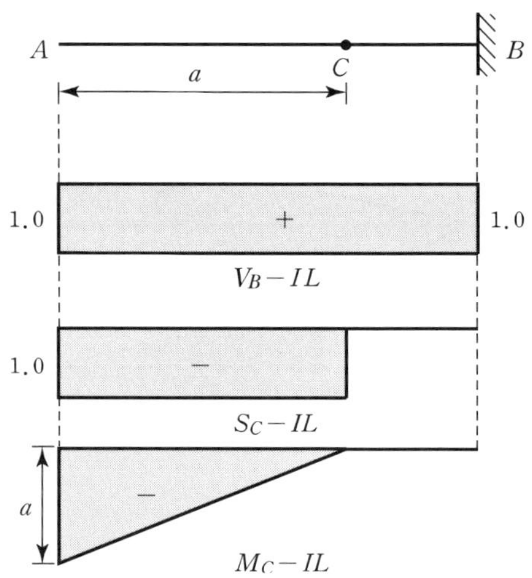

그림 5.46 캔틸레버보의 영향선

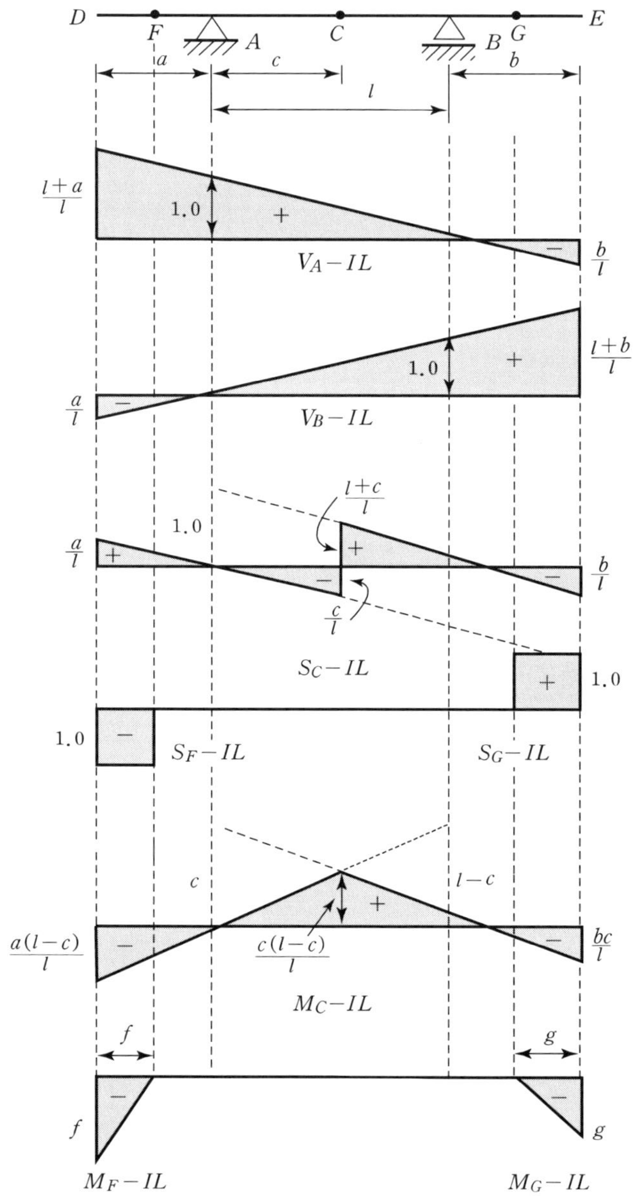

그림 5.47 내민보의 영향선

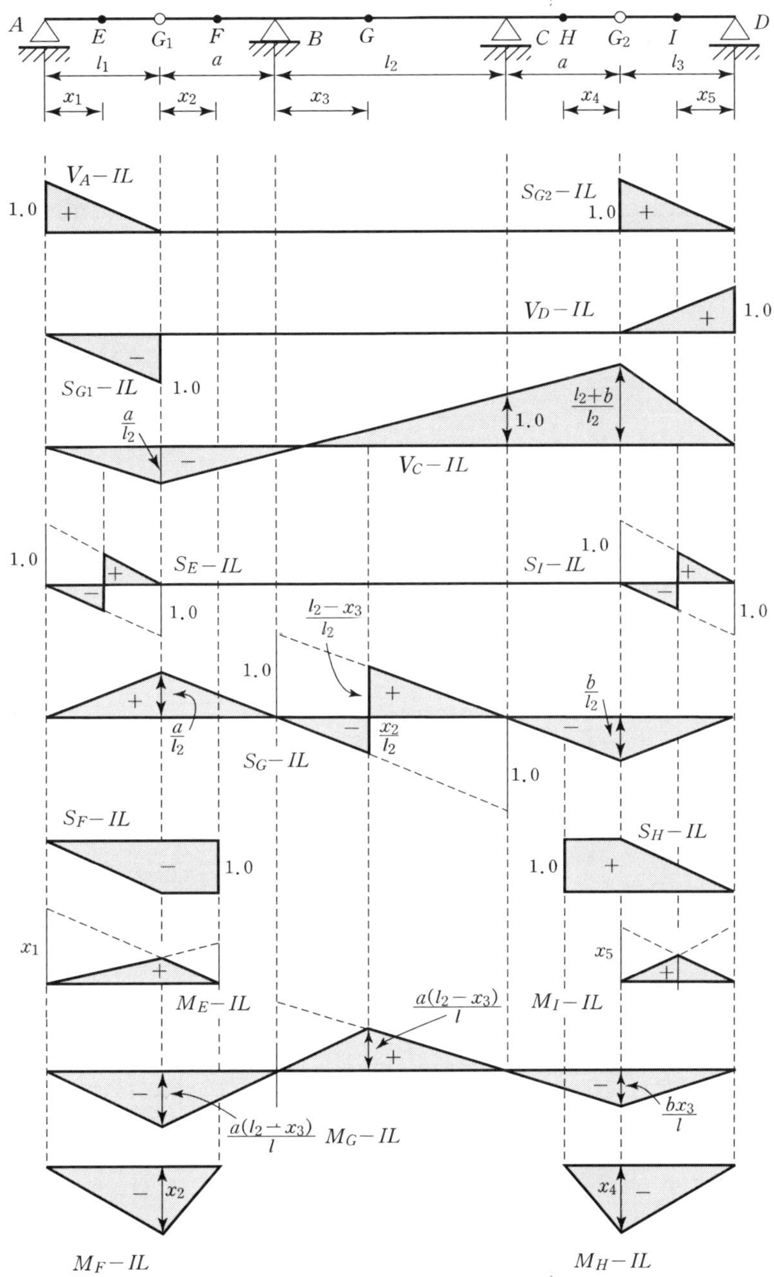

그림 5.48 게르버보의 영향선

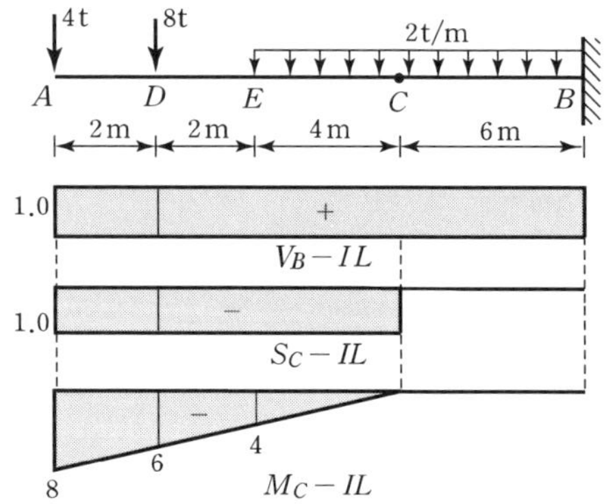

그림 5.49 예제 5.16

예제 5.16 그림 5.49 캔틸레버보에서 반력과 점 C의 단면력을 영향선을 이용하여 구하여라.

풀이

1) 지점반력

$$V_B = (10 \times 1) \times 2 + (8 \times 1) + (4 \times 1)$$
$$= 32\,\text{t}$$

2) 전단력

$$S_C = \{(4 \times -1) \times 2\} + \{8 \times (-1)\} + \{4 \times (-1)\}$$
$$= -20\,\text{t}$$

3) 휨모멘트

$$M_C = \{8 \times (-6)\} + \{4 \times (-8)\} + \left\{2 \times \left(\frac{1}{2} \times -4 \times 4\right)\right\}$$
$$= -96\,\text{t} \cdot \text{m}$$

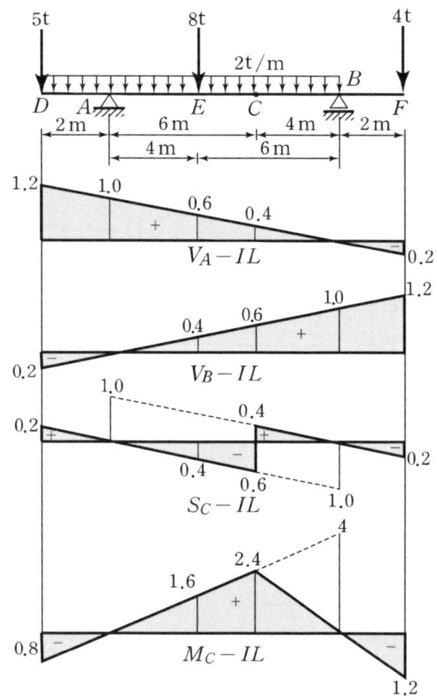

그림 5.50 예제 5.17

예제 5.17 그림 5.50 내민보에서 반력과 점 C의 단면력을 영향선을 이용하여 구하여라.

풀이

1) 지점반력

$$V_A = (5 \times 1.2) + (8 \times 0.6)$$
$$+ \{4(-0.2)\} + \{12 \times 1.2 \div 2)2\}$$
$$= 24.4\,\text{t}$$

$$V_B = \{5 \times (-0.2)\} + (8 \times 0.4) + (4 \times 1.2)$$
$$+ \{2(-0.2) \div 2 \times 2\} + (10 \times 1 \div 2 \times 2)$$
$$= 16.6\,\text{t}$$

2) 전단력

$$S_C = (5 \times 0.2) + 8 \times (-0.4) + 4 \times (-0.2)$$
$$+ \{6(-0.6) \div 2 \times 2\} + (4 \times 0.4 \div 2 \times 2)$$
$$= -4.6\,\text{t}$$

3) 휨모멘트

$$M_C = 5 \times (-0.8) + (8 \times 1.6) + 4 \times (-1.2)$$
$$+ (-0.8 \times 2 \div 2 \times 2) + (10 \times 2.4 \div 2 \times 2)$$
$$= 26.4\,\text{t} \cdot \text{m}$$

예제 5.18 그림 5.51 게르버보에서 B점의 반력과 F점의 단면력을 영향선을 이용하여 구하여라.

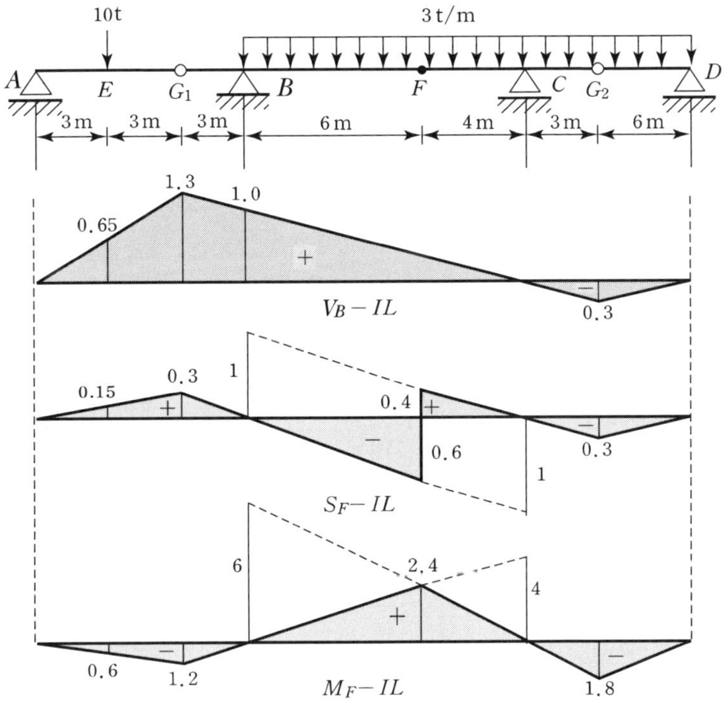

그림 5.51 예제 5.18

풀이

1) 지점반력

$$V_B = (10\times 0.65) + \left(\frac{10\times 1}{2}\times 3\right) + \left\{\frac{9\,(-0.3)}{2}\times 3\right\} = 17.45\ \text{t}$$

2) 전단력

$$S_F = (10\times 0.15) + \left\{\frac{6\times(-0.6)}{2}\times 3\right\}$$

$$+\left(\frac{4\times 0.4}{2}\times 3\right) + \left\{\frac{9(-0.3)}{2}\times 3\right\} = -5.55\ \text{t}$$

3) 휨모멘트

$$M_F = 10\times(-0.6) + \left(\frac{10\times 2.4}{2}\times 3\right) + \left\{\frac{9(-1.8)}{2}\times 3\right\} = 5.7\ \text{t}\cdot\text{m}$$

연습문제

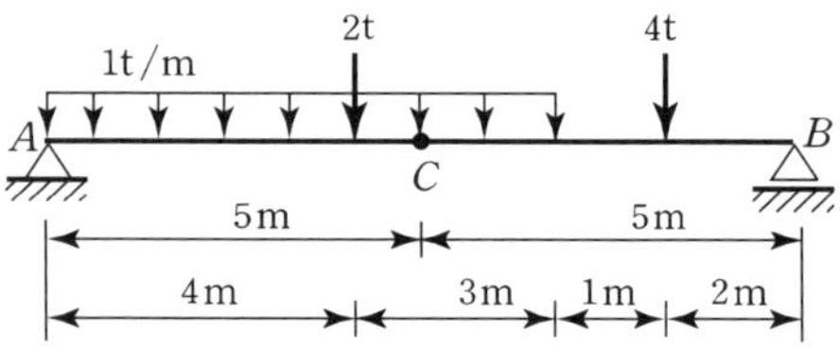

그림 5.52 연습문제 1

1. 그림 5.52 단순보에서 영향선을 이용하여 반력과 C점의 단면력을 구하여라.

답 : $V_A = 6.55\,\mathrm{t}$, $V_B = 6.45\,\mathrm{t}$, $S_C = -0.45\,\mathrm{t}$, $M_C = 18.25\,\mathrm{t \cdot m}$

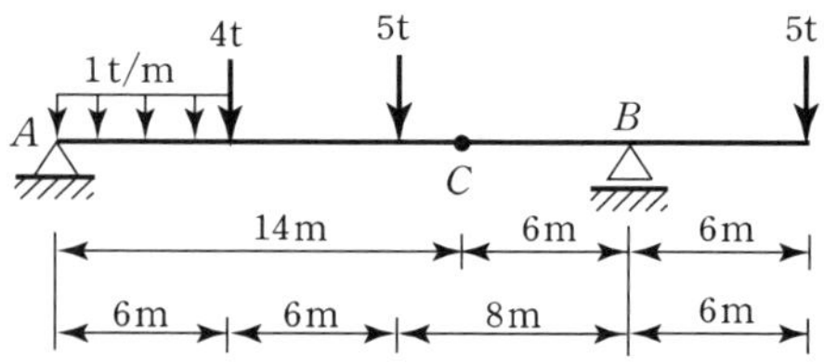

그림 5.53 연습문제 2

2. 그림 5.53 내민보에서 영향선을 이용하여 반력과 C점의 단면력을 구하여라.

답 : $V_A = 8.4\,\mathrm{t}$, $V_B = 11.6\,\mathrm{t}$, $S_C = -6.6\,\mathrm{t}$, $M_C = 9.6\,\mathrm{t \cdot m}$

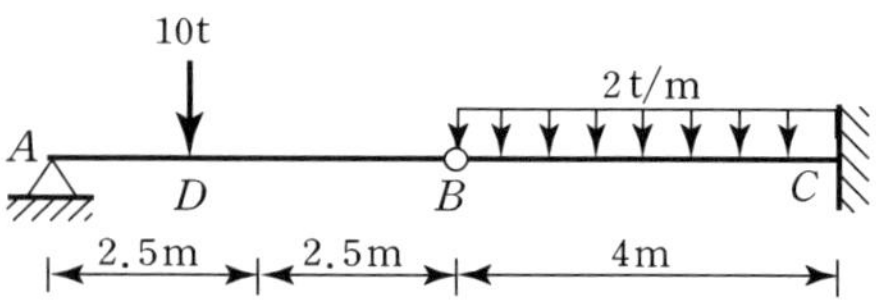

그림 5.54 연습문제 3

3. 그림 5.54 게르버보에서 영향선을 이용하여 반력을 구하여라.

답 : $V_A = 5\,\mathrm{t}$, $V_C = 13\,\mathrm{t}$, $M_C = 36\,\mathrm{t \cdot m}$

5.7 단면력의 최대값

실구조물에서 작용하중이 이동하면 반력과 단면력은 변하므로, 구조물을 설계할 때 이들 값 중에서 가장 큰 값으로 설계해야 한다. 이동하중이 작용할 때, 어느 한 지점에서 가장 큰 반력을 최대반력, 어느 한 단면에 가장 큰 전단력과 휨모멘트를 최대전단력과, 최대휨모멘트라고 한다. 또한, 각 지점들의 최대반력 중에서 가장 큰 것을 절대최대반력이라고 하고, 각 단면들의 최대전단력, 최대휨모멘트 중에서 가장 큰 것을 절대최대전단력, 절대최대휨모멘트라 한다.

최대반력 : maximum reaction $V_{i,\max}$

절대최대반력 : absolute maximum reaction V_{ab}

최대전단력 : maximum shear force $S_{i,\max}$

절대최대전단력 : absolute maximum shear force S_{ab}

최대휨모멘트 : maximum bending moment $M_{i,\max}$

절대최대휨모멘트 : absolute maximum bending moment M_{ab}

5.7.1 최대반력·절대최대반력

그림 5.55a와 같이 집중하중들이 B점에서 A점으로 이동할 때 반력 V_A가 최대가 되는 경우는 아래 중에서 큰 값이다.

P_1이 A점에 위치할 때, $V_A = P_1 \cdot 1 + P_2 \cdot y_1$

P_2가 A점에 위치할 때, $V_A = P_2 \cdot 1$

반력 V_B가 최대가 되는 경우는 직관적으로 P_2가 B점에 위치할 때,

$$V_B = P_1 \cdot y_2 + P_2 \cdot 1$$

임을 알 수 있다.

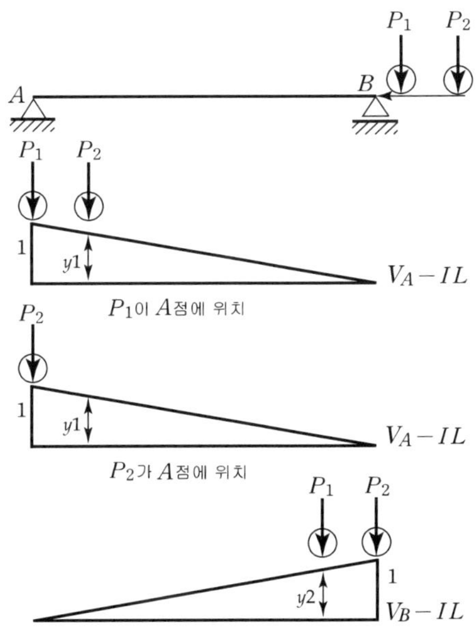

그림 5.55a

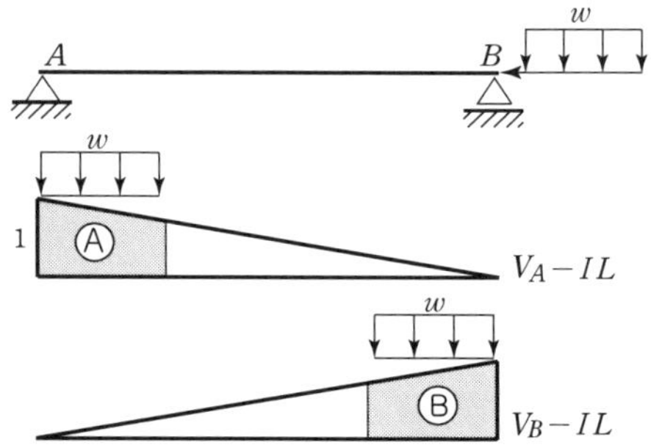

그림 5.55b

그림 5.55b와 같이 분포하중이 B점에서 A점으로 이동할 때 반력 V_A가 최대가 되는 경우는 A면적이 최대일 때,

$$V_A = A\text{면적} \cdot w$$

이고, 반력 V_B가 최대가 되는 경우는 B면적이 최대일 때,

$$V_B = B\text{면적} \cdot w$$

이다. 또한 위와 같이 구한 A점의 최대반력과 B점의 최대반력 중에서 큰 값을 절대최대반력이라 한다.

예제 5.19 그림 5.56 단순보에서 연행하중이 작용할 때 최대반력과 절대 최대반력을 구하여라.

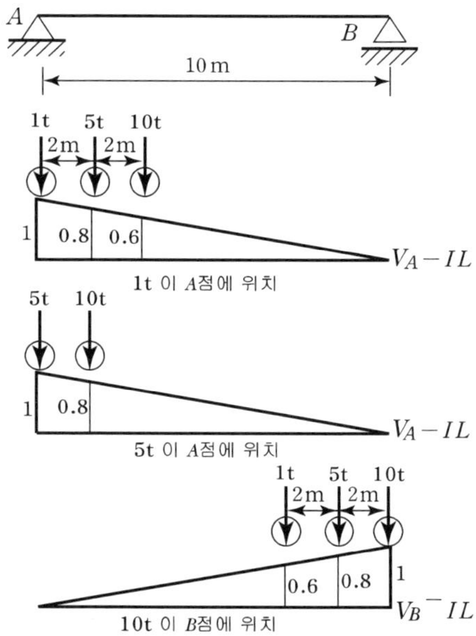

그림 5.56 예제 5.19

풀이

최대반력이 발생되는 경우가 명확하지 않을 때는 경우의 수만큼 산정하여 최대반력을 구함.

(1) A지점의 최대반력 $V_{A,\max}$

① 1 t이 A점에 위치할 때

$V_A = (1\times 1) + (5\times 0.8) + (10\times 0.6) = 11\,\text{t}$

② 5 t이 A점에 위치할 때

$V_A = (5\times 1) + (10\times 0.8) = 13\,\text{t}$

③ 10 t이 A점에 위치할 때

$V_A = (10\times 1) = 10\,\text{t}$

따라서 A점의 최대반력 $V_{A,\max} = 13\,\text{t}$

(2) B지점의 최대반력 $V_{B,\max}$

B지점의 최대반력은 10 t이 B점에 위치할 때로 명확함.

$V_B = (1\times 0.6) + (5\times 0.8) + (10\times 1) = 14.6\,\text{t}$

따라서 B점의 최대반력 $V_{B,\max} = 14.6\,\text{t}$

(3) 절대최대반력 V_{ab}

$V_{A,\max}$과 $V_{B,\max}$ 중에서 큰 값이 절대최대반력이므로

$V_{ab} = V_{B,\max} = 14.6\,\text{t}$

5.7.2 최대전단력·절대최대전단력

단순보에 임의 단면 C점의 전단력은 C점에 하중이 위치할 때마다 극값이 된다. 이들 극값 중에서 절대값이 가장 큰 값을 최대전단력이라고 한다. 그림 5.57a와 같은 연행하중이 보위를 지나갈 때 C점의 전단력이 최대가 되는 조건을 유도하자.

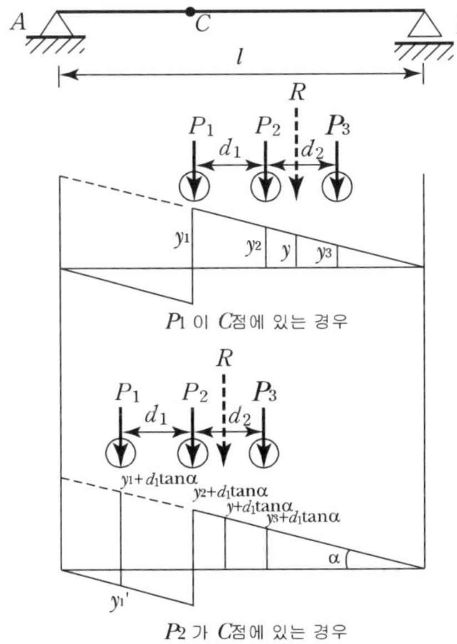

그림 5.57a

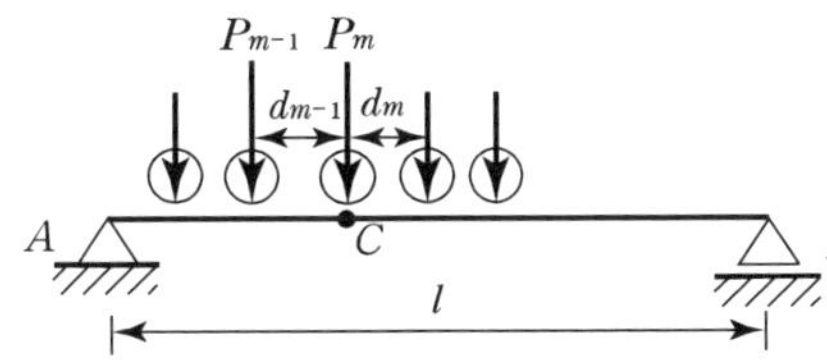

그림 5.57b 최대전단력

① P_1이 C점에 있는 경우

$$S_{C_1} = R \cdot y = P_1 \cdot y_1 + P_2 \cdot y_2 + P_3 \cdot y_3$$

여기서, $R = P_1 + P_2 + P_3$

② P_2가 C점에 있는 경우

$$S_{C_2} = R(y + d_1 \tan\alpha)$$

$$= P_2(y_2 + d_1 \tan\alpha) + P_3(y_3 + d_1 \tan\alpha) - P_1 y_1'$$

여기서, $\tan\alpha - \dfrac{1}{l}$

$$\Delta S_C = S_{C_2} - S_{C_1} = P_2 \frac{d_1}{l} + P_3 \frac{d_1}{l} - P_1 y_1' - P_1 y_1$$

$$= \frac{d_1}{l}(P_2 + P_3) - P_1(y_1' + y_1)$$

$$= \frac{d_1}{l}(P_2 + P_3) - P_1\left(1 - \frac{d_1}{l}\right)$$

$$= R\frac{d_1}{l} - P_1$$

여기서 $y_1 + d_1 \tan\alpha + y_1' = 1$

$$y_1 + y_1' = 1 - \frac{d_1}{l}$$

따라서 P_1이 C점에 있는 경우가 P_2가 C점에 있는 경우보다 크거나 같기 위한 $S_{C_1} \geq S_{C_2}$ 조건은

$$R\frac{d_1}{l} - P_1 \leq 0 \quad \text{즉,} \quad \frac{R}{l} \leq \frac{P_1}{d_1}$$

또한 P_2가 C점에 있는 경우가 P_1이 C점에 있는 경우보다 크거나 같기 위한 $S_{C_2} \geq S_{C_1}$ 조건은

$$R\frac{d_1}{l} - P_1 \geq 0 \quad \text{즉,}\ \frac{P_1}{d_1} \leq \frac{R}{l}$$

③ P_3가 C점에 있는 경우

위와 같은 방법으로 P_3가 C점에 있는 경우 P_2가 P_3보다 크거나 같기 위한 $S_{C_2} \geq S_{C_3}$ 조건은

$$R\frac{d_2}{l} - P_2 \leq 0 \quad \text{즉,}\ \frac{R}{l} \leq \frac{P_2}{d_2}$$

④ 따라서 P_2가 C점에 있는 경우가 P_1이나 P_3가 C점에 있는 경우 보다 크거나 같기 위한 조건은

$$\frac{P_1}{d_1} \leq \frac{R}{l} \leq \frac{P_2}{d_2}$$

⑤ 이것을 그림 5.57b와 같이 일반화 즉, P_m이 C점에 있는 경우가 C점의 최대전단력이기 위한 조건은 다음식과 같다.

$$\frac{P_{m-1}}{d_{m-1}} \leq \frac{R}{l} \leq \frac{P_m}{d_m} \tag{5.5}$$

그러나, 일반적으로 연행하중의 수가 적을 때는 조건식을 사용하는 것보다 각각의 하중을 그 점에 놓고 영향선도로부터 계산하여 최대값을 구하는 것이 용이하다.

보의 각 단면들의 최대전단력 중에서 가장 큰 것을 절대최대전단력(absolute maximum shearing force)이라 하고, 전단력의 영향선도에서 알 수 있듯이 단순보는 지점에서 생기고 절대최대반력과 같다.

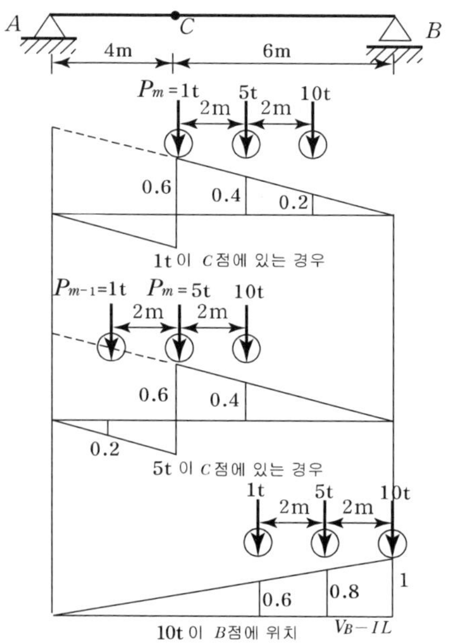

그림 5.58 예제 5.20

예제 5.20 그림 5.58의 단순보에서 연행하중이 작용할 때 C점의 최대전단력과 절대최대전단력을 구하여라.

풀이

조건식 (5.5)를 이용하는 방법과 각각의 경우에 대해 직접 계산하는 경우에 대해 비교해 본다.

(1) 조건식을 이용하는 경우

$$\frac{P_{m-1}}{d_{m-1}} \leq \frac{R}{l} \leq \frac{P_m}{d_m}$$

① 1 t 이 C점에 있을 때 ($P_m = 1\text{t}$)

$$0 \le \frac{16}{10} \le \frac{1}{2}$$

$0 \le 1.6 \le 0.5$로 식이 성립하지 않으므로 1 t이 C점에 있을 때 C점의 전단력은 최대가 아니다.

② 5 t 이 C점에 있을 때(($P_m = 5\text{t}$))

$$\frac{1}{2} \le \frac{16}{10} \le \frac{5}{2}$$

$0 \le 1.6 \le 2.5$로 식이 성립하므로 5 t 이 C점에 있을 때 C점의 전단력은 최대가 된다.

$$\therefore S_{C,\max} = 1\times(-0.2) + 5\times 0.6 + 10\times 0.4 = 6.8\,\text{t}$$

(2) 경우의 수에 따라 직접계산

① 1 t 이 C점에 있을 때

$$S_C = 1\times 0.6 + 5\times 0.4 + 10\times 0.2 = 4.6\,\text{t}$$

② 5 t 이 C점에 있을 때

$$S_C = 1\times(-0.2) + 5\times 0.6 + 10\times 0.4 = 6.8\,\text{t}$$

10 t이 C점에 있을 때는 직관적으로 위 두 경우보다 작으므로 $S_{C,\max} = 6.8\,\text{t}$임을 알 수 있다.

(3) 절대최대전단력

절대최대전단력은 절대최대반력과 같으므로 10 t이 B점에 있을 때 절대최대전단력이 됨을 알 수 있다.

$$\therefore S_{ab} = V_{ab} = 1\times 10 + 5\times 0.8 + 1\times 0.6 = 14.6\,\text{t}$$

예제 5.21 그림 5.59 단순보에서 연행하중이 작용할 때 C점의 최대 전단력과 절대최대전단력을 구하여라.

풀이

C점의 전단력 영향선도와 같이 분포하중이 작용할 때 영향선도의 면적이 가장 크게 되고 전단력이 최대가 됨을 알 수 있다.

$$\therefore S_{C\max} = 3\times\left\{-\frac{0.3+0.7}{2}\times 4\right\} = -6\,\text{t}$$

절대최대전단력은 지점에서 발생되므로

$$\therefore S_{ab} = 3\times\left\{\frac{1+0.6}{2}\times 4\right\} = 9.6\,\text{t}$$

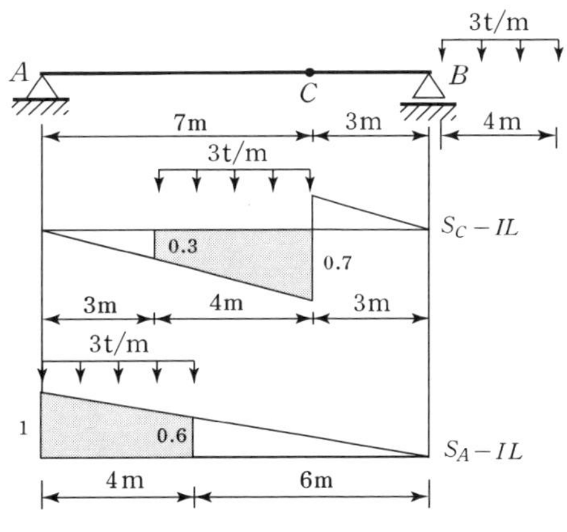

그림 5.59 예제 5.21

5.7.3 최대휨모멘트

연행하중이 보위를 지나갈 때 어느 단면의 휨모멘트는 각 하중이 그 단면에 실리는 경우마다 극대가 나타나며 그 값 중 가장 큰 것이 최대휨모멘트(maximum bending moment)이다.

그림 5.60과 같이 연행하중이 보위를 지나갈 때 AC 사이에 작용하는 하중의 합력을 R_1, CB 사이에 작용하는 하중의 합력을 R_2라 하고, R_1, R_2의 작용점에 대응하는 영향선의 종거를 y_1, y_2라고 한다. 그림 5.60에서 P_m이 C점에 왔을 때 C점의 휨모멘트가 최대라고 가정하면

$$M_C = R_1 y_1 + R_2 y_2$$

그리고 연행하중이 좌측으로 dx만큼 이동하면 M_C값은 dM_C만큼 변화된다. 즉,

$$M_C + dM_C = R_1\left(y_1 - \frac{b}{l}dx\right) + R_2\left(y_2 + \frac{a}{l}dx\right)$$

따라서 이동으로 인한 dM_C는

$$dM_C = \left(-R_1\frac{b}{l} + R_2\frac{a}{l}\right)dx$$

$$\therefore \frac{dM_C}{dx} = \frac{ab}{l}\left(\frac{R_2}{b} - \frac{R_1}{a}\right)$$

M_C의 극값은 $\dfrac{dM_C}{dx} = 0$이 될 때이므로

$$\frac{R_2}{b} - \frac{R_1}{a} = 0$$

여기서, $R = R_1 + R_2$ 이므로

$$R_1 = R\frac{a}{l}, \quad \frac{R}{l} = \frac{R_1}{a} \qquad ①$$

이다. C점 위의 하중 P_m이 R_1에 포함되는 경우와 R_2에 포함될 경우가 있다.

하중 P_m이 R_1에 포함될 경우에는

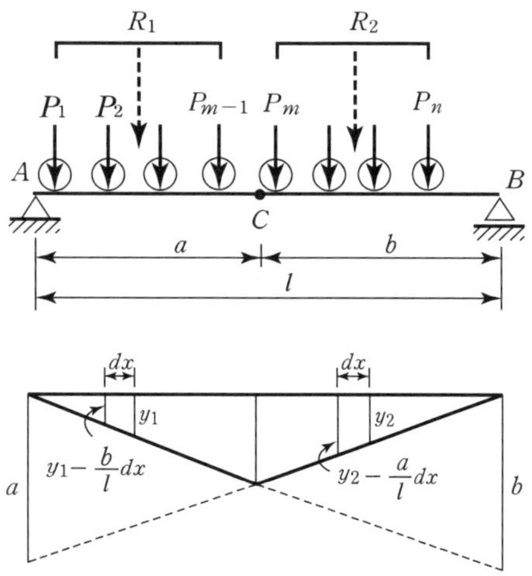

그림 5.60 최대휨모멘트

$$R_1 = P_1 + P_2 + \cdots + P_m = \sum_1^m P \text{ 이고}$$

$$\frac{R}{l} < \frac{R_1}{a} = \frac{1}{a}\sum_1^m P \qquad ②$$

하중 P_m이 R_2에 포함될 경우에는

$$R_1 = P_1 + P_2 + \cdots + P_{m-1} = \sum_1^{m-1} P$$

$$\frac{R}{l} > \frac{R_1}{a} = \frac{1}{a}\sum_1^{m-1} P \qquad ③$$

②식과 ③식을 만족하려면

$$\frac{1}{a}\sum_1^{m-1} P < \frac{R}{l} < \frac{1}{a}\sum_1^m P \qquad (5.6)$$

이 성립되어야 한다. 즉, P_m이 C점에 있을 때 휨모멘트가 최대가 되기 위한 조건식이다.

예제 5.22 그림 5.61의 단순보에서 연행하중이 작용할 때 C점의 최대휨모멘트를 구하여라.

풀이

조건식 (5.6)을 이용하는 방법과 각각의 경우에 대해 직접 계산하는 경우에 대해 비교해 본다.

(1) 조건식을 이용하는 경우

$$\frac{1}{a}\sum_1^{m-1} P < \frac{R}{l} < \frac{1}{a}\sum_1^m P$$

① 1 t이 C점에 있을 때 ($P_m = 1\,\text{t}$)

$0 \le \frac{16}{10} \le \frac{1}{4}$, $0 \le 1.6 \le 0.25$로 식이 성립하지 않으므로 1 t이 C점에 있을 때 C점의 휨모멘트는 최대가 아니다.

② 5 t이 C점에 있을 때 ($P_m = 5\,\text{t}$)

$\frac{1}{4} \le \frac{16}{10} \le \frac{6}{4}$, $0.25 \le 1.6 \le 1.5$로 식이 성립하지 않으므로 5 t이 C점에 있을 때 C점의 휨모멘트는 최대가 아니다.

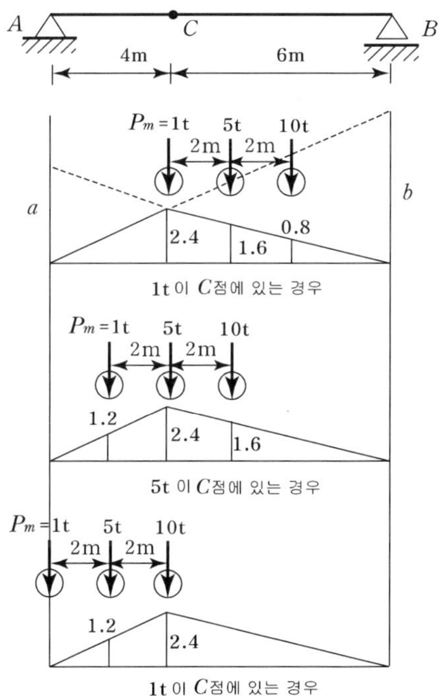

그림 5.61 예제 5.22

③ 10 t 이 C점에 있을 때 ($P_m = 10\text{t}$)

$\frac{6}{4} \le \frac{16}{10} \le \frac{16}{4}$, $1.5 \le 1.6 \le 4$로 식이 성립하므로 10 t 이 C점에 있을 때 C점의 휨모멘트는 최대가 된다.

$\therefore M_{C,\max} = 5 \times 1.2 + 10 \times 2.4 = 30\ \text{t}\cdot\text{m}$

(2) 경우의 수에 따라 직접계산

① 1 t 이 C점에 있을 때

$M_C = 1 \times 2.4 + 5 \times 1.6 + 10 \times 0.8 = 18.4\ \text{t}\cdot\text{m}$

② 5 t 이 C점에 있을 때

$M_C = 1 \times 1.2 + 5 \times 2.4 + 10 \times 1.6 = 29.2\ \text{t}\cdot\text{m}$

③ 10 t 이 C점에 있을 때

$M_{C,\max} = 5 \times 1.2 + 10 \times 2.4 = 30\ \text{t}\cdot\text{m}$

5.7.4 절대최대휨모멘트

보에 연행하중이 이동하면서 생길 수 있는 최대휨모멘트를 절대최대휨모멘트(absolute maximum bending moment)라 한다.

그림 5.62와 같이 연행하중의 합력을 R이라 하고 P_m이 C점에 있을 때

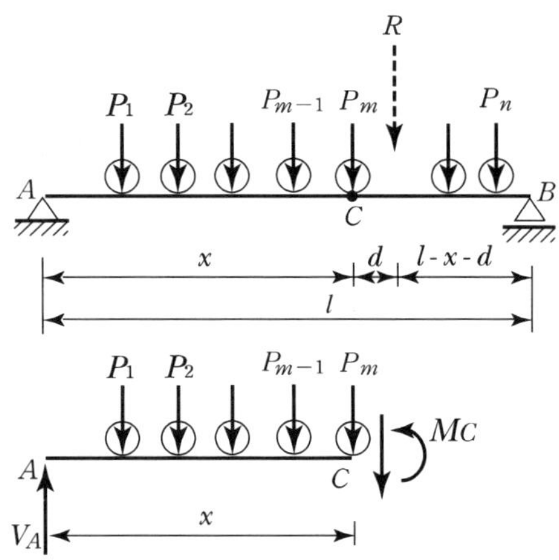

그림 5.62 절대최대휨모멘트

$$R = P_1 + P_2 + \cdots + P_m + \cdots + P_n$$

$$V_A = R \cdot \frac{l - x - d}{l}$$

$$M_C = V_A \times x - M_m$$

$$= \frac{R}{l}(l - x - d)x - M_m$$

여기서, M_m은 그림의 AC 자유물체도에서 외력 $P_1 + P_2 + \cdots + P_m$에 의한 휨모멘트이다.

C점에서 휨모멘트가 최대가 되려면 $\frac{dM_C}{dx} = 0$이어야 하므로

$$\frac{dM_C}{dx} = \frac{R}{l}(l - 2x - d) = 0$$

$$\therefore x = \frac{l-d}{2} = \frac{l}{2} - \frac{d}{2}$$

여기서, d는 합력(R)의 작용점과 인접한 하중(P_m)과의 거리이므로 절대최대휨모멘트는 다음과 같이 정의된다.

합력(R)의 작용점과 가장 인접한 하중의 가운데가 보의 중앙점에 왔을 때 그 하중이 작용하는 점의 휨모멘트가 절대최대휨모멘트 값이 된다.

계산하는 순서는 다음과 같다.

① 합력(R)과 작용점을 구한다.

② 합력과 가장 인접한 하중의 거리(d)를 이등분한다.

③ $d/2$점이 보의 중앙점에 오도록 하중 배치하고 인접한 하중의 작용점에서 모멘트를 구한다.

여기서 합력의 위치와 하중의 거리가 같은 경우는 어느 쪽을 취해도 된다. 또한 합력의 위치와 가까운 하중이 매우 작은 경우에는 다음 하중의 위치에서 절대최대휨모멘트가 생기는 경우도 있다.

예제 5.23 그림 5.63 단순보에서 연행하중이 작용할 때 절대최대휨모멘트를 구하여라.

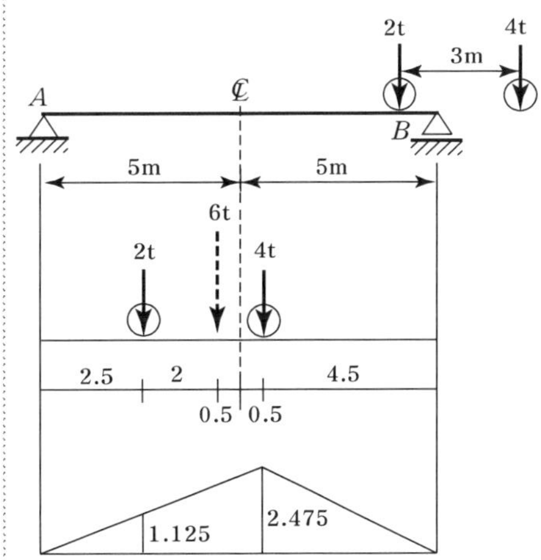

그림 5.63 예제 5.23

풀이

① 합력의 크기

$$R = 2 + 4 = 6\,\mathrm{t}$$

② R 의 작용점(4 t에서)

$$6\,\mathrm{t} \times x = 2\,\mathrm{t} \times 3\,\mathrm{m}$$

$$\therefore x = 1\,\mathrm{m}$$

③ 하중배치 [그림 참조]

④ R과 근접한 하중 4 t에서 절대최대휨모멘트가 발생.

$$\therefore M_{ab} = 2 \times 1.125 + 4 \times 2.475 = 12.15\,\mathrm{t \cdot m}$$

연습문제

1. 다음 단순보에서 지점반력이 같을 때 하중이 작용하는 위치(x)를 구하여라.

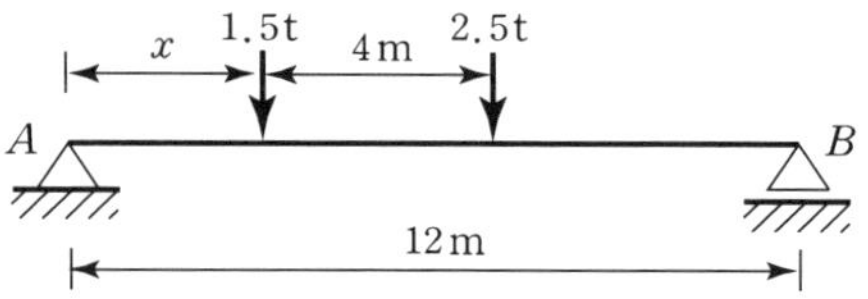

그림 5.64 연습문제 1

답 : $x = 3.5$ m

2. 그림의 단순보에 이동하중이 작용할 때 C점의 최대전단력과 절대최대전단력을 구하여라.

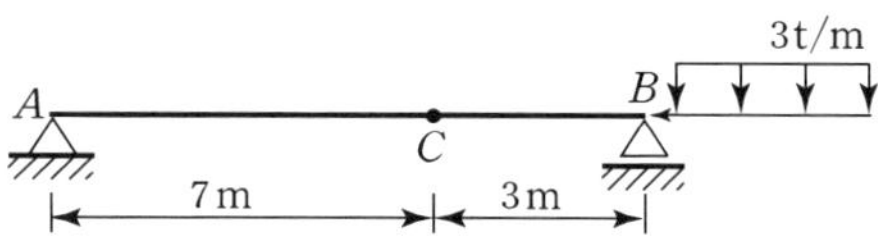

그림 5.65 연습문제 2

답 : $S_{C,\max} = -7.35$ t, $S_{ab} = 15$ t

3. 그림의 단순보에서 연행하중이 작용할 때 C점의 최대전단력과 최대휨모멘트를 구하여라.

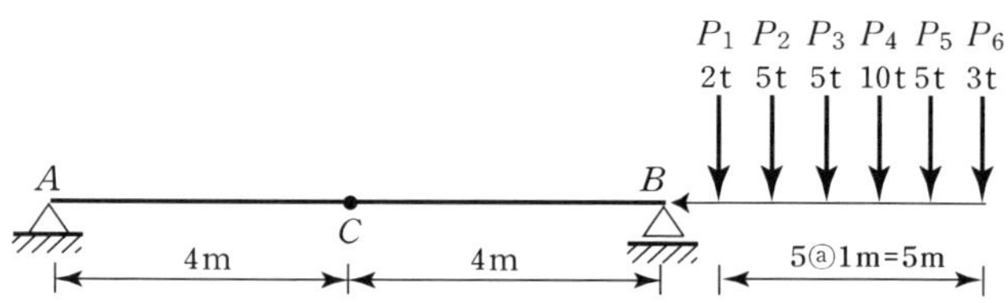

그림 5.66 연습문제 3

답 : $S_{C,\max} = 6.75$ t, $M_{C,\max} = 44$ t·m

4. 그림의 단순보에 연행하중이 작용할 때 절대최대휨모멘트를 구하여라.

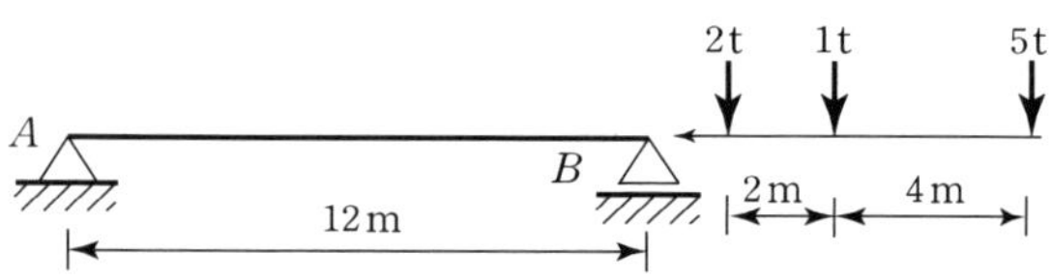

그림 5.67 연습문제 4

답 : $M_{ab} = 16.669$ t·m

CHAPTER

06 보의 응력

CHAPTER

06

보의 응력

5장에서 보에 외력이 작용할 때 단면에 생기는 단면력(전단력, 휨 모멘트, 축방향력)을 해석하였다. 3장에서는 응력과 변형률의 정의와 관계, 경사진 면의 응력과 주응력, 최대전단응력을 구하는 응력해석 등에 대하여 알아보았다.

이번 장에서는 5장에서 해석한 보의 단면력으로부터 3장에서 배운 응력 개념을 가지고 보에 발생되는 응력을 구하고, 그 응력과 허용응력과의 비교를 통하여 보의 안정성을 판단하는 보의 설계에 대해 공부한다. 3장에서 어느 한 면의 응력에는 수직응력과 전단응력이 있었다. 보에서도 수직응력의 조합응력인 휨응력(bending stress)과 전단응력이 발생한다. 일반적으로 보는 축력이 발생하지 않으므로 축력에 의해 발생되는 수직응력은 고려하지 않는다.

6.1 휨응력

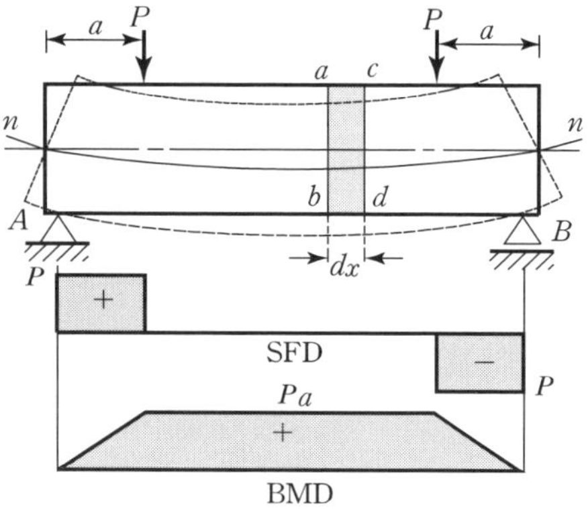

그림 6.1 순수휨 상태를 가진 단순보

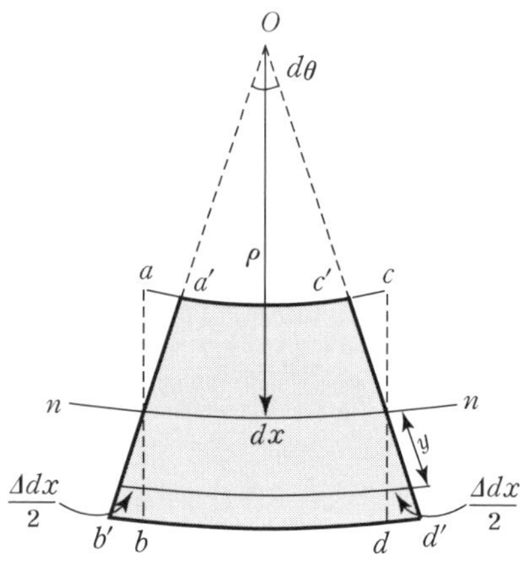

그림 6.1a 미소요소의 변형

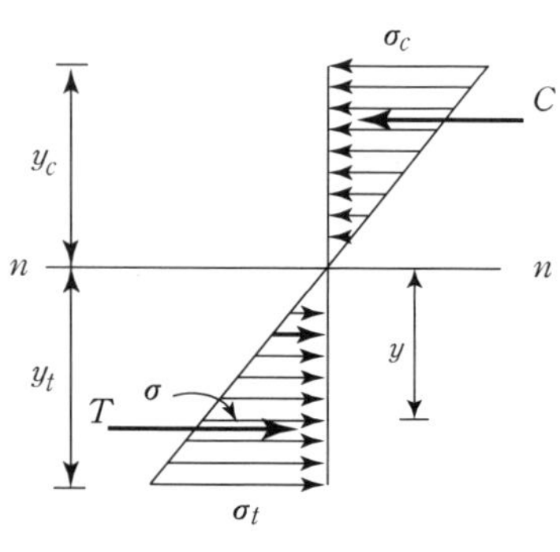

그림 6.1b 휨응력

그림 6.1과 같이 보에 집중하중 P가 작용하면 CD구간에는 전단력이 발생하지 않고 휨모멘트만 일정하게 되는 순수휨(pure bending) 상태가 된다. 그림과 같이 (+) 휨모멘트일 때 중립축의 윗부분은 압축응력(σ_c), 아랫부분은 인장응력(σ_t)이 발생한다. 이와 같이 한 단면에서 인장응력과 압축응력이 동시에 생기는 응력을 휨응력(bending stress)이라 한다. 그러나 압축과 인장응력이 생기지 않는 점, 즉 단면의 도심을 연결한 선을 중립축(neutral axis)이라고 한다.

그림 6.1의 미소요소 $a\,b\,c\,d$가 휨을 받으면 단면 $a'\,b'\,c'\,d'$로 변형된다. $a'\,b'$와 $c'\,d'$를 연장한 교점을 O점이라 하면 미소요소는 O점을 중심으로 휘어졌고 이때 ρ을 곡률반경이라 하면,

$$\frac{d\theta}{dx} = \frac{1}{\rho}$$

중립축에서 y 만큼 거리의 변형률은

$$\epsilon = \frac{y d\theta}{dx} = \frac{y}{\rho}$$

후크의 법칙(3.3.1절)에 따라

$$\sigma = E\epsilon = E\frac{y}{\rho} \tag{6.1}$$

그림 6.1(b)에서 $\sum H = 0$이므로 $C = T$이고, 식 (6.1)의 σ의 중립축에 대한 모멘트의 합은 외력에 의한 단면의 휨모멘트는 같아야 하므로

$$M = \int (\sigma\, dA)\, y$$

식 (6.1)의 σ를 윗 식에 대입하면

$$M = \int (\sigma\, dA)\, y = \frac{E}{\rho}\int y^2\, dA$$

$\int y^2 dA$는 단면 2 차 모멘트(I)이므로

$$M = \frac{EI}{\rho}, \quad \frac{1}{\rho} = \frac{M}{EI} \tag{6.2}$$

여기서, ρ : 곡률반경

$\frac{1}{\rho}$: 곡률

EI : 휨강성

M : 휨모멘트

식 (6.1)을 식 (6.2)에 대입하면

$$\sigma = \frac{M}{I} y \tag{6.3}$$

식 (6.3)과 그림 6.1b에서 휨응력(σ)은 중립축에서 거리(y)에 비례하므로 중립축에서 가장 멀리 떨어진 상하연단에서 최대값을 가지고 중립축에서는 “0”이 된다. 즉, 상연단에서 압축응력(σ_c)과 하연단에서 인장응력(σ_t)이 최대가 된다.

$$\sigma_c = -\frac{M}{I} y_c = -\frac{M}{Z_c} \tag{6.4}$$

$$\sigma_t = +\frac{M}{I} y_t = +\frac{M}{Z_t}$$

여기서, Z_c와 Z_t는 2.3절에서 정의한 단면계수이다.

식 (6.4)에서 휨응력이 작게 발생하려면 단면계수가 커져야 하므로 **휨을 받는 보를 설계할 때 단면계수를 크게 하는 것**이 유리하다는 것을 알 수 있다.

예제 6.1 그림 6.2의 사각형단면 보에 $M = 2.7\,\mathrm{t\cdot m}$의 휨모멘트가 작용할 때 중립축에서 5 cm, 10 cm, 15 cm인 곳의 휨응력을 구하고 응력분포도를 그려라. (단, $E = 100{,}000\,\mathrm{kg/cm^2}$)

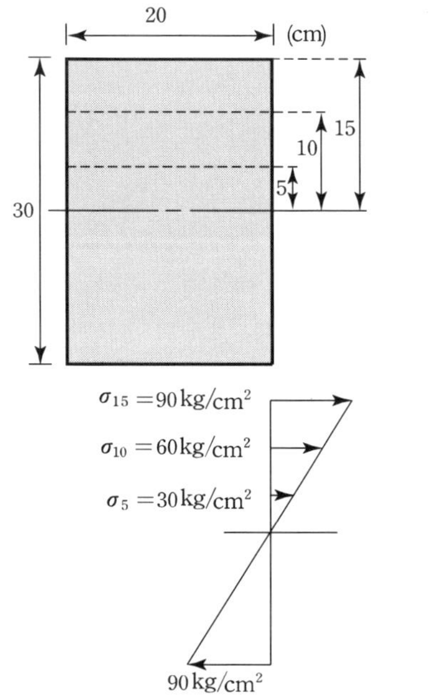

그림 6.2 예제 6.1

풀이

식 (6.3) $\sigma = \dfrac{M}{I}y$로부터

$$I = \frac{20 \times 30^3}{12} = 45{,}000\,\mathrm{cm^4}$$

$$\sigma_5 = \frac{270{,}000}{45{,}000} \times 5 = 30\,\mathrm{kg/cm^2}$$

$$\sigma_{10} = \frac{270{,}000}{45{,}000} \times 10 = 60\,\mathrm{kg/cm^2}$$

$$\sigma_{15} = \frac{270{,}000}{45{,}000} \times 15 = 90\,\mathrm{kg/cm^2}$$

또는 $\sigma_{15} = \dfrac{M}{Z} = \dfrac{6M}{bh^2} = \dfrac{6 \times 270{,}000}{20 \times 30^2} = 90\,\mathrm{kg/cm^2}$

예제 6.2 그림 6.3의 단면들에 휨모멘트가 1500 kg·cm 작용할 때 휨응력을 구하여라.

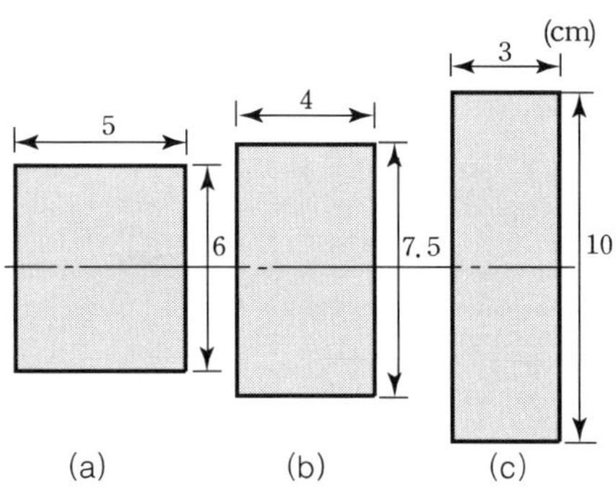

그림 6.3 예제 6.2

풀이

각각의 연단응력을 σ_a, σ_b, σ_c라고 하고,
단면계수를 Z_a, Z_b, Z_c라 하면,

$$Z_a = \frac{bh^2}{6} = \frac{5 \times 6^2}{6} = 30\,\mathrm{cm^3}$$

$$Z_b = \frac{4 \times 7.5^2}{6} = 37.5\,\mathrm{cm^3}$$

$$Z_c = \frac{3 \times 10^2}{6} = 50\,\mathrm{cm^3}$$

$$\sigma_a = \frac{M}{W_a} = \frac{1500}{30} = 50\,\mathrm{kg/cm^2}$$

$$\sigma_b = \frac{1500}{37.5} = 40\,\mathrm{kg/cm^2}$$

$$\sigma_c = \frac{1500}{50} = 30\,\mathrm{kg/cm^2}$$

예제 6.3 그림 6.4의 단순보에 이동하중이 작용할 때 최대휨응력을 구하여라.

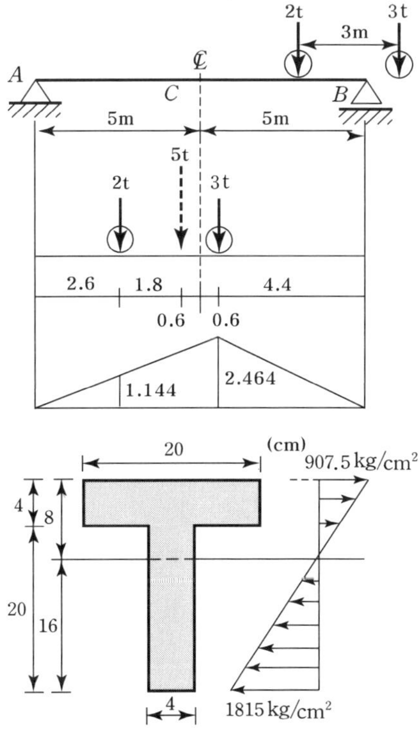

그림 6.4 예제 6.3

풀이

(1) 절대최대휨모멘트 계산 (5.7.4절 참조)

합력의 크기 $R = 2 + 3 = 5\,\text{t}$

R의 작용점(5t에서)

$$5\,\text{t} \times x = 2\,\text{t} \times 3\,\text{m} \qquad \therefore x = 1.2\,\text{m}$$

$$\therefore M_{ab} = 2 \times 1.144 + 3 \times 2.464 = 9.68\,\text{t}\cdot\text{m}$$

(2) 단면의 도심 $\bar{y}$ 계산

$$\bar{y} = \frac{G}{A}$$

$$= \frac{(4 \times 20) \times 10 + (20 \times 4) \times 22}{(4 \times 20) + (20 \times 4)}$$

$$= 16\,\text{cm}$$

(3) 도심에 대한 단면2차 모멘트

$$I = \frac{20 \times 4^3}{12} + (20 \times 4)(6)^2 + \frac{4 \times 20^3}{12} + (4 \times 20)(6)^2$$

$$= 8533.33\,\text{cm}^4$$

(4) 휨응력

압축응력 $\sigma_c = \dfrac{M}{I} y_1 = \dfrac{968{,}000}{8533.33} \times 8 = 907.5\,\text{kg/cm}^2$

인장응력 $\sigma_t = \dfrac{M}{I} y_2 = \dfrac{968{,}000}{8533.33} \times 16 = 1815\,\text{kg/cm}^2$

$$\therefore \sigma_c = 907.5\,\text{kg/cm}^2 < \sigma_t = 1{,}815\,\text{kg/cm}^2$$

따라서 최대휨응력은 $\sigma_{max} = \sigma_t = 1815\,\text{kg/cm}^2$이다.

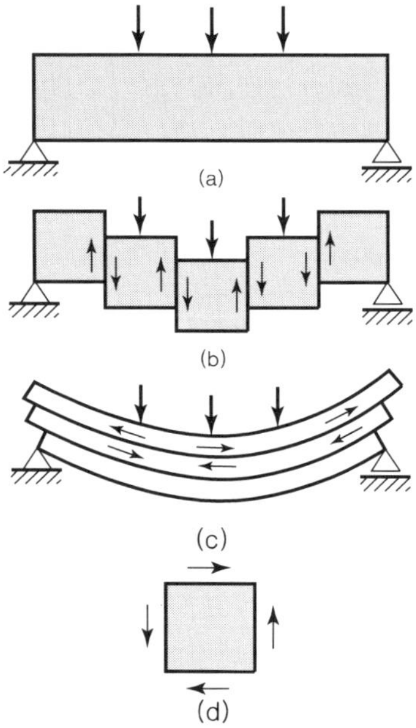

그림 6.5 수직 · 수평전단응력

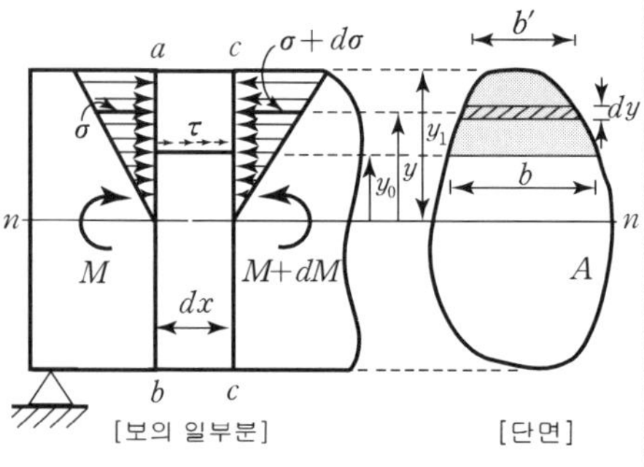

그림 6.6 보의 전단응력

6.2 전단응력

외력에 의해 발생되는 전단력을 단위면적당 힘으로 표현한 것이 전단응력이라는 것은 3장에서 공부하였다. 본 절에서는 보에서 발생되는 전단응력에 대해 학습한다.

그림 6.5a와 같이 하중을 받는 실제 보를 그림 6.5(b), (c)처럼 각각 수직방향과 수평방향으로 분리되어 있다고 가정하면, 각각의 분리된 요소는 그림과 같이 미끄러질 것이다. 그러나 실제로 보는 분리되어 있지 않으므로 이러한 미끄러짐에 저항할 것이고, 그 저항력은 미끄럼면에 평행하므로 전단응력임을 알 수 있다. 그림 6.5(b)와 (c)가 동시에 저항하므로 전단응력은 그림 6.5(d)와 같이 수직, 수평방향전단응력이 동시에 나타나는 공액관계에 있게 된다. 그림 6.5(d)의 요소가 상 · 하면에 있을 경우 수평방향의 외력이 없으므로 전단응력은 "0"이 된다. 따라서 전단응력은 상면과 하면 사이에서 변한다는 것을 알 수 있다.

그림 6.6에서 길이 dx 인 요소 $abcd$ 에서 ab 단면의 M 과 cd 단면의 $M+dM$ 의 차이로 ab 단면과 cd 단면에 휨응력에 차이가 생긴다. 중립축에서 y_0 만큼 떨어진 수평전단응력을 τ 라 하면 전단력 $S=\tau b\,dx$ 이다. 전단력은 단면 ab 와 단면 cd 의 휨에 의한 힘의 차와 같아야 힘의 평형이 성립한다.

$$(\overset{\rightarrow}{+})\sum H = 0$$

$$\int_{y_0}^{y_1} \sigma b'\,dy + \tau b\,dx - \int_{y_0}^{y_1} (\sigma + dx)\,b'\,dy = 0$$

여기서, $\sigma = \dfrac{M}{I}y$ 를 대입하면

$$\tau b\,dx = \int_{y_0}^{y_1} \frac{M+dM}{I}\,y b'\,dy - \int_{y_0}^{y_1} \frac{M}{I}\,y b'\,dy$$

$$= \int_{y_0}^{y_1} \frac{dM}{I}\,y b'\,dy$$

$$\tau = \int_{y_0}^{y_1} \frac{dM}{dx} \frac{1}{Ib} y\, b'\, dy$$

$$= \frac{dM}{dx} \frac{1}{Ib} \int_{y_0}^{y_1} y\, b'\, dy$$

여기서, $\dfrac{dM}{dx} = S$ 이고 $G = \displaystyle\int_{y_0}^{y_1} y\, b'\, dy$ 는 단면에서 진한부분, 즉 τ가 생기는 윗부분 면적의 도심축에 대한 단면 1차모멘트이다.

$$\therefore \tau = \frac{SG}{Ib} \tag{6.5}$$

여기서, τ : 전단응력 [kg/cm²]

S : 전단력 [kg]

I : 도심의 단면 2 차 모멘트 [cm⁴]

b : 단면의 폭 [cm]

G : 전단응력을 구하려는 곳의 상단면적의 도심에 대한 단면 1 차 모멘트 [cm³]

식 (6.5)에서 전단응력 분포는 포물선분포가 되며 상하연단에서 $G=0$이므로 전단응력은 "0"이 되고, 중립축에서 최대값을 갖는다.

다음은 일반적으로 많이 사용되는 사각형, 원형, 삼각형, I형 단면에서 전단응력을 구해보자.

1) 사각형단면의 전단응력

식 (6.5)로부터

$$\tau = \frac{SG}{Ib}$$
$$= \frac{S}{Ib} \int_{y_0}^{\frac{h}{2}} y\, b\, dy = \frac{S}{I} \int_{y_0}^{\frac{h}{2}} y\, dy$$
$$= \frac{S}{I} \left[\frac{y^2}{2} \right]_{y_0}^{\frac{h}{2}}$$
$$= \frac{S}{2I} \left(\frac{h^2}{4} - y_0^2 \right)$$

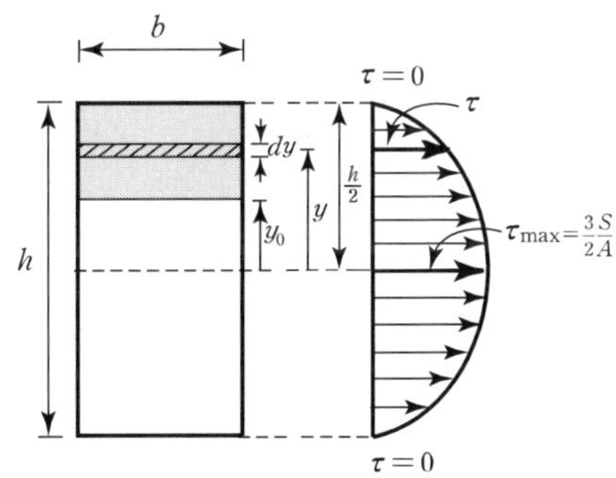

그림 6.7 사각형 단면

여기서, $G=\int_{y_0}^{y_1} y\,b'\,dy,\quad y_1=\frac{h}{2},\quad b'=b$

y_0에 대한 2차식으로 나타나고, 상하연단 $y_0=\frac{h}{2}$에서 $\tau=0$, 중앙점 $y_0=0$에서

$$\tau=\frac{S}{2\left(\frac{bh^3}{12}\right)}\frac{h^2}{4}=\frac{3}{2}\frac{S}{bh}$$

$$\therefore \tau_{\max}=\frac{3}{2}\frac{S}{A}$$

$\frac{S}{A}$를 평균전단응력(τ_{ave})이라 하며, **사각형단면의 최대전단응력은 평균전단응력의 1.5배**임을 알 수 있다.

2) **원형단면의 전단응력**

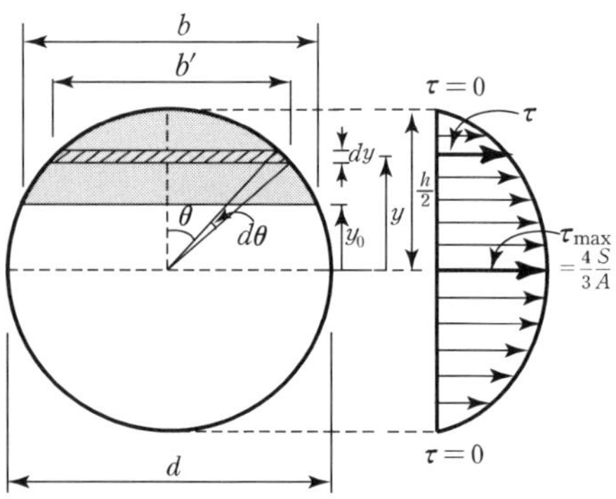

그림 6.8 원형단면

$$I=\frac{\pi r^4}{4},\quad b'=2r\sin\theta$$

$$\begin{aligned} G_x &= \int_{\theta}^{0} y\,b'\,dy \\ &= \int_{\theta}^{0} -2r^3\sin^2\theta\cos\theta\,d\theta \\ &= \int_{0}^{\theta} 2r^3\sin^2\theta\,d(\sin\theta) \\ &= 2r^3\left[\frac{1}{3}\sin\theta^3\right]_0^{\theta} \\ &= \frac{2}{3}r^3\sin^3\theta \end{aligned}$$

식 (6.5)로부터

$$\tau=\frac{S}{\frac{\pi r^4}{4}\times 2r\sin\theta}\times\frac{2}{3}r^3\sin^3\theta=\frac{4S}{3\pi r^2}\times\sin^2\theta$$

상하연단 $\theta=0^\circ$ 일 때 $\tau=0$

중앙점 $\theta=90^\circ$ 에서 $\therefore \tau_{\max}=\frac{4S}{3\pi r^2}=\frac{4}{3}\frac{S}{A}$

원형단면의 경우 최대전단응력은 평균전단응력의 $\frac{4}{3}$배임을 알 수 있다.

3) 삼각형단면의 전단응력

y 좌표는 꼭지점에서 아래방향이 (+)이고, $I = \dfrac{bh^3}{36}$ 와 $b' = b\dfrac{y}{h}$ 이므로

$$G_x = \int_0^{y_0} b'\,dy\left(\frac{2}{3}h - y\right)$$
$$= \int_0^{y_0} \frac{by}{h}\left(\frac{2}{3}h - y\right)dy$$
$$= \frac{b}{h}\int_0^{y_0}\left(\frac{2}{3}hy - y^2\right)dy$$
$$= \frac{b}{h}\left[\frac{h}{3}y^2 - \frac{y^3}{3}\right]_0^{y_0}$$
$$= \frac{b}{h}\left(\frac{h}{3}y_0^2 - \frac{y_0^3}{3}\right)$$

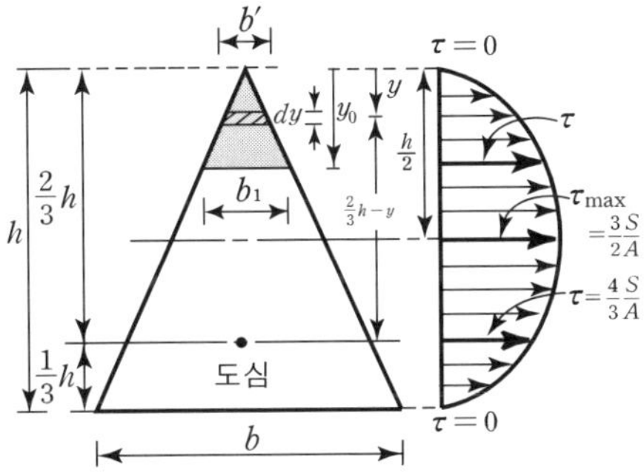

그림 6.9 삼각형단면

식 (6.5)로부터

$$\tau = \frac{S}{\dfrac{bh^3}{36}\left(b\dfrac{y_0}{h}\right)} \times \frac{b}{h}\left(\frac{h}{3}y_0^2 - \frac{y_0^3}{3}\right) = \frac{12S}{bh^3}(hy_0 - y_0^2)$$

y 식에 대한 2차식으로, 여기서 τ 값이 최대가 되려면 $\dfrac{d\tau}{dy_0} = 0$

$$\frac{d\tau}{dy_0} = \frac{12S}{bh^3}(h - 2y_0) = 0$$

$$\therefore y_0 = \frac{h}{2}$$

즉, 단면의 중앙점에서 최대전단응력이 생긴다.

$$\tau_{max} = \frac{12S}{bh^3}\left(\frac{h^2}{2} - \frac{h^4}{4}\right) = \frac{3S}{2bh} = \frac{3}{2}\frac{S}{A}$$

상하연단 $y_0 = 0,\ y_0 = h$ 에서 $\tau = 0$

도심점 $y_0 = \dfrac{2}{3}h$ 에서

$$\tau = \frac{12S}{bh^3}\left(\frac{2}{3}h^2 - \frac{4}{9}h^2\right) = \frac{24}{9}\frac{S}{bh} = \frac{4}{3}\frac{S}{A}$$

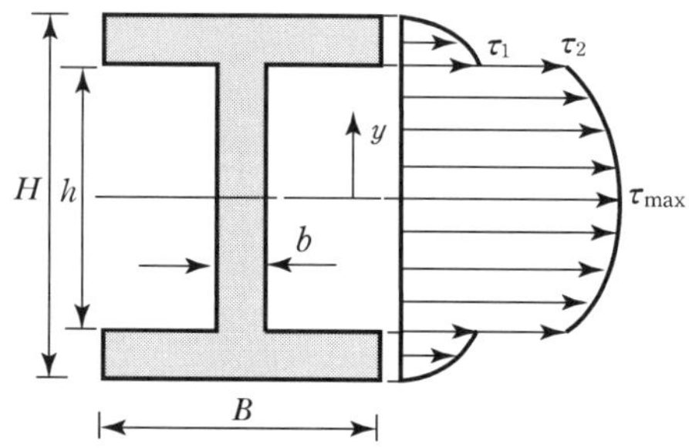

그림 6.10 I형단면

4) I 형단면의 전단응력

그림 6.10과 같이 플랜지와 웨브의 경계면에서 폭 b가 불연속 감소함에 따라 전단응력은 그 면에서 불연속적으로 증가하고, 도심에서 최대전단응력을 갖고 다음과 같다.

$$I = \frac{1}{12}\left[BH^3 - (B-h)h^3\right]$$

$$G = \frac{BH}{2}\frac{H}{4} - \frac{(B-b)h}{2}\frac{h}{4} = \frac{1}{8}(BH^2 - Bh^2 + bh^2)$$

$$\tau_{max} = \frac{S}{\frac{1}{12}\left[BH^3 - (B-h)h^3\right]b} \times \frac{1}{8}(BH^2 - Bh^2 + bh^2)$$

$$= \frac{\frac{3S}{2b}(BH^2 - Bh^2 + bh^2)}{\left[BH^3 - (B-h)h^3\right]}$$

이상의 방법과 같이 여러 단면에 대한 전단응력의 분포를 도시하면 다음과 같다.

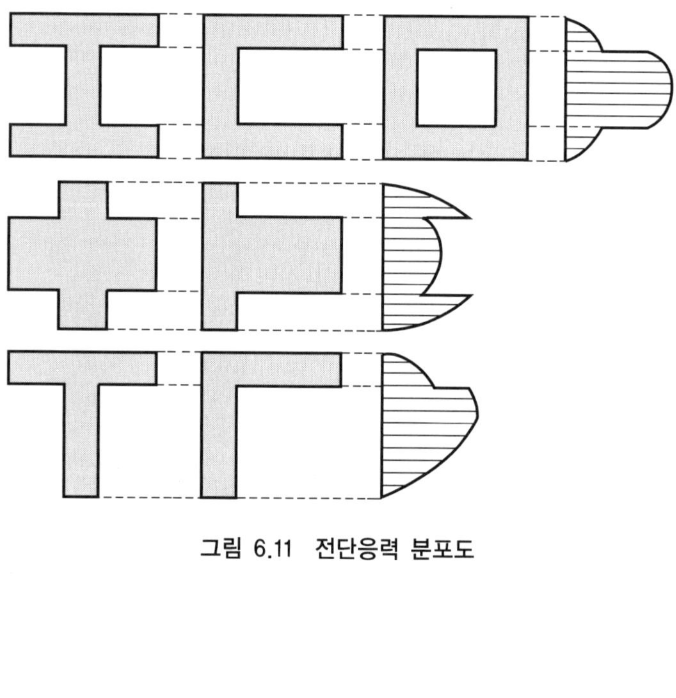

그림 6.11 전단응력 분포도

예제 6.4 그림 6.12의 I형단면에 2.2 t의 전단력이 작용한다. 상연단에서 5 cm, 10 cm, 15 cm와 중립축에 대한 전단응력을 구하여라.

풀이

$$I_n = \frac{30\times 40^3}{12} - \frac{20\times 20^3}{12} = 146{,}667\text{cm}^4$$

$$G_5 = 30\times 5\times 17.5 = 2625\,\text{m}^3$$

$$G_{10} = 30\times 10\times 15 = 4500\,\text{cm}^3$$

$$G_{15} = 30\times 10\times 15 + 10\times 5\times 7.5 = 4875\,\text{cm}^3$$

$$G_{20} = 30\times 10\times 15 + 10\times 10\times 5 = 5000\,\text{cm}^3$$

식 (6.5) $\tau = \dfrac{SG}{Ib}$ 를 이용하면

$$\tau_5 = \frac{2200\times 2625}{146{,}667\times 30} = 1.31\,\text{kg/cm}^2$$

$$\tau_{10} = \frac{2200\times 4500}{146{,}667\times 30} = 2.25\,\text{kg/cm}^2$$

$$\tau_{10}' = \frac{2200\times 4500}{146{,}667\times 10} = 6.75\,\text{kg/cm}^2$$

$$\tau_{15} = \frac{2200\times 4875}{146{,}667\times 10} = 7.31\,\text{kg/cm}^2$$

$$\tau_n = \tau_{\max} = \frac{2200\times 5000}{146{,}667\times 10} = 7.5\,\text{kg/cm}^2$$

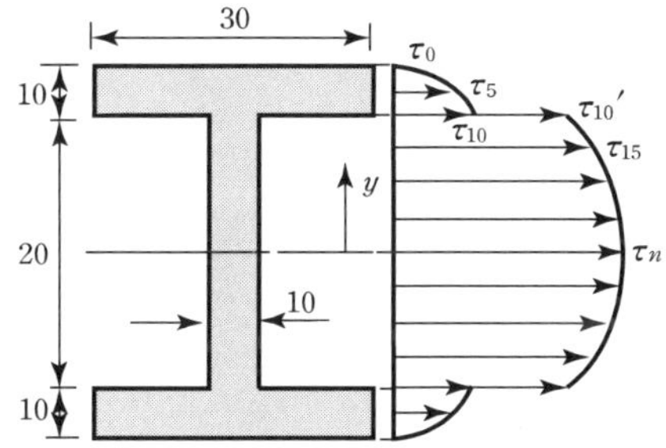

그림 6.12 예제 6.4

예제 6.5 그림 6.13에서 최대전단응력을 구하여라.

풀이

도심과 단면 2차모멘트는 예제 6.3 참조

(1) 단면특성

$\bar{y} = 16\,\text{cm},\ I = 8533.33\,\text{cm}^4$

도심축에서 아랫부분의 단면 1 차 모멘트(G_x)

$G_x = 4\times 16\times 8 = 512\,\text{cm}^3$

(2) 최대전단력($S_{\max}$)

$S_{\max} = V_B = 2\times 0.7 + 1\times 3 = 4.4\,\text{t}$

(3) 최대전단응력($\tau_{\max}$)

$$\tau_{\max} = \frac{SG}{Ib} = \frac{4400\times 512}{8533.33\times 4} = 66\,\text{kg/cm}^2$$

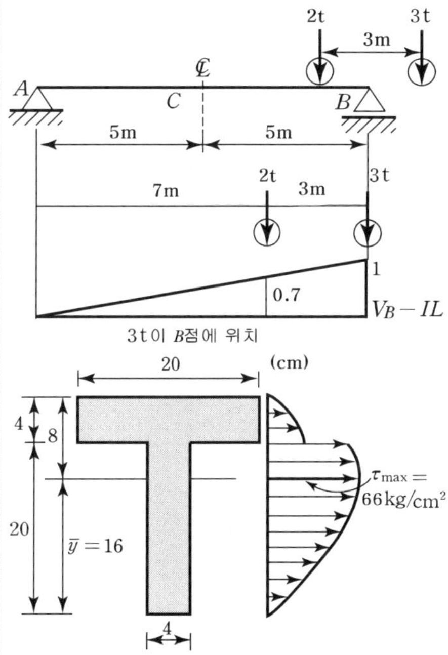

그림 6.13 예제 6.5

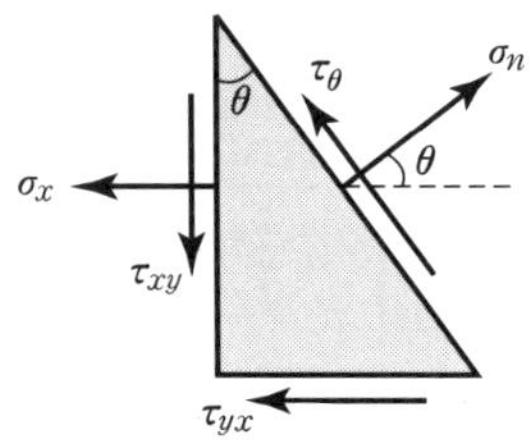

그림 6.14 보의 경사면 응력

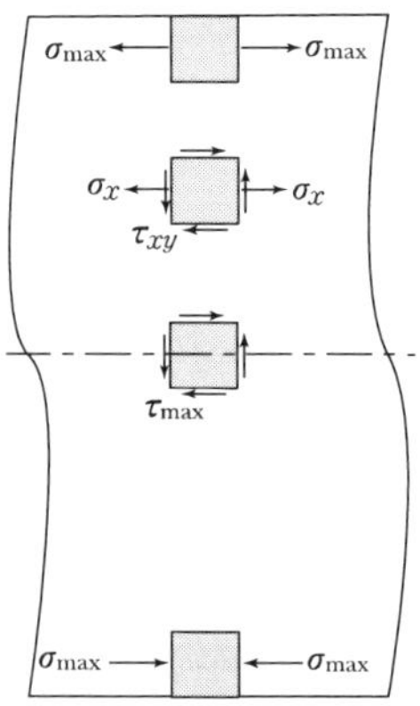

(a) 단면에 수직,수평한 응력

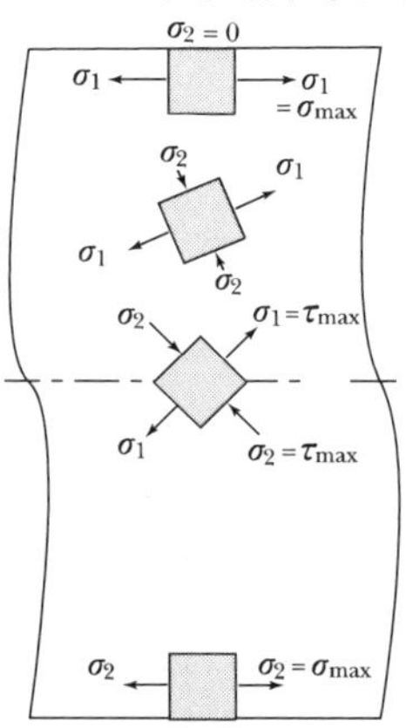

(b) 주응력

그림 6.15 보에서 응력의 변화

6.3 보의 주응력

앞 절에서 보에 발생하는 휨응력과 전단응력을 구하였다. 휨응력은 보의 단면에 수직방향으로만 작용하고, 전단응력은 수직과 수평방향에 같은 크기로 작용한다. 따라서 3장에서 정의한 평면응력에서 σ_y는 발생되지 않는다. (그림 6.14)

3장에서 공부한 경사면의 응력과 주응력, 최대전단응력은 다음과 같게 된다.

$$\sigma_n = \frac{\sigma_x}{2} + \frac{\sigma_x}{2}\cos 2\theta + \tau_{xy}\sin 2\theta$$

$$\tau_\theta = -\frac{\sigma_x}{2}\sin 2\theta + \tau_{xy}\cos 2\theta$$

$$\sigma_{1,2} = \frac{\sigma_x}{2} \pm \sqrt{\left(\frac{\sigma_x}{2}\right)^2 + \tau_{xy}^2}$$

$$\tan 2\theta_p = \frac{\tau_{xy}}{\frac{\sigma_x}{2}}$$

$$\tau_{max} = \sqrt{\left(\frac{\sigma_x}{2}\right)^2 + \tau_{xy}^2}$$

$$\tan 2\theta_s = -\frac{\frac{\sigma_x}{2}}{\tau_{xy}}$$

그림 6.15(a)에서 수직응력의 최대값은 상하연단에서 나타나며 중립축으로 이동함에 따라 수직응력의 값은 줄어들고 전단응력은 커진다. 중립축에서 수직응력은 “0”이고 전단응력은 최대값을 가진다.

그림 6.15(b)를 보면 사면에서 주응력은 수평방향으로 최대값 σ_1을 나타낸다. 중립축으로 이동함에 따라 경사면에서 나타나고 주응력 σ_1의 값은 작아지고 σ_2의 값은 커진다. 중립축에서는 직교하는 두 주응력(σ_1, σ_2)의 값은 최대전단응력과 같아진다.

이상과 같이 주응력 σ_1은 상하면에서 나타나고, 최대전단응력

τ_{max}는 중립축에서 나타난다. 그러나 다음에 열거하는 특수한 경우에는 상하연단과 중립축 사이에서 주응력 σ_1과 최대전단응력 τ_{max}이 발생할 수도 있다. 따라서 주응력은 휨응력과 전단응력의 합성된 응력이므로 다음과 같은 경우에는 반드시 계산하여 검토를 해야 한다.

① 지간이 짧은 보에서 휨모멘트가 작고 전단력이 큰 경우
② 캔틸레버보의 지점에서 전단력과 휨모멘트의 최대값이 동시에 생길 경우
③ I형단면이나 T형단면에서 플랜지와 복부의 경계면에서 주응력이 휨응력보다 클 경우
④ 철근 콘크리트보에서 사인장 응력에 의한 파괴의 위험성이 있는 경우

예제 6.6 그림 6.16과 같은 I 형단면 캔틸레버보의 안정성을 검토하여라. (단, $\sigma_a = 1400\,\text{kg/cm}^2$, $\tau_a = 800\,\text{kg/cm}^2$)

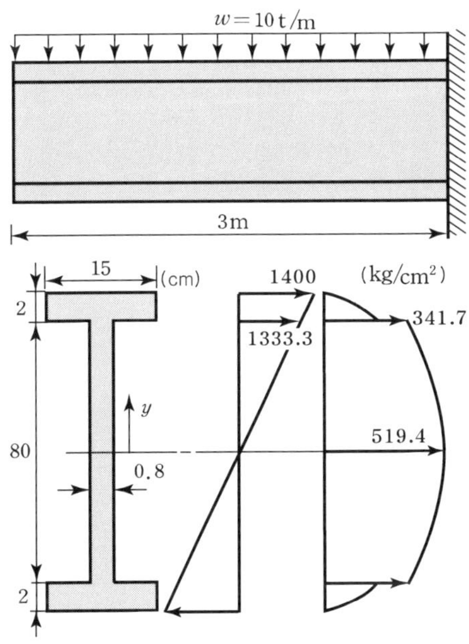

그림 6.16 예제 6.6

풀이

이 예제는 보에서 주응력을 검토해야 하는 경우 ①②③에 해당된다. 단면력의 최대값은 지점에서 발생

$$M_{\max} = -\frac{wl^2}{2} = -\frac{10\times 3^2}{2} = -45\,\text{t}\cdot\text{m}$$

$$S_{\max} = -wl = -10\times 3 = -30\,\text{t}$$

$$I = \frac{15\times 84^3}{12} - \frac{(15-0.8)\times 80^3}{12} = 135{,}000\,\text{cm}^4$$

(1) 상하연단에서 수직응력

$$\sigma_{y=42} = \frac{M}{I}y = \frac{45\times 10^5}{135{,}000}\times 42$$

$$= 1400\,\text{kg/cm}^2 \le \sigma_a = 1400\,\text{kg/cm}^2 \quad \therefore \text{안전}$$

(2) 중립축에서 전단응력

$$G_0 = 15\times 2\times 41 + 0.8\times 40\times 20 = 1870\,\text{cm}^3$$

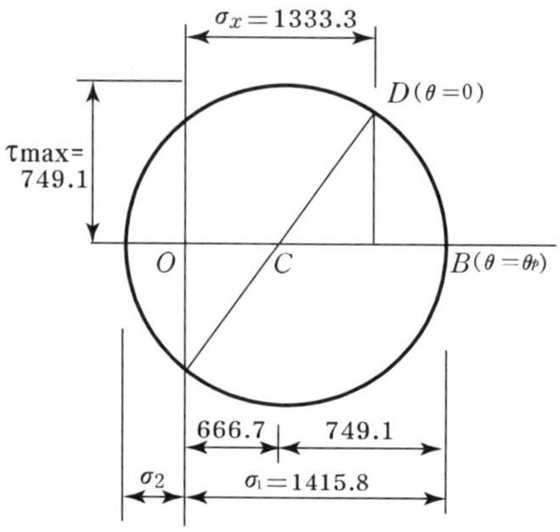

그림 6.16a 모어의 응력원

$$\tau_{y=0} = \frac{SG}{Ib} = \frac{(-30\times10^3)\times1870}{135{,}000\times0.8}$$

$$= -519.4\,\mathrm{kg/cm^2} \quad \leq \quad \tau_a = 800\,\mathrm{kg/cm^2} \qquad \therefore \text{안전}$$

(3) 플랜지와 웨브의 접합부에서 주응력

$$G_{y=40} = 15\times2\times41 = 1230\,\mathrm{cm^3}$$

$$\sigma_{y=40} = \frac{M}{I}y = \frac{45\times10^5}{135{,}000}\times40 = 1333.3\,\mathrm{kg/cm^2}$$

$$\tau_{y=40} = \frac{SG}{Ib} = \frac{(-30\times10^3)\times1230}{135{,}000\times0.8} = -341.7\,\mathrm{kg/cm^2}$$

3.8.3절의 모어의 응력원을 이용하여 주응력을 구한다.

$$\text{중심}\,C = \left\{\frac{\sigma_x+\sigma_y}{2}, 0\right\} = (666.7, 0)$$

$$\text{반경}\,R = \sqrt{\left(\frac{\sigma_x-\sigma_y}{2}\right)^2+\tau_{xy}^2} = 749.1$$

$$\sigma_1 = \overline{OC}\pm R = 1415.8\,\mathrm{kg/cm^2} \geq \sigma_a = 1400\,\mathrm{kg/cm^2} \qquad \therefore \text{불안전}$$

$$\tau_{max} = R = 749.1\,\mathrm{kg/cm^2} \leq \tau_a = 800\,\mathrm{kg/cm^2} \qquad \therefore \text{안전}$$

따라서, 이 예제의 구조물은 **불안전**하다.

6.4 보의 설계

모든 구조물의 설계에서 가장 중요한 목적은 외력에 안정하면서 경제적인 구조물을 만드는 것이다.

보의 설계는 보에 작용하는 외력에 저항하는 단면력을 구하여 그 단면력으로부터 응력을 계산하여 보의 재료가 견딜 수 있는 허용응력(σ_a, τ_a)을 초과하지 않도록 단면을 결정하는 것이다.

$$\sigma_{max} = \frac{M}{I}y = \frac{M}{Z} \leq \sigma_a$$

$$\tau_{y=0} = \frac{SG}{Ib} \leq \tau_a$$

휨응력 공식에서 휨응력은 단면계수에 반비례하므로 단면계수가 커질수록 발생 휨응력이 작아져 안정하게 된다. 또한, 단면을 효과적으로 설계하면 단면적은 작게 하면서 단면계수는 극대화할 수가 있다. 구조물의 경제적 설계를 위하여 다음과 같은 사항이 필요하다.

(1) 단면의 높이를 크게 한다

폭과 높이가 b와 h인 사각형단면의 단면계수는

$$Z = \frac{bh^2}{6} = \frac{Ah}{6} = 0.167\,A\,h$$

이다. 여기서 높이 h를 크게 하면 A를 줄일 수 있고 경제적이다. 그러나 너무 좁고 높이만 크면 보가 국부좌굴(local buckling)현상이 되어 무한정 높일 수는 없다.

단면적이 같은 원형단면과 정사각형 단면을 비교하면 다음과 같다. 원형단면의 단면계수는

$$Z_{\bigcirc} = \frac{\pi d^3}{36} = \frac{1}{8}Ad = 0.125\,Ad$$

이고, 단면적이 같으므로 $h^2 = \pi\dfrac{d^2}{4},\quad h = \dfrac{\sqrt{\pi}}{2}d$ 이므로

$$Z_{\square} = 0.167\,Ah = 0.167\,A\left(\frac{\sqrt{\pi}}{2}d\right) = 0.148\,Ad$$

즉, 재료가 같고 단면적이 같을 때 정사각형 단면은 원형단면보다 약 18%만큼 단면계수가 크고 경제적이다.

(2) 중립축에서 먼 단면으로 한다

그림 6.17과 같이 단면적이 A, 높이가 h인 단면을 1/2로 하는 직사각형 단면에서 중립축의 단면계수를 구하면,

$$I = 2\left(\frac{A}{2}\right)\left(\frac{h}{2}\right)^2 = \frac{Ah^2}{4}$$

$$Z = \frac{I}{h/2} = \frac{Ah}{2} = 0.5\,Ah$$

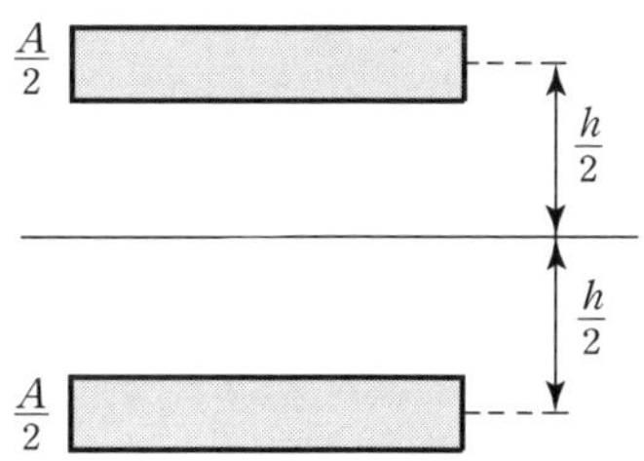

그림 6.17

여기서, 실제의 I 형단면은 플랜지(flange)와 복부가 있으므로 단면계수는 개략 $W \approx 0.35Ah$ 정도를 가진다.

따라서 보에 경제적 단면형의 순서는 **I 형단면 > 직사각형 단면 > 정사각형 단면 > 원형단면**이 된다.

(3) 중립축에서 먼 작은 단면은 잘라낸다

보통 단면 A가 크면 단면계수가 증가하지만 그림 6.18과 같이 작은 면적 부분을 잘라내면 오히려 단면계수를 증가시켜 경제적인 단면이 된다.

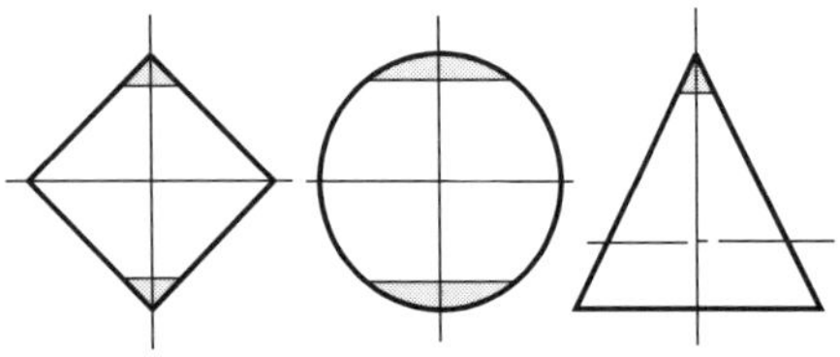

그림 6.18

예제 6.7 그림 6.19와 같은 보의 단면을 정사각형인 경우와 원형단면인 경우로 설계하여라. (단, $\sigma_a = 100\,\text{kg/cm}^2$,$\tau_a = 8.5\,\text{kg/cm}^2$,단위중량$= 800\,\text{kg/m}^3$)

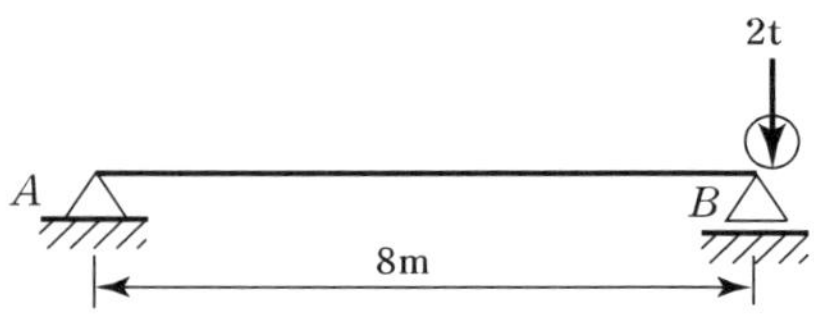

그림 6.19 예제 6.7

풀이

(1) 정사각형 단면

① 이동하중의 절대 최대휨모멘트

$$M_{ab} = \frac{Pl}{4} = 2 \times \frac{8}{4} = 4\,\text{t}\cdot\text{m}$$

② 사하중의 최대휨모멘트

단면가정 : $31\,\text{cm} \times 31\,\text{cm}$

$w_d = (0.31 \times 0.31) \times 0.8 = 0.077\,\text{t/m}$

$$M_{dead} = \frac{w_d l^2}{8} = \frac{0.077 \times 8^2}{8} = 0.616\,\text{t}\cdot\text{m}$$

③ 최대휨모멘트

$$M_{\max} = M_{ab} + M_{dead} = 4.616\,\text{t}\cdot\text{m}$$

④ 단면결정

단면계수 $W = \dfrac{b^3}{6}$ 에서

$$W \geq \frac{M}{\sigma_a} = \frac{461{,}600}{100} = 4616\,\text{cm}^3$$

$$\therefore b^3 \geq 6 \times 4616 = 27{,}696\,\text{cm}^3$$

$$b \geq \sqrt[3]{27{,}696} \fallingdotseq 30.3\,\text{cm}$$

즉, 한 변을 30.3 cm 이상으로 하는 정사각형이므로 30.5 cm로 설계한다.

⑤ ②항의 가정된 단면보다 작은 값이므로 안전하다.

⑥ 최대전단력 검사

- 활하중의 최대전단력(S_{max})

$$S_{ab} = 2\,\text{t} \ (\text{지점에 작용하는 경우})$$

- 사하중의 최대전단력

$$S_{dead} = \frac{w_d\, l}{2} = \frac{0.077 \times 8}{2} = 0.308\,\text{t}$$

- 전단응력 검토

$$S_{max} = S_{ab} + S_{dead} = 2.308\,\text{t}$$

$$\therefore \tau = \frac{3}{2} \times \frac{S}{A} = \frac{3}{2} \times \frac{2308}{30.5^2}$$

$$\fallingdotseq 3.72\,\text{kg/cm}^2 < \tau_a = 8.5\,\text{kg/cm}^2$$

즉, 전단응력에 안전하므로 한 변을 30.5 cm로 하는 정사각형 단면으로 설계한다.

(2) 원형단면

① 이동하중의 절대 최대휨모멘트

$$M_{ab} = 4\,\text{t} \cdot \text{m}$$

② 사하중의 최대휨모멘트

단면지름을 37 cm로 가정

$$w_d = \frac{\pi \times 0.37^2}{4} \times 0.8 \fallingdotseq 0.086\,\text{t/m}$$

$$M_{dead} = \frac{w_d\, l^2}{8} = \frac{0.086 \times 8^2}{8} = 0.688\,\text{t} \cdot \text{m}$$

$$\therefore M_{max} = 4.688\,\text{t} \cdot \text{m}$$

③ 최대휨모멘트

$$M_{max} = M_{ab} + M_{dead} = 4.688\,\text{t} \cdot \text{m}$$

④ 단면결정

단면계수 $W = \dfrac{\pi d^3}{32}$ 이므로

$$W \geqq \frac{M}{\sigma_a} = \frac{468{,}800}{100} = 4688\,\mathrm{cm}^3$$

$$\therefore d^3 \geqq \frac{32 \times 4688}{\pi} \fallingdotseq 47{,}800\,\mathrm{cm}^3$$

$$\therefore d \geqq 36.25\,\mathrm{cm}$$

따라서, 지름 $d = 36.5\,\mathrm{cm}$ 로 결정한다.

⑤ ②항의 가정된 단면보다 작은 값이므로 안전하다.

⑥ 최대전단력 검사

$$S_{\max} = \frac{w_d\, l}{2} = \frac{0.086 \times 8}{2} = 0.344\,\mathrm{t}$$

$$A = \frac{\pi d^2}{4} = \frac{\pi \times 36.5^2}{4} = 1045\,\mathrm{cm}^2$$

$$\tau = \frac{4}{3} \times \frac{S}{A} = \frac{4}{3} \times \frac{2344}{1045} \fallingdotseq 3\,\mathrm{kg/cm^2} < 8.5\,\mathrm{kg/cm^2}$$

즉, 전단응력에 대하여 안전하므로 지름을 36.5 cm로 결정한다.

연습문제

1. 그림 6.20 단순보에 이동하중이 작용할 때 최대휨응력과 최대전단응력을 구하여라.

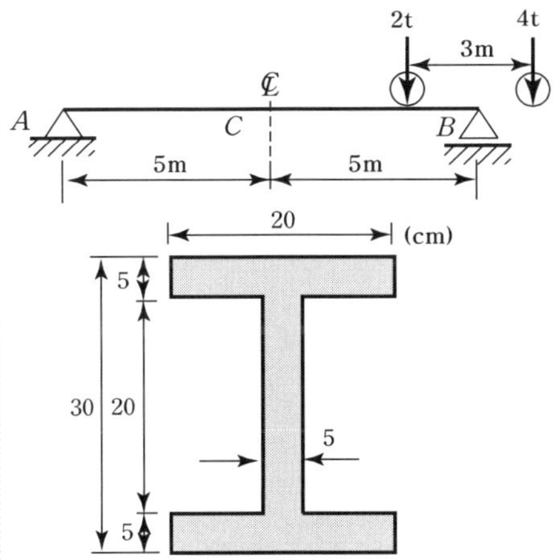

그림 6.20 연습문제 1

답 : $M_{ab} = 12.15\,\mathrm{t\cdot m}$, $S_{ab} = 5.4\,\mathrm{t}$, $G = 1500\,\mathrm{cm}^3$, $I = 35000\,\mathrm{cm}^4$,

$y_b = y_t = 15\,\mathrm{cm}$, $\sigma_{\max} = 520.7\,\mathrm{kg/cm^2}$, $\tau_{\max} = 46.3\,\mathrm{kg/cm^2}$

2. 그림 6.21 캔틸레버보의 지점부에서 상연단으로부터 10 cm 점의 응력과 주응력을 구하여라.

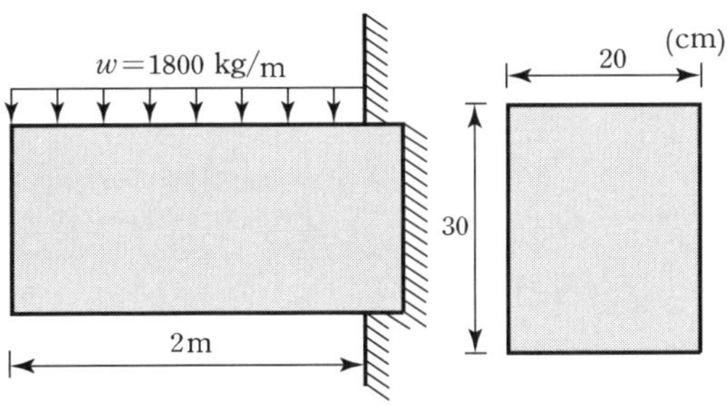

그림 6.21 연습문제 2

답 : $\sigma_{10} = 40\,\mathrm{kg/cm^2}$, $\tau_{10} = -8\,\mathrm{kg/cm^2}$, $\sigma_1 = 41.5\,\mathrm{kg/cm^2}$,

$\tau_{\max} = 21.5\,\mathrm{kg/cm^2}$

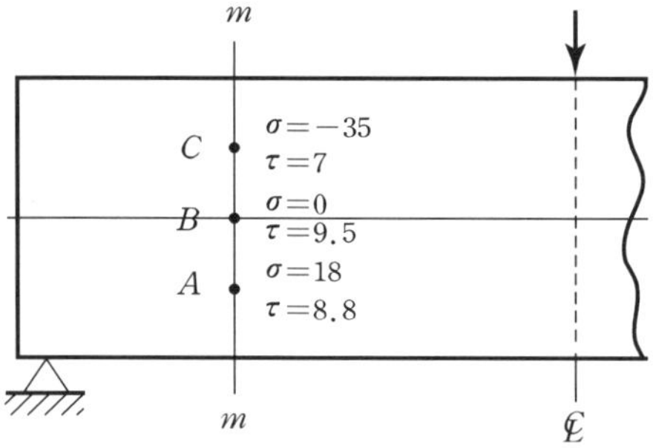

그림 6.22 연습문제 3

3. 그림과 같은 보에서 단면 m-m 중에 점 A, B, C의 응력이 그림과 같이 주어졌다. 주응력과 주전단응력을 구하여라.

답 (1) 점 A

$\sigma_1 = 21.6\,\text{kg/cm}^2$, $\sigma_2 = -3.6\,\text{kg/cm}^2$, $\tau_{\max} = 12.6\,\text{kg/cm}^2$

(2) 점 B

$\sigma_1 = 9.5\,\text{kg/cm}^2$, $\sigma_2 = -9.5\,\text{kg/cm}^2$, $\tau_{\max} = 9.5\,\text{kg/cm}^2$

(3) 점 C

$\sigma_1 = -36.3\,\text{kg/cm}^2$, $\sigma_2 = 1.3\,\text{kg/cm}^2$, $\tau_{\max} = 18.8\,\text{kg/cm}^2$

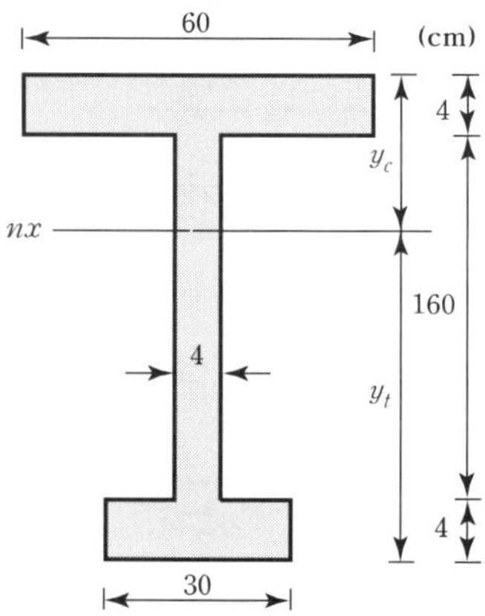

그림 6.23 연습문제 4

4. 그림 6.23과 같은 플레이트 거더에 $M = 50\,\text{t·m}$, $S = 10\,\text{t}$을 받는다. 안전여부를 검토하라. (단, $\sigma_a = 1300\,\text{kg/cm}^2$, $\tau_a = 20\,\text{kg/cm}^2$)

답 : $\sigma_c = 100.5\,\text{kg/cm}^2 < 1300\,\text{kg/cm}^2$ (안전)

$\sigma_t = 127.2\,\text{kg/cm}^2 < 1300\,\text{kg/cm}^2$ (안전)

$G_{x_O} = 27163.3\,\text{cm}^3$, $I = 3689627.7\,\text{cm}^4$

$\tau_{\max} = 18.4\,\text{kg/cm}^2 < \tau_a = 20\,\text{kg/cm}^2$ ∴ 안전함

5. 다음 H형강 단면을 가진 캔틸레버보에서 자중을 포함하여 $w = 2.8\,\text{t/m}$와 $P = 10\,\text{t}$이 작용한다. 안전여부를 검토하여라. (단, $\sigma_a = 1400\,\text{kg/cm}^2$, $\tau_a = 800\,\text{kg/cm}^2$)

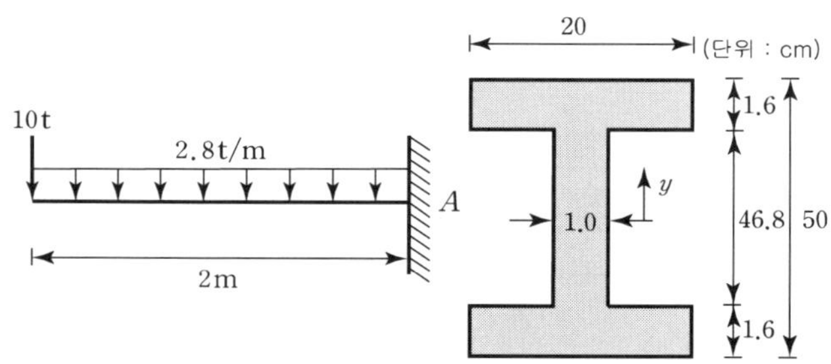

그림 6.24 연습문제 5

답 : $M = -25.6\,\text{t·m}$, $S = -15.6\,\text{t}$, $I_n = 46{,}037\,\text{cm}^4$,

$\sigma_{y=25} = 1390.2\,\text{kg/cm}^2$, $\tau_{y=0} = -355.2\,\text{kg/cm}^2$,

$\sigma_{y=24.3} = 1301.2\,\text{kg/cm}^2$, $\tau_{y=23.4} = -262.4\,\text{kg/cm}^2$,

$\sigma_1 = 1352.1\,\text{kg/cm}^2$, $\tau_{\max} = 701.5\,\text{kg/cm}^2$ ∴ 안전함

CHAPTER

07 정정 라멘과 아치

CHAPTER

07

정정 라멘과 아치

7.1 정정라멘

라멘(Rhamen)은 건축물의 골격과 같은 구조로 리지드 프레임(rigid frame)이다. 직선부재가 연결된 절점(joint)에서 강결된 절점으로 되어 있으며, 외력을 받아서 변형하더라도 절점에서 부재각은 변하지 않는 것으로 가정한다. 라멘은 외력에 의해 전단력, 휨모멘트, 축방향력의 단면력이 발생하고 주로 휨모멘트에 저항하는 구조이다.

정정라멘은 그림 7.1과 같이 지점상태에 따라 다음과 같이 구분된다.

① 단순보식 라멘〔그림 7.1(a)〕
② 캔틸레버식 라멘〔그림 7.1(b)〕
③ 3이동지점 라멘〔그림 7.1(c)〕
④ 3힌지식 라멘〔그림 7.1(d)〕

정정라멘은 정정보의 해석과 같이 힘의 평형조건($\sum V=0$, $\sum H=0$, $\sum M=0$)에 의하여 지점반력과 각 부재에 대한 단면

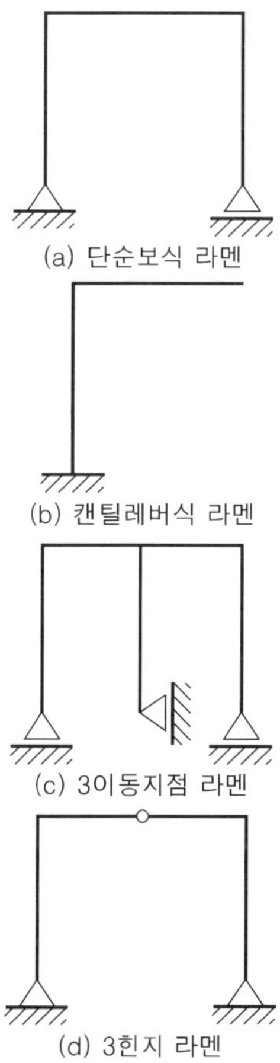

(a) 단순보식 라멘
(b) 캔틸레버식 라멘
(c) 3이동지점 라멘
(d) 3힌지 라멘

그림 7.1 정정라멘의 종류

력을 구한다. 정정보에서 단면력도를 표시한 것과 같이 일반적으로 다음과 같은 부호로 가정한다(그림 7.2).

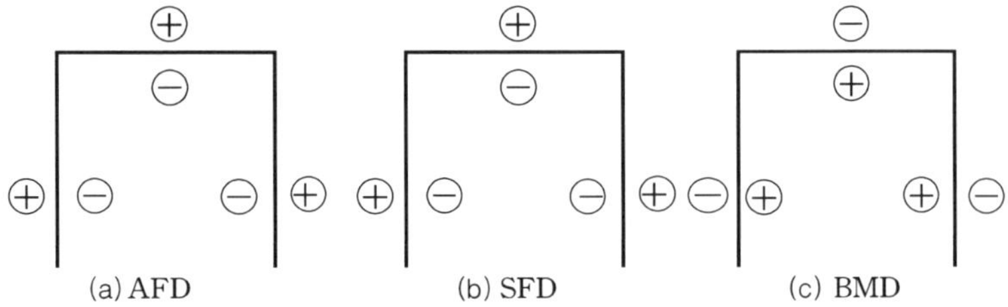

그림 7.2 단면력도 부호

7.1.1 단순보식 라멘

그림 7.3의 단순보식 라멘의 단면력을 구해보자.

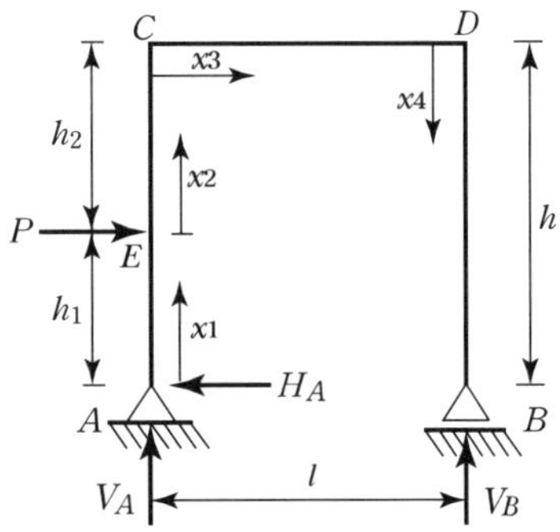

그림 7.3 단순보식 라멘

1) 지점반력

$$(\overset{\leftarrow}{+})\sum H=0 \qquad H_A-P=0 \qquad \therefore H_A=P$$

$$(\overset{\curvearrowright}{+})\sum M_B=0 \qquad V_A l+Ph_1=0 \qquad \therefore V_A=-\frac{Ph_1}{l}$$

$$(+\uparrow)\sum V=0 \qquad V_A+V_B=0 \qquad \therefore V_B=\frac{Ph_1}{l}$$

A점의 수직반력은 (↑)방향으로 가정하였으나 (−)값이 되어 반대방향(↓)으로 부반력이 발생한다.

2) 단면력

(1) 구간 AE $(0 \leq x_1 \leq h_1)$

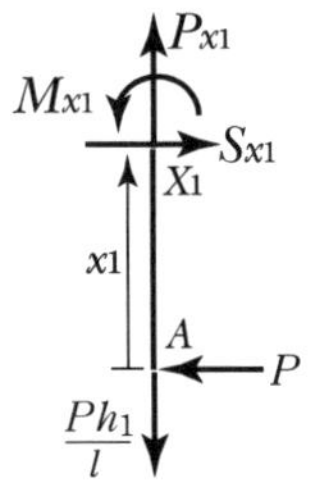

그림 7.3a 구간AE 자유물체도

$$(+\uparrow)\sum V=0, \quad P_{x1}-P\frac{h_1}{l}=0 \qquad \therefore P_{x1}=P\frac{h_1}{l}$$

$$(\overset{\rightarrow}{+})\sum H=0, \quad S_{x1}-P=0 \qquad \therefore S_{x1}=P$$

$$(\overset{\curvearrowleft}{+})\sum M_{X1}=0, \quad M_{x1}-Px_1=0 \qquad \therefore M_{x1}=Px_1$$

윗 식에서 $x_1 = h$ 일 때,

$$P_{x1} = P_E = P\frac{h_1}{l}, \quad S_{x1} = S_E = P, \quad M_{x1} = M_E = Ph_1$$

(2) **구간** EC $(0 \leq x_2 \leq h_2)$

$$(+\uparrow)\sum V = 0, \quad P_{x2} - P\frac{h_1}{l} = 0 \qquad \therefore\ P_{x2} = P\frac{h_1}{l}$$

$$(\underset{+}{\rightarrow})\sum H = 0, \quad S_{x2} - P + P = 0 \qquad \therefore\ S_{x2} = 0$$

$$(\underset{+}{\curvearrowleft})\sum M_{X2} = 0, \quad M_{x2} - P(h_1 + x_2) + Px_2 = 0$$

$$\therefore\ M_{x2} = Ph_1$$

윗 식에서 $x_2 = h_2$ 일 때,

$$P_C = P\frac{h_1}{l}, \quad S_C = 0, \quad M_C = Ph_1$$

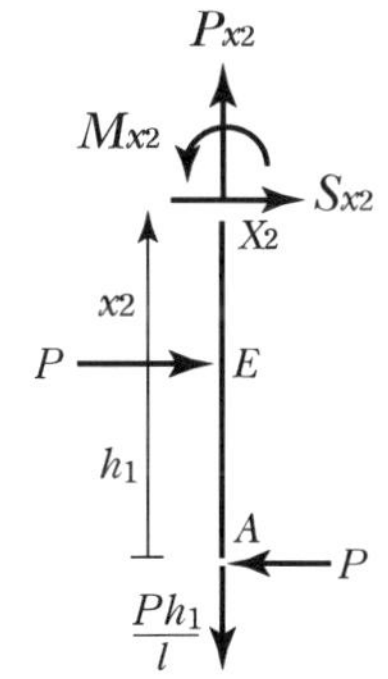

그림 7.3b 구간EC 자유물체도

그림 7.3c는 C점의 자유물체도로 개념상의 아래측(CE)과 우측(CD)에서의 단면력은 힘이 평형되어야 한다는 것을 나타내고 있다. 기둥 부재(CE)와 보부재(CD)는 직각이므로 축력과 전단력이 서로 바뀐다. 여기서 기둥부재의 축력(P_{CE})와 보부재의 전단력(S_{CD})는 부호가 바뀌는 것에 주의해야 한다.

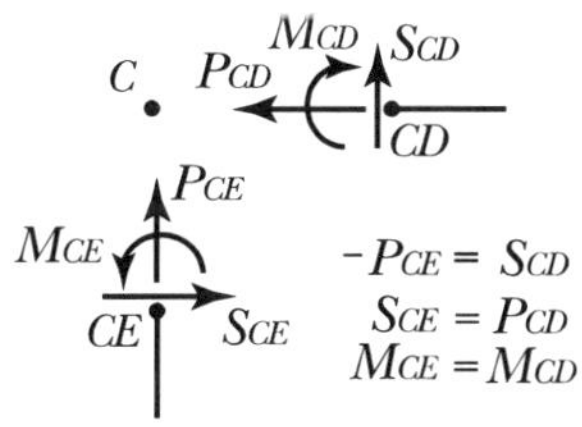

그림 7.3c C점 자유물체도

(3) **구간** CD $(0 \leq x_3 \leq l)$

$$(\underset{+}{\rightarrow})\sum H = 0 \qquad \therefore\ P_{x3} = 0$$

$$(+\downarrow)\sum V = 0, \quad S_{x3} + P\frac{h_1}{l} = 0 \qquad \therefore\ S_{x3} = -\frac{Ph_1}{l}$$

$$(\underset{+}{\curvearrowleft})\sum M_{X3} = 0, \quad M_{x3} + \frac{Ph_1}{l}x_3 - Ph_1 = 0$$

$$\therefore\ M_{x3} = Ph_1 - \frac{Ph_1}{l}x_3$$

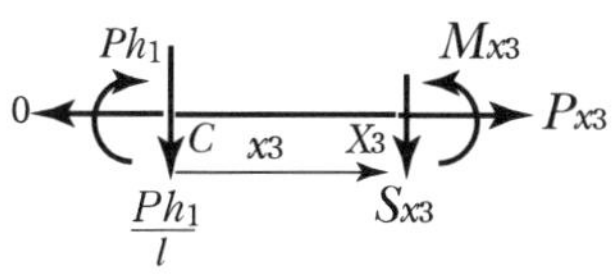

그림 7.3d 구간CD 자유물체도

$x_3 = l$ 일 때,

$$P_D = 0, \quad S_D = -\frac{Ph_1}{l}, \quad M_D = 0$$

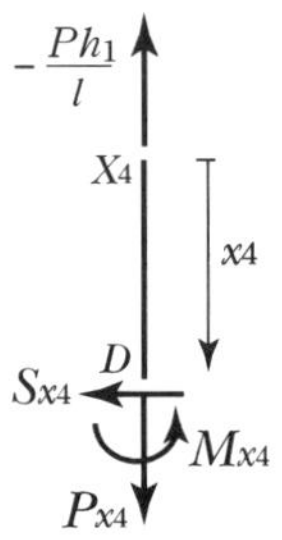

그림 7.3e 구간DB 자유물체도

(4) 구간 DB $(0 \leqq x_4 \leqq h)$

$$(+\downarrow)\sum V=0,\ P_{x4}-\left(-\frac{Ph_1}{l}\right)=0 \qquad \therefore\ P_{x4}=-\frac{Ph_1}{l}$$

$$(\overset{\leftarrow}{+})\sum H=0 \qquad \therefore\ S_{x4}=0$$

$$(\overset{\curvearrowleft}{+})\sum M_{X4}=0 \qquad \therefore\ M_{x4}=0$$

$x_4 = h$ 일 때,

$$P_{x4}=-\frac{Ph_1}{l},\quad S_{x4}=0,\quad M_{x4}=0$$

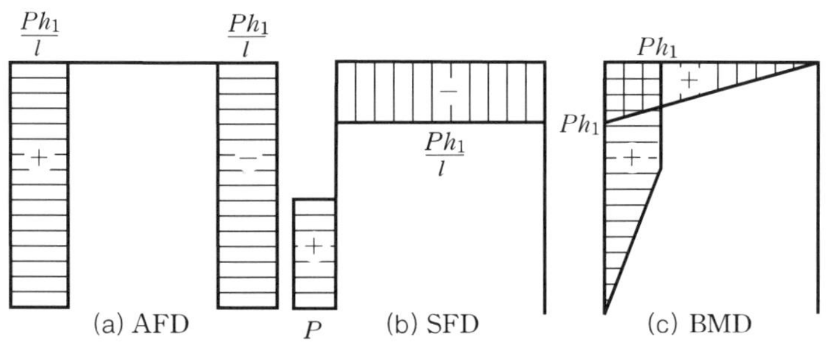

그림 7.3f 단면력도

예제 7.1 그림 7.4 단순보식 라멘의 단면력도를 그려라.

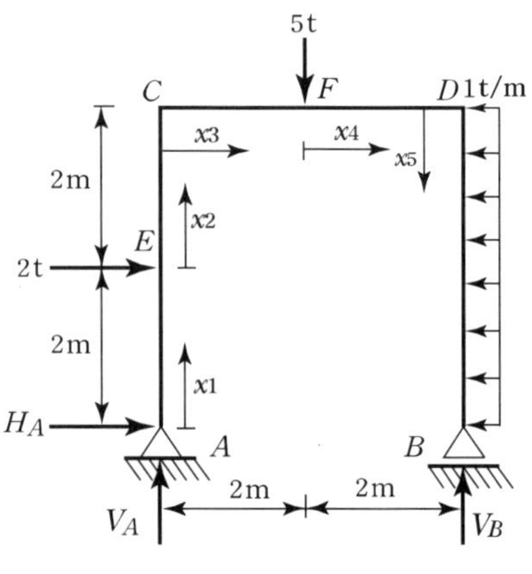

그림 7.4 예제 7.1

풀이

1) 지점반력

$$(\overset{\rightarrow}{+})\sum H=0,\ H_A+2-1\times4=0 \qquad \therefore\ H_A=2\text{t}$$

$$(\overset{\curvearrowright}{+})\sum M_B=0,\ V_A\times4+2\times2-5\times2-(1\times4)\times2=0$$

$$\therefore\ V_A=3.5\text{t}$$

$$(+\uparrow)\sum V=0,\ V_A+V_B-5=0 \qquad \therefore\ V_B=1.5\text{t}$$

2) 단면력

(1) 구간 AE $(0 \leq x_1 \leq 2)$

$(+\uparrow)\sum V = 0,\ P_{x1} + 3.5 = 0 \qquad \therefore\ P_{x1} = -3.5\text{t}$

$(\overset{\rightarrow}{+})\sum H = 0,\ S_{x1} + 2 = 0 \qquad \therefore\ S_{x1} = -2\text{t}$

$(\overset{\curvearrowleft}{+})\sum M_{X1} = 0,\ M_{x1} + 2x_1 = 0 \qquad \therefore\ M_{x1} = -2x_1$

윗 식에서 $x_1 = 2m$ 일 때,

$P_E = -3.5\text{t},\quad S_E = -2\text{t},\quad M_E = -4\text{t}\cdot\text{m}$

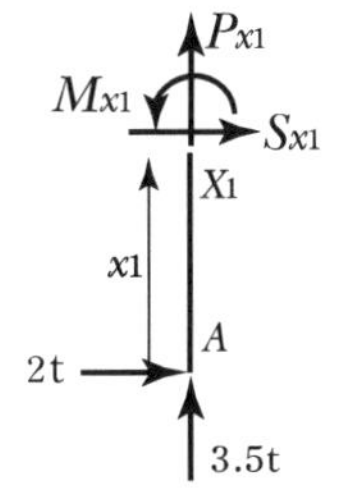

그림 7.4a 구간AE 자유물체도

(2) 구간 EC $(0 \leq x_2 \leq 2)$

$(+\uparrow)\sum V = 0,\ P_{x2} + 3.5 = 0 \qquad \therefore\ P_{x2} = -3.5\text{t}$

$(\overset{\rightarrow}{+})\sum H = 0,\ S_{x2} + 2 + 2 = 0 \qquad \therefore\ S_{x2} = -4\text{t}$

$(\overset{\curvearrowleft}{+})\sum M_{X2} = 0,\ M_{x2} + 2(2 + x_2) + 2x_2 = 0$

$\therefore\ M_{x2} = -4x_2 - 4$

윗 식에서 $x_2 = 2m$ 일 때,

$P_C = -3.5\text{t},\quad S_C = -4\text{t},\quad M_C = -12\text{t}\cdot\text{m}$

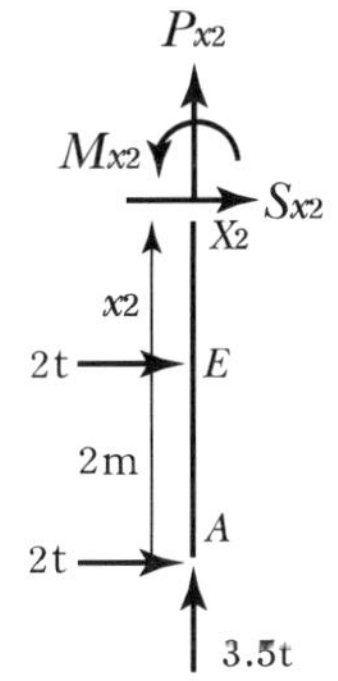

그림 7.4b 구간EC 자유물체도

(3) 구간 CF $(0 \leq x_3 \leq 2)$

$(\overset{\rightarrow}{+})\sum H = 0,\ P_{x3} - (-4) = 0 \qquad \therefore\ P_{x3} = -4\text{t}$

$(+\downarrow)\sum V = 0,\ S_{x3} + (-3.5) = 0 \qquad \therefore\ S_{x3} = 3.5\text{t}$

$(\overset{\curvearrowleft}{+})\sum M_{X3} = 0,\ M_{x3} - (-12) + (-3.5 \times x_3) = 0$

$\therefore\ M_{x3} = 3.5x_3 - 12$

$x_3 = 2m$ 일 때, $P_F = -4\text{t},\quad S_F = 3.5\text{t},\quad M_F = -5\text{t}\cdot\text{m}$

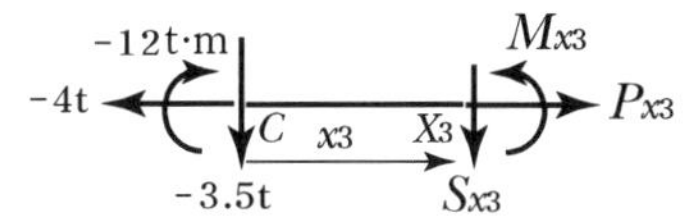

그림 7.4c 구간CF 자유물체도

(4) 구간 $FD(0 \leq x_4 \leq 2)$

$(\overset{\rightarrow}{+})\sum H = 0,\ P_{x4} - (-4) = 0 \qquad \therefore\ P_{x4} = -4\text{t}$

$(+\downarrow)\sum V = 0,\ S_{x4} + (-3.5) + 5 = 0 \qquad \therefore\ S_{x4} = -1.5\text{t}$

$(\overset{\curvearrowleft}{+})\sum M_{X4} = 0,\ M_{x4} - (-12) + \{-3.5(2 + x_4)\} + 5x_4 = 0$

$\therefore\ M_{x4} = -1.5x_4 - 5$

$x_4 = 2m$ 일 때, $P_D = -4\text{t},\ S_D = -1.5\text{t},\ M_D = -8\text{t}\cdot\text{m}$

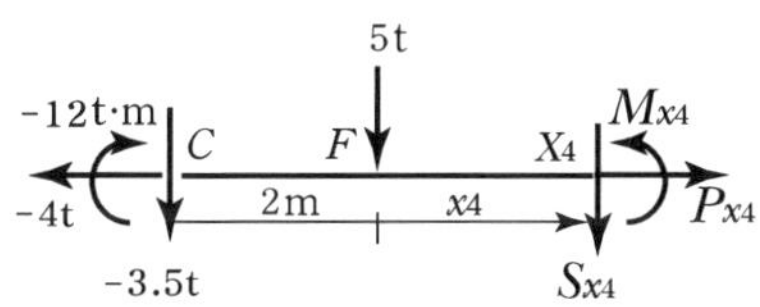

그림 7.4d 구간FD 자유물체도

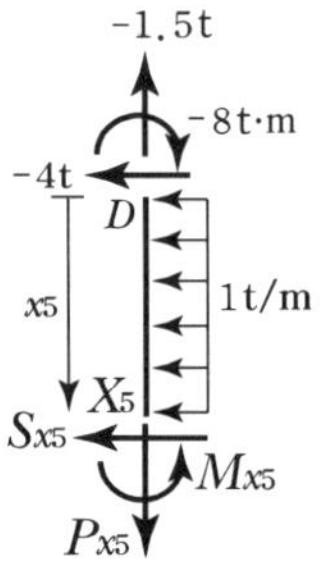

그림 7.4e 구간DB 자유물체도

(5) 구간 DB $(0 \leqq x_5 \leqq 4)$

$$(+\downarrow)\sum V=0,\ P_{x5}-(-1.5)=0 \qquad \therefore\ P_{x5}=-1.5\text{t}$$

$$(\overset{\leftarrow}{+})\sum H=0,\ S_{x5}+(-4)+(1\times x_5)=0 \qquad \therefore\ S_{x5}=4-x_5$$

$$(\overset{\curvearrowleft}{+})\sum M_{X5}=0,\ M_{x5}-(-8)+(-4\times x_5)+(1\times x_5\times\frac{x_5}{2})=0$$

$$\therefore\ M_{x5}=-8+4x_5-\frac{x_5^2}{2}$$

$x_5=4m$ 일 때, $P_B=-1.5\text{t},\ S_B=0,\ M_D=0$

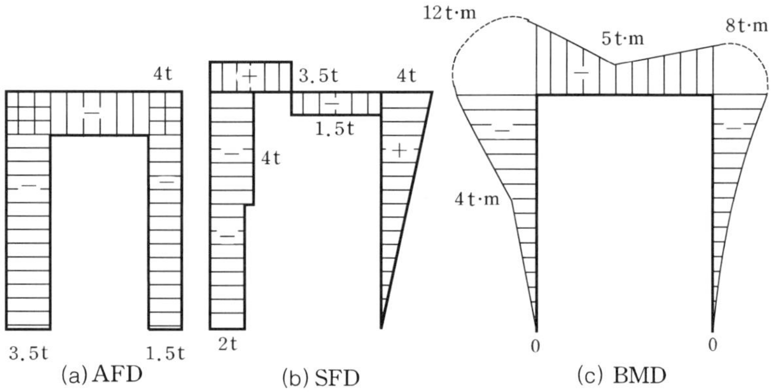

그림 7.4f 단면력도

7.1.2 캔틸레버식 라멘

그림 7.5와 같은 캔틸레버식 라멘의 단면력과 단면력도를 구해보자.

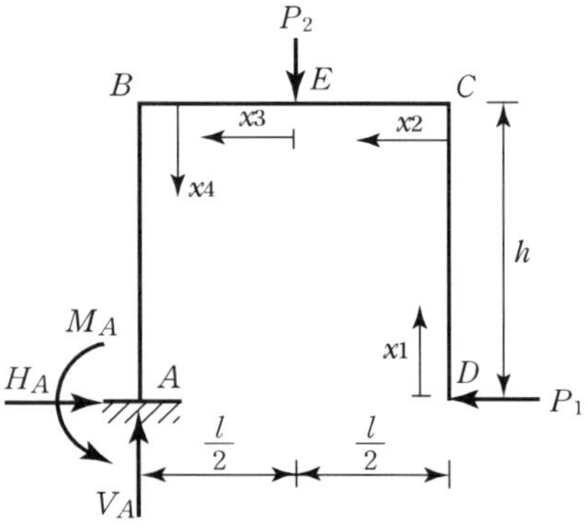

그림 7.5 캔틸레버식 라멘

1) 지점반력

$$(\overset{\rightarrow}{+})\sum H=0,\ H_A-P_1=0 \qquad \therefore\ H_A=P_1$$

$$(+\uparrow)\sum V=0,\ V_A-P_2=0 \qquad \therefore\ V_A=P_2$$

$$(\overset{\curvearrowleft}{+})\sum M_A=0,\ M_A-P_2\times\frac{l}{2}=0 \qquad \therefore\ M_A=\frac{P_2 l}{2}$$

2) 단면력

(1) 구간 DC $(0 \leqq x_1 \leqq h)$

$(+\uparrow)\sum V = 0 \qquad \therefore\ P_{x1} = 0$

$(\overset{\rightarrow}{+})\sum H = 0,\ S_{x1} - P_1 = 0 \qquad \therefore\ S_{x1} = P_1$

$(\overset{\curvearrowright}{+})\sum M_{X1} = 0,\ M_{x1} + P_1 x_1 = 0 \qquad \therefore\ M_{x1} = -P_1 x_1$

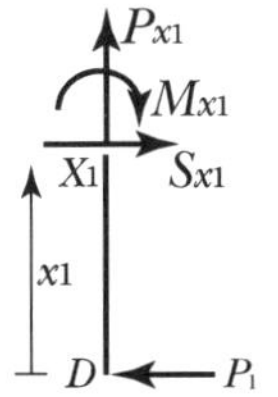

그림 7.5a 구간DC 자유물체도

윗 식에서 $x_1 = h$ 일 때,

$P_{x1} = P_C = 0, \quad S_{x1} = S_C = P_1, \quad M_{x1} = M_C = -P_1 h$

그림 7.5b는 C점의 자유물체도로 개념상의 좌측(CE)과 아래측(CD)에서의 단면력은 일치해야 한다는 것을 나타냄.

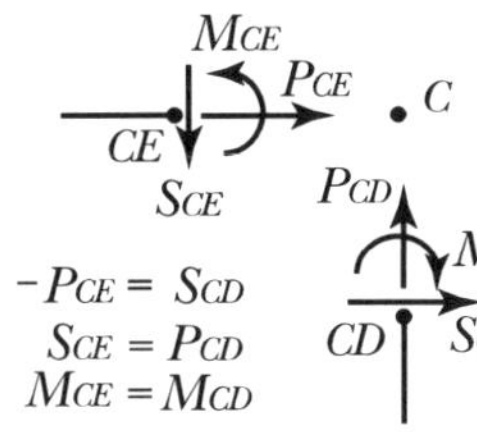

그림 7.5b C점 자유물체도

(2) 구간 CE $(0 \leqq x_2 \leqq \frac{l}{2})$

$(\overset{\leftarrow}{+})\sum H = 0,\ P_{x2} + P_1 = 0 \qquad \therefore\ P_{x2} = -P_1$

$(+\uparrow)\sum V = 0 \qquad \therefore\ S_{x2} = 0$

$(\overset{\curvearrowright}{+})\sum M_{X2} = 0,\ M_{x2} - (-P_1 h) = 0 \qquad \therefore\ M_{x2} = -P_1 h$

$x_2 = \frac{l}{2}$ 일 때, $P_E = P_1, \quad S_E = 0, \quad M_E = -P_1 h$

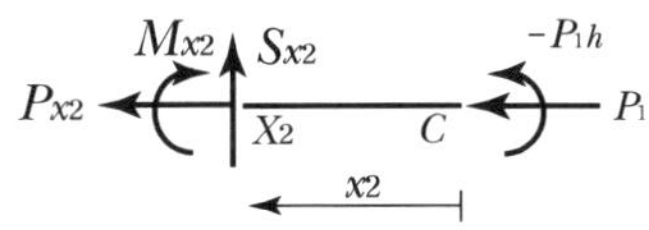

그림 7.5c 구간CE 자유물체도

(3) 구간 EB $(0 \leqq x_3 \leqq \frac{l}{2})$

$(\overset{\leftarrow}{+})\sum H = 0,\ P_{x3} + P_1 = 0 \qquad \therefore\ P_{x3} = -P_1$

$(+\uparrow)\sum V = 0,\ S_{x3} - P_2 = 0 \qquad \therefore\ S_{x3} = P_2$

$(\overset{\curvearrowright}{+})\sum M_{X3} = 0,\ M_{x3} + P_2 x_3 - (-P_1 h) = 0$

$\therefore\ M_{x3} = -P_2 x_3 - P_1 h$

$x_3 = \frac{l}{2}$ 일 때,

$P_B = -P_1, \quad S_B = P_2, \quad M_B = -P_2 \frac{l}{2} - P_1 h$

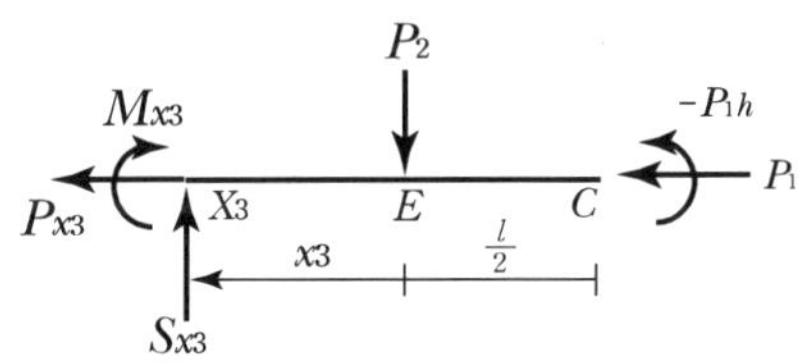

그림 7.5d 구간EB 자유물체도

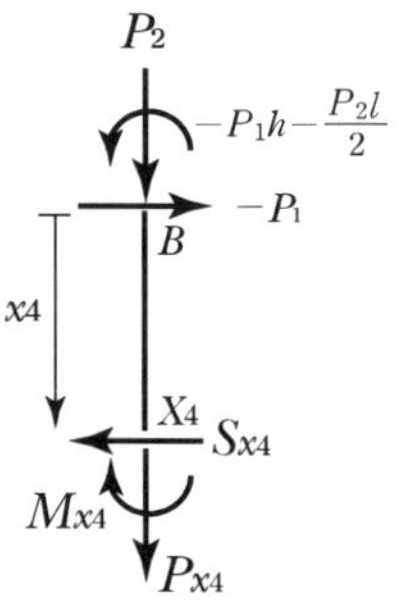

그림 7.5e 구간BA 자유물체도

(4) 구간 BA $(0 \leqq x_4 \leqq h)$

$(+\downarrow)\sum V=0,\ P_{x4}+P_2=0 \qquad \therefore\ P_{x4}=-P_2$

$(\overset{\leftarrow}{+})\sum H=0,\ S_{x4}-(-P_1)=0 \qquad \therefore\ S_{x4}=-P_1$

$(\overset{\curvearrowright}{+})\sum M_{X4}=0,\ M_{x4}+(-P_1x_4)-(-P_1h-P_2\frac{l}{2})=0$

$$\therefore\ M_{x4}=P_1x_4-P_1h-P_2\frac{l}{2}$$

$x_4=h$ 일 때, $P_A=-P_2,\ S_A=-P_1,\ M_A=-P_2\frac{l}{2}$

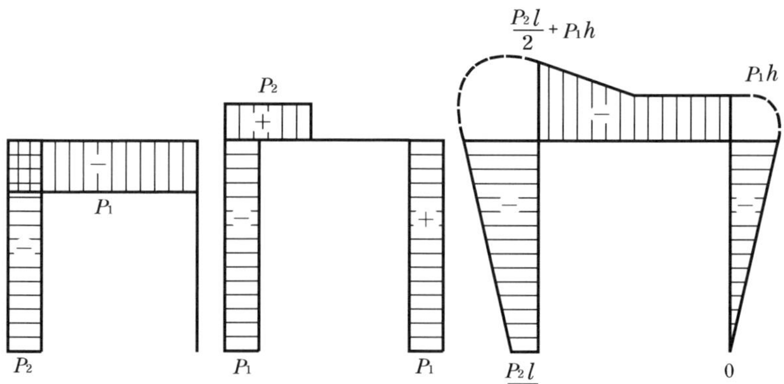

(a) AFD (b) SFD (c) BMD

그림 7.5f 단면력도

예제 7.2 그림 7.6 캔틸레버식 라멘의 단면력도를 그려라.

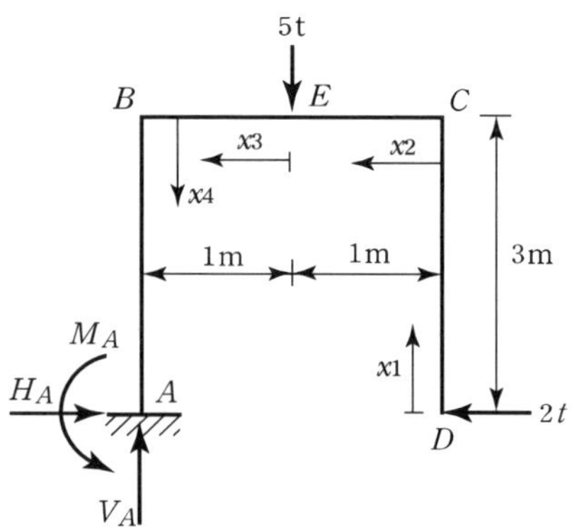

그림 7.6 예제 7.2

풀이

1) 지점반력

$(\overset{\rightarrow}{+})\sum H=0,\ H_A-2=0 \qquad \therefore H_A=2\text{t}$

$(+\uparrow)\sum V=0,\ V_A-5=0 \qquad \therefore V_A=5\text{t}$

$(\overset{\curvearrowleft}{+})\sum M_A=0,\ M_A-5\times 1=0 \qquad \therefore\ M_A=5\text{t}\cdot\text{m}$

2) 단면력

(1) 구간 DC $(0 \leqq x_1 \leqq 3)$

$(+\uparrow)\sum V=0 \qquad \therefore\ P_{x1}=0$

$(\overset{\rightarrow}{+})\sum H=0,\ S_{x1}-2=0 \qquad \therefore\ S_{x1}=2\text{t}$

$(\overset{\curvearrowright}{+})\sum M_{X1}=0,\ M_{x1}+2x_1=0$ $\qquad\therefore\ M_{x1}=-2x_1$

따라서, $P_C=0,\quad S_C=2\text{t},\quad M_C=-6\text{t}\cdot\text{m}$

(2) 구간 CE $(0\leqq x_2\leqq 1)$

$(\overset{\leftarrow}{+})\sum H=0,\ P_{x2}+2=0$ $\qquad\therefore\ P_{x2}=-2\text{t}$

$(+\uparrow)\sum V=0,$ $\qquad\therefore\ S_{x2}=0$

$(\overset{\curvearrowright}{+})\sum M_{X2}=0,\ M_{x2}-(-6)=0$ $\qquad\therefore\ M_{x2}=-6\text{t}\cdot\text{m}$

따라서, $P_E=-2\text{t},\quad S_E=0,\quad M_E=-6\text{t}\cdot\text{m}$

(3) 구간 EB $(0\leqq x_3\leqq 1)$

$(\overset{\leftarrow}{+})\sum H=0,\ P_{x3}+2=0$ $\qquad\therefore\ P_{x3}=-2\text{t}$

$(+\uparrow)\sum V=0,\ S_{x3}-5=0$ $\qquad\therefore\ S_{x3}=5\text{t}$

$(\overset{\curvearrowright}{+})\sum M_{X3}=0,\ M_{x3}+5x_3-(-6)=0$

$\qquad\therefore\ M_{x3}=-5x_3-6$

따라서, $P_B=-2\text{t},\ S_B=5\text{t},\ M_B=-5-6=-11\text{t}\cdot\text{m}$

(4) 구간 BA $(0\leqq x_4\leqq 3)$

$(+\downarrow)\sum V=0,\ P_{x4}+5=0$ $\qquad\therefore\ P_{x4}=-5\text{t}$

$(\overset{\leftarrow}{+})\sum H=0,\ S_{x4}-(-2)=0$ $\qquad\therefore\ S_{x4}=-2\text{t}$

$(\overset{\curvearrowright}{+})\sum M_{X4}=0,\ M_{x4}+(-2x_4)-(-11)=0$

$\qquad\therefore\ M_{x4}=2x_4-11$

따라서, $P_A=-5\text{t},\ S_A=-2\text{t},\ M_A=-5\text{t}\cdot\text{m}$

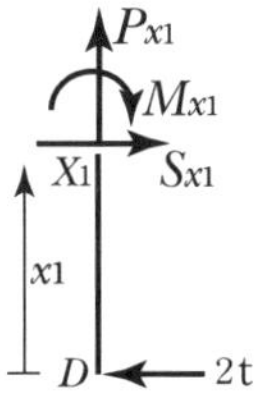

그림 7.6a 구간DC 자유물체도

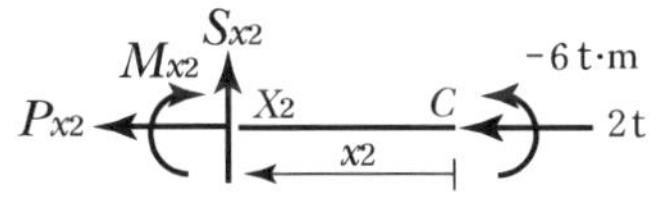

그림 7.6b 구간CE 자유물체도

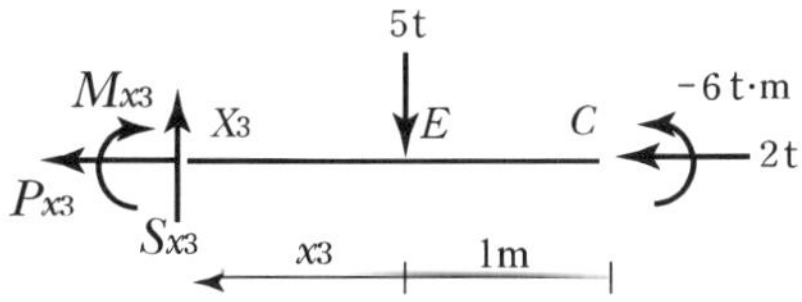

그림 7.6c 구간EB 자유물체도

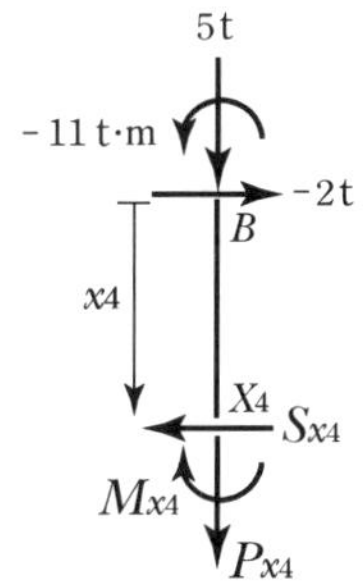

그림 7.6d 구간BA 자유물체도

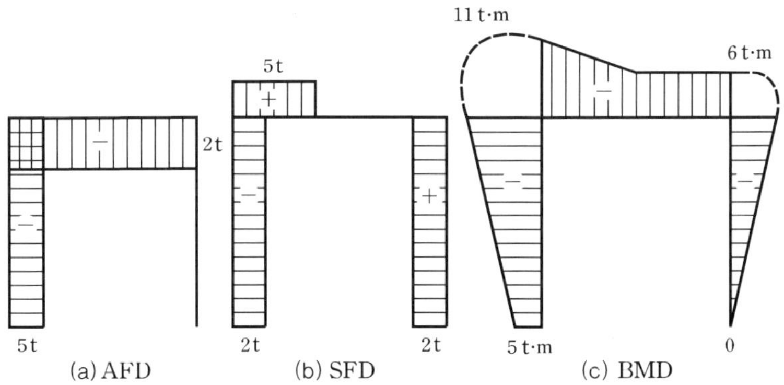

그림 7.6e 단면력도

7.1.3 3이동지점 라멘

3이동지점 라멘은 그림 7.7과 같이 지점 3개가 이동지점(롤러지점)으로 된 라멘으로 미지반력수가 3개이므로 정정구조이다.

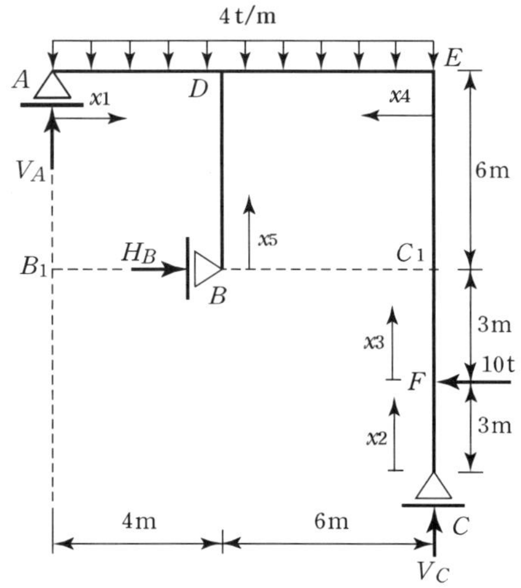

그림 7.7 3이동지점 라멘

1) 지점반력

반력 2개의 교점인 B_1점이나 C_1점에서 $\sum M = 0$를 이용하면 반력을 쉽게 구할 수 있다.

$$(\overset{\curvearrowleft}{+})\sum M_{B_1} = 0,\ V_C \times 10 - 4 \times 10 \times 5 - 10 \times 3 = 0 \qquad \therefore\ V_C = 23\,\text{t}$$

$$(+\uparrow)\sum V = 0,\ V_A + V_C - 4 \times 10 = 0 \qquad \therefore\ V_A = 17\,\text{t}$$

$$(\overset{\rightarrow}{+})\sum H = 0,\ H_B - 10 = 0 \qquad \therefore\ H_B = 10\,\text{t}$$

2) 단면력

(1) 구간 AD $(0 \leq x_1 \leq 4)$

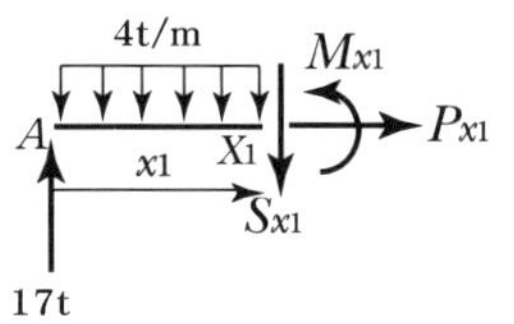

그림 7.7a 구간AD 자유물체도

$$(\overset{\rightarrow}{+})\sum H = 0 \qquad \therefore\ P_{x1} = 0$$

$$(+\downarrow)\sum V = 0,\ S_{x1} - 17 + 4x_1 = 0 \qquad \therefore\ S_{x1} = 17 - 4x_1$$

$$(\overset{\curvearrowleft}{+})\sum M_{X1} = 0,\ M_{x1} - 17x_1 + 4x_1\frac{x_1}{2} = 0 \qquad \therefore\ M_{x1} = 17x_1 - 2x_1^2$$

따라서, $P_D = 0\,\text{t},\ S_D = 1\,\text{t},\ M_D = 36\,\text{t·m}$

(2) 구간 CF $(0 \leq x_2 \leq 3)$

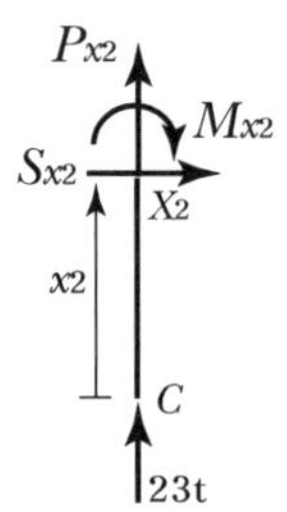

그림 7.7b 구간CF 자유물체도

$$(+\uparrow)\sum V = 0,\ P_{x2} + 23 = 0 \qquad \therefore\ P_{x2} = -23\,\text{t}$$

$$(\overset{\rightarrow}{+})\sum H = 0 \qquad \therefore\ S_{x2} = 0$$

$$(\overset{\curvearrowright}{+})\sum M_{X2} = 0 \qquad \therefore\ M_{x2} = 0$$

따라서, $P_F = -23\,\text{t},\ S_F = 0,\ M_F = 0$

(3) 구간 FE $(0 \leq x_3 \leq 9)$

$(+\uparrow)\sum V = 0,\ P_{x3} + 23 = 0 \qquad \therefore\ P_{x3} = -23\mathrm{t}$

$(\overset{\rightarrow}{+})\sum H = 0,\ S_{x3} - 10 = 0 \qquad \therefore\ S_{x3} = 10\mathrm{t}$

$(\overset{\curvearrowright}{+})\sum M_{X3} = 0,\ M_{x3} + 10x_3 = 0 \qquad \therefore\ M_{x3} = -10x_3$

따라서, $P_E = -23\mathrm{t},\ S_E = 10\mathrm{t},\ M_E = -90\mathrm{t\cdot m}$

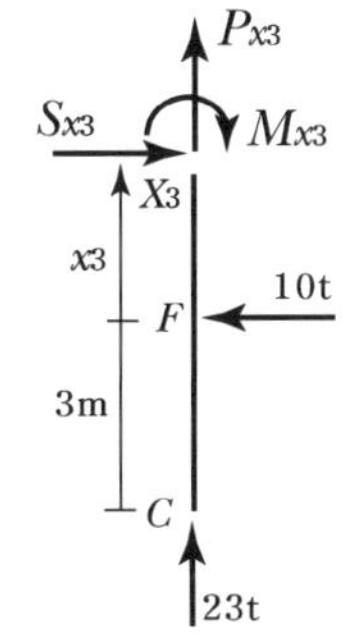

그림 7.7c 구간FE 자유물체도

(4) 구간 ED $(0 \leq x_4 \leq 6)$

$(\overset{\leftarrow}{+})\sum H = 0,\ P_{x4} + 10 = 0 \qquad \therefore\ P_{x4} = -10\mathrm{t}$

$(+\uparrow)\sum V = 0,\ S_{x4} - 4x_4 - (-23) = 0 \qquad \therefore\ S_{x4} = 4x_4 - 23$

$(\overset{\curvearrowright}{+})\sum M_{X4} = 0,\ M_{x4} + 4x_4\dfrac{x_4}{2} + (-23)x_4 - (-90) = 0$

$\therefore\ M_{x4} = -2x_4^2 + 23x_4 - 90$

따라서, $P_D = -10\mathrm{t},\ S_D = 1\mathrm{t},\ M_D = -24\mathrm{t\cdot m}$

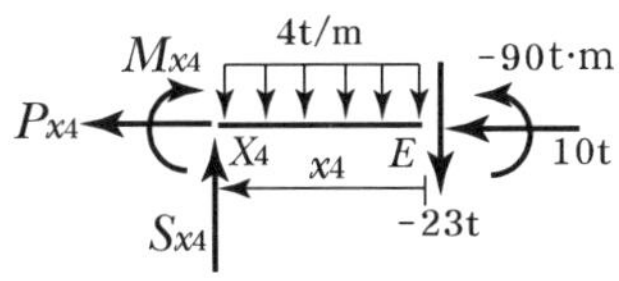

그림 7.7d 구간ED 자유물체도

(5) 구간 BD $(0 \leq x_5 \leq 6)$

$(+\uparrow)\sum V = 0 \qquad \therefore\ P_{x5} = 0$

$(\overset{\rightarrow}{+})\sum H = 0,\ S_{x5} + 10 = 0 \qquad \therefore\ S_{x5} = -10\mathrm{t}$

$(\overset{\curvearrowright}{+})\sum M_{X5} = 0,\ M_{x5} - 10x_5 = 0 \qquad \therefore\ M_{x5} = 10x_5$

따라서, $P_D = 0,\ S_D = -10\mathrm{t},\ M_D = 60\mathrm{t\cdot m}$

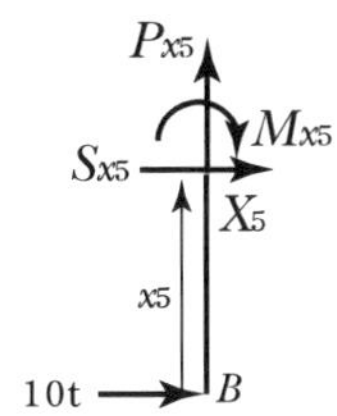

그림 7.7e 구간BD 자유물체도

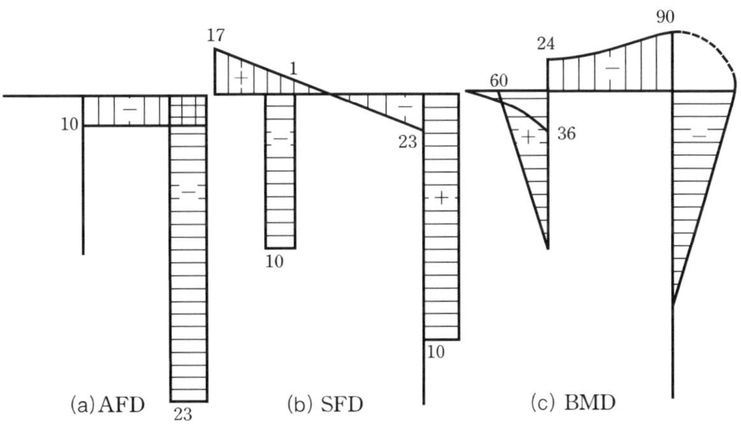

그림 7.7f 단면력도

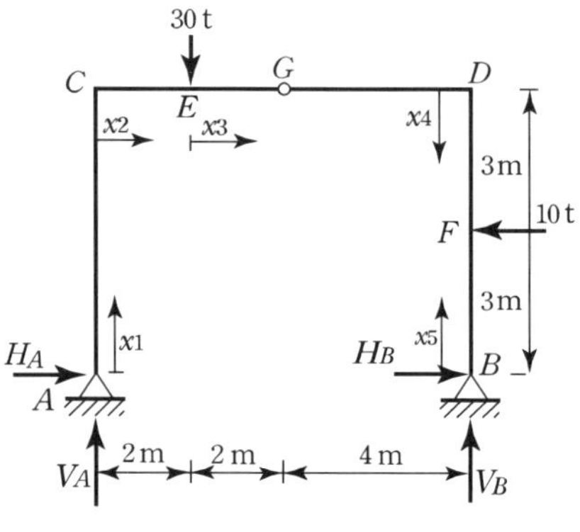

그림 7.8 3힌지식 라멘

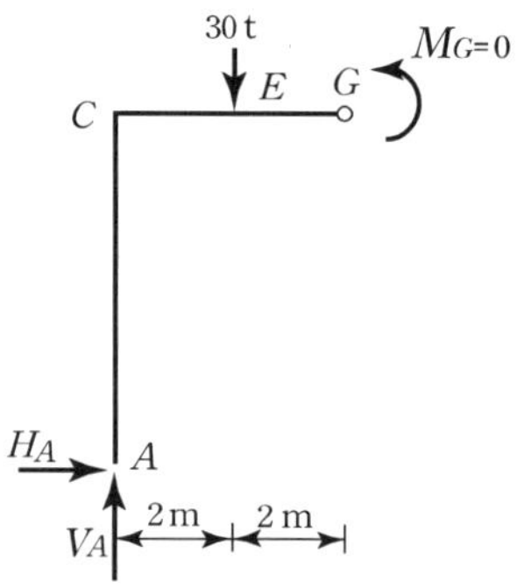

그림 7.8a AG 자유물체도

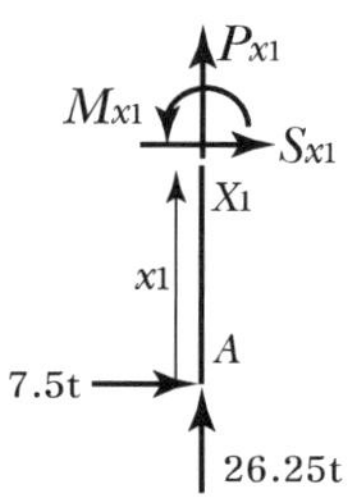

그림 7.8b 구간AC 자유물체도

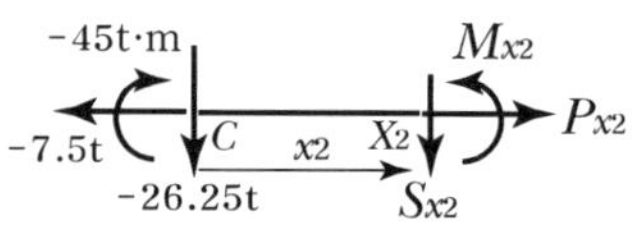

그림 7.8c 구간CE 자유물체도

7.1.4 3힌지식 라멘

그림 7.8은 힌지지점이 2개인 1차 부정정 라멘에 내부힌지를 도입하여 정정구조화한 라멘으로 게르버보와 해석방법이 같다.

1) 지점반력

전체자유물체도에서

$(\overset{\curvearrowright}{+})\sum M_B = 0,\ V_A \times 8 - 30 \times 6 - 10 \times 3 = 0 \ \therefore V_A = 26.25\,\text{t}$

$(+\uparrow)\sum V = 0,\ V_A + V_B - 30 = 0 \qquad \therefore V_B = 3.75\,\text{t}$

AG 자유물체도에서

$(\overset{\curvearrowright}{+})\sum M_G = 0, V_A \times 4 - H_A \times 6 - 30 \times 2 = 0 \ \therefore H_A = 7.5\,\text{t}$

$(\overset{\rightarrow}{+})\sum H = 0,\ H_A + H_B - 10 = 0 \qquad \therefore H_B = 2.5\,\text{t}$

2) 단면력

(1) 구간 AC $(0 \leq x_1 \leq 6)$

$(+\uparrow)\sum V = 0,\ P_{x1} + 26.25 = 0 \qquad \therefore P_{x1} = -26.25\,\text{t}$

$(\overset{\rightarrow}{+})\sum H = 0,\ S_{x1} + 7.5 = 0 \qquad \therefore S_{x1} = -7.5\,\text{t}$

$(\overset{\curvearrowleft}{+})\sum M_{X1} = 0,\ M_{x1} + 7.5x_1 = 0 \qquad \therefore M_{x1} = -7.5x_1$

$P_C = -26.25\,\text{t}, \quad S_C = -7.5\,\text{t}, \quad M_C = -45\,\text{t·m}$

(2) 구간 CE $(0 \leq x_2 \leq 2)$

$(\overset{\rightarrow}{+})\sum H = 0,\ P_{x2} - (-7.5) = 0 \qquad \therefore P_{x2} = -7.5\,\text{t}$

$(+\downarrow)\sum V = 0,\ S_{x2} + (-26.25) = 0 \qquad \therefore S_{x2} = 26.25\,\text{t}$

$(\overset{\curvearrowleft}{+})\sum M_{X2} = 0,\ M_{x2} - (-45) + (-26.25x_2) = 0$

$\therefore M_{x2} = 26.25x_2 - 45$

$P_E = -7.5\,\text{t}, \quad S_E = 26.25\,\text{t}, \quad M_E = 7.5\,\text{t·m}$

(3) 구간 ED ($0 \leqq x_3 \leqq 6$)

$(\overset{\rightarrow}{+})\sum H = 0,\ P_{x3} - (-7.5) = 0 \qquad \therefore\ P_{x3} = -7.5\,\text{t}$

$(+\downarrow)\sum V = 0,\ S_{x3} + (-26.25) + 30 = 0 \quad \therefore\ S_{x3} = -3.75\,\text{t}$

$(\overset{\curvearrowright}{+})\sum M_{X3} = 0,$

$M_{x3} - (-45) + \{-26.25 \times (2 + x_3)\} + 30x_3 = 0$

$\therefore\ M_{x3} = 7.5 - 3.75x_3$

$P_D = -7.5\,\text{t},\quad S_D = -3.75\,\text{t},\quad M_D = -15\,\text{t·m}$

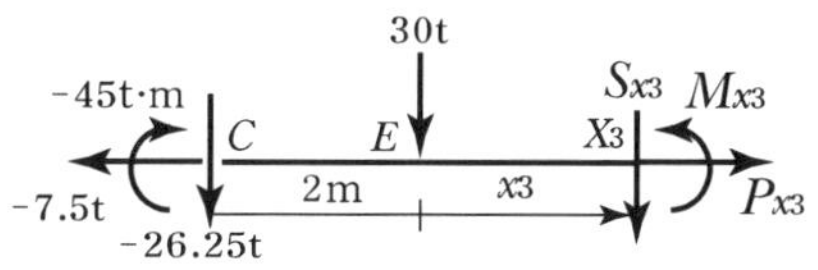

그림 7.8d 구간ED 자유물체도

(4) 구간 DF ($0 \leqq x_4 \leqq 3$)

$(+\downarrow)\sum V = 0,\ P_{x4} - (-3.75) = 0 \qquad \therefore\ P_{x4} = -3.75\,\text{t}$

$(\overset{\leftarrow}{+})\sum H = 0,\ S_{x4} + (-7.5) = 0 \qquad \therefore\ S_{x4} = 7.5\,\text{t}$

$(\overset{\curvearrowleft}{+})\sum M_{X4} = 0,\ M_{x4} - (-15) + (-7.5 \times x_4) = 0$

$\therefore\ M_{x4} = -15 + 7.5x_4$

$P_F = -3.75\,\text{t},\ S_F = 7.5\,\text{t},\ M_F = 7.5\,\text{t·m}$

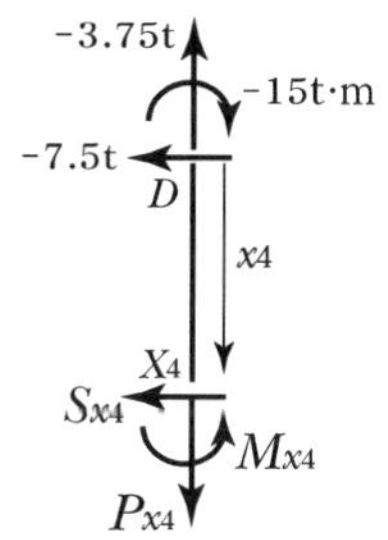

그림 7.8e 구간DF 자유물체도

(5) 구간 BF ($0 \leqq x_5 \leqq 3$)

$(+\uparrow)\sum V = 0,\ P_{x5} + 3.75 = 0 \qquad \therefore\ P_{x5} = -3.75\,\text{t}$

$(\overset{\rightarrow}{+})\sum H = 0,\ S_{x5} + 2.5 = 0 \qquad \therefore\ S_{x5} = -2.5\,\text{t}$

$(\overset{\curvearrowright}{+})\sum M_{X5} = 0,\ M_{x5} - 2.5x_5 = 0 \qquad \therefore\ M_{x5} = 2.5x_5$

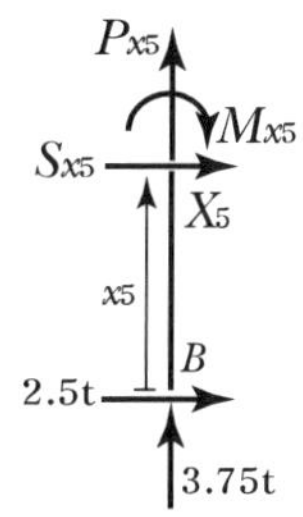

그림 7.8f 구간BF 자유물체도

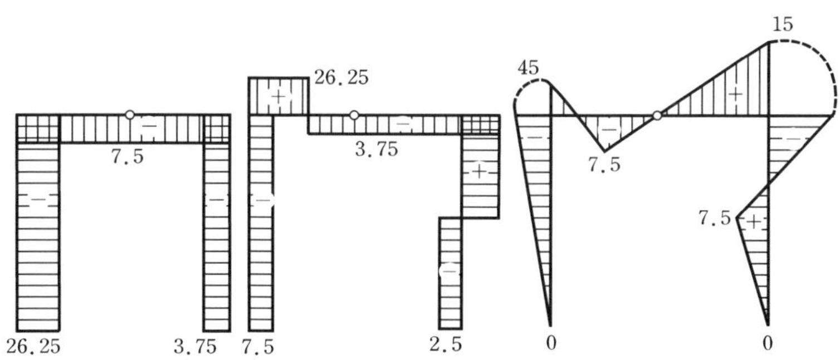

(a) AFD (b) SFD (c) BMD

그림 7.8g 단면력도

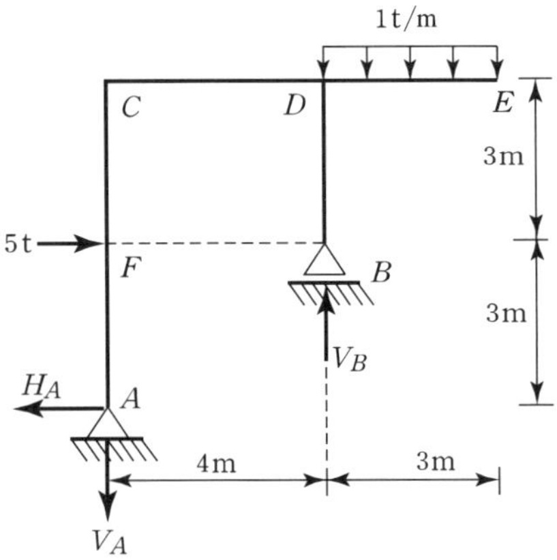

그림 7.9 연습문제 1

연습문제

1. 그림 7.9 단순보형 라멘의 단면력도를 그려라.

답 : $H_A = 5\,\text{t}$, $V_A = 4.875\,\text{t}$, $V_B = 7.875\,\text{t}$

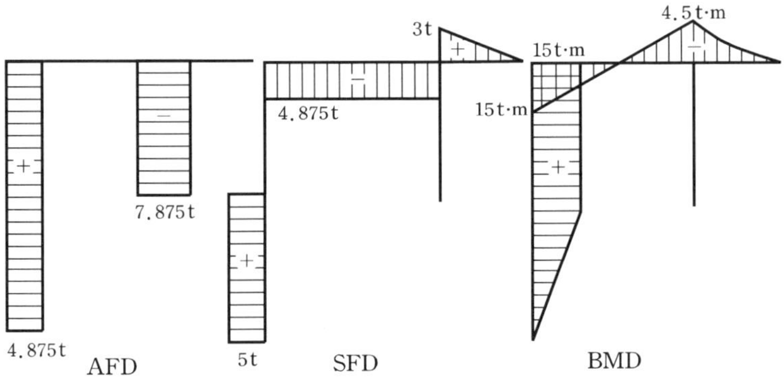

2. 그림 7.10 캔틸레버 라멘의 단면력도를 구하여라.

답 : $V_E = 8\,\text{t}$, $M_E = 20\,\text{t}\cdot\text{m}(\curvearrowright)$

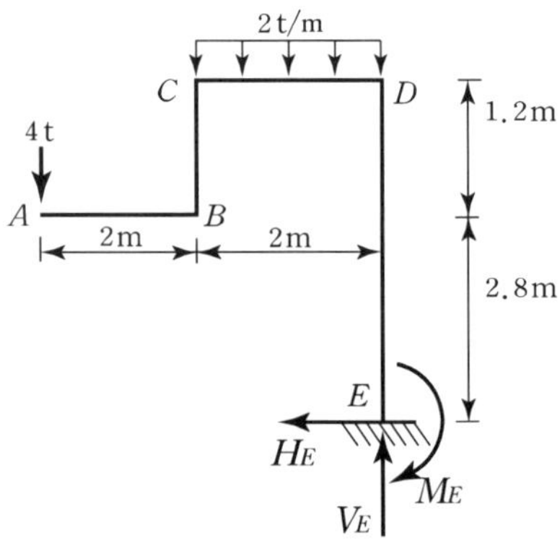

그림 7.10 연습문제 2

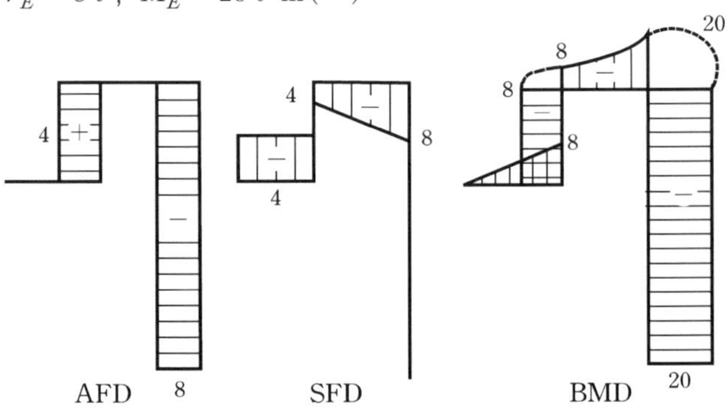

3. 그림 7.11 3이동지점 라멘의 단면력도를 그려라.

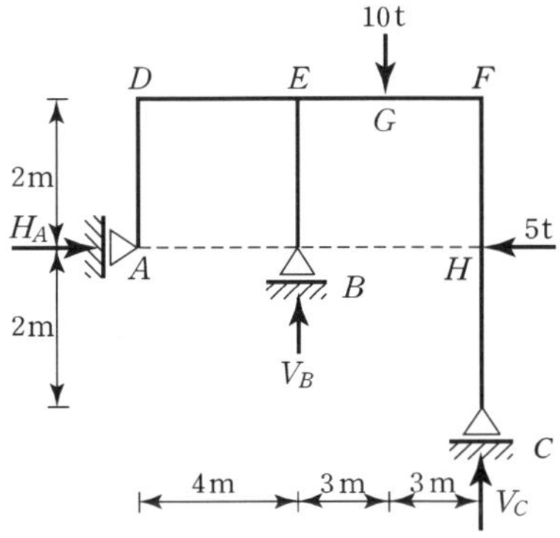

그림 7.11 연습문제 3

답 : $V_B = 5\,\text{t}$, $H_A = 5\,\text{t}$, $V_C = 5\,\text{t}$

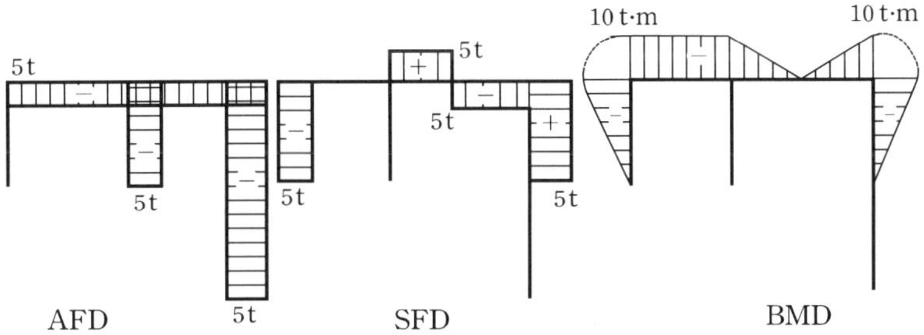

4. 그림 7.12 3힌지 라멘에서 단면력도를 그려라.

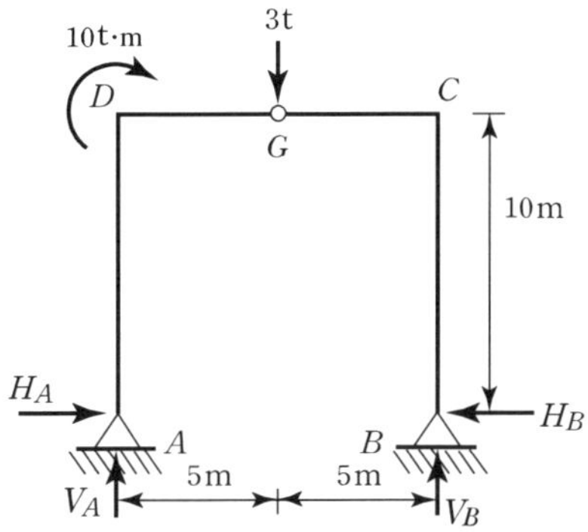

그림 7.12 연습문제 4

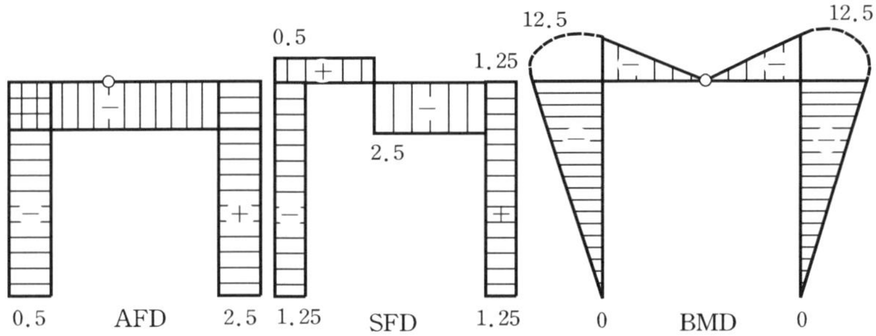

답 : $V_A = 0.5\,\text{t}$, $V_B = 2.5\,\text{t}$, $H_A = H_B = 1.25\,\text{t}$

7.2 정정아치

아치(arch)는 부재를 포물선, 원호 등의 곡선형상을 갖는 구조로 아치 축선을 따라 작용하는 축방향 압축력으로 외력에 저항하는 구조물이다. 보와 라멘이 주로 휨모멘트에 의해 외력에 저항하는 반면 아치는 주로 축력으로 외력에 저항한다. 정정아치의 종류는 그림 7.13과 같다.

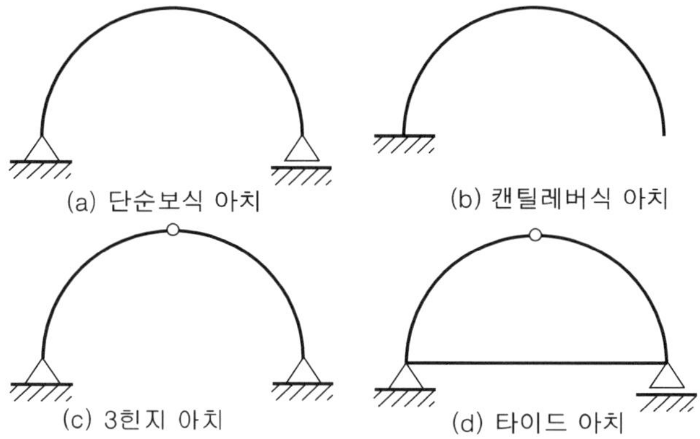

그림 7.13 정정아치

7.2.1 단순보식 아치

그림 7.14와 같은 아치의 기하형상이 원곡선인 단순보식 아치의 단면력을 구하면 다음과 같다.

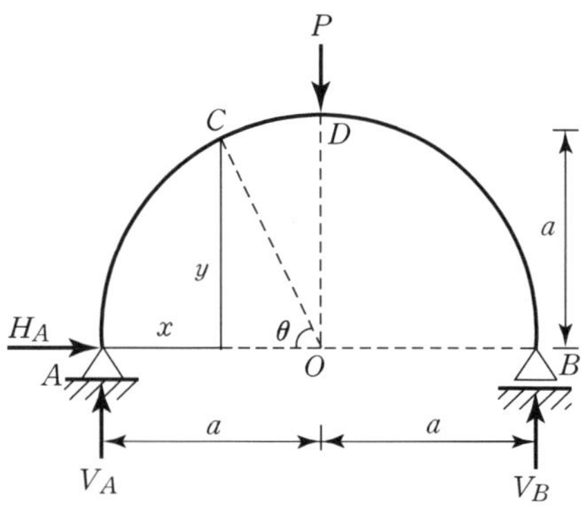

그림 7.14 단순보식 아치

1) 지점반력

$(\underset{+}{\rightarrow})\sum H = 0 \qquad \therefore H_A = 0$

$(\underset{+}{\curvearrowright})\sum M_B = 0,\ V_A \times 2a - Pa = 0 \qquad \therefore V_A = \dfrac{P}{2}$

$(+\uparrow)\sum V = 0,\ V_A + V_B - P = 0 \qquad \therefore V_B = \dfrac{P}{2}$

2) 단면력

(1) 구간 AD ($0 \leq \theta_1 \leq 90°$)

$$(+\nearrow)\sum F_{\nearrow} = 0,\ P_{\theta 1} + H_A \sin\theta_1 + V_A \cos\theta_1 = 0$$

$$\therefore\ P_{\theta 1} = -H_A \sin\theta_1 - V_A \cos\theta_1 = -\frac{P}{2}\cos\theta_1$$

$$(\underset{+}{\searrow})\sum F_{\searrow} = 0,\ S_{\theta 1} + H_A \cos\theta_1 - V_A \sin\theta_1 = 0$$

$$\therefore\ S_{\theta 1} = -H_A \cos\theta_1 + V_A \sin\theta_1 = \frac{P}{2}\sin\theta_1$$

$$(\underset{+}{\curvearrowleft})\sum M_{\theta 1} = 0,\ M_{\theta 1} + H_A \times y - V_A \times x = 0$$

$$\therefore\ M_{\theta 1} = -H_A \times y + V_A \times x = \frac{P}{2}(a - a\cos\theta_1)$$

$$= \frac{Pa}{2}(1 - \cos\theta_1)$$

여기서, $y = a\sin\theta,\quad x = a - a\cos\theta$

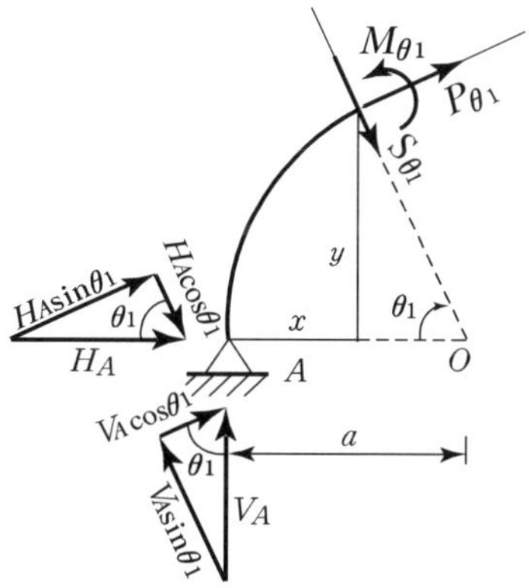

그림 7.14a 구간AD 자유물체도

윗 식에서 $\theta_1 = 0°$ 일 때,

$$P_A = -\frac{P}{2},\quad S_A = 0,\quad M_A = 0$$

$\theta_1 = 45°$ 일 때,

$$P_{\theta_1 = 45°} = -\frac{P}{2\sqrt{2}}$$

$$S_{\theta_1 = 45°} = \frac{P}{2\sqrt{2}}$$

$$M_{\theta_1 = 45°} = \frac{Pa}{2}\left(1 - \frac{1}{\sqrt{2}}\right)$$

$\theta_1 = 90°$ 일 때,

$$P_D = 0,\quad S_D = \frac{P}{2},\quad M_D = \frac{Pa}{2}$$

(2) 구간 BD ($0 \leq \theta_2 \leq 90°$)

$$(+\nwarrow)\sum F_{\nwarrow} = 0,\ P_{\theta 2} + V_B \cos\theta_2 = 0$$

$$\therefore\ P_{\theta 2} = -V_B \cos\theta_2 = -\frac{P}{2}\cos\theta_2$$

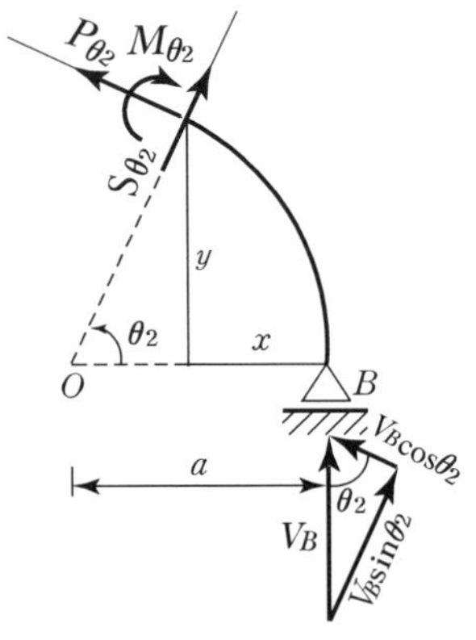

그림 7.14b 구간BD 자유물체도

$$(\nearrow +)\sum F_{\nearrow} = 0,\ S_{\theta 2} + V_B\sin\theta_2 = 0$$

$$\therefore\ S_{\theta 2} = -V_B\sin\theta_2 = -\frac{P}{2}\sin\theta_2$$

$$(\curvearrowright +)\sum M_{\theta 2} = 0,\ M_{\theta 2} - V_B \times x = 0$$

$$\therefore M_{\theta 2} = V_B \times x = \frac{P}{2}(a - a\cos\theta_2)$$

$$= \frac{Pa}{2}(1-\cos\theta_2)$$

윗 식에서 $\theta_2 = 0°$ 일 때,

$$P_B = -\frac{P}{2},\quad S_B = 0,\quad M_B = 0$$

$\theta_2 = 45°$ 일 때,

$$P_{\theta_2 = 45°} = -\frac{P}{2\sqrt{2}}$$

$$S_{\theta_2 = 45°} = -\frac{P}{2\sqrt{2}}$$

$$M_{\theta_2 = 45°} = \frac{Pa}{2}\left(1 - \frac{1}{\sqrt{2}}\right)$$

$\theta_2 = 90°$ 일 때,

$$P_D = 0,\quad S_D = -\frac{P}{2},\quad M_D = \frac{Pa}{2}$$

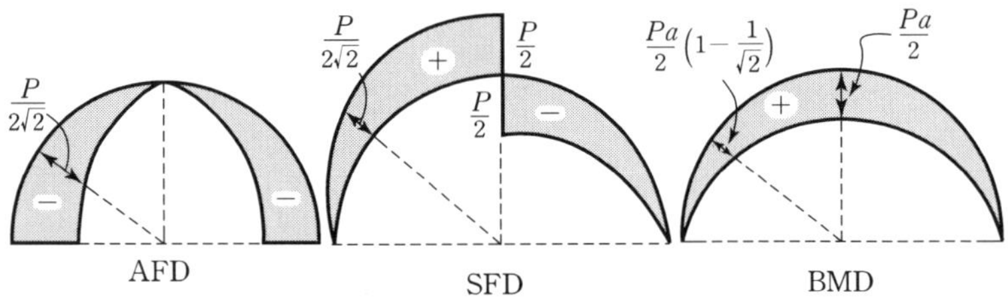

그림 7.14c 단면력도

예제 7.3 그림 7.15와 같은 아치의 점 C의 단면력을 구하여라.

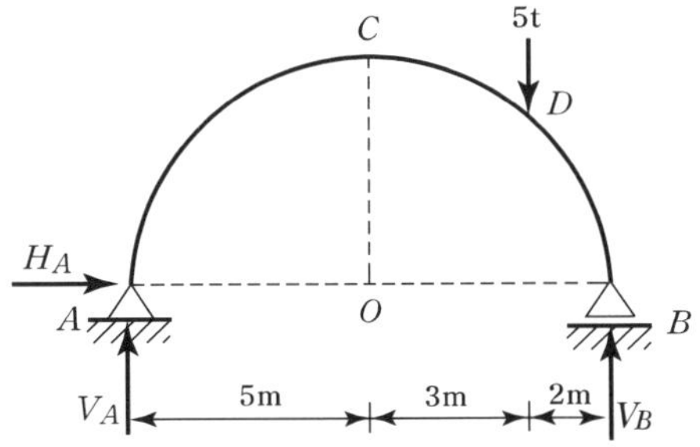

그림 7.15 예제 7.3

풀이

1) 지점반력

$(\overset{\rightarrow}{+})\sum H=0$ $\quad\therefore H_A=0$

$(\overset{\curvearrowright}{+})\sum M_B=0,\ V_A\times 10-5\times 2=0$ $\quad\therefore V_A=1\mathrm{t}$

$(+\uparrow)\sum V=0,\ V_A+V_B-5=0$ $\quad\therefore V_B=4\mathrm{t}$

2) 단면력

$(\overset{\rightarrow}{+})\sum H=0,\ P_C=0$

$(+\downarrow)\sum V=0,\ S_C-1=0,\ S_C=1\mathrm{t}$

$(\overset{\curvearrowleft}{+})\sum M_C=0,\ M_C-1\times 5=0,\ M_C=5\mathrm{t\cdot m}$

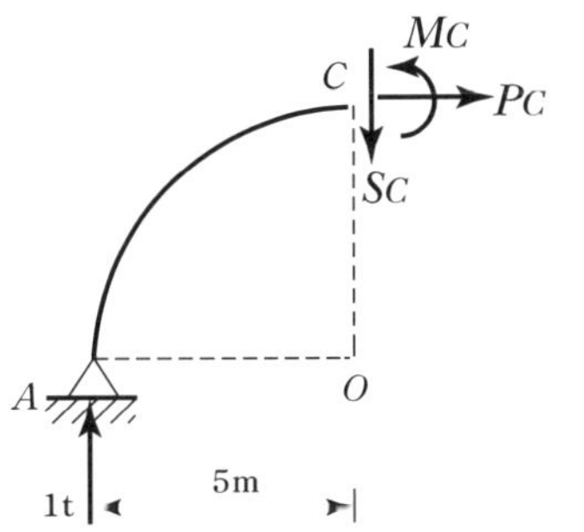

그림 7.15a AC자유물체도

7.2.2 캔틸레버식 아치

그림 7.16의 켄틸레버식 아치의 단면력을 구해보자.

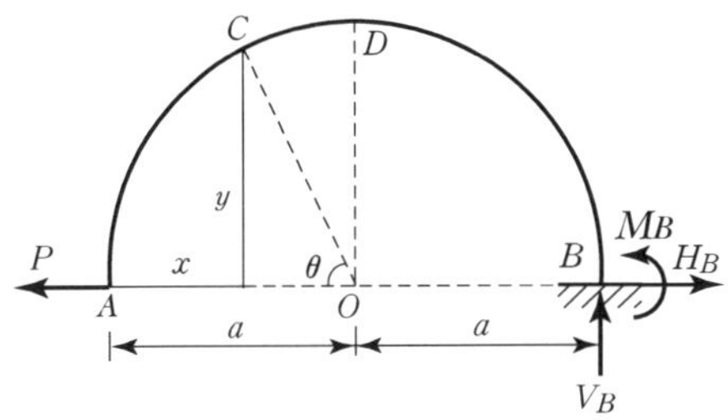

그림 7.16 캔틸레버식 아치

1) 지점반력

$(\overset{\rightarrow}{+})\sum H=0$ $\quad\therefore H_B=P$

$(\overset{\curvearrowleft}{+})\sum M_B=0$ $\quad\therefore M_B=0$

$(+\uparrow)\sum V=0$ $\quad\therefore V_B=0$

2) 단면력

구간 AB $(0\leq\theta\leq 180°)$

$(+\nearrow)\sum F_{\nearrow}=0,\ P_\theta-P\sin\theta=0$ $\quad\therefore P_\theta=P\sin\theta$

$(\overset{\searrow}{+})\sum F_{\searrow}=0,\ S_\theta-P\cos\theta=0$ $\quad\therefore S_\theta=P\cos\theta$

$(\overset{\curvearrowleft}{+})\sum M_\theta=0,\ M_\theta-P\cdot y=0\ \therefore M_\theta=P\times y=P\,a\sin\theta$

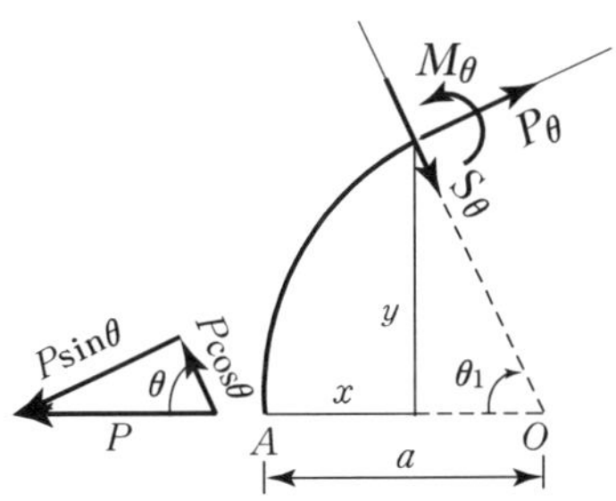

그림 7.16a 구간AB 자유물체도

윗 식에서 $\theta = 0°$ 일 때,

$$P_A = 0, \quad S_A = P, \quad M_A = 0$$

$\theta = 45°$ 일 때,

$$P_{\theta = 45°} = \frac{P}{\sqrt{2}}, \quad S_{\theta = 45°} = \frac{P}{\sqrt{2}}, \quad M_{\theta = 45°} = \frac{Pa}{\sqrt{2}}$$

$\theta = 90°$ 일 때,

$$P_D = P, \quad S_D = 0, \quad M_D = Pa$$

$\theta = 180°$ 일 때,

$$P_B = 0, \quad S_B = -P, \quad M_B = 0$$

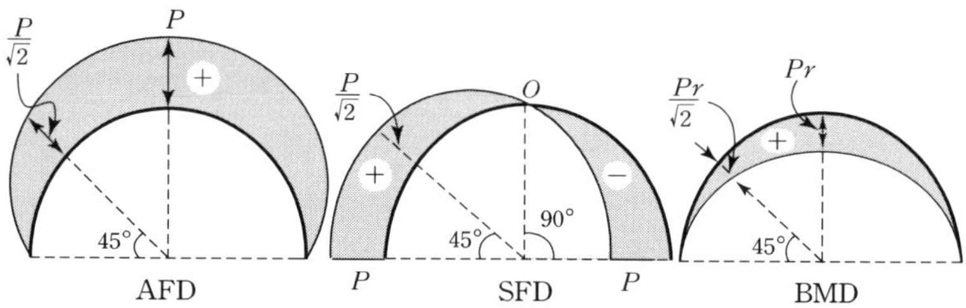

그림 7.16b 단면력도

7.2.3 3힌지 아치

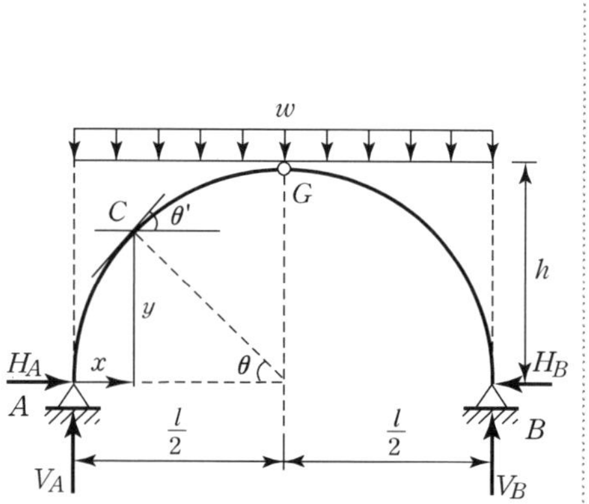

그림 7.17 3힌지 아치

그림 7.17은 힌지지점이 2개인 1차 부정정 아치에 내부힌지를 도입하여 정정구조화한 아치로 게르버보, 3힌지 라멘과 해석방법이 같다. 아치의 형상이 포물선 아치로 원형 아치의 단면력과 차이점을 비교해 보자. 그림 7.17의 포물선 아치는 2차 방정식이므로 일반식에 경계조건을 이용하여 상수 값을 결정한다.

$$y = ax^2 + bx + c$$

$$x = 0, \quad y = 0 \quad \therefore c = 0$$

$$x = l, \quad y = 0, \quad 0 = al^2 + bl \quad \therefore b = -al$$

$$x = \frac{l}{2}, \ y = h, \ h = \frac{al^2}{4} + (-al)\frac{l}{2} = -\frac{al^2}{4} \quad \therefore a = -\frac{4h}{l^2}$$

$$\therefore y = -\frac{4h}{l^2}x^2 + \frac{4h}{l}x = \frac{4h}{l^2}x(l-x) \tag{7.1}$$

또한 θ'는 포물선 접선의 기울기이므로

$$\tan\theta' = \tan(90-\theta) = \cot\theta = \frac{dy}{dx} \tag{7.2}$$

$$= -\frac{4h}{l^2}2x + \frac{4h}{l} = \frac{8h}{l^2}\left(\frac{l}{2} - x\right)$$

1) 지점반력

전체 자유물체도에서

$$(\curvearrowright +)\sum M_B = 0,\ V_A \times l - wl \times \frac{l}{2} = 0$$

$$\therefore V_A = \frac{wl}{2}$$

$$(+\uparrow)\sum V = 0,\ V_A + V_B - wl = 0$$

$$\therefore V_B = \frac{wl}{2}$$

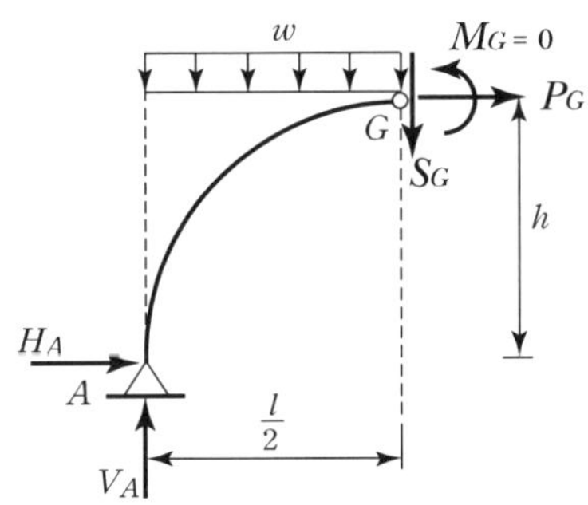

그림 7.17a AG 자유물체도

AG 자유물체도에서

$$(\curvearrowleft +)\sum M_G = 0,\quad H_A \times h + w\frac{l}{2} \times \frac{l}{4} - V_A \times \frac{l}{2} = 0$$

$$\therefore H_A = H_B = \frac{wl^2}{8h}$$

2) 단면력

$$(\searrow +)\sum F_{\searrow} = 0$$

$$S_\theta + H_A\cos\theta - V_A\sin\theta + wx\sin\theta = 0$$

$$\therefore\ S_\theta = -H_A\cos\theta + V_A\sin\theta - wx\sin\theta$$

$$= -\frac{wl^2}{8h}\cos\theta + \left(\frac{wl}{2} - wx\right)\sin\theta$$

$$= w\left\{-\frac{l^2}{8h}\cot\theta + \left(\frac{l}{2} - x\right)\right\}\sin\theta$$

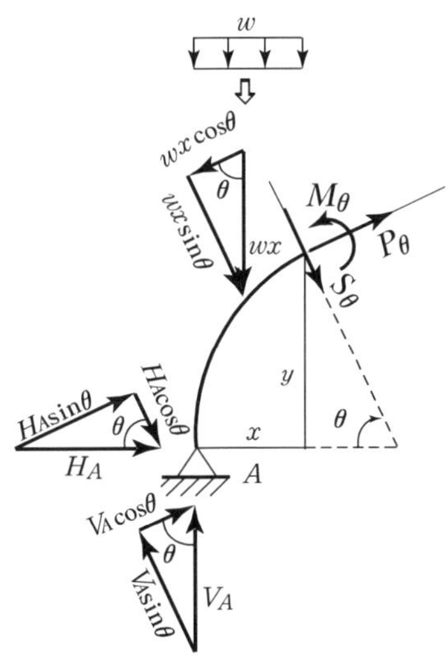

그림 7.17b 부재 자유물체도

식 (7.2)를 대입하면, $\therefore\ S_\theta = 0$

$$(\overset{\curvearrowleft}{+})\sum M_{\theta 1} = 0,\ M_\theta + H_A \times y - V_A \times x + wx \times \frac{x}{2} = 0$$

$$\therefore\ M_\theta = -H_A \times y + V_A \times x - \frac{wx^2}{2}$$

$$= -\frac{wl^2}{8h}y + \frac{wl}{2}x - \frac{w}{2}x^2$$

$$= -w\left\{\frac{l^2 y}{8h} - \frac{x}{2}(l-x)\right\}$$

식 (7.1)을 대입하면, $\therefore\ M_\theta = 0,\ (+\nearrow)\sum F_\nearrow = 0$

$$P_\theta + H_A \sin\theta + V_A \cos\theta - wx\cos\theta = 0$$

$$\therefore\ P_\theta = -H_A \sin\theta - V_A \cos\theta + wx\cos\theta$$

$$= -\frac{wl^2}{8h}\sin\theta - \left(\frac{wl}{2} - wx\right)\cos\theta$$

$$= -\frac{wl^2}{8h}\left\{\sin\theta + \frac{8h}{l^2}\left(\frac{l}{2} - x\right)\cos\theta\right\}$$

식 (7.2)를 대입하면

$$\therefore\ P_\theta = -\frac{wl^2}{8h}(\sin\theta + \cos\theta\cot\theta)$$

$$= -\frac{wl^2}{8h}\operatorname{cosec}\theta = -\frac{wl^2}{8h}\sec\theta'$$

$\sin\theta + \cos\theta\cot\theta$

$= \frac{1}{\sin\theta}(\sin^2\theta + \cos^2\theta)$

$= \operatorname{cosec}\theta$

따라서, 포물선 아치에 분포하중이 작용할 때는 축력만 발생됨을 알 수 있다.

예제 7.4 다음과 같은 3힌지 아치에서 반력과 C점의 단면력을 구하여라.

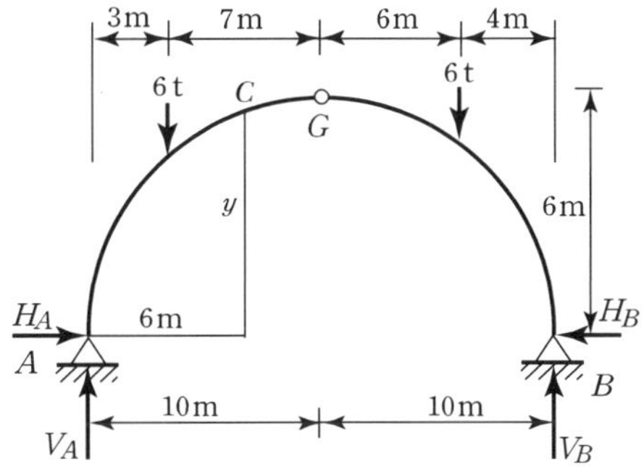

그림 7.18 예제 7.4

풀이

1) 지점반력

전체 자유물체도에서

$(\overset{\curvearrowright}{+})\sum M_B = 0,\ V_A \times 20 - 6\times 17 - 6\times 4 = 0$

$\therefore\ V_A = 6.3\mathrm{t}$

$(+\uparrow)\sum V = 0,\ V_A + V_B - 6 - 6 = 0$

$\therefore\ V_B = 5.7\mathrm{t}$

AG 자유물체도에서

$(\overset{\curvearrowleft}{+})\sum M_G = 0,\ H_A \times 6 + 6\times 7 - 6.3\times 10 = 0$

$\therefore\ H_A = H_B = 3.5\mathrm{t}$

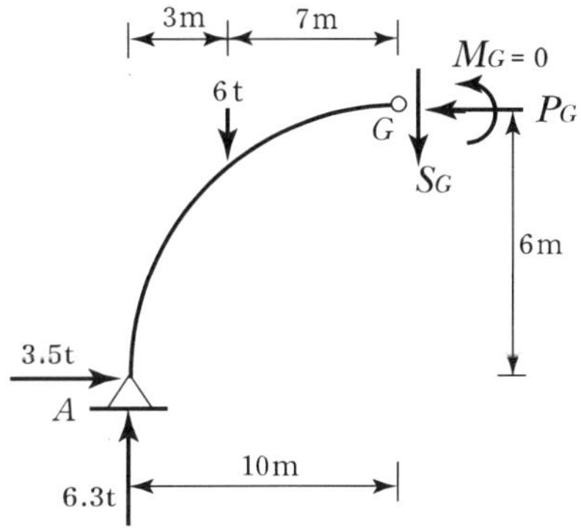

그림 7.18a AG 자유물체도

2) C점 단면력[구간 AC]

경계조건을 이용하여 포물선 아치를 구하면

$y = ax^2 + bx + c$

$x = 0,\ y = 0 \quad \therefore c = 0$

$x = 20,\ y = 0,\ 0 = a\times 20^2 + b\times 20 \quad \therefore b = -20a$

$x = 10,\ y = 6,\ 6 = a\times 10^2 + (-20a)\times 10 = -100a$

$\therefore a = -0.06 \quad \therefore b = 1.2$

$\therefore y = -0.06x^2 + 1.2x$

$\tan\theta' = \dfrac{dy}{dx} = -0.12x + 1.2 = -0.12\times 6 + 1.2 = 0.48$

$\therefore \theta' = 25.64°,\ \theta = 90 - 25.64 = 64.36°$

$(+\nearrow)\sum F_{\nearrow} = 0,\ P_C + H_A\sin\theta + V_A\cos\theta - 6\cos\theta = 0$

$\therefore\ P_C = -3.5\sin\theta - 6.3\cos\theta + 6\cos\theta = -3.29\mathrm{t}$

$(\overset{\searrow}{+})\sum F_{\searrow} = 0,\ S_C + H_A\cos\theta - V_A\sin\theta + 6\sin\theta = 0$

$\therefore\ S_C = -3.5\cos\theta + 6.3\sin\theta - 6\sin\theta = -1.24\mathrm{t}$

$(\overset{\curvearrowleft}{+})\sum M_C = 0,\ M_C + 3.5\times 5.04 - 6.3\times 6 + 6\times 3 = 0$

$\therefore\ M_C = 2.16\mathrm{t\cdot m}$

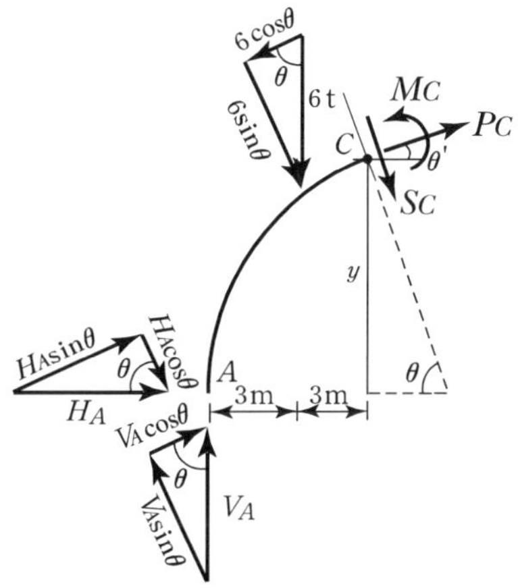

그림 7.18b 구간AC 자유물체도

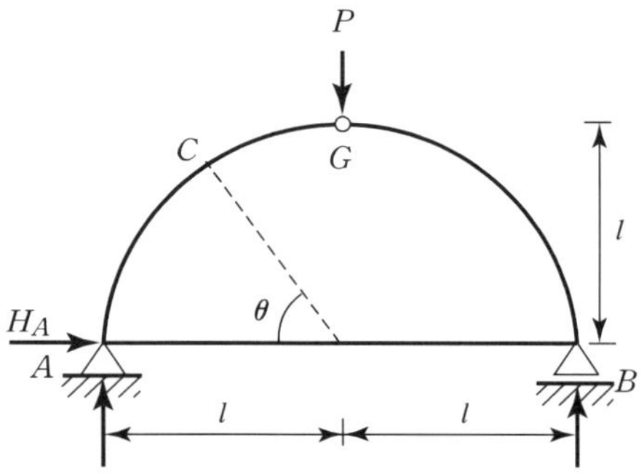

그림 7.19 타이드 아치

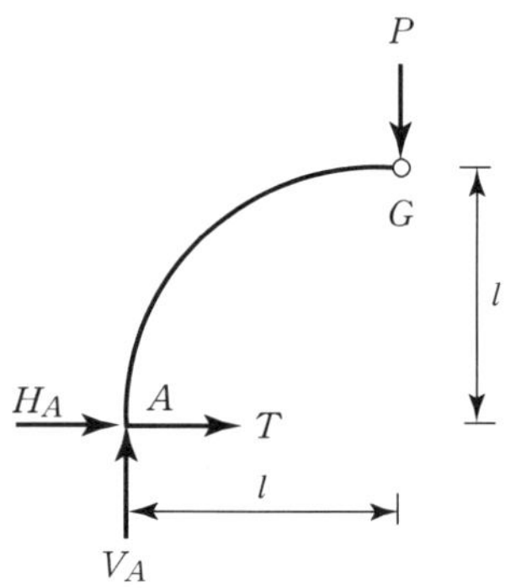

그림 7.19a AG 자유물체도

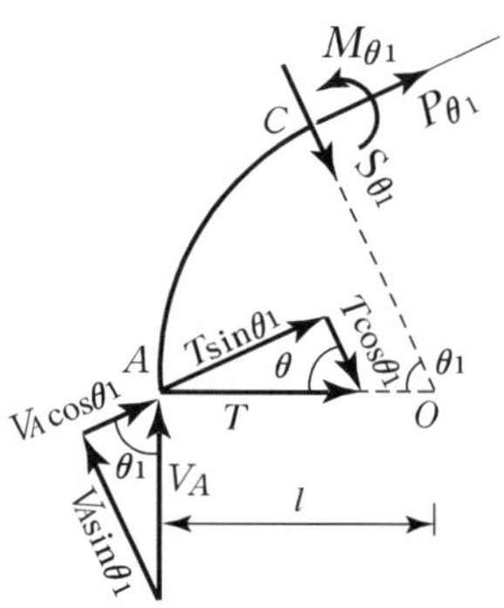

그림 7.19b 구간AG 자유물체도

7.2.4 타이드 아치(tied arch)

그림 7.19는 지점간에 인장부재를 부가한 1차 부정정 아치에 내부힌지를 도입하여 정정구조화한 타이드 아치로 해석방법은 3힌지 아치와 유사하다.

1) 지점반력

전체자유물체도에서

$$(\overset{\curvearrowright}{+})\sum M_B = 0,\ V_A \times 2l - Pl = 0 \qquad \therefore V_A = \frac{P}{2}$$

$$(+\uparrow)\sum V = 0,\ V_A + V_B - P = 0 \qquad \therefore V_B = \frac{P}{2}$$

$$(\overset{\rightarrow}{+})\sum H = 0 \qquad \therefore H_A = 0$$

AG 자유물체도에서

인장부재의 부재력은 절점에서 나가는 방향이 (+)이다.

$$(\overset{\curvearrowright}{+})\sum M_G = 0,\ V_A l - Tl = 0 \qquad \therefore T = V_A = \frac{P}{2}$$

2) 단면력

(1) 구간 AG ($0 \leq \theta_1 \leq 90°$)

$$(+\nearrow)\sum F_{\nearrow} = 0,\ P_{\theta 1} + T\sin\theta_1 + V_A\cos\theta_1 = 0$$

$$\therefore P_{\theta 1} = -T\sin\theta_1 - V_A\cos\theta_1 = -\frac{P}{2}(\sin\theta_1 + \cos\theta_1)$$

$$(\overset{\searrow}{+})\sum F_{\searrow} = 0,\ S_{\theta 1} + T\cos\theta_1 - V_A\sin\theta_1 = 0$$

$$\therefore S_{\theta 1} = -T\cos\theta_1 + V_A\sin\theta_1 = \frac{P}{2}(\sin\theta_1 - \cos\theta_1)$$

$$(\overset{\curvearrowleft}{+})\sum M_{\theta 1} = 0,\ M_{\theta 1} + T \times y - V_A \times x = 0$$

$$\therefore\ M_{\theta 1} = T\times y + V_A \times x$$

$$= -\frac{P}{2}\times l\sin\theta_1 + \frac{P}{2}\times(l - l\cos\theta_1)$$

$$= \frac{Pl}{2}(1-\cos\theta_1 - \sin\theta_1)$$

$\theta_1 = 0$ 일 때,

$$P_A = -\frac{P}{2},\quad S_A = -\frac{P}{2},\quad M_A = 0$$

$\theta_1 = 45°$ 일 때,

$$P_{\theta_1=45°} = -\frac{P}{\sqrt{2}},\ S_{\theta_1=45°} = 0,\ M_{\theta_1=45°} = -\frac{Pl}{2}(\sqrt{2}-1)$$

$\theta = 90°$ 일 때,

$$P_G - -\frac{P}{2},\quad S_G = \frac{P}{2},\quad M_G = 0$$

(2) **구간** BD ($0 \leqq \theta_2 \leqq 90°$)

그림 7.19c를 참고로 축력과 전단력은 역대칭이고 모멘트는 대칭임을 알 수 있다.

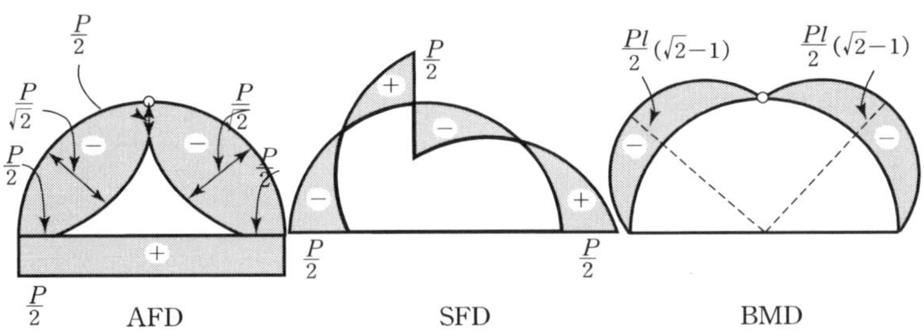

그림 7.19c 단면력도

연습문제

1. 그림 7.20 단순보식 아치에서 반력과 C 점의 단면력을 구하여라.

답 : $V_A = 2.4\,\text{t}$, $V_B = 9.6\,\text{t}$, $P_C = 0$, $S_C = 2.4\,\text{t}$, $M_C = 12\,\text{t}\cdot\text{m}$

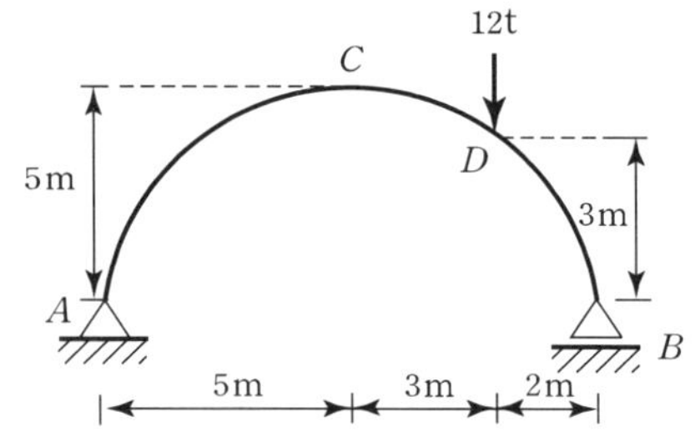

그림 7.20 연습문제 1

2. 그림 7.21 3힌지 아치에서 지점반력을 구하여라.

답 : $V_A = 125\,\text{kg}$, $V_B = -125\,\text{kg}$, $H_A = 250\,\text{kg}$, $H_B = 750\,\text{kg}$

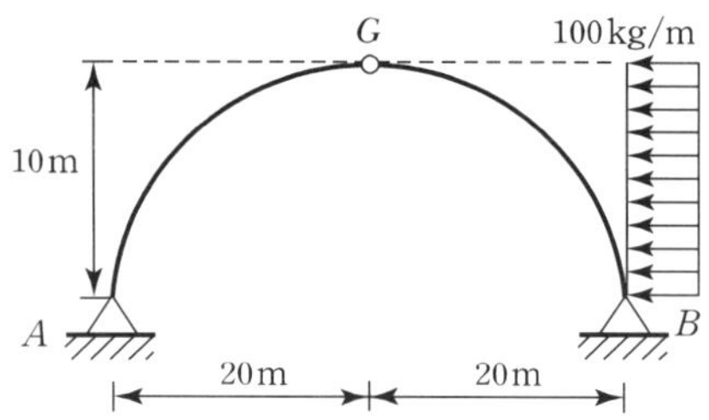

그림 7.21 연습문제 2

3. 그림 7.22 3힌지 아치(포물선)의 반력과 C 점의 단면력을 구하여라.

답 : $V_A = 41.3\,\text{t}$, $V_B = 38.7\,\text{t}$, $H_A = H_B = 11\,\text{t}$, $y = 17.78\,\text{m}$,

$\theta = 48.37°$, $P_C = -9.085\,\text{t}$, $S_C = -0.6337\,\text{t}$, $M_C = 17.42\,\text{t}\cdot\text{m}$

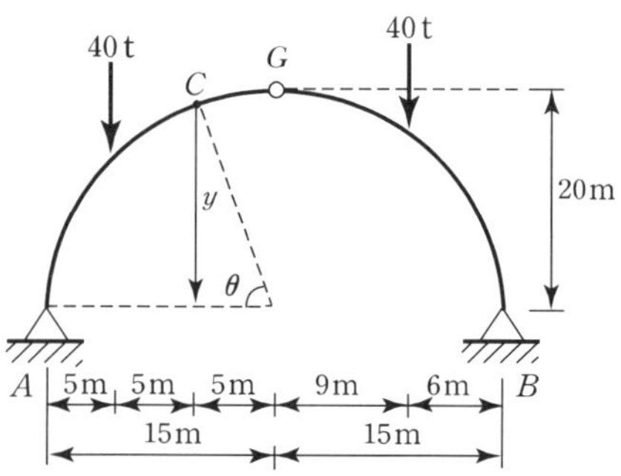

그림 7.22 연습문제 3

4. 그림 7.23 타이드 아치의 점 C에 대한 단면력을 구하여라.

답 : $V_A = 2\,\text{t}$, $V_B = 2\,\text{t}$, $H_A = H_B = 1\,\text{t}$

$P_C = -0.866\,\text{t}$, $S_C = -0.5\,\text{t}$, $M_C = 0.536\,\text{t}\cdot\text{m}$

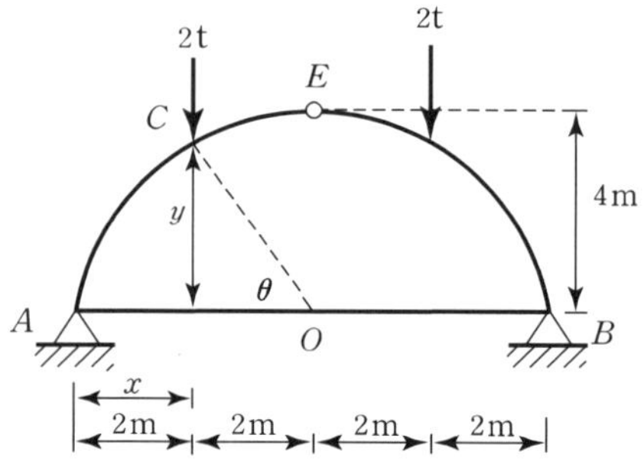

그림 7.23 연습문제 4

CHAPTER

08 트 러 스

CHAPTER 08

트 러 스

8.1 개 요

트러스(truss)는 부재단에서 핀(내부힌지)으로 연결되어 인장과 압축을 주로 받는 부재들로 구성된 구조물로 보나 라멘보다 장지간을 지지하는데 사용된다. 사용목적에 따라 교량트러스, 바닥트러스, 지붕트러스, 지주트러스 등이 있으며 실제로 입체트러스이나 해석상 평면으로 분해하여 해석한다.

1) 트러스의 구성

그림 8.1에서 트러스 구조물을 구성하는 직선재를 부재(member)라 하고, 부재와 부재가 만나는 점을 절점(節點) 또는 격점(格點, panel point)이라 한다. 절점과 절점의 간격(λ)을 격간장(格間長, panel length)이라 한다. 부재 각각의 명칭은 다음과 같다.

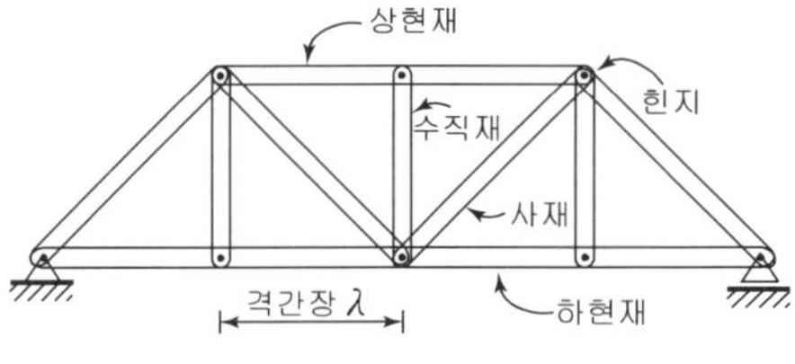

그림 8.1 트러스의 명칭

현재(弦材) ─┬ 상현재(上弦材, upper chord member)
　　　　　　└ 하현재(下弦材, lower chord member)

복재(腹材) ─┬ 수직재(垂直材, vertical member)
　　　　　　└ 사재(斜材, diagonal member)

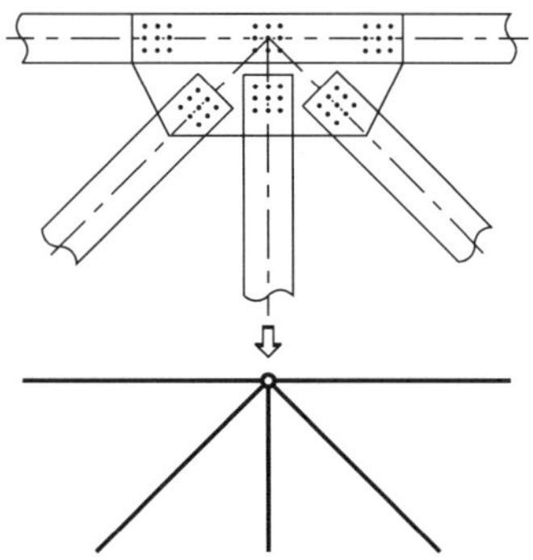

그림 8.2 트러스의 절점

2) 트러스의 가정

트러스의 부재력은 다음과 같이 가정하여 해석된다.

① 절점은 마찰이 없는 힌지(hinge)로 연결되어 있다.

절점이 리벳이나 용접으로 연결된 경우에 절점은 휨모멘트를 전달하지만 트러스는 삼각형 구조로 되어 있어 휨모멘트의 크기가 작으므로 힌지로 연결되어 있다고 가정하여 모멘트 전달을 무시한다.(그림 8.2)

② 각 부재는 직선이다.

③ 각 부재의 중심축은 절점에서 만난다.

④ 모든 외력은 절점에 집중하중으로 작용한다.

①④ 가정으로 트러스의 부재력은 축력만 발생한다.

⑤ 변형은 미소하기 때문에 무시한다.

변형은 미소하므로 하중이 작용한 후에도 절점의 위치는 변화가 없다고 가정한다.

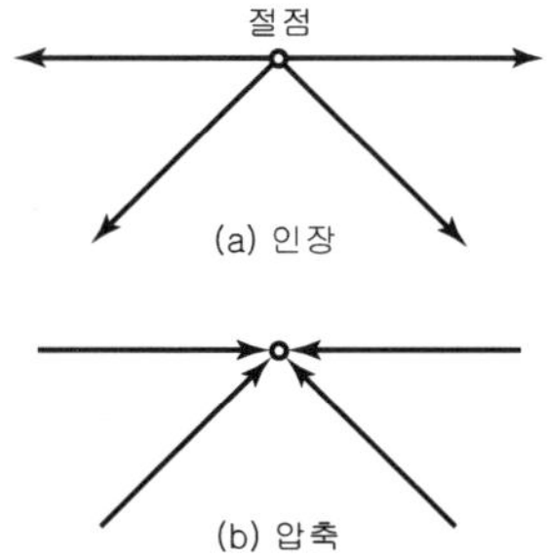

그림 8.3 트러스의 단면력

3) 트러스의 단면력

트러스의 단면력은 해석상의 가정으로 인해 전단력과 휨모멘트는 발생하지 않고 축력만 생긴다.

그림 8.3과 같이 절점의 자유물체도에서 인장과 압축은 다음과 같다.

인장(+) : 절점에서 나가는 방향의 힘.

압축(−) : 절점에 들어가는 방향의 힘.

4) 트러스의 종류

(1) 외력의 작용위치에 따른 구분

① 상로 트러스

하중이 상현에 작용하는 트러스 [그림 8.4 (a)]

② 하로 트러스

하중이 하현에 작용하는 트러스 [그림 8.4(b)]

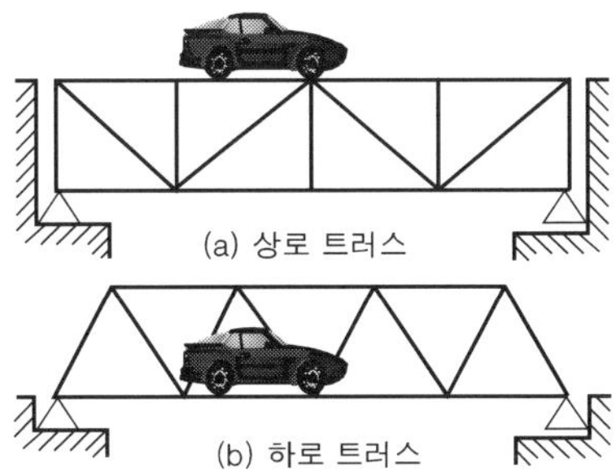

그림 8.4

(2) 사재의 방향에 따른 구분

① 프랫 트러스(pratt truss)

상현재는 압축, 하현재는 인장, 사재는 주로 인장, 수직재는 압축에 저항하는 트러스로 강교에 널리 사용된다.

② 하우 트러스(howe truss)

상현재는 압축, 하현재는 인장, 사재는 주로 압축, 수직재는 인장에 저항하는 트러스로 목조에 널리 사용된다.

③ 와렌 트러스(warren truss)

수직재가 없어 다른 트러스에 비해 부재수가 적고 구조가 간단하며, 연속 교량트러스에 많이 사용된다. 이 트러스는 현재(弦材)의 길이가 과대하여 강성을 감소시킨다. 이것을 보완하기 위하여 수직재를 사용하기도 한다.

이 밖에 K 트러스, 킹 포스트 트러스(king post truss), 핑크 트러스(pink truss) 등이 있다.

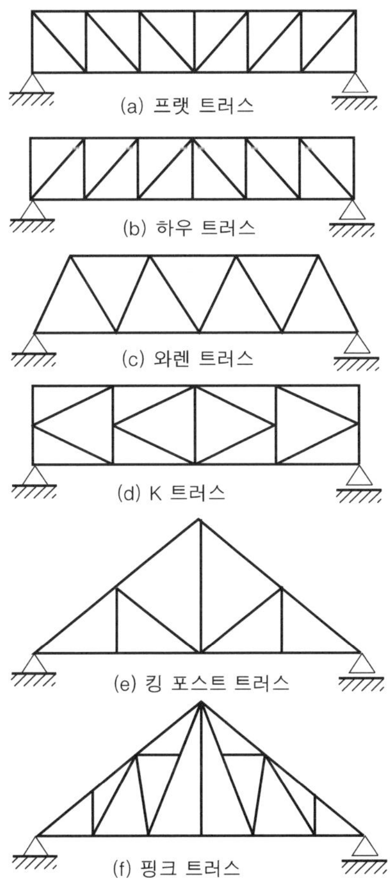

그림 8.5

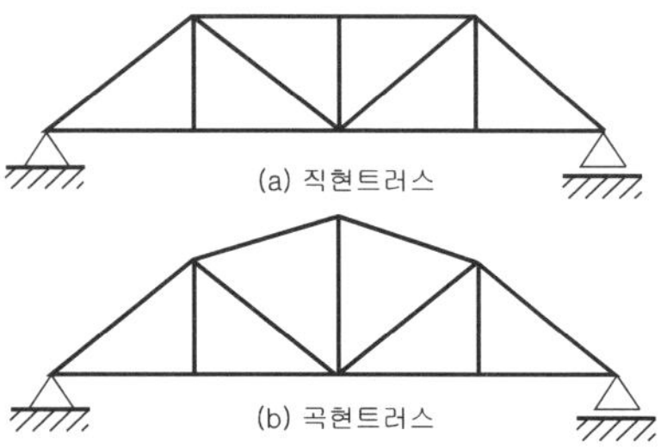

그림 8.6

(3) 현재의 형상에 따른 분류

① 직현 트러스(parallel-chord truss)
상하현재가 평행한 트러스

② 곡현 트러스(curves-chord truss)
현재가 평행하지 않은 트러스

(4) 트러스의 해석법

트러스의 부재력을 해석하는 방법은 다음과 같다.

① 절점법(節點法, panel point method, 또는 격점법)

② 단면법(斷面法, dissection method)
쿨만법(Karl Culmann method, 또는 전단력법)
리터법(A. Ritter method, 또는 모멘트법)

③ 도해법(圖解法, Cremona, Culmann method)

④ 영향선법(影響線法, influence line method)

8.2 절점법

절점의 자유물체도에서 힘의 평형조건인, 절점에 작용하는 외력과 절점에 연결되어 있는 부재의 부재력은 평형이 되어야 하는 조건으로 부재력을 구하는 방법을 절점법이라 한다.

해석 방법은 먼저 지점반력을 구하고 절점 자유물체도에서 평형조건 $\sum V=0$, $\sum H=0$을 이용하여 미지의 부재력을 구한다. 절점의 자유물체도에서 외력과 부재력의 작용점이 절점에 모이므로 모멘트 평형조건 $\sum M=0$는 이용할 수가 없다. 따라서 미지의 부재력은 2개인 절점부터 부재력을 구하는데 일반적으로 지점부터 시작하면 된다.

그림 8.7(b)는 그림 8.7(a) 트러스의 전체 자유물체도이고, 그 트러스의 모든 부재를 따로 떼어내어 각 절점과 부재의 자유물체도를 그리면 그림 8.7(c)와 같이 된다. 그림 8.7(c)의 자유물체도에서 각 부재에는 양단에 두개의 힘이 작용하며 이 힘들은 크기

와 작용선이 같고 방향은 서로 반대이다(4.5절 참조). 또한 부재와 절점 사이의 작용, 반작용력, 즉 힘이 평형을 이루어야 하므로 크기는 같고 방향은 반대이다. 따라서 부재의 인장력은 절점에서 그림 8.7과 같이 절점에서 나가는 방향의 힘이다. 부재와 절점의 부재력(축력)은 인장력(+)으로 가정하여 표시하고 계산결과 (−) 값을 가지면 압축력이다.

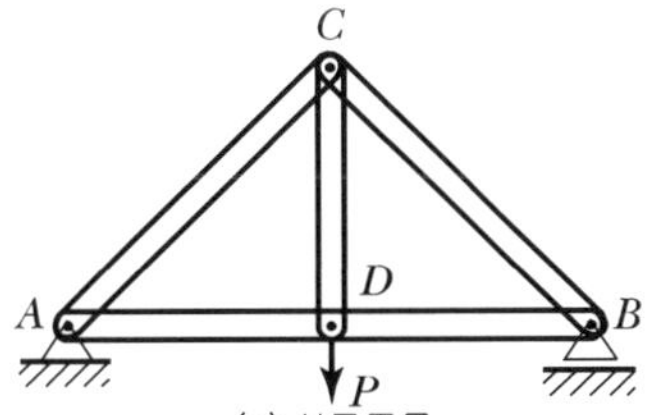

(a) 실구조물

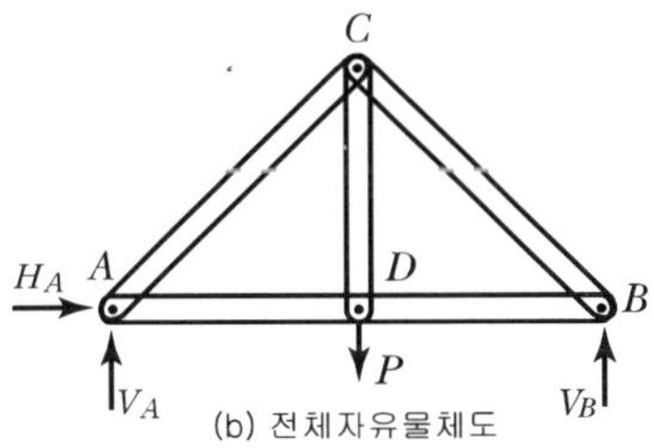

(b) 전체자유물체도

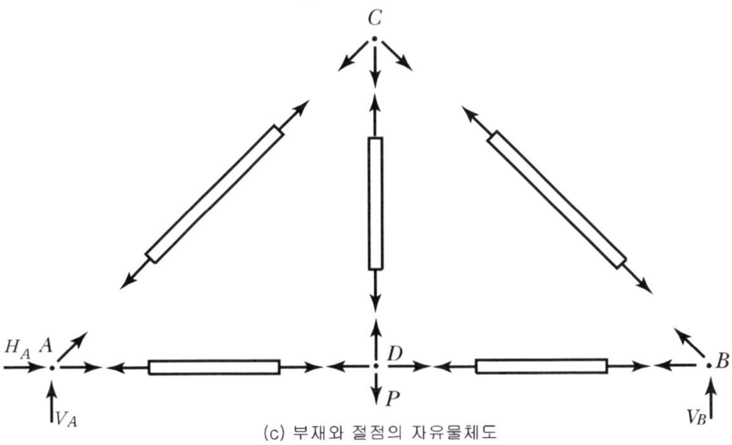

(c) 부재와 절점의 자유물체도

그림 8.7

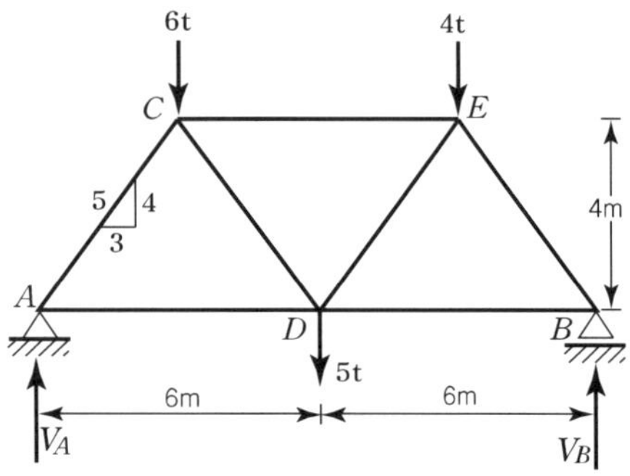

그림 8.8 절점법

그림 8.8의 트러스를 절점법으로 부재력을 구해보자.

1) 지점반력

전체 자유물체도에서

$$(\overset{\curvearrowright}{+})\sum M_B = 0,\quad V_A \times 12 - 6\times 9 - 5\times 6 - 4\times 3 = 0$$

$$\therefore V_A = 8\,\mathrm{t}$$

$$(+\uparrow)\sum V = 0,\quad V_B + 8 - 6 - 5 - 4 = 0$$

$$\therefore V_B = 7\,\mathrm{t}$$

2) 부재력

각 절점에서 자유물체도의 평형조건 $\sum V = 0$, $\sum H = 0$을 이용한다.

① 절점 A

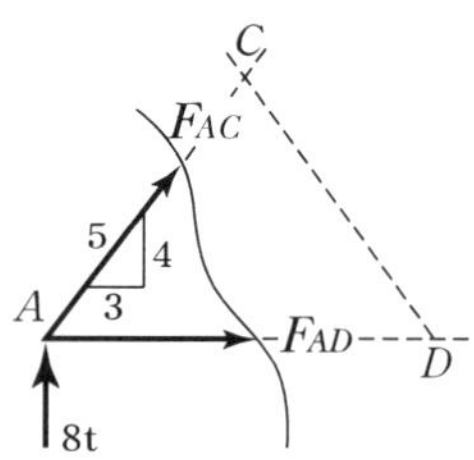

그림 8.8a 절점 A

$$(+\uparrow)\sum V = 0,\quad F_{AC}\times \frac{4}{5} + 8 = 0$$

$$\therefore F_{AC} = -10\,\mathrm{t}(\text{압축})$$

$$(\overset{\rightarrow}{+})\sum H = 0,\quad F_{AD} + F_{AC}\times \frac{3}{5} = 0$$

$$F_{AD} + (-10)\times \frac{3}{5} = 0$$

$$\therefore F_{AD} = 6\,\mathrm{t}\ \ (\text{인장})$$

② 절점 C

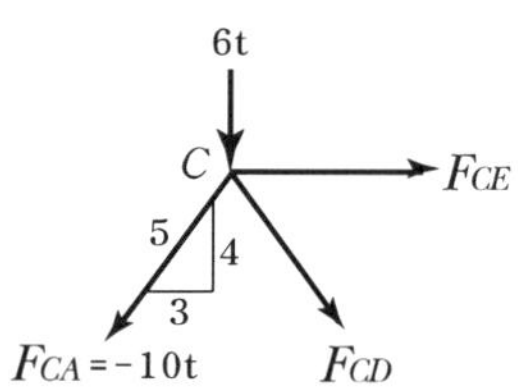

그림 8.8b 절점 C

$$(+\downarrow)\sum V = 0,\quad F_{CD}\times \frac{4}{5} + F_{CA}\times \frac{4}{5} + 6 = 0$$

$$F_{CD}\times \frac{4}{5} + (-10)\times \frac{4}{5} + 6 = 0$$

$$\therefore F_{CD} = 2.5\,\mathrm{t}(\text{인장})$$

$$(\overset{\rightarrow}{+})\sum H = 0,\quad F_{CE} + F_{CD}\times \frac{3}{5} - F_{CA}\times \frac{3}{5} = 0$$

$$F_{CE} + 2.5\times \frac{3}{5} - (-10)\times \frac{3}{5} = 0$$

$$\therefore F_{CE} = -7.5\,\mathrm{t}\ \ (\text{압축})$$

참고 ; $F_{ij} = F_{ji}$
예) $F_{AC} = F_{CA}$

③ 절점 D

$$(+\uparrow)\sum V=0,\quad F_{DE}\times\frac{4}{5}+F_{DC}\times\frac{4}{5}-5=0$$

$$F_{DE}\times\frac{4}{5}+2.5\times\frac{4}{5}-5=0$$

$$\therefore F_{DE}=3.75\text{ t}\quad(\text{인장})$$

$$(\underset{+}{\rightarrow})\sum H=0,\quad F_{DB}+F_{DE}\times\frac{3}{5}-F_{DC}\times\frac{3}{5}-F_{DA}=0$$

$$F_{DB}+3.75\times\frac{3}{5}-2.5\times\frac{3}{5}-6=0$$

$$\therefore F_{DB}=5.25\text{ t}\quad(\text{인장})$$

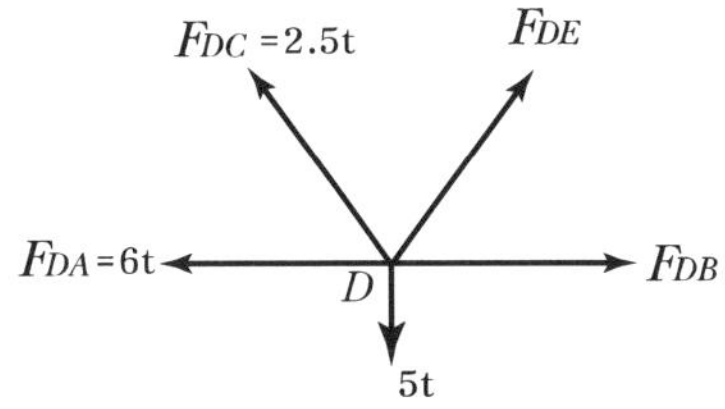

그림 8.8c 절점 D

④ 절점 E

$$(+\downarrow)\sum V=0,\quad F_{EB}\times\frac{4}{5}+F_{ED}\times\frac{4}{5}+4=0$$

$$F_{EB}\times\frac{4}{5}+3.75\times\frac{4}{5}+4-0$$

$$\therefore F_{EB}=-8.75\text{ t}\quad(\text{압축})$$

$$(\underset{+}{\rightarrow})\sum H=0,\quad F_{EB}\times\frac{3}{5}-F_{ED}\times\frac{3}{5}-F_{EC}=0$$

$$F_{EB}\times\frac{3}{5}-3.75\times\frac{3}{5}-(-7.5)=0$$

$$\therefore F_{EB}=-8.75\text{ t}\quad(\text{압축})$$

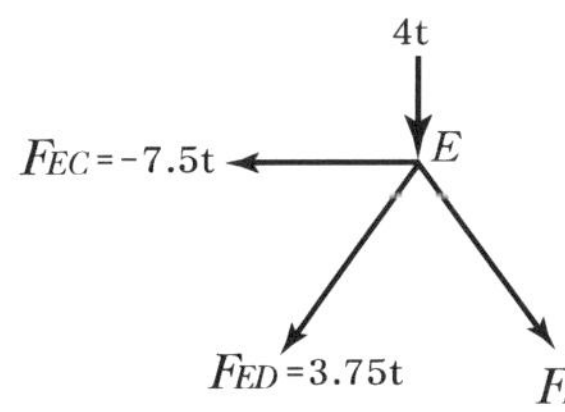

그림 8.8d 절점 E

⑤ 절점 B

모든 부재력이 계산되었으나 검산을 위하여 절점 B에서 부재력을 구하여 일치여부를 비교한다.

$$(+\uparrow)\sum V=0,\quad F_{BE}\times\frac{4}{5}+7=0$$

$$\therefore F_{BE}=-8.75\text{ t}\quad(\text{압축})$$

$$(\underset{+}{\leftarrow})\sum H=0,\quad F_{BD}+F_{BE}\times\frac{3}{5}=0$$

$$F_{BD}+(-8.75)\times\frac{3}{5}=0$$

$$\therefore F_{BD}=5.25\text{ t}\quad(\text{인장})$$

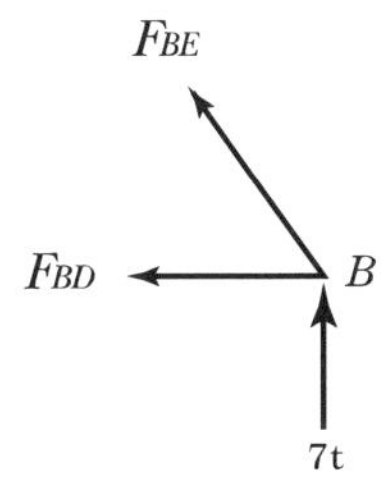

그림 8.8e 절점 B

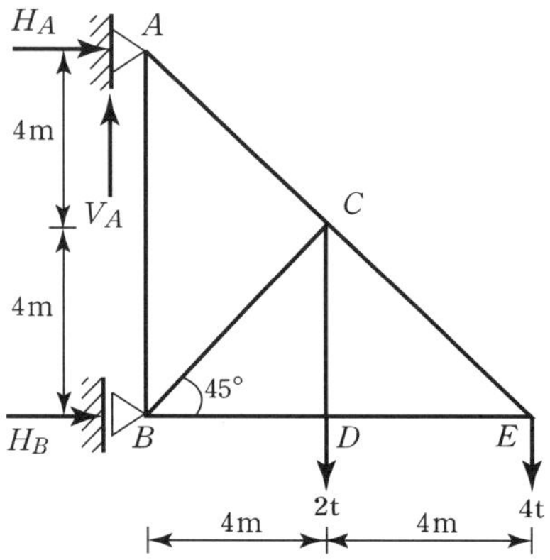

그림 8.9 예제 8.1

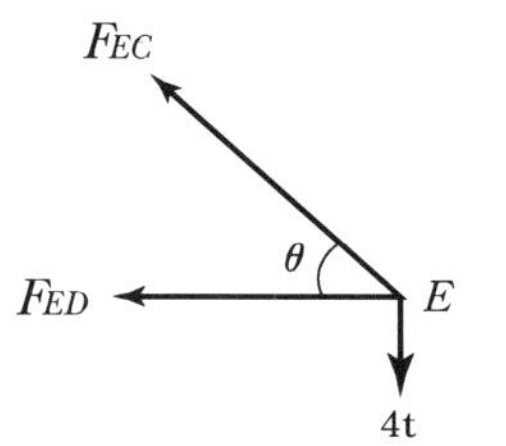

그림 8.9a 절점 E

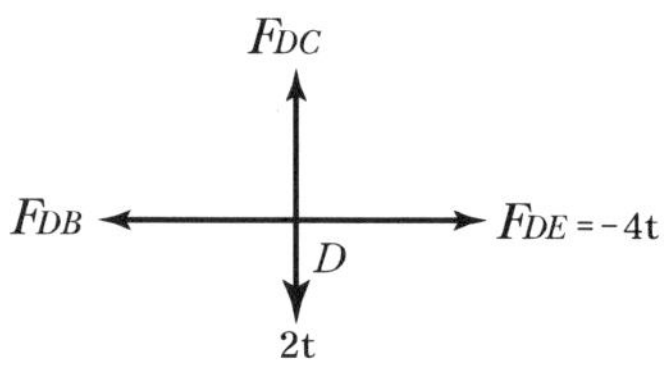

그림 8.9b 절점 D

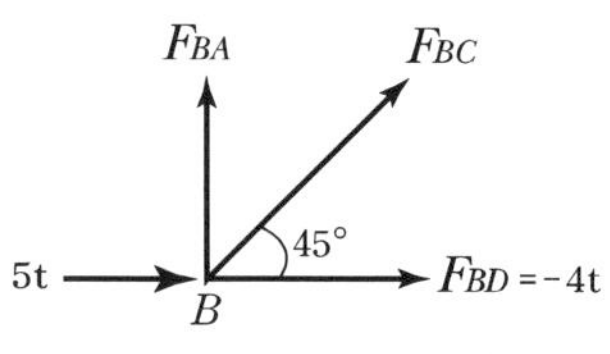

그림 8.9c 절점 B

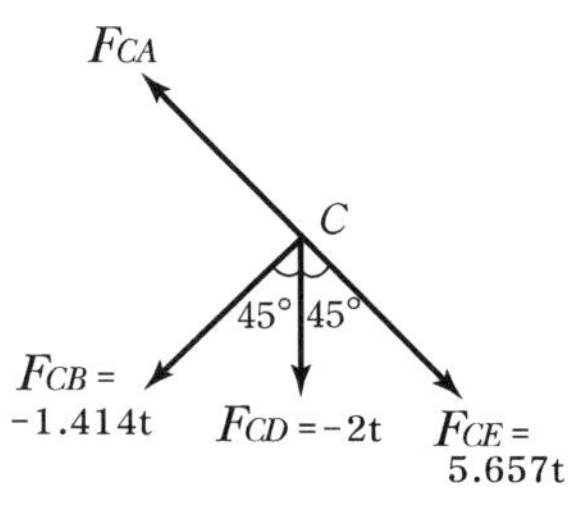

그림 8.9d 절점 C

예제 8.1 그림 8.9와 같은 캔틸레버형 트러스의 부재력을 구하여라.

풀이

1) 지점반력

$(+\uparrow)\sum V=0,\ V_A-2-4=0 \qquad \therefore V_A=6\,\mathrm{t}$

$\left(\overset{\curvearrowright}{+}\right)\sum M_B=0,\ H_A\times 8+2\times 4+4\times 8=0 \qquad \therefore H_A=-5\,\mathrm{t}$

$\left(\overset{\rightarrow}{+}\right)\sum H=0,\ H_B+H_A=0 \qquad \therefore H_B=5\,\mathrm{t}$

2) 부재력

캔틸레버보의 자유단과 같이 절점 E에서부터 시작하면 계산이 간편하다.

① 절점 E

그림 8.9a의 자유물체도에서

$(+\uparrow)\sum V=0,\ F_{EC}\times\sin 45°-4=0 \qquad \therefore F_{EC}=4\sqrt{2}\,\mathrm{t}$

$\left(\overset{\leftarrow}{+}\right)\sum H=0,\ F_{ED}+F_{EC}\times\cos 45°=0 \qquad \therefore F_{ED}=-4\,\mathrm{t}$

② 절점 D

그림 8.9b의 자유물체도에서

$(+\uparrow)\sum V=0,\ F_{DC}-2=0 \qquad \therefore F_{DC}=2\,\mathrm{t}$

$\left(\overset{\leftarrow}{+}\right)\sum H=0,\ F_{DB}-(-4)=0 \qquad \therefore F_{DB}=-4\,\mathrm{t}$

③ 절점 B

그림 8.9c의 자유물체도에서

$\left(\overset{\rightarrow}{+}\right)\sum H=0,\ F_{BC}\times\cos 45°+F_{BD}+5=0$

$F_{BC}\times\cos 45°+(-4)+5=0 \quad \therefore F_{BC}=-\sqrt{2}\,\mathrm{t}$

$(+\uparrow)\sum V=0,\ F_{BA}+F_{BC}\times\sin 45°=0 \qquad \therefore F_{BA}=1\,\mathrm{t}$

④ 절점 C

그림 8.9d의 자유물체도에서

$\left(\overset{\leftarrow}{+}\right)\sum H=0,\ F_{CA}\times\cos 45°+F_{CB}\times\cos 45°-F_{CE}\times\cos 45°=0$

$F_{CA}+(-\sqrt{2})-4\sqrt{2}=0 \qquad \therefore F_{CA}=5\sqrt{2}\,\mathrm{t}$

$(+\uparrow)\sum V=0,$

$F_{CA}\times\sin 45°-F_{CB}\times\sin 45°-F_{CE}\times\sin 45°-2=0$

$F_{CA}\times\sin 45°-(-\sqrt{2})\sin 45°-4\sqrt{2}\sin 45°-2=0$

$\therefore F_{CA}=5\sqrt{2}\,\mathrm{t}$

⑤ 절점 A

그림 8.9e의 자유물체도에서

$$(\overset{\rightarrow}{+})\sum H=0,\ F_{AC}\times\cos 45°-5=0 \qquad \therefore F_{AC}=5\sqrt{2}\ \text{t}$$

$$(+\downarrow)\sum V=0,\ F_{AB}+F_{AC}\times\ \sin 45°-6=0$$

$$F_{AB}+5\sqrt{2}\sin 45°-6=0 \qquad \therefore F_{AB}=1\ \text{t}$$

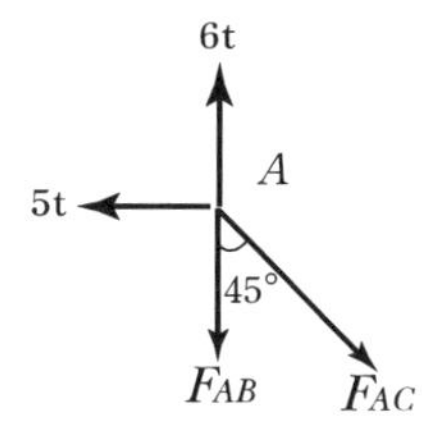

그림 8.9e 절점 A

예제 8.2 그림 8.10과 같은 하우트러스의 부재력을 구하여라.

풀이

1) 지점반력

$$(\overset{\curvearrowright}{+})\sum M_B=0,\ V_A\times 12-8\times 9-8\times 6-10\times 3=0 \ \therefore\ V_A=12.5\text{t}$$

$$(+\uparrow)\sum V=0,\ V_B+12.5-8-8-10=0 \qquad \therefore\ V_B=13.5\text{t}$$

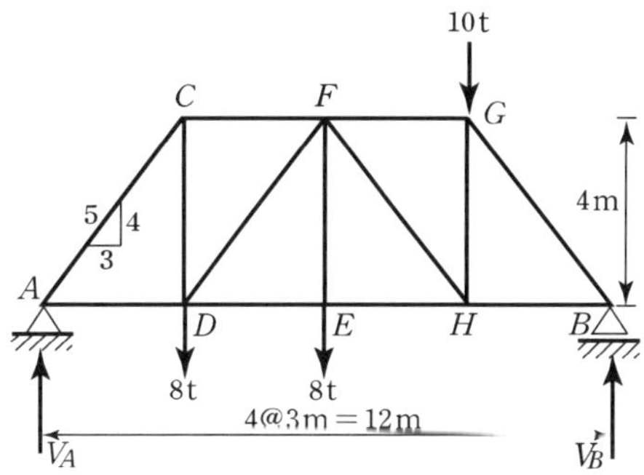

그림 8.10 예제 8.2

2) 부재력

① 절점 A

그림 8.10a의 자유물체도에서

$$(+\uparrow)\sum V=0,\ F_{AC}\times\frac{4}{5}+12.5=0 \qquad \therefore F_{AC}=-15.625\ \text{t}$$

$$(\overset{\rightarrow}{+})\sum H=0,\quad F_{AD}+F_{AC}\times\frac{3}{5}=0 \qquad \therefore F_{AD}=9.375\ \text{t}$$

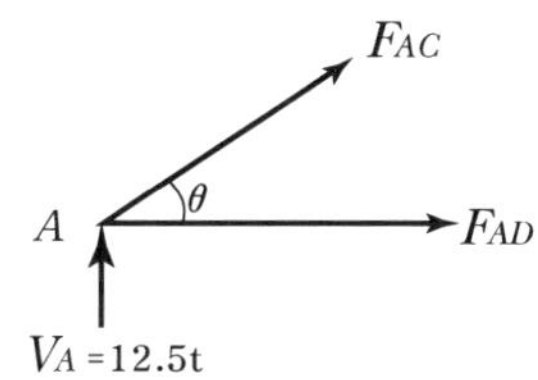

그림 8.10a 절점 A

② 절점 C

그림 8.10b의 자유물체도에서

$$(+\downarrow)\sum V=0,\ F_{CD}+F_{CA}\times\frac{4}{5}=0$$

$$F_{CD}+(-15.625)\times\frac{4}{5}=0 \qquad \therefore F_{CD}=12.5\ \text{t}$$

$$(\overset{\rightarrow}{+})\sum H=0,\quad F_{CF}-F_{CA}\times\frac{3}{5}=0$$

$$F_{CF}-(-15.625)\times\frac{3}{5}=0 \qquad \therefore F_{CF}=-9.375\ \text{t}$$

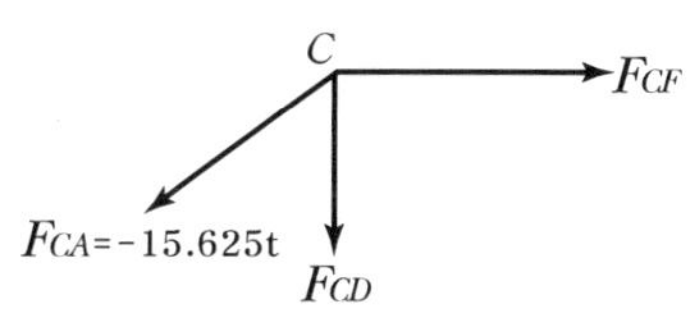

그림 8.10b 절점 C

③ 절점 D

그림 8.10c의 자유물체도에서

$$(+\uparrow)\sum V=0,\ F_{DF}\times\frac{4}{5}+F_{DC}-8=0$$

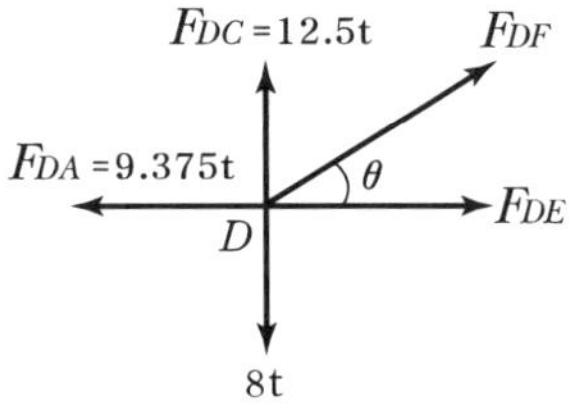

그림 8.10c 절점 D

$$F_{DF} \times \frac{4}{5} + 12.5 - 8 = 0 \qquad \therefore F_{DF} = -5.625\ \text{t}$$

$$(\underset{+}{\rightarrow}) \sum H = 0,\ F_{DE} - F_{DA} + F_{DF} \times \frac{3}{5} = 0$$

$$F_{DE} - 9.375 + (-5.625) \times \frac{3}{5} = 0 \quad \therefore F_{DE} = 12.75\ \text{t}$$

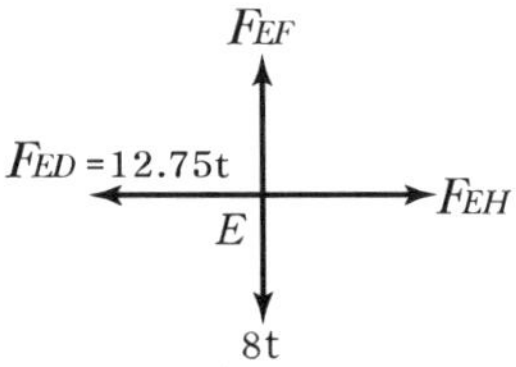

그림 8.10d 절점 E

④ 절점 E

그림 8.10d의 자유물체도에서

$$(+\uparrow) \sum V = 0,\ F_{EF} - 8 = 0, \qquad \therefore F_{EF} = 8\ \text{t}$$

$$(\underset{+}{\rightarrow}) \sum H = 0,\ F_{EH} - F_{ED} = 0,\ F_{EH} - 12.75 = 0 \quad \therefore F_{EH} = 12.75\ \text{t}$$

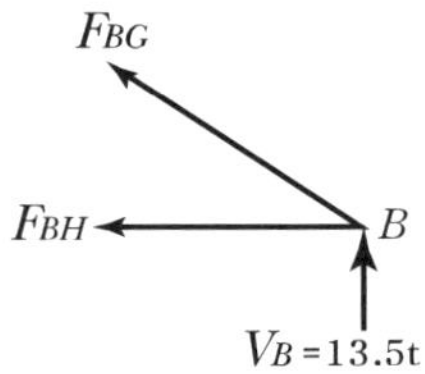

그림 8.10e 절점 B

⑤ 절점 B

그림 8.10e의 자유물체도에서

$$(+\uparrow) \sum V = 0,\ F_{BG} \times \frac{4}{5} + 13.5 = 0 \qquad \therefore F_{BG} = -16.875\ \text{t}$$

$$(\underset{+}{\leftarrow}) \sum H = 0,\ F_{BH} + F_{BG} \times \frac{3}{5} = 0$$

$$F_{BH} + (-16.875) \times \frac{3}{5} = 0 \qquad \therefore F_{BH} = 10.125\ \text{t}$$

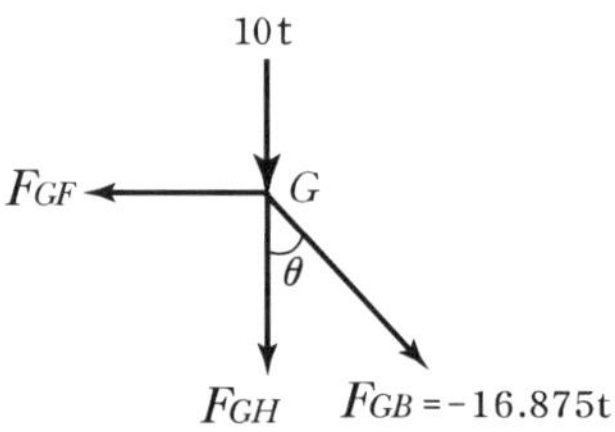

그림 8.10f 절점 G

⑥ 절점 G

그림 8.10f의 자유물체도에서

$$(+\downarrow) \sum V = 0,\ F_{GH} + F_{GB} \times \frac{4}{5} + 10 = 0$$

$$F_{GH} + (-16.875) \times \frac{4}{5} + 10 = 0 \quad \therefore F_{GH} = 3.5\ \text{t}$$

$$(\underset{+}{\leftarrow}) \sum H = 0,\ F_{GF} - F_{GB} \times \frac{3}{5} = 0$$

$$F_{GF} - (-16.875) \times \frac{3}{5} = 0 \qquad \therefore F_{GF} = -10.125\ \text{t}$$

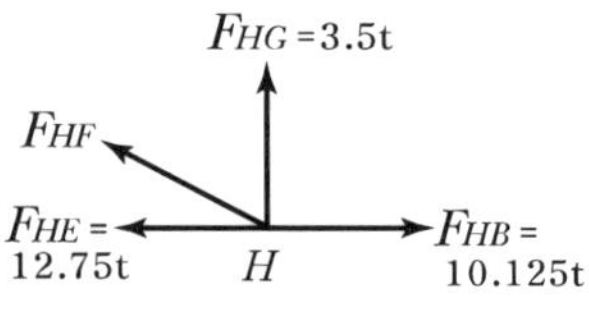

그림 8.10g 절점 H

⑦ 절점 H

그림 8.10g의 자유물체도에서

$$(+\uparrow) \sum V = 0,\ F_{HF} \times \frac{4}{5} + F_{HG} = 0,\ F_{HF} \times \frac{4}{5} + 3.5 = 0$$

$$\therefore F_{HF} = -4.375\ \text{t}$$

모든 부재력이 구해졌지만 다음조건을 이용하여 검산한다.

$$(\underset{+}{\leftarrow}) \sum H = 0,\ F_{HE} + F_{HF} \times \frac{3}{5} - F_{HB} = 0$$

$$12.75 + (-4.375) \times \frac{3}{5} - 10.125 = 0$$

8.3 단면법

절점법은 절점을 따라 순차적으로 계산해야 하는 불편이 있고 부재력 계산의 오류를 발견할 수 없는 단점이 있다. 그러나 단면법(cross section method)은 보, 라멘, 아치 등에서 단면력을 구하는 것과 같이, 부재력을 구하고자 하는 부재가 절단되도록 자유물체도를 작도하고 힘의 평형조건을 이용하여 부재력을 구하는 방법이다. 부재력을 구하는 방법은 일반적으로 상하현재의 배치형상에 따라 **쿨만법**(Culmann method, 또는 전단력법)과 **리터법**(Ritter method, 또는 모멘트법)으로 구분되어 왔으나 결과적으로 크게 의미를 지니지는 않는다.

어느 단면을 절단했을 때 힘의 평형조건($\sum V=0$, $\sum H=0$, $\sum M=0$)이 3개이므로 절단하는 부재의 수는 3개 이하여야 한다.

그림 8.11의 트러스에서 AD, CE, CD, ED 부재력을 단면법으로 구해보자.

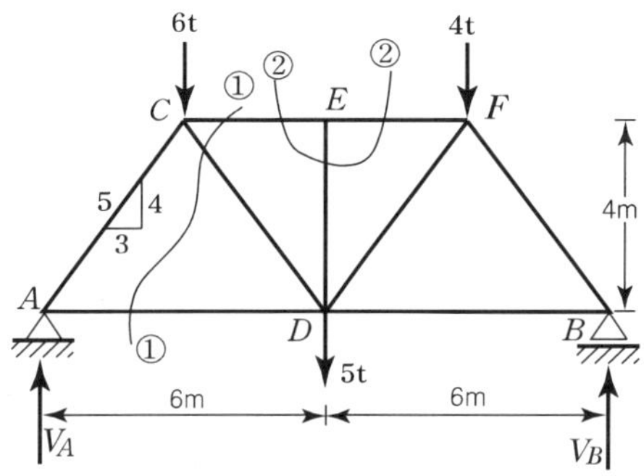

그림 8.11 단면법

1) 지점반력

전체 자유물체도에서

$$(\curvearrowright+)\sum M_B=0,\ V_A\times 12-6\times 9-5\times 6-4\times 3=0$$

$$\therefore V_A=8\,\text{t}$$

$$(+\uparrow)\sum V=0,\ V_B+8-6-5-4=0 \qquad \therefore V_B=7\,\text{t}$$

2) 부재력

그림 8.11과 같이 잘린 부재가 3개 이하가 되도록 ①-①, ②-②로 절단하여 간단한 쪽의 자유물체도의 평형조건을 이용한다.

(1) AD 부재력

그림 8.11a에서 F_{AD}를 구하기 위하여 다른 두 힘 F_{CD}, F_{CE}이 만나는 곳 C점에서의 모멘트 평형조건을 이용한다.

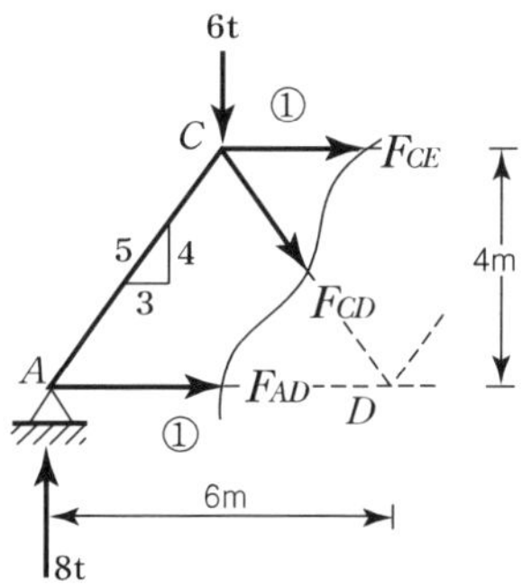

그림 8.11a

$$(\curvearrowleft+)\sum M_C=0,\ F_{AD}\times 4-8\times 3=0 \qquad \therefore F_{AD}=6\,\text{t}$$

(2) CE 부재력

그림 8.11a에서 F_{CE}를 구하기 위하여 다른 두 힘 F_{CD}, F_{AD}가 만나는 곳 D점에서의 모멘트 평형조건을 이용한다.

$$(\overset{\curvearrowright}{+})\sum M_D = 0,\ F_{CE}\times 4 + 8\times 6 - 6\times 3 = 0 \quad \therefore F_{CE} = -7.5\ \text{t}$$

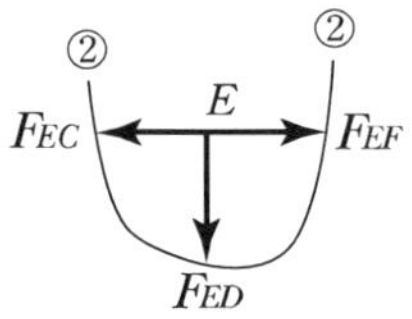

그림 8.11b

(3) CD 부재력

그림 8.11a 자유물체도의 부재력 중에서 F_{CD}만이 수직방향성분이므로 수직 평형조건을 이용한다.

$$(+\downarrow)\sum V = 0,\quad F_{CD}\times\frac{4}{5} - 8 + 6 = 0 \quad \therefore F_{CD} = 2.5\ \text{t}$$

(4) ED 부재력

그림 8.11b 자유물체도에서 F_{ED}만이 수직방향성분이므로 수직 평형조건에 따라

$$(+\downarrow)\sum V = 0,\quad \therefore F_{ED} = 0\ \text{t}$$

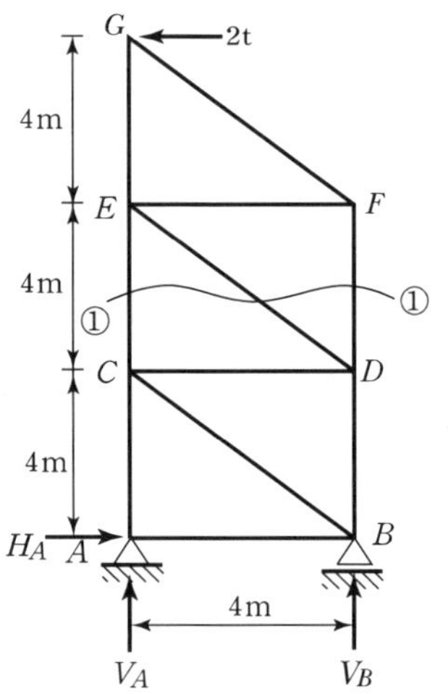

그림 8.12 예제 8.3

예제 8.3 그림 8.12와 같은 하우트러스의 부재력을 구하여라.

풀이

1) 지점반력

$$(\overset{\rightarrow}{+})\sum H = 0,\ H_A - 2 = 0 \qquad \therefore H_A = 2\text{t}$$

$$(\overset{\curvearrowright}{+})\sum M_B = 0,\ V_A\times 4 - 2\times 12 = 0 \qquad \therefore V_A = 6\text{t}$$

$$(+\uparrow)\sum V = 0,\ V_B + 6 = 0 \qquad \therefore V_B = -6\text{t}$$

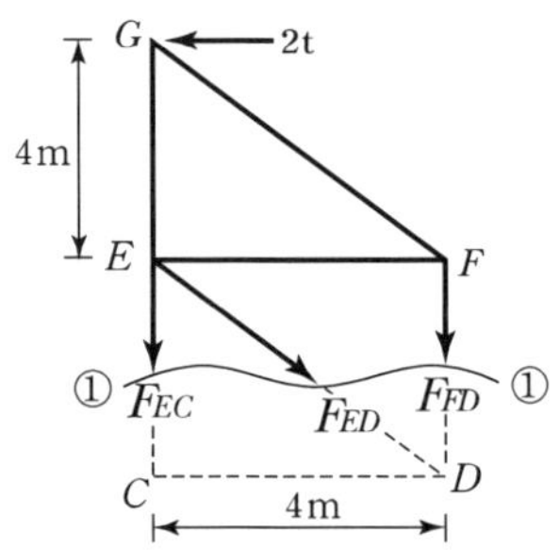

그림 8.12a

2) 부재력

그림 8.12a의 자유물체도에서

① 부재력 F_{EC}

$$(\overset{\curvearrowleft}{+})\sum M_D = 0,\ F_{EC}\times 4 + 2\times 8 = 0 \qquad \therefore F_{EC} = -4\text{t}$$

② 부재력 F_{FD}

$$(\overset{\curvearrowright}{+})\sum M_E = 0,\ F_{FD}\times 4 - 2\times 4 = 0 \qquad \therefore F_{FD} = 2\text{t}$$

③ 부재력 F_{ED}

$$(\overset{\rightarrow}{+})\sum H = 0,\ F_{ED}\times\cos 45° - 2 = 0 \qquad \therefore F_{ED} = 2\sqrt{2}\ \text{t}$$

예제 8.4 그림 8.13과 같은 곡현 트러스의 부재력 F_{CE} F_{CF} F_{DF}를 구하여라.

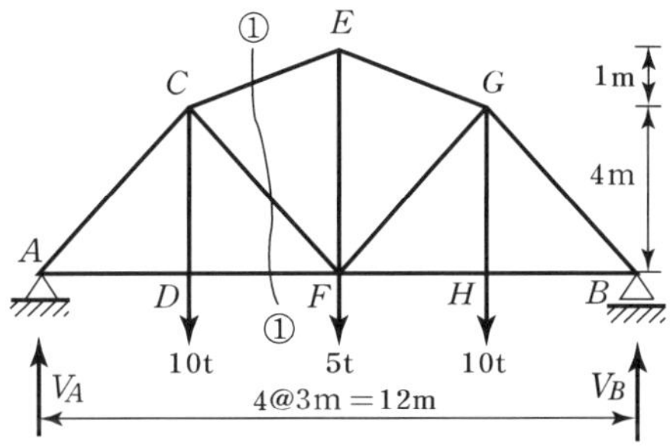

그림 8.13 예제 8.4

풀이

1) 지점반력

구조물이 대칭이므로 $V_A = V_B$

$(+\uparrow)\sum V = 0,\ V_A + V_B - 10 - 5 - 10 = 0$

$\therefore V_A = V_B = 12.5\,\mathrm{t}$

2) 단면력

그림 8.13과 같이 F_{CE} F_{CF} F_{DF}가 포함되도록 트러스를 자른 자유물체도에서 모멘트평형조건 $\sum M_i = 0$를 이용한다.

① 부재력 F_{CE}

그림 8.13a 자유물체도에서

$(\overset{\frown}{+})\sum M_F = 0,\ F_{CE}\times h + 12.5\times 6 - 10\times 3 = 0 \quad \therefore\ F_{CE} = \dfrac{-45}{h}$

여기서. 수직거리 h값은

$\triangle CEM \backsim \triangle FEN$ 이므로

$CE : CM = EF : FN$

$$\therefore FN(h) = \frac{CM\times EF}{CE} = \frac{3\times 5}{\sqrt{1^2+3^2}} \fallingdotseq 4.743\ \mathrm{m}$$

$$\therefore F_{CE} = -\frac{45}{4.743} = -9.488\ \mathrm{t}$$

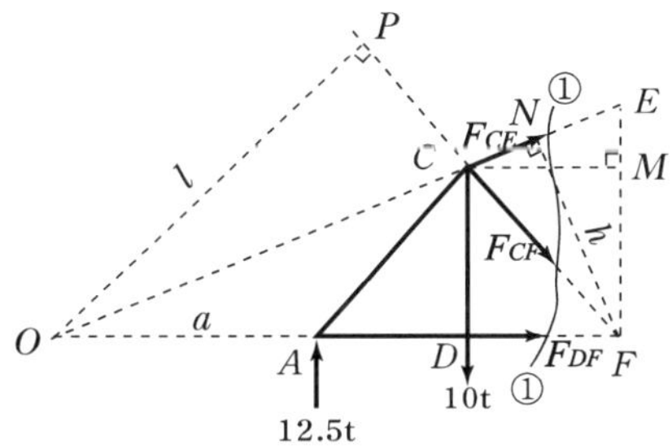

그림 8.13a 자유물체도

② 부재력 F_{CF}

그림 8.13a 자유물체도에서 나머지 두 힘 F_{CF}와 F_{DF}가 O점에서 교차하므로 평형조건 $\sum M_O = 0$를 이용한다.

$(\overset{\frown}{+})\sum M_O = 0,\ F_{CF}\times l - 12.5a + 10\times(a+3) = 0$

$$\therefore F_{CF} = \frac{2.5a - 30}{l}$$

여기서, a값은

$\triangle COD \backsim \triangle ECM$ 이므로

$OD : CD = CM : EM$

$$OD = \frac{CD\times CM}{EM} = \frac{4\times 3}{5-4} = 12\ \mathrm{m}$$

$$\therefore a = 12 - 3 = 9\,\text{m}$$

같은 방법으로 수직거리 l 값은

$$\triangle FPO \backsim \triangle FDC \text{ 이므로}$$

$$OP : OF = CD : CF$$

$$\therefore OP(l) = \frac{OF \times CD}{CF} = \frac{(9+6) \times 4}{\sqrt{3^2 + 4^2}} = 12\,\text{m}$$

$$\therefore F_{CF} = \frac{2.5 \times 9 - 30}{12} = 0.208\,\text{t}$$

③ 부재력 F_{DF}

마찬가지로 나머지 두 힘이 모이는 곳이 C점이므로

$(\curvearrowleft +)\sum M_C = 0,\ F_{DF} \times 4 - 12.5 \times 3 = 0 \quad \therefore F_{DF} = 9.375\,\text{t}$ (인장)

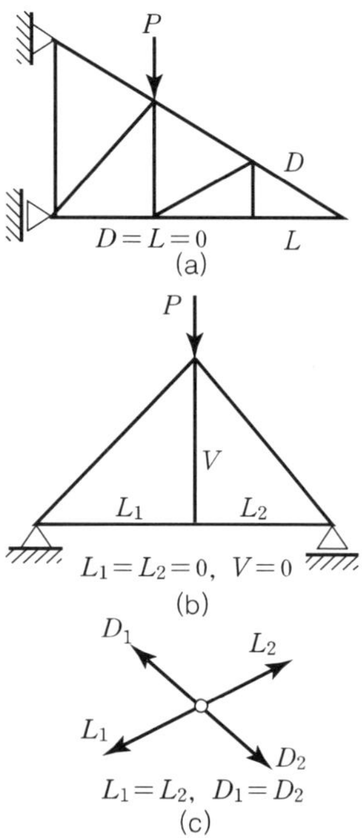

그림 8.14 부재력이 "0" 인 경우

그림 8.14는 부재의 배치와 하중의 위치에 따라 부재력이 "0"인 경우이다.

① 그림 8.14 (a)와 같이 하중이 작용할 때 자유단쪽의 부재력은 "0"이 된다. ($D = L = 0$)

② 그림 8.14(b)와 같이 절점에서 일직선인 2개의 부재 (L_1, L_2)와 수직재(V)의 3개 부재가 작용하는데 외력이 없을 때는 수직재(V)가 "0"이다. ($L_1 = L_2 = 0$, $V = 0$)

③ 그림 8.14(c)와 같이 2개 부재가 (L_1, L_2) 일직선이고 또 2개의 부재 (D_1, D_2)가 일직선인 4개의 부재가 있는 절점에서 직선인 부재는 같다. ($L_1 = L_2$, $D_1 = D_2$)

연습문제

1. 그림 8.15의 부재력을 절점법으로 구하여라.

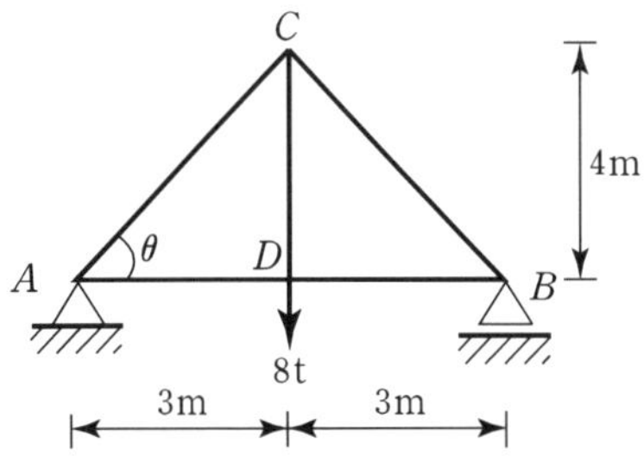

그림 8.15 연습문제 1

답 : $F_{AC} = -5\,\mathrm{t}$, $F_{AD} = 3\,\mathrm{t}$, $F_{CD} = 8\,\mathrm{t}$

2. 그림 8.16의 부재력을 절점법으로 구하여라.

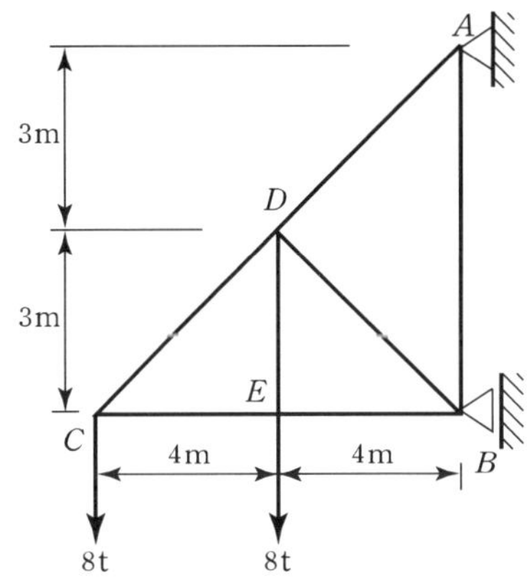

그림 8.16 연습문제 2

답 : $F_{CD} = \dfrac{40}{3}\,\mathrm{t}$, $F_{CE} = -\dfrac{32}{3}\,\mathrm{t}$, $F_{DE} = 8\,\mathrm{t}$, $F_{EB} = -\dfrac{32}{3}\,\mathrm{t}$

$F_{AB} = 4\,\mathrm{t}$, $F_{BD} = -\dfrac{20}{3}\,\mathrm{t}$, $F_{AD} = 20\,\mathrm{t}$

3. 그림 8.17의 트러스에서 F_{FG}, F_{EH}, F_{FH}의 부재력을 구하여라.

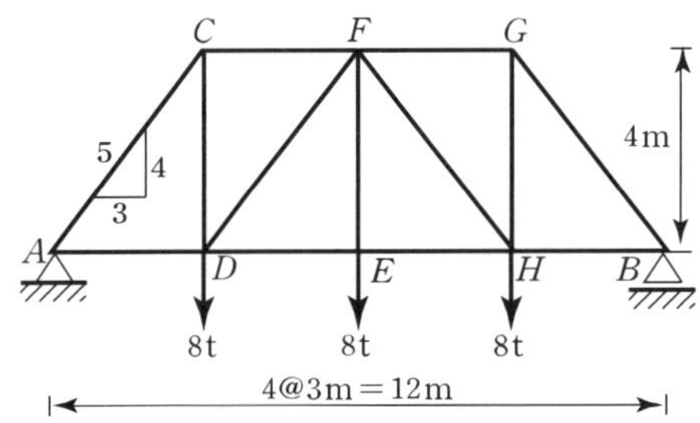

그림 8.17 연습문제 3

답 : $F_{FG} = -9\,\mathrm{t}$, $F_{EH} = 12\,\mathrm{t}$, $F_{FH} = -5\,\mathrm{t}$

4. 그림 8.18의 곡현트러스에서 F_{CE}, F_{DE}, F_{DF}의 부재력을 구하여라.

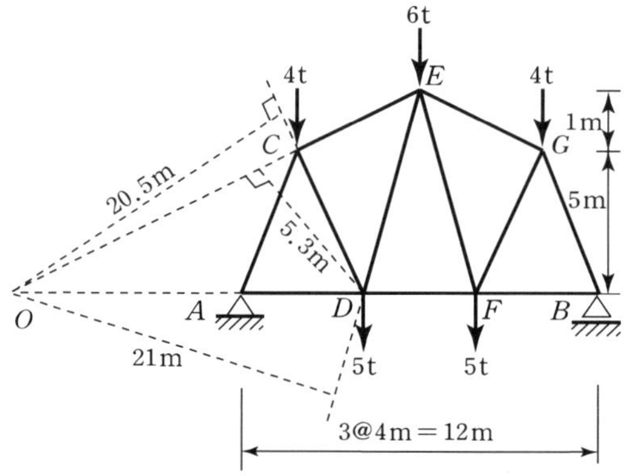

그림 8.18 연습문제 4

답 : $F_{CE} = -7.55\,\text{t}$, $F_{DE} = -1.31\,\text{t}$, $F_{DF} = 60\,\text{t}$

CHAPTER

09 기 둥

CHAPTER

09

기 둥

9.1 개 요

기둥(柱, column)은 축방향으로 압축력을 받는 구조물로 교각, 교대, 옹벽, 건물의 기둥 등의 구조물이 있다.

그림 9.1(a)와 같은 기둥에 압축력이 작용하여 단면에서 압축파괴되는 현상을 **압좌**(壓座, bursting)라 하며, 이러한 기둥을 **짧은 기둥**(短柱, short column)이라 한다. 그림 9.1(b)와 같이 부재가 휘어져서 파괴되는 현상을 **좌굴**(座屈, buckling)이라 하며, 이러한 기둥을 **긴 기둥**(長柱, long column)이라고 한다.

9.1.1 세장비(細長比)

짧은 기둥과 긴기둥은 식 (9.1)과 같이 단면과 길이의 관계인 세장비(slenderness ratio, λ)로 구분할 수 있다. 세장비는 기둥의 단면에 대한 단면2차반경(r)과 기둥길이 (l)의 비로 나타낸다. (2.4절 참조)

$$\lambda = \frac{l}{r} = \frac{l}{\sqrt{\frac{I}{A}}} \tag{9.1}$$

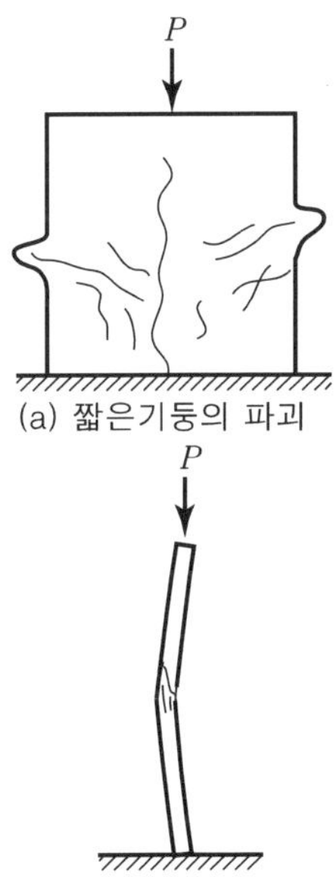

(a) 짧은기둥의 파괴

(b) 긴기둥의 파괴

그림 9.1 기둥의 파괴

여기서, λ : 세장비, r : 회전반경
l : 기둥길이, A : 단면적
I : 단면 2차 모멘트(최소값)

1) 직사각형 단면

그림 9.2의 직사각형 단면에 압축력이 작용할 때 파괴는 x축과 y축에서 약한 방향으로 좌굴되므로 단면 2차 모멘트는 최소값을 사용한다. 즉, 단면 2차 모멘트가 최소이면 회전반경도 최소값이 되고, 긴 기둥의 파괴방향은 최소회전반지름이 되는 축과 직각방향인 주축방향으로 좌굴된다.

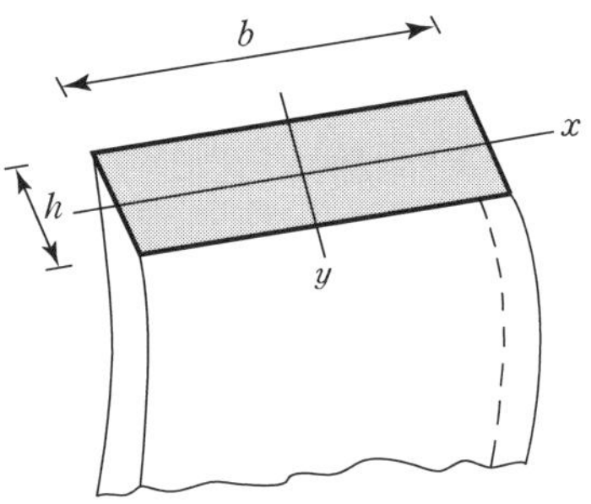

그림 9.2 직사각형 단면

그림 9.2와 같이 $b > h$인 경우, $I_x < I_y$

$$A = b\,h, \qquad I_x = \frac{b\,h^3}{12}, \qquad r_x = \sqrt{\frac{I_x}{A}}$$

$$\therefore \lambda = \frac{l}{r} = \frac{l}{\sqrt{\dfrac{b\,h^3/12}{b\,h}}} = \frac{\sqrt{12}}{h}\,l \tag{9.2}$$

2) 원형 단면

그림 9.3의 원형단면의 경우 단면2차 모멘트가 모든 축에 대하여 일정하다. 직사각형 단면과 같은 방법으로 지름이 D인 원형단면의 세장비를 구하면 다음과 같다.

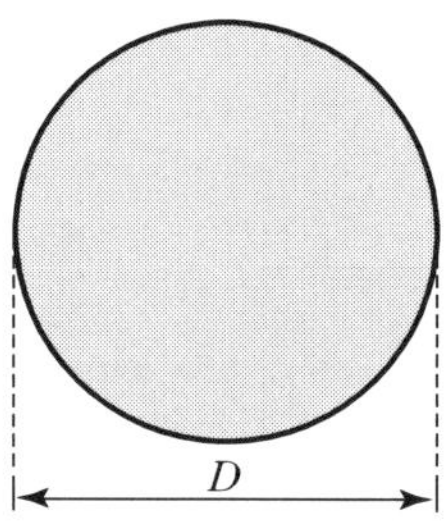

그림 9.3 원형단면

$$r = \sqrt{\frac{I}{A}} = \sqrt{\frac{\pi D^4/64}{\pi D^2/4}} = \frac{D}{4}$$

$$\therefore \lambda = \frac{l}{D/4} = \frac{4\,l}{D} \tag{9.3}$$

예제 9.1 기둥의 길이가 5m이고 단면이 10cm× 15cm인 직사각형 단면의 세장비는 얼마인가?

풀이

$$\lambda = \frac{l}{r} = \frac{\sqrt{12}}{h}\,l = \frac{\sqrt{12}}{10} \times 500 = 173.2$$

예제 9.2 기둥길이 3 m인 원형단면에서 세장비가 100이 되려면 지름은 얼마인가?

풀이

$$\lambda = \frac{4}{D} l, \ 100 = \frac{4}{D} \times 300 \qquad \therefore D = 12 \text{ cm}$$

9.2 단 주

단주(short column)는 단면에 하중이 작용하는 위치에 따라 응력분포가 변화한다. 그림 9.4a와 같이 하중이 단면의 도심에 작용할 때 **축방향 하중**이라 하고, 응력분포는 전단면에서 일정하게 분포된다. 그림 9.4b와 같이 하중작용점이 x축이나 y축의 선상에 작용하는 경우에는 **편심하중**(eccentric load)이라 한다. 편심하중이 x나 y좌표 한쪽만으로 작용할 때 단편심이라 하고, x, y좌표로 동시에 작용할 때 **복편심 하중**이라 한다.

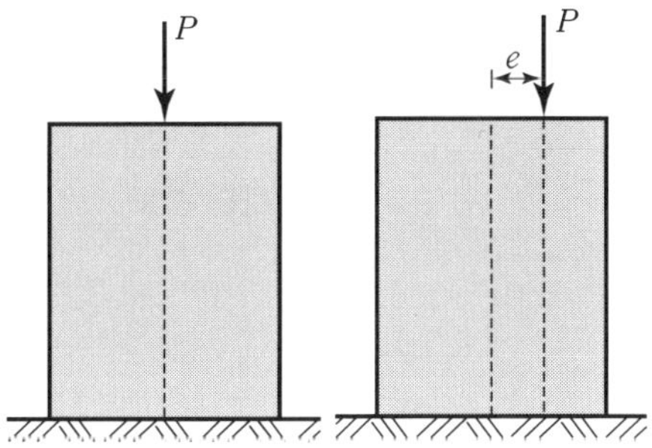

(a) 축방향압축기둥 (b) 편심하중기둥

그림 9.4 단 주

9.2.1 축방향하중 기둥

그림 9.5와 같이 축방향하중 기둥에서는 단면 전체에 일정한 압축응력이 발생한다.

$$\sigma = -\frac{P}{A} \text{ kg/cm}^2 \tag{9.4}$$

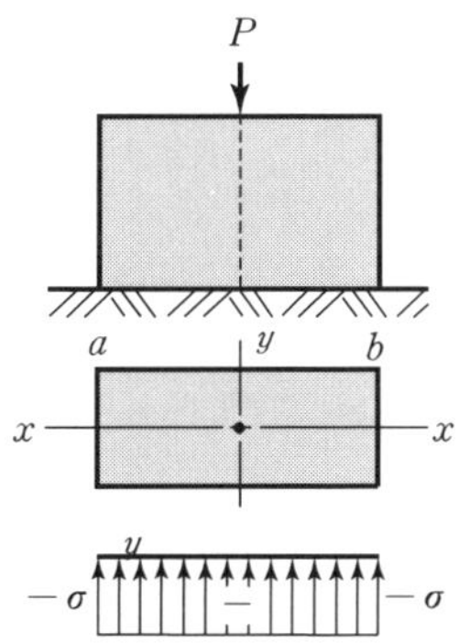

그림 9.5 축방향 중 기둥

예제 9.3 단면이 10 cm×20 cm의 짧은 기둥의 도심에 20 t 의 압축하중이 작용할 때, 이 기둥의 안정여부를 검토하여라. (단, 허용응력 $\sigma_a = 150 \text{ kg/cm}^2$)

풀이

$$\sigma = -\frac{P}{A} = -\frac{20{,}000}{10 \times 20} = -100 \text{ kg/cm}^2$$

$$\leq \sigma_a = 150 \text{ kg/cm}^2 \quad \therefore \quad \text{O.K}$$

9.2.2 단편심하중 기둥

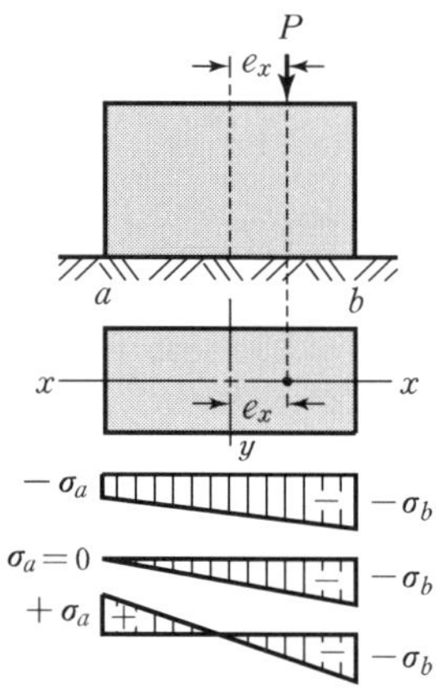

그림 9.6 단편심하중 기둥

그림 9.6과 같이 단면축의 선상에 하중이 작용하므로 수직응력 $\left(\sigma=\dfrac{P}{A}\right)$과 편심에 의한 모멘트로 생기는 휨응력$\left(\sigma=\dfrac{M}{I}y\right)$이 동시에 발생한다.

$$\sigma = -\frac{P}{A} \pm \frac{M}{I}y \tag{9.5}$$

$$= -\frac{P}{A} \pm \frac{Pe}{I}y$$

편심거리 e_x가 도심에서 연단 b쪽으로 이동할 때 a점의 응력 상태는 압축응력이 점점 작아지다가 "0"을 지나 인장응력이 됨을 알 수 있다.

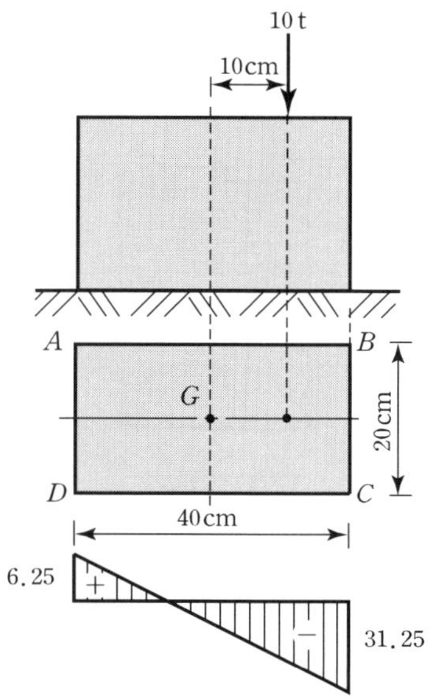

그림 9.7 예제 9.4

예제 9.4 그림 9.7과 같은 단주에 도심(G)에서 편심거리(e_x) 10 cm 점에서 하중 P=10 t이 작용할 때 AD, BC에 생기는 응력을 구하여라.

풀이

$I=\dfrac{bh^3}{12}$ 에서

$I_y = \dfrac{20\times 40^3}{12} = 106{,}667\ \text{cm}^4$ (y축)

$\sigma_{AD} = -\dfrac{10{,}000}{800} + \dfrac{10{,}000\times 10}{106{,}667}\times 20$

$= 6.25\ \text{kg/cm}^2$ (인장응력)

$\sigma_{BC} = -\dfrac{10{,}000}{800} - \dfrac{10{,}000\times 10}{106{,}667}\times 20$

$= -31.25\ \text{kg/cm}^2$ (압축응력)

예제 9.5 그림 9.8과 같은 짧은 기둥에서 x축에 하중 P=1000 kg이 작용하고, 편심거리가 각각 1 cm, 2 cm, 4 cm일 때 점 A, B의 응력을 구하여라.

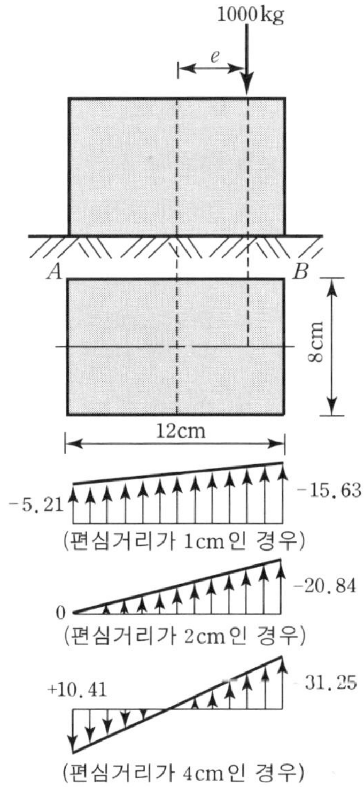

그림 9.8 예제 9.5

풀이

(1) 편심거리가 1 cm인 경우

$$\sigma = -\frac{P}{A} \pm \frac{M}{I}y = -\frac{P}{A} \pm \frac{M}{Z} = -\frac{P}{A} \pm \frac{6M}{bh^2}$$

$$\sigma_{AB} = -\frac{1000}{12\times 8} \pm \frac{6\times 1000\times 1}{8\times 12^2} = -10.42 \pm 5.21$$

$$\sigma_A = -5.21 \text{ kg/cm}^2$$

$$\sigma_B = -15.63 \text{ kg/cm}^2$$

(2) 편심거리가 2 cm인 경우

$$\sigma_{AB} = -\frac{1000}{12\times 8} \pm \frac{6\times 1000\times 2}{8\times 12^2} = -10.42 \pm 10.42$$

$$\sigma_A = 0$$

$$\sigma_B = \quad 20.84 \text{ kg/cm}^2$$

(3) 편심거리가 4 cm인 경우

$$\sigma_{AB} = -\frac{1000}{12\times 8} \pm \frac{6\times 1000\times 4}{8\times 12^2} = -10.42 \pm 20.83$$

$$\sigma_A = 10.41 \text{ kg/cm}^2$$

$$\sigma_B = -31.25 \text{ kg/cm}^2$$

예제 9.6 그림 9.9와 같은 짧은 기둥에서 단면 AD의 응력이 "0"일 때 편심거리는 e를 구하여라.(예제 9.4 참조)

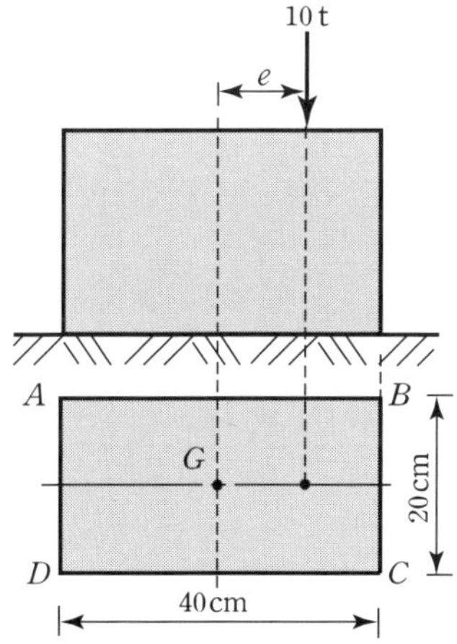

그림 9.9 예제 9.6

풀이

$$-\frac{P}{A} \pm \frac{Pe}{I}y = 0$$

$$\sigma_{AD} = -\frac{10\times 10^3}{40\times 20} + \frac{10\times 10^3\times e}{106667}\times 20 = 0$$

$$\therefore e = 6.7 \text{ cm}$$

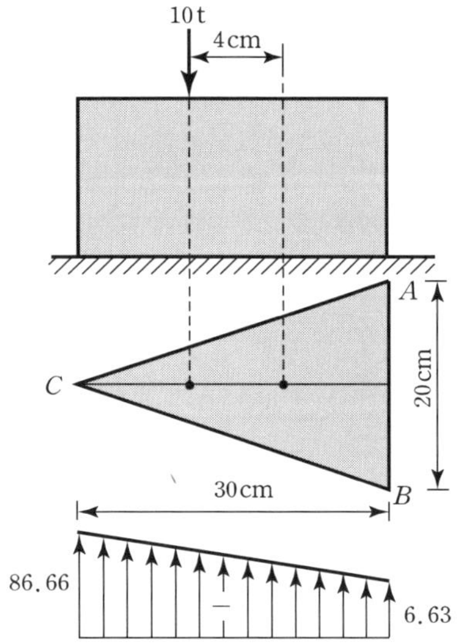

그림 9.10 예제 9.7

예제 9.7 그림 9.10과 같은 삼각형 단면의 도심점에서 4 cm 점에 하중이 10 t 작용한다. 점 C 와 단면 AB 에 작용하는 응력은 얼마인가?

풀이

$$\sigma_C = -\frac{P}{A} - \frac{M}{I}y$$

$$= \left(-\frac{10,000}{20\times 30/2}\right) - \left(\frac{10,000\times 4}{\frac{20\times 30^3}{36}} \times \frac{2\times 30}{3}\right)$$

$$= -33.33 - 53.33 \quad (\text{압축})$$

$$= -86.66 \text{ kg/cm}^2$$

$$\sigma_{AB} = -\frac{P}{A} + \frac{M}{I}y$$

$$= -\frac{10,000}{20\times 30/2} + \frac{10,000\times 4}{\frac{20\times 30^3}{36}} \times \frac{30}{3}$$

$$= -33.33 + 26.7$$

$$= -6.63 \text{ kg/cm}^2 \ (\text{압축})$$

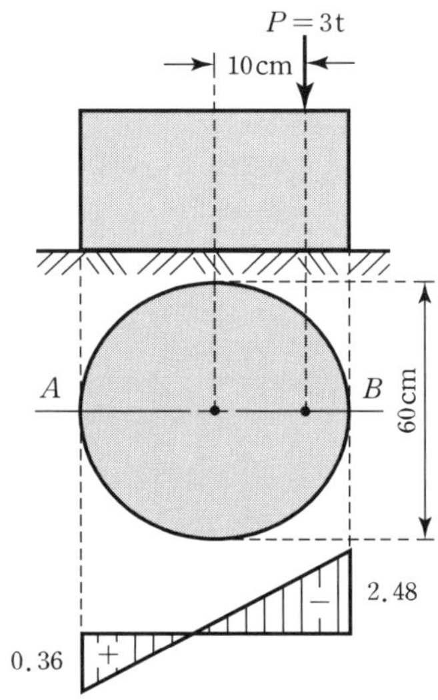

그림 9.11 예제 9.8

예제 9.8 그림 9.11과 같은 원형단면 기둥에서 편심거리 e =10 cm 점에 3 t의 집중하중이 작용할 때 응력을 구하여라.

풀이

$$\sigma = -\frac{P}{A} \pm \frac{M}{Z}$$

$$= -\frac{3,000}{\frac{\pi\times 60^2}{4}} \pm 3,000\times \frac{10}{\frac{\pi\times 60^3}{32}}$$

$$= -1.06 \pm 1.42$$

$$\sigma_A = +0.36 \text{ kg/cm}^2 \quad (\text{인장})$$

$$\sigma_B = -2.48 \text{ kg/cm}^2 \quad (\text{압축})$$

9.2.3 복편심하중을 받는 기둥

하중의 작용점이 단면의 두 좌표선상(x축, y축)에 작용할 때 복편심하중이라 하고 그림 9.12와 같이 응력분포한다.

복편심하중의 경우 응력은 다음과 같다.

① 압축에 의한 응력

$$\sigma = -\frac{P}{A}$$

② y축 편심하중에 의한 응력

$$\sigma_x = \pm\frac{M_x}{I_x}y = \pm\frac{P\,e_y}{I_x}y$$

③ x축 편심하중에 의한 응력

$$\sigma_y = \pm\frac{M_y}{I_y}x = \pm\frac{M\,e_x}{I_y}x$$

이상 3개의 응력이 합하여 작용한다. 즉,

$$\sigma = -\frac{P}{A} \pm \frac{M_x}{I_x}y \pm \frac{M_y}{I_y}x \tag{9.6}$$

$$= -\frac{P}{A} \pm \frac{Pe_y}{I_x}y \pm \frac{P\,e_x}{I_y}x$$

여기서 σ는 항상 압축(−)이고, σ_x와 σ_y는 편심하중의 위치와 응력을 구하고자 하는 점에 따라서 압축(−)과 인장(+)이 결정된다. 그림 9.12의 경우 정리하면 다음과 같다.

$$\sigma_A = -\sigma - \sigma_x + \sigma_y$$

$$\sigma_B = -\sigma - \sigma_x - \sigma_y$$

$$\sigma_C = -\sigma + \sigma_x + \sigma_y$$

$$\sigma_D = -\sigma + \sigma_x - \sigma_y$$

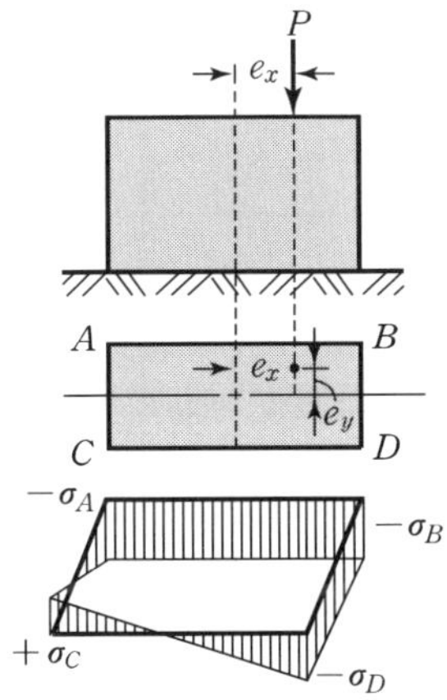

그림 9.12 복편심하중

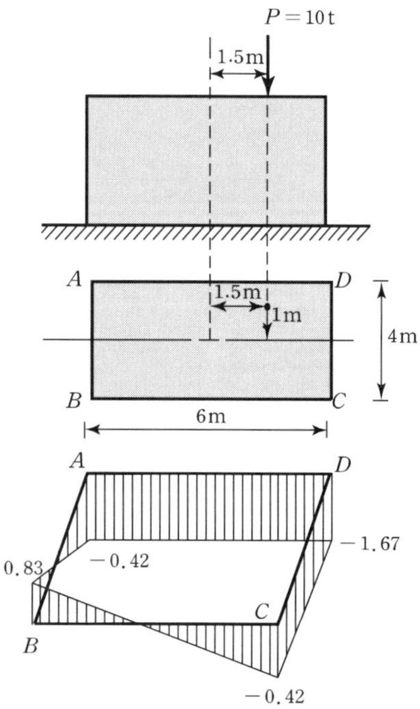

그림 9.13 예제 9.9

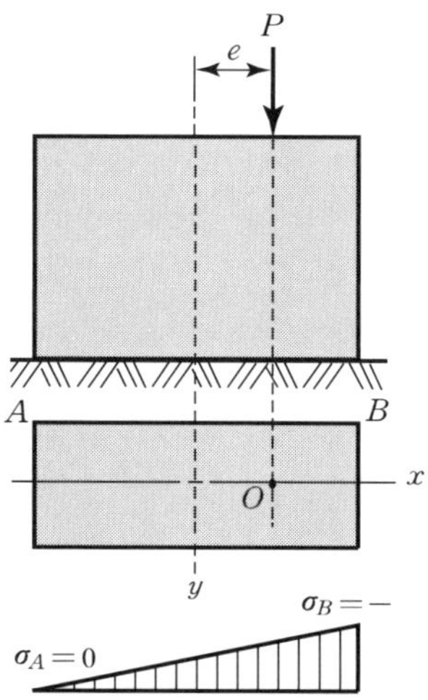

그림 9.14 단면의 핵

예제 9.9 그림 9.13과 같은 단면에 $(x,\ y)$축 좌표 (1.5 m, 1 m)에서 10 t의 하중이 작용한다. 점 $A,\ B,\ C,\ D$의 응력을 구하여라.

풀이

$$\sigma = -\frac{P}{A} \pm \frac{M_x}{I_x} y \pm \frac{M_y}{I_y} x$$

$$\sigma = -\frac{10}{6\times 4} \pm \frac{10\times 1}{\frac{6\times 4^3}{12}} \times 2 \pm \frac{10\times 1.5}{\frac{4\times 6^3}{12}} \times 3$$

$$\therefore \sigma_A = -0.42 - 0.625 + 0.625 \fallingdotseq -0.42\ \mathrm{t/m^2}$$

$$\sigma_B = -0.42 + 0.625 + 0.625 \fallingdotseq 0.83\ \mathrm{t/m^2}$$

$$\sigma_C = -0.42 + 0.625 - 0.625 \fallingdotseq -0.42\ \mathrm{t/m^2}$$

$$\sigma_D = -0.42 - 0.625 - 0.625 \fallingdotseq -1.67\ \mathrm{t/m^2}$$

9.2.4 단면의 핵

지금까지 응력을 계산한 것을 보면, 하중 P가 작용하는 위치에 따라 단면에 생기는 응력은 변화한다. 어느 점에 하중이 작용할 때 한쪽은 응력이 “0”이고 다른 쪽은 압축응력(−)이 생길 때의 편심구역을 단면의 핵(core)이라 한다.

그림 9.14에서 편심거리가 e인 점에서 P가 작용할 때 $\sigma_A = 0$, $\sigma_B < 0$ 값이 된다면 P가 작용하는 점 O의 구간이 단면의 핵이다.

$$\sigma = -\frac{P}{A} + \frac{Pe}{I} y = -\frac{P}{A}\left(1 - \frac{e}{I/A} y\right)$$

여기서, 단면에 인장응력이 생기지 않으려면 $\sigma = 0$이 되므로

$$1 - \frac{e}{I/A} y = 0$$

$$\therefore e = \frac{I/A}{y} = \frac{r^2}{y} \tag{9.7}$$

여기서, e는 도심점에서 핵까지의 거리이다.

1) 직사각형 단면

식 $e_x = \dfrac{r_y^2}{x}$ 에서

$$I_y = \frac{h\,b^3}{12}$$

$$r_y^2 = \frac{I_y}{A} = \frac{h\,b^3/12}{b\,h} = \frac{b^2}{12}$$

$$\therefore e_x = \frac{b^2/12}{b\,/\,2} = \frac{b}{6}$$

$$\therefore e_y = \frac{r_x^2}{y} = \frac{h^2/12}{h\,/\,2} = \frac{h}{6} \qquad (9.8)$$

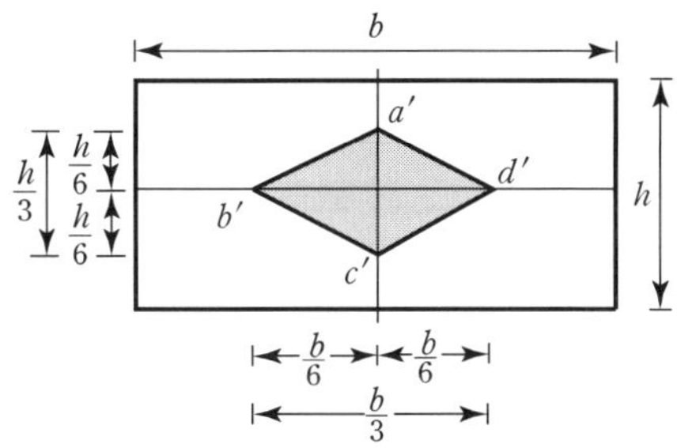

그림 9.15 직사각형단면

즉, 중앙점에서 $e_x = \dfrac{b}{6}$, $e_y = \dfrac{h}{6}$의 위치인 a', b', c', d'가 핵점이고 핵안에 하중이 작용하면 단면에는 압축응력만 발생한다. 그림 9.15에서 변의 길이에 대한 핵점의 범위는 중앙에서 1/3이므로 중앙삼분권(middle third)이라고 한다.

2) 원형단면

그림 9.16과 같은 원형단면에서 $I = \dfrac{\pi d^4}{64}$ 이므로

$$r^2 = \frac{I}{A} = \frac{d^2}{16}$$

$$\therefore e = \frac{r^2}{y} = \frac{d^2/16}{d/2} = \frac{d}{8} \qquad (9.9)$$

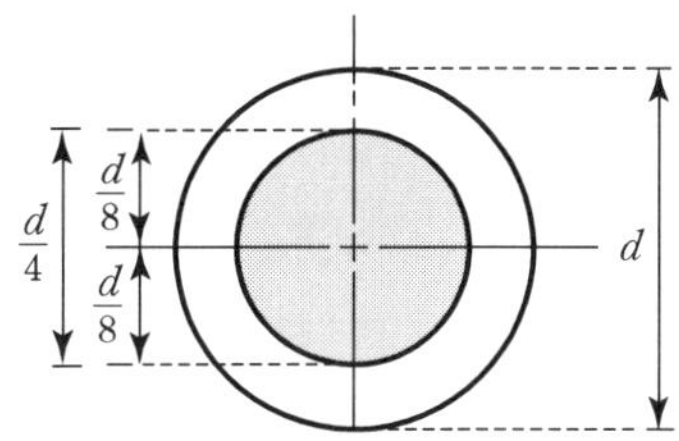

그림 9.16 원형단면

그러므로 중앙점에서 $d/8$점이므로 중앙점의 지름은 $d/4$의 범위 내에 하중이 작용하면 단면은 압축응력만 작용한다.

3) 삼각형 단면

① x 축에서

$$I_x = \frac{bh^3}{36}, \quad A = \frac{b\,h}{2}$$

$$y_1 = \frac{2}{3}h, \quad y_2 = \frac{1}{3}y$$

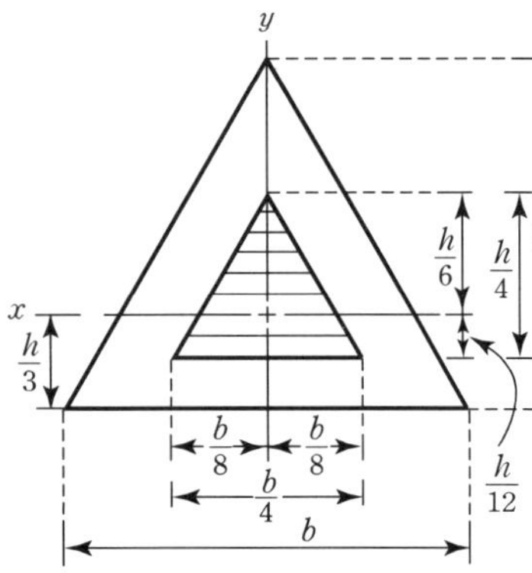

그림 9.17 삼각형단면

$$r_x^2 = \frac{I_x}{A} = \frac{bh^3/36}{bh/2} = \frac{h^2}{18}$$

$$\therefore e_{y_1} = \frac{r_x^2}{y_1} = \frac{h^2/18}{2h/3} = \frac{h}{12}$$

$$\therefore e_{y_2} = \frac{r_x^2}{y_2} = \frac{h^2/18}{h/3} = \frac{h}{6} \qquad (9.10)$$

② y축에서

$$I_y = \frac{h\left(\frac{b}{2}\right)^3}{12} \times 2 = \frac{hb^3}{48}, \quad x = \frac{b}{2} \times \frac{2}{3} = \frac{b}{3}$$

$$r_y^2 = \frac{I_y}{A} = \frac{b^3h/48}{bh/2} = \frac{b^2}{24}$$

$$\therefore e_x = \frac{r_y^2}{x} = \frac{b^2/24}{b/3} = \frac{b}{8} \qquad (9.11)$$

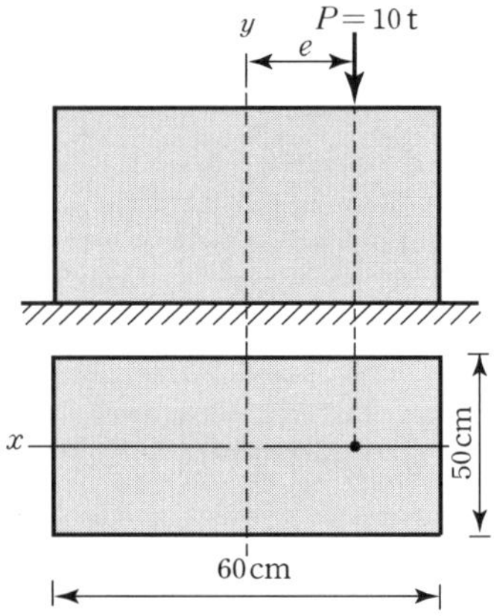

그림 9.18 예제 9.10

예제 9.10 그림 9.18과 같은 단주에서 편심거리가 e인 점에 P=10 t이 작용할 때 단면에 인장응력이 생기지 않는 e의 한계는?

풀이

P= 10 t이 핵의 범위에 있으면 된다. y축에 편심되어 있으므로

$$e \leq \frac{b}{6} = \frac{60}{6} = 10\text{ cm}$$

즉, y축에서 편심거리 10 cm 되는 점 이내에 하중 P= 10 t이 작용하면 단면에는 압축응력만 작용한다.

연습문제

1. 길이 3 m인 10 cm×20 cm 직사각형단면 기둥의 세장비를 구하여라.

답 : $\lambda = 103.9$

2. 길이 4 m 되는 원형단면 기둥에서 세장비가 100이 될 때 지름 d를 구하여라.

답 : $d = 16$ cm

3. 단면 10 cm×10 cm의 짧은 기둥에 축방향하중이 10 t 작용한다. 이 단면의 안정여부를 검토하여라. (단, $\sigma_a = 90\ \text{kg/cm}^2$)

답 : $\sigma = \dfrac{P}{A} = 80\ \text{kg/cm}^2 < \sigma_a = 90\ \text{kg/cm}^2$ ∴ 안정

4. 그림 9.19와 같은 짧은 기둥에서 편심거리 $e_x = 3$ cm 점에서 하중 P=1000 kg 작용한다. 점 A, B 의 응력을 구하고 응력분포도를 그려라.

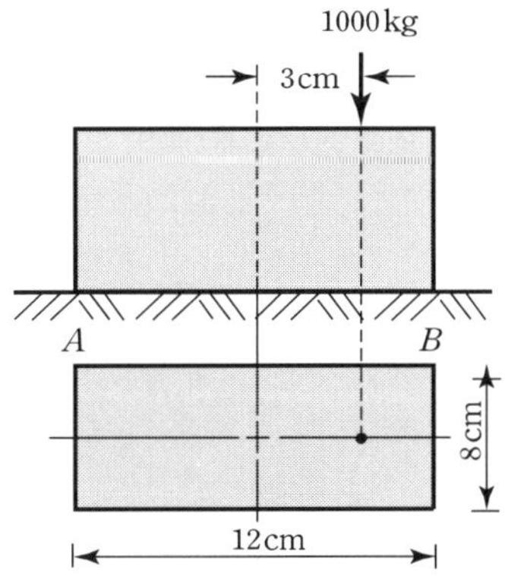

그림 9.19 연습문제 4

답 : $\sigma_A = 1135.75\ \text{kg/cm}^2$, $\sigma_B = -83.33\ \text{kg/cm}^2$

5. 그림 9.20과 같은 원형단면에 편심거리 $e_x = 5$ cm인 점에 편심하중이 100 kg 작용한다. 점 A, B 의 응력을 구하여라.

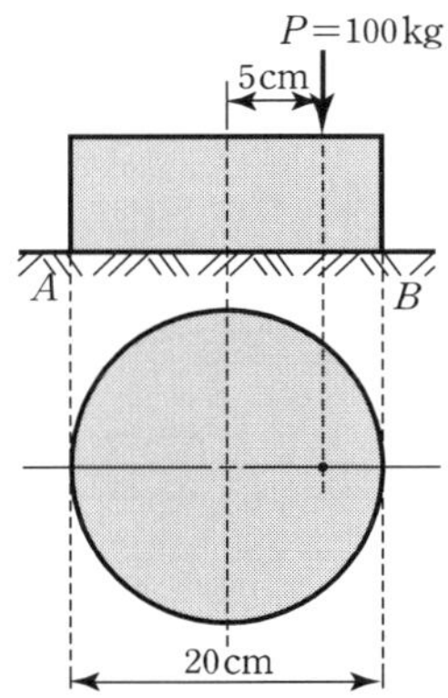

그림 9.20 연습문제 5

답 : $\sigma_A = 0.32\ \text{kg/cm}^2$(인장), $\sigma_B = -0.96\ \text{kg/cm}^2$(압축)

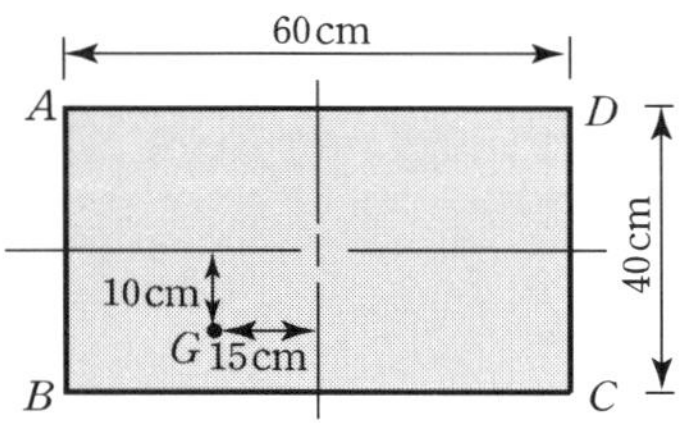

그림 9.21 연습문제 6

6. 그림 9.21의 사각형 단면을 가진 짧은 기둥에서 $P = 40$ t 작용할 때 점 A, B, C, D의 응력을 구하여라.

답 : $\sigma_A = -16.66\ \text{kg/cm}^2$ (압축)

$\sigma_B = -66.66\ \text{kg/cm}^2$ (압축)

$\sigma_C = -16.66\ \text{kg/cm}^2$ (압축)

$\sigma_D = 33.34\ \text{kg/cm}^2$ (인장)

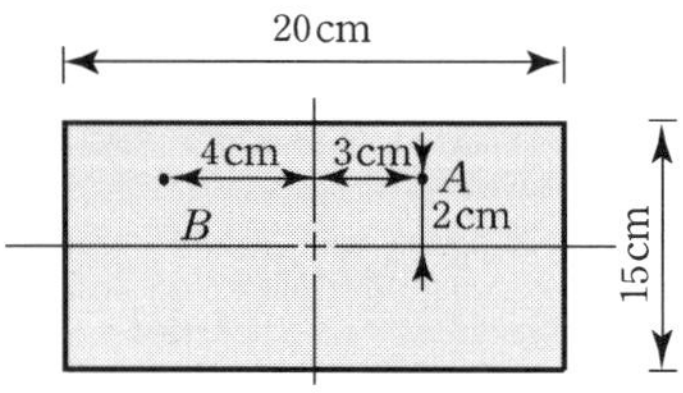

그림 9.22 연습문제 7

7. 그림 9.22의 사각형 단면을 가진 짧은 기둥에서 점 A에 20 t 작용할 때 점 B의 응력을 구하여라.

답 : $\sigma_B = -56.89\ \text{kg/cm}^2$

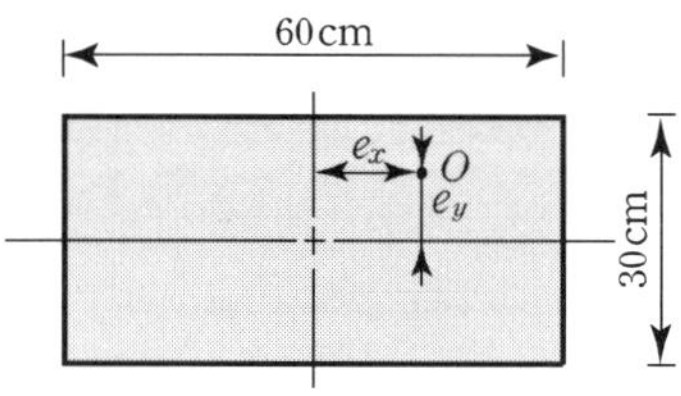

그림 9.23 연습문제 8

8. 그림 9.23의 직사각형 단면에서 6 t의 하중이 점 O에 작용할 때 단면에 압축응력만 발생하기 위한 편심거리 e_x, e_y 값을 구하여라.

답 : $e_x = 10$ cm, $e_y = 5$ cm

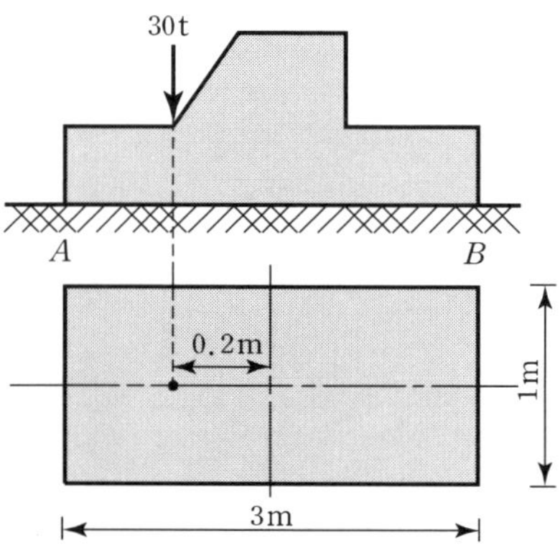

그림 9.24 연습문제 9

9. 그림 9.24와 같은 옹벽 구조물에서 점 A, B의 응력을 구하여라.

답 : $\sigma_A = 1.4\ \text{kg/cm}^2$ $\sigma_B = 0.6\ \text{kg/cm}^2$

9.3 장 주

긴 기둥(長柱, long column)은 단면의 크기에 비하여 기둥 길이가 클 때 압축응력에 의한 파괴보다 기둥의 좌굴(挫屈, buckling)에 의하여 파괴되는 기둥을 말한다. 따라서 긴 기둥은 압축응력이 허용응력에 도달하기 전에 휘어져서 파괴되므로 좌굴하중(P_b)을 구하여 해석한다. 좌굴응력의 계산은 오일러 공식과 여러 가지 실험식에 의해 구할 수 있다.

긴 기둥의 종류는 지지하는 방법에 따라 그림 9.25와 같이 네 가지로 구분된다.

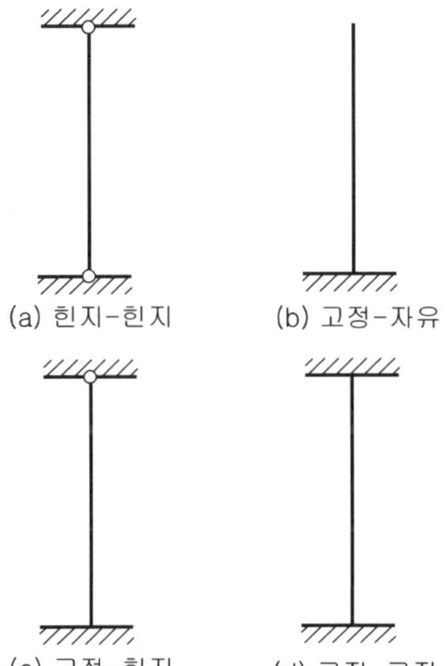

그림 9.25 장주의 종류

9.3.1 오일러 공식

오일러(Leonard Euler)는 기둥이 직선 부재이고 균일한 재료일 때 압축력을 받을 경우 다음과 같이 이론식으로 유도하였다. EI가 일정한 부재에 휨모멘트 M을 받을 경우 제6장의 보의 응력에서 곡률($1/\rho$)은 다음과 같다.

$$\frac{1}{\rho} = \frac{M}{EI} \tag{9.12}$$

또한 원호의 곡률식에서 $\frac{dy}{dx} \ll 1$이므로 $\left(\frac{dy}{dx}\right)^2$를 무시하면

$$\frac{1}{\rho} = \pm \frac{\frac{d^2y}{dx^2}}{\left\{1+\left(\frac{dy}{dx}\right)^2\right\}^{\frac{3}{2}}} = \pm \frac{d^2y}{dx^2} \tag{9.13}$$

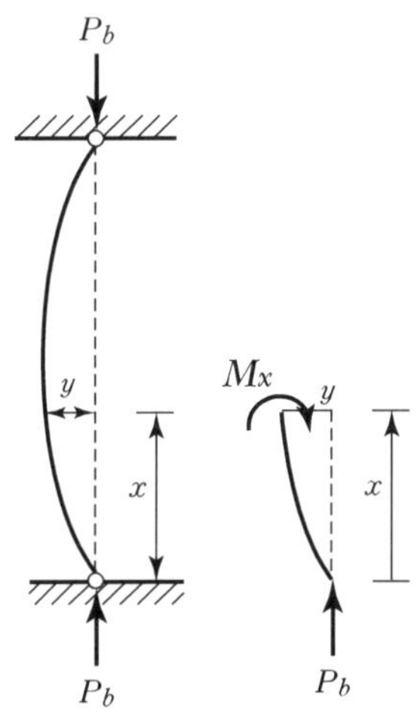

그림 9.26 오일러 기둥

그림 9.26에서 양단 힌지기둥에 압축력 P_b가 작용할 때, $M_x = -P_b y$이므로 식 (9.12)와 (9.13)에서

$$\frac{d^2y}{dx^2} = -\frac{P_b y}{EI} \tag{9.14}$$

여기서,

$$\frac{P_b}{EI} = C^2 \tag{9.15}$$

이라 놓으면

$$\frac{d^2y}{dx^2} + C^2y = 0$$

미분방정식의 일반해에서 상수를 구한다.

$$y = A\cos Cx + B\sin Cx$$

여기서, A, B는 적분상수로서 경계조건식으로 구한다. 즉, $x = 0$이면 $y = 0$이므로

$$0 = A\cos C \times 0$$

$\cos 0° = 1$이므로 $A = 0$이다. 또한, $x = l$ 이면 $y = 0$이므로

$$0 = B\sin Cl$$

여기서, $B = 0$이거나 $\sin Cl = 0$이어야 된다. 그러나 $B \neq 0$이어야 하므로

$$\therefore \sin Cl = 0 \tag{9.16}$$

$Cl = n\pi\ (n = 1,\ 2,\ 3, \ldots)$ 라 놓으면

$$\therefore C = \frac{n\pi}{l}, \qquad C^2 = \frac{n^2\pi^2}{l^2} \tag{9.17}$$

식 (9.15)에서 $C^2 = \dfrac{P_b}{EI}$이므로

$$P_b = C^2EI = \frac{n^2\pi^2EI}{l^2} \tag{9.18}$$

여기서, P_b : 좌굴하중 [kg]
E : 탄성계수 [kg/cm²]
l : 기둥의 길이
n : 좌굴모드
I : 단면2차 모멘트 [cm⁴]
π : 원주율

식 (9.18)에서 $n = 1,\ 2,\ 3,\ \cdots$이므로 n값에 의한 sin 곡선이 생긴다.

n 값에 의한 곡선은 다음과 같다(그림 9.27).

$$n=1 \text{ 일 때} \qquad P_b = \frac{\pi^2 EI}{l^2} \quad \text{[그림 9.27(a)]}$$

$$n=2 \text{ 일 때} \qquad P_b = \frac{4\pi^2 EI}{l^2} \quad \text{[그림 9.27(b)]}$$

$$n=3 \text{ 일 때} \qquad P_b = \frac{9\pi^2 EI}{l^2} \quad \text{[그림 9.27(c)]}$$

그림 9.27과 같이 $n=2$, 3인 경우의 파괴모드가 일어나기 전에 $n=1$일 때의 파괴모드가 일어난다. 따라서 최소값 P_b를 얻기 위하여 $n=1$을 취하면 다음과 같다.

$$\therefore P_b = \frac{\pi^2 EI}{l_k^2} \tag{9.19}$$

식 (9.19)를 **오일러 공식**이라 하고 힌지-힌지인 경우 좌굴길이 l을 l_k라 놓고 고정-자유, 고정-힌지, 고정-고정의 기둥 등에 대해 정리하면 표 9.1과 같다. 좌굴길이(l_k)는 변곡점 사이의 길이이고 **좌굴하중은 좌굴길이의 제곱에 반비례**한다.

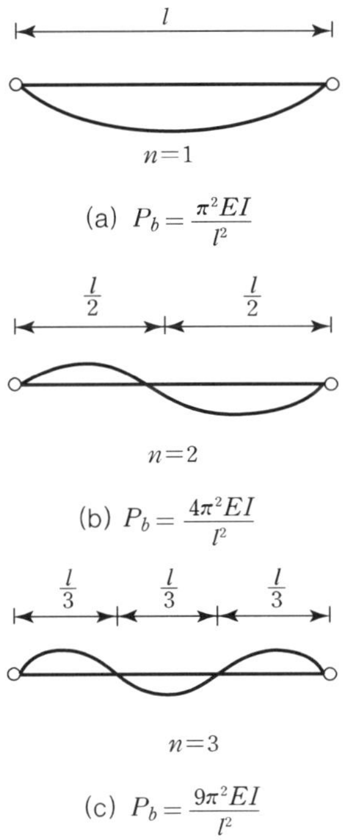

그림 9.27 좌굴모드

표 9.1 장주의 좌굴공식

구 분	힌지-힌지	고정-자유	고정-힌지	고정-고정
지지상태	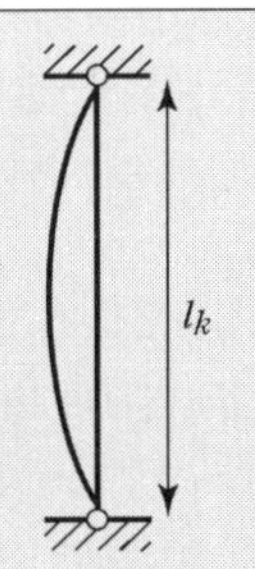		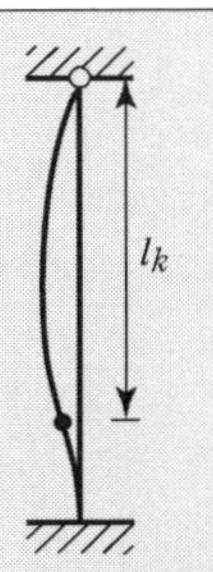	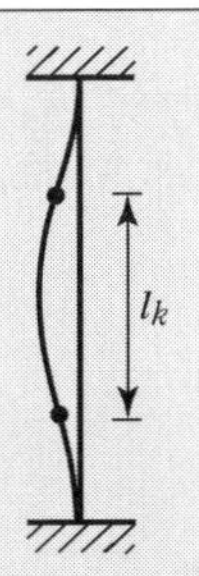
좌굴길이(l_k)	l	$2l$	$0.7l$	$0.5l$
좌굴하중 (P_b)	$\frac{\pi^2 EI}{l^2}$	$\frac{\pi^2 EI}{(2l)^2}$	$\frac{\pi^2 EI}{(0.7l)^2}$	$\frac{\pi^2 EI}{(0.5l)^2}$
강 도(n)	1	1/4	2	4

좌굴응력(critical stress, σ_b)을 구하면 다음과 같다.

$$\therefore \sigma_b = \frac{P_b}{A} = \frac{\pi^2 E I}{l^2 A} = \frac{\pi^2 E r^2}{l^2} = \frac{\pi^2 E}{\lambda^2} \tag{9.20}$$

여기서, σ_b : 좌굴응력

r : 단면2차 반경($r^2 = \frac{I}{A}$)

λ : 세장비($\lambda = \frac{l}{r}$)

9.3.2 오일러 공식의 적용범위

공식 (9.18)에서 좌굴하중(P_b)은 좌굴현상이 일어나기 시작하는 하중이므로 실제 오일러 공식을 적용하려면 좌굴응력(σ_b)이 재료의 탄성한도 내에 있어야 한다. 즉, 비례한도의 응력을 σ_p라 하면 $\sigma_b \leqq \sigma_p$에서 식 (9.19)는

$$\sigma_b = \frac{n\pi^2 E}{\lambda^2} \leqq \sigma_p$$

$$\therefore \lambda \geqq \pi \sqrt{\frac{nE}{\sigma_p}} \tag{9.21}$$

즉, 오일러의 공식을 실제로 적용하려면 식 (9.20)을 만족해야 한다. 보통 많이 쓰는 강재 기둥을 보면 양단힌지 기둥에서 $n = 1$, $E = 2.1 \times 10^6\,\text{kg/cm}^2$, $\sigma_p = 2{,}000\,\text{kg/cm}^2$일 때

$$\lambda \geqq 3.14 \times \sqrt{\frac{2.1 \times 10^6}{2000}} = 101.79$$

따라서, 그림 9.28과 같이 세장비가 100 이상인 경우에만 긴 기둥으로 하고 오일러 공식을 적용할 수 있다.

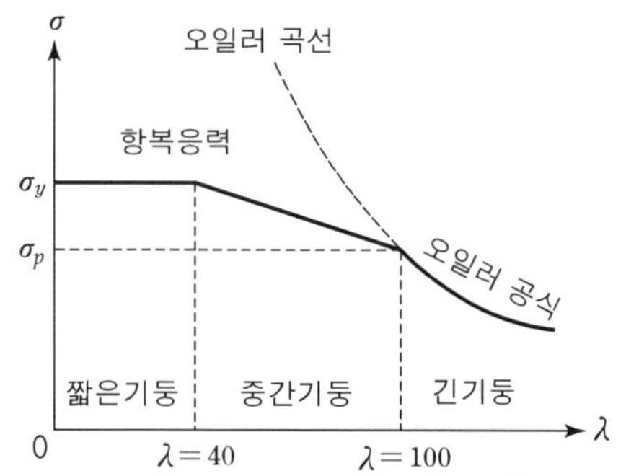

그림 9.28 오일러의 장주

9.3.3 기타공식

장주의 해석은 오일러의 공식을 적용하는 범위에서 이용되며 기타의 경우에는 실험식을 이용한다.

1) 골든-랭킨(Gordon-Rankine) 공식

$$\sigma_b = \frac{\sigma_y}{1 + \frac{a}{n^2}\left(\frac{l}{r}\right)^2} \tag{9.22}$$

여기서, σ_y : 재료의 항복강도 [kg/cm²]
a : 재료의 성질에 따라 가지는 상수
l : 기둥 길이
r : 회전반지름
n : 양단지지 상태에 따른 계수

표 9.2 골든-랭킨 공식의 상수값

재 료	σ_y [kg/cm²]	a	비 고
목 재	510	1/750	$\lambda = 20 - 250$
연 철	2500	1/9000	
연 강	3400	1/7500	
경 강	5000	1/5000	

2) 존슨(Johnson) 공식

$$\sigma_b = \sigma_y - a\,\lambda^2 \tag{9.23}$$

여기서, a : 재료의 성질에 따라 가지는 상수

표 9.3 존슨 공식의 상수값

재 료	σ_y [kg/cm²]	a	
		양단힌지	양단고정
연 철	2390	0.05	0.03
연 강	2950	0.07	0.04
경 강	4220	0.44	0.16

예제 9.11 한 변 길이가 b인 정사각형과 지름이 d인 원형단면 목재 기둥에서 길이가 4 m일 때 세장비가 100이 되도록 b와 d를 구하여라.

풀이

(1) 정사각형 단면 $r = \sqrt{\dfrac{I}{A}} = \dfrac{b}{2\sqrt{3}}$

$$\therefore \frac{l}{r} = \frac{400}{\dfrac{b}{2\sqrt{3}}} = 100\,, \quad \therefore b = 8\sqrt{3} = 13.86\ \text{cm}$$

(2) 원형단면 $r = \sqrt{\dfrac{I}{A}} = \dfrac{d}{4}$

$$\therefore \frac{l}{r} = \frac{400}{\dfrac{d}{4}} = 100\,, \quad \therefore d = 16\ \text{cm}$$

예제 9.12 양단힌지 기둥에서 지름이 16 cm인 원형단면 기둥에서 길이가 8 m인 기둥이 있다. 허용압축하중(P_a)을 구하여라. (단, $E = 2.1\times 10^6\ \text{kg/cm}^2$, 안전율 $s = 2$)

풀이

$r = \sqrt{\dfrac{I}{A}} = \dfrac{d}{4} = 4\ \text{cm}$, $\dfrac{l}{r} = \dfrac{800}{4} = 200 > 100$ ∴ 오일러의 공식

안전하중 $P_a = \dfrac{P_b}{2} = \dfrac{104{,}069}{2} = 52{,}035\ \text{kg} \fallingdotseq 52\ \text{t}$

예제 9.13 일단고정 타단힌지의 원형단면에서 지름이 3.2 cm, 길이가 8 m인 긴기둥에서 좌굴응력을 구하여라.
(단, $E = 2.1\times 10^6 \text{kg/cm}^2$)

풀이

(1) $\sigma_b = \dfrac{n\pi^2 E}{\lambda^2} = \dfrac{2\times \pi^2 \times 2.1\times 10^6}{1000^2} = 41.45\ \text{kg/cm}^2$

(2) $P_b = \dfrac{n\pi^2 EI}{l^2} = \dfrac{2\times \pi^2\times 2.1\times 10^6}{800^2} \times \dfrac{\pi \times 3.2^4}{64} = 333.4\ \text{kg}$

$$\therefore \sigma_b = \frac{P_b}{A} = \frac{333.4}{\dfrac{\pi\times 3.2^2}{4}} = 41.45\ \text{kg/cm}^2$$

연습문제

1. 그림 9.29와 같은 단면에 양단힌지 기둥이 있다. 좌굴하중을 구하여라. (단, $l=5$ m, $E= 2.1\times 10^6$ kg/cm^2)

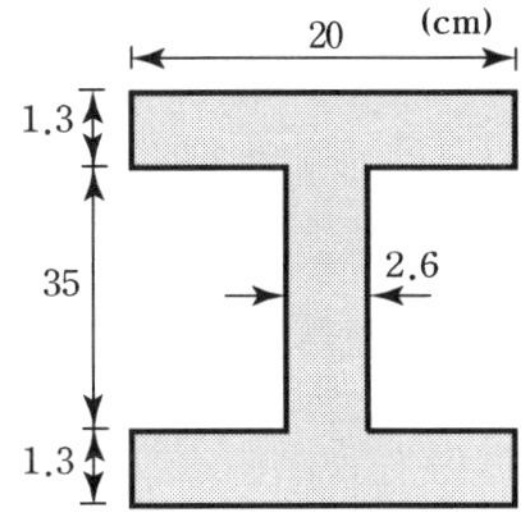

그림 9.29 연습문제 1

답 : $P_b = 148$ t

2. 단면적이 200cm^{2}의 긴기둥에서 좌굴응력이 $\sigma_b = 900$ kg/cm^{2}일 때 안전하중을 구하여라. (단, 안전율은 5)

답 : $P_s = 36$ t

3. 단면이 5 cm × 8 cm 의 직사각형 단면에서 양단힌지인 단주에 18 t의 좌굴하중이 발생할 때 기둥의 길이를 구하여라.
(단, $E= 2.1\times 10^6$ kg/cm^2)

답 : $l = 495.4$ cm

4. 다음 9.30과 같이 지지조건만 다른 4개의 긴 기둥에서 좌굴하중과 좌굴길이의 비를 구하여라.

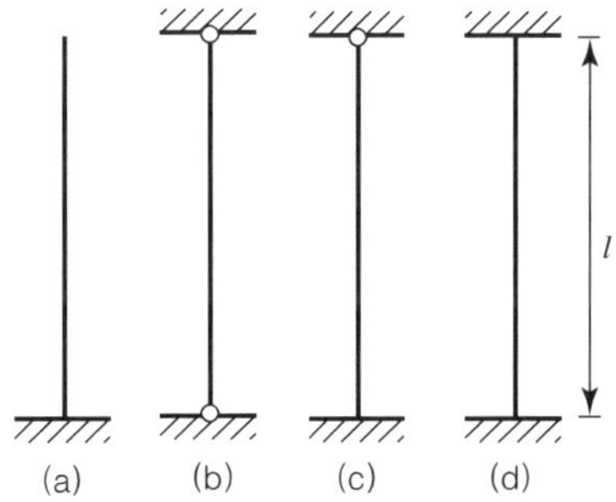

그림 9.30 연습문제 4

답 : 좌굴하중 (a) : (b) : (c) : (d) = 1 : 4 : 8 : 16

좌굴길이 (a) : (b) : (c) : (d) = 4 : 2 : $\sqrt{2}$: 1

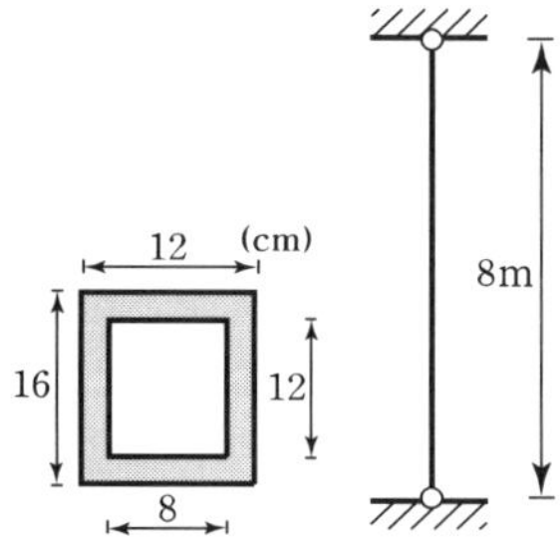

그림 9.31 연습문제 5

5. 그림 9.31과 같이 길이가 8 m인 연강기둥에 압축하중이 작용할 때 허용하중을 구하여라.
(단, 안전율 $s=8$, $E=2.1\times10^6\ \mathrm{kg/cm^2}$)

답 : $I_y = 1792\ \mathrm{cm^4}$, $r = 4.32\ \mathrm{cm}$, $\lambda = 185 \geqq 100$

$P_b = 58{,}033\ \mathrm{kg}$, $P_a = 7254\ \mathrm{kg}$

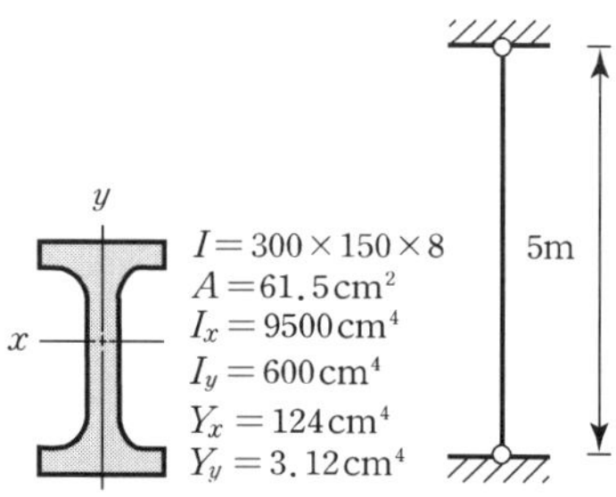

그림 9.32 연습문제 6

6. 다음 9.32와 같은 양단힌지 기둥의 I 형단면에 대한 세장비, 좌굴하중, 좌굴응력을 구하여라. (단, $E=2.1\times10^6\ \mathrm{kg/cm^2}$)

답 : 세장비 : $r_x > r_y$ 이므로 r_y를 사용

$\lambda = 160.3$, $P_b = 49.742\ \mathrm{kg}$, $\sigma_b = 806\ \mathrm{kg/cm^2}$

CHAPTER

10 구조물의 변형

CHAPTER

10

구조물의 변형

구조물에 하중이 작용하면 구조물은 변형하게 된다. 이 장에서는 변형곡선에 대한 방정식을 구하고 임의의 점에서 변형을 구하는 방법을 알아본다.

변형의 계산은 11장의 부정정구조물에서 부정정력을 해석할 때 매우 중요하다. 또한 변형이 허용한계를 초과하면 구조물의 미관을 해치고 심지어 바닥판이나 보에 균열이 발생할 수 있다. 따라서 교량이나 건물에서 계산된 변형이 허용한계 이내로 만족하는지 검토되어야 한다.

구조물에 하중이 작용하면 단면력(축력, 휨모멘트, 전단력)이 발생하고 변형된다. 이 변형은 보에 작용하는 단면력에 의하여 생기는데, 축력과 전단력에 의한 영향은 아주 작고 주로 휨모멘트에 의하여 생기게 된다.

그림 10.1과 같이 ACB의 직선보에 하중이 작용하여 $AC'B'$와 같이 변형되었을 때 이 곡선을 **탄성곡선**(elastic curve) 또는 처짐곡선(deflection curve)이라 한다. 구조물의 **변위**(displacement)에는 x, y의 병진변위와 탄성곡선의 한 점(C')에서 그은 접선이 보의 축과 이루는 각 θ인 회전변위가 있다. 일반적으로 보에서

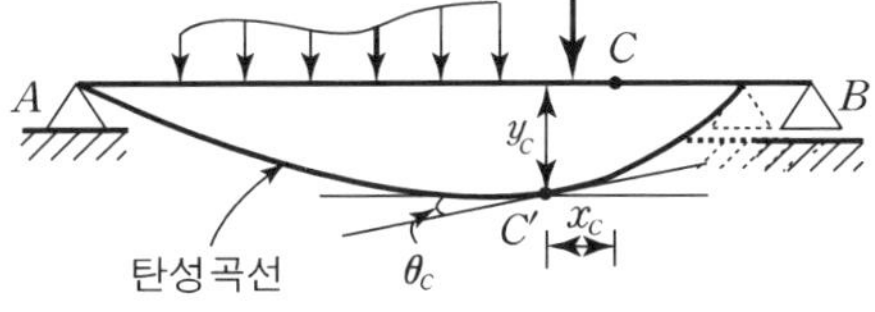

그림 10.1 보의 변형

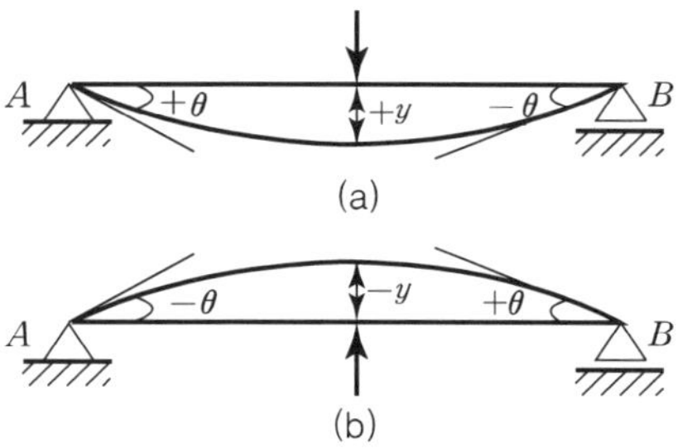

그림 10.2 변형의 부호

병진변위 x는 미소하므로 무시한다. 수직병진변위 y를 **처짐**(deflection)이라 하고, 회전변위 θ를 **처짐각**(deflection angle)이라고 한다. 그림 10.1에서 y_C는 C점의 처짐이고, θ_C는 C점의 처짐각이며 라디안(radian)으로 표시한다.

처짐의 부호는 그림 10.2(a)와 같이 아래로 처짐이 생기면 (+), 그림 10.2(b)와 같이 위로 처지면 (−)로 약속한다. 처짐각의 부호는 그림과 같이 축에서 접선이 시계방향으로 회전할 때 (+), 그 반대일 때는 (−)로 정한다.

구조물의 변형을 구하는 방법에는 기하학적 방법과 에너지방법으로 대별된다.

기하학적방법

① 미분방정식법 또는 2중적분법(보와 기둥에 적용)
② 모멘트면적법(보와 라멘에 적용)
③ 공액보법(탄성하중법)(보와 라멘에 적용)
④ 각하중법(트러스에 적용)

에너지방법

⑤ 가상일의 방법 또는 단위하중법(모든 구조물에 적용)
⑥ Castigliano의 제2정리(모든 구조물에 적용)

이상의 방법 중 미분방정식법이 가장 기본적이고, 공액보법과 가상일의 방법이 가장 실용적인 방법 이라고 할 수 있다. 이 두 가지 방법을 중심으로 구조물의 변형을 해석한다.

10.1 미분방정식법

구조물의 변형은 2계 미분방정식으로 표현되는 데, 한 번 적분하면 처짐각, 두 번 적분하면 처짐을 구할 수 있다. 이 방법을 **미분방정식법**(method of deflection curve)이라 하고, 두 번 적분하므로 **2중 적분법**이라고도 부른다.

일반적인 보의 처짐방정식을 구하기 위해 그림 10.3과 같은 단순보의 임의의 미소요소 dx를 생각해 보자.

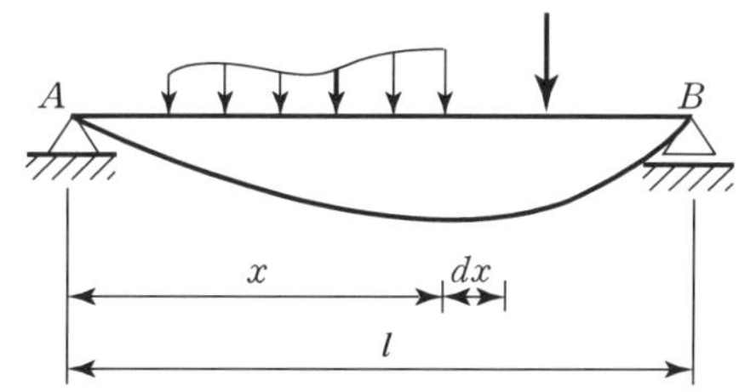

그림 10.3 보의 처짐곡선

그림 10.4의 곡률 κ은 식 (10.1)과 같다.

$$\kappa = \frac{1}{\rho} = \frac{d\theta}{dx} \tag{10.1}$$

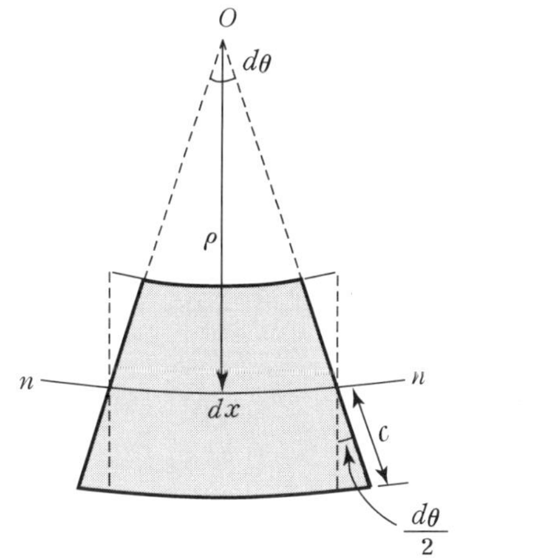

그림 10.4 처짐곡선의 미소요소

탄성곡선의 기울기는 1차도함수 $\frac{dy}{dx}$가 되고, 실제 구조물에서 θ가 아주 작으므로

$$\theta \approx \tan\theta = \frac{dy}{dx} \tag{10.2}$$

가 된다. θ를 x에 관하여 미분하면

$$\frac{d\theta}{dx} = \frac{d^2y}{dx^2} \tag{10.3}$$

이 되고, 이 식과 "6.1 휨응력"에서 유도했던 식 (6.2)의 $\frac{1}{\rho} = \frac{M}{EI}$를 식 (10.1)에 대입하면 곡률 κ는 다음과 같다.

$$\kappa = \frac{1}{\rho} = \frac{d\theta}{dx} = \frac{d^2y}{dx^2} = y'' = -\frac{M_x}{EI} \tag{10.4}$$

모멘트 M은 (+)이지만 곡률 κ가 아래로 볼록하여 (−)이므로 부호를 일치시키기 위하여 (−)를 붙인다. 이 식을 **탄성곡선방정식(처짐곡선식)**이라 하고, EI는 보의 휨강성(剛性)이라 한다.

식 (10.4)를 1차 적분하면 처짐각(θ)이고, 2차 적분하면 처짐(y)을 구할 수 있다.

$$y' = \theta = \frac{dy}{dx} = -\int \frac{M}{EI}dx + C_1$$
$$y = -\iint \frac{M}{EI}\,dx\,dx + C_1x + C_2 \tag{10.5}$$

여기서, C_1, C_2는 적분상수이고 경계조건(boundary condition)에 의하여 결정된다. 정정보에서 경계조건은 다음과 같다.

지점이 이동지점과 회전지점은 처짐 $y = 0$이고, 고정지점은 처짐(y)과 처짐각$\left(\theta = \frac{dy}{dx} = 0\right)$은 "0"이 된다.

변형 / 지점	처짐(y)	처짐각$\left(\theta = \frac{dy}{dx}\right)$
이동지점(롤러)	0	0
힌지지점(힌지)	0	0이 아님

10.1.1 단순보

1) 등분포하중을 받는 경우

그림 10.5에서 임의의 점에 대한 휨모멘트 M_x는

$$M_x = \frac{wl}{2}x - \frac{w}{2}x^2$$

$$EIy'' = -M_x = -\frac{wl}{2}x + \frac{w}{2}x^2$$

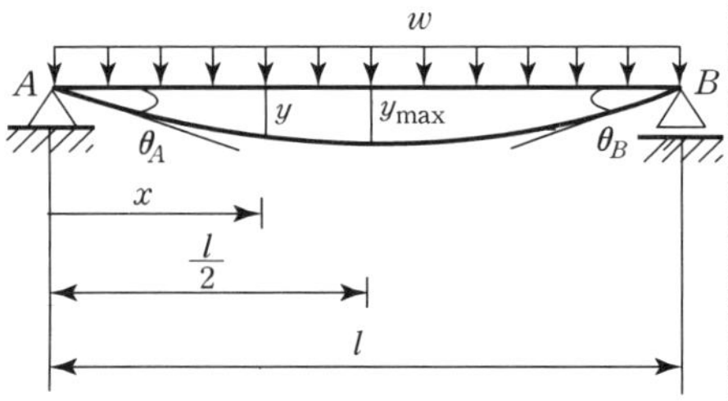

그림 10.5 등분포하중을 받는 단순보

1차 적분하면

$$EIy' = -\frac{wl}{4}x^2 + \frac{w}{6}x^3 + C_1$$

2차 적분하면

$$EIy = -\frac{wl}{12}x^3 + \frac{w}{24}x^4 + C_1x + C_2$$

여기서, 적분상수 C_1, C_2를 결정하기 위해서 경계조건식을 이용한다.

$x = 0$일 때 $y = 0$ $\quad \therefore C_2 = 0$

$x = l$ 일 때 $y = 0$ $\quad -\frac{wl}{12}l^3 + \frac{w}{24}l^4 + C_1l + 0 = 0$

$$\therefore C_1 = \frac{wl^3}{24}$$

C_1, C_2 값을 1, 2차 적분식에 대입하여 처짐각과 처짐을 구하면 다음과 같다.

$$EI\theta = -\frac{wl}{4}x^2 + \frac{w}{6}x^3 + \frac{wl^3}{24}$$

$$\therefore \theta = \frac{w}{24EI}(l^3 - 6lx^2 + 4x^3) \tag{10.6}$$

$$EIy = -\frac{wl}{12}x^3 + \frac{w}{24}x^4 + \frac{wl^3}{24}x + 0$$

$$\therefore y = \frac{w}{24EI} x(l^3 - 2lx^2 + x^3) \tag{10.7}$$

최대 처짐각은 양 지점에서 생기므로, 식 (10.6)에 $x = 0$과 $x = l$을 대입하면,

$$\theta_{max} = \theta_A = -\theta_B = \frac{wl^3}{24EI} \tag{10.8}$$

으로 나타난다. 최대처짐은 보의 중앙점에서 생기므로 $x = l/2$을 식 (10.7)에 대입한다.

$$\therefore y_{max} = y_{x=\frac{l}{2}} = \frac{5}{384EI} wl^4 \tag{10.9}$$

2) 집중하중을 받는 경우

그림 10.6의 $0 \leqq x_1 \leqq a$ 구간에서

$$M_{x_1} = V_A x_1 = \frac{Pb}{l} x_1 \quad ①$$

$$EIy_1'' = -M_{x_1} = -\frac{Pb}{l} x_1 \quad ②$$

$$EIy_1' = -\frac{Pb}{2l} x_1^2 + C_1 \quad ③$$

$$EIy_1 = -\frac{Pb}{6l} x_1^3 + C_1 x_1 + C_2 \quad ④$$

$a \leqq x_2 \leqq l$의 구간에서

$$M_{x_2} = \frac{Pb}{l} x_2 - P(x_2 - a) \quad ⑤$$

$$EIy_2'' = -\frac{Pb}{l} x_2 + P(x_2 - a) \quad ⑥$$

$$EIy_2' = -\frac{Pb}{2l} x_2^2 + \frac{P}{2}(x_2 - a)^2 + C_3 \quad ⑦$$

$$EIy_2 = -\frac{Pb}{6l} x_2^3 + \frac{P}{6}(x_2 - a)^3 + C_3 x_2 + C_4 \quad ⑧$$

적분상수 C_1, C_2, C_3, C_4를 구하기 위해 경계조건을 이용한다.

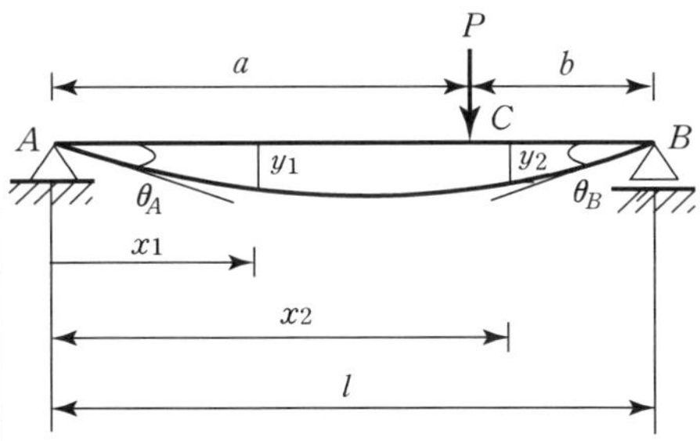

그림 10.6 집중하중을 받는 단순보

$x_1 = 0$에서 $y_1 = 0$을 식 ④에 대입하면 $C_2 = 0$

$x_2 = l$ 에서 $y_2 = 0$을 식 ⑧에 대입하면

$$-\frac{Pb}{6l}x_2^3 + \frac{P}{6}(x_2 - a)^3 + C_3 l + C_4 = 0 \quad ⑨$$

$x_1 = a$와 $x_2 = a$에서 $y_1{}' = y_2{}'$이므로 식 ③과 ⑦에 대입하면 $C_1 = C_3$이다.

또한 $x_1 = a$와 $x_2 = a$에서 $y_1 = y_2$이므로 식 ④와 ⑧에서 $C_2 = C_4 = 0$이고 식 ⑨에 대입하여 정리하면

$$C_1 = C_3 = \left(\frac{Pb}{6l}l^3 - \frac{Pb^3}{6}\right)\frac{1}{l} = \frac{Pb}{6l}(l^2 - b^2)$$

이상의 적분상수를 대입하여 정리하면

$0 \leqq x_1 \leqq a$ 구간에서

$$EIy_1{}' = -\frac{Pb}{2l}x_1^2 + \frac{Pb}{6l}(l^2 - b^2) \quad (10.10)$$

$$EIy_1 = -\frac{Pb}{6l}x_1^3 + \frac{Pb}{6l}(l^2 - b^2)x_1$$

$$= \frac{Pb}{6l}x_1(l^2 - b^2 - x_1^2) \quad (10.11)$$

$a \leqq x_2 \leqq l$ 구간에서

$$EIy_2{}' = -\frac{Pb}{2l}x_2^2 + \frac{P}{2}(x_2 - a)^2 + \frac{Pb}{6l}(l^2 - b^2) \quad (10.12)$$

$$EIy_2 = -\frac{Pb}{6l}x_2^3 + \frac{P(x_2 - a)^3}{6} + \frac{Pb}{6l}(l^2 - b^2)x_2$$

$$= \frac{Pb}{6l}\left[\frac{l}{b}(x_2 - a)^3 + (l^2 - b^2)x_2 - x_2^3\right] \quad (10.13)$$

하중위치가 $a > b$라면 최대처짐은 $0 \leqq x_1 \leqq a$ 구간에 생기므로 식 (10.10)에서 $\dfrac{dy_1}{dx_1} = 0$일 때($\theta_1 = 0$), 즉 처짐곡선의 접선이 수평이므로 최대처짐을 구할 수 있다.

$$EI\frac{dy_1}{dx_1} = -\frac{Pb}{2l}x_1^2 + \frac{Pb}{6l}(l^2 - b^2) = 0$$

$$\therefore x_1 = \sqrt{\frac{l^2 - b^2}{3}} \tag{10.14}$$

따라서, 식 (10.14)를 식 (10.11)에 대입하면

$$y_{\max} = \frac{Pb}{6EIl}\sqrt{\frac{l^2 - b^2}{3}}\left(l^2 - b^2 - \frac{l^2 - b^2}{3}\right) \tag{10.15}$$

$$= \frac{Pb(l^2 - b^2)^{\frac{3}{2}}}{9\sqrt{3}\,EIl}$$

$0 \leqq x_1 \leqq a$ 구간에서 $x_1 = 0$을 대입하면

$$\theta_A = \frac{Pb(l^2 - b^2)}{6EIl} \tag{10.16}$$

$a \leqq x_2 \leqq l$ 구간에서 $x_2 = l$을 대입하면

$$\theta_B = \frac{1}{EI}\left[-\frac{Pl^2}{2l} + \frac{(l-a)^2}{2} + \frac{b}{6l}(l^2 - b^2)\right]$$

$$= -\frac{Pb}{6EIl}(3l^2 - 3lb - l^2 + b^2)$$

$$= -\frac{Pa(l^2 - a^2)}{6EIl} \tag{10.17}$$

예제 10.1 그림 10.7과 같은 단순보의 중앙에 집중하중이 작용할 때 최대처짐 $y_{\max}$와 처짐각 θ_A와 θ_B을 구하여라.

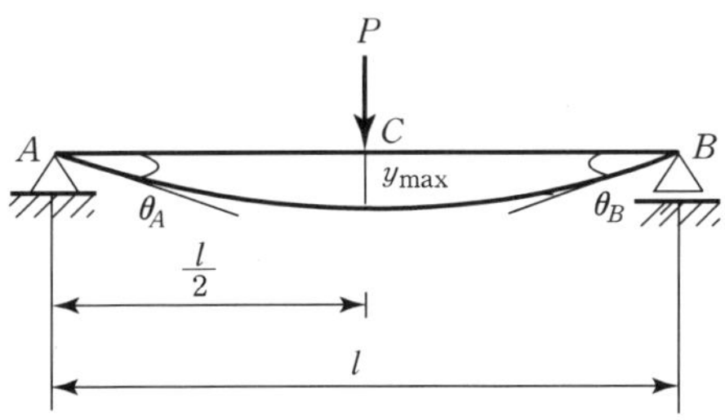

그림 10.7 예제 10.1

풀이

임의점에서 휨모멘트(M_x)는 $M_x = \frac{P}{2}x$

$$EIy'' = -M_x = -\frac{P}{2}x$$

$$EIy' = -\frac{P}{4}x^2 + C_1 \quad ①$$

$$EIy = -\frac{P}{12}x^3 + C_1x + C_2 \quad ②$$

$x=\dfrac{l}{2}$일 때 $y'=0$, $x=0$ 일 때 $y=0$이므로, 식 ①과 ②에 대입하면

$$0=-\frac{P}{4}\left(\frac{l}{2}\right)^2+C_1 \qquad \therefore C_1=\frac{Pl^2}{16} \qquad ③$$

$$0=-\frac{P}{12}x^3+\frac{Pl^2}{16}x+C_2 \qquad \therefore C_2=0 \qquad ④$$

식 ③과 ④를 식 ①과 ②에 대입하면

$$\therefore EIy'=-\frac{P}{4}x^2+\frac{Pl^2}{16}$$

$$\therefore EIy=-\frac{P}{12}x^3+\frac{Pl^2}{16}x$$

점 $A\,(x=0)$에서 최대처짐각이 발생

$$\therefore \theta_A=-\theta_B=\frac{Pl^2}{16EI}$$

$x=\dfrac{l}{2}$에서 최대처짐이 발생

$$EIy_{\max}=-\frac{P}{12}\left(\frac{l}{2}\right)^3+\frac{Pl^2}{16}\left(\frac{l}{2}\right)$$

$$\therefore y_{\max}=\frac{Pl^3}{48EI}$$

3) 모멘트 하중이 작용하는 경우

그림 10.8에서 임의점에서의 휨모멘트(M_x)는

$$M_x=M$$

$$EIy''=-M_x=-M$$

$$EIy'=-Mx+C_1 \qquad ①$$

$$EIy=-\frac{M}{2}x^2+C_1x+C_2 \qquad ②$$

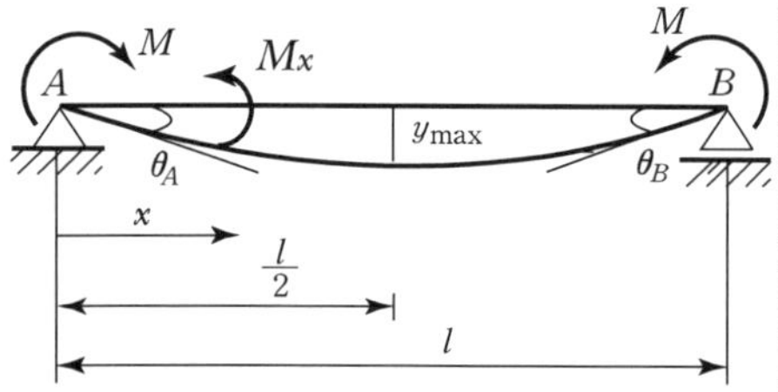

그림 10.8 모멘트하중을 받는 단순보

$x=\dfrac{l}{2}$, $y'=0$와 $x=0$, $y=0$를 식 ①과 ②에 대입하면

$$0=-\frac{Ml}{2}+C_1 \qquad \therefore C_1=\frac{Ml}{2} \qquad ③$$

$$0=-\frac{M}{2}x^2+\frac{Ml}{2}x+C_2 \qquad \therefore C_2=0 \qquad ④$$

식 ③과 ④를 식 ①과 ②에 대입하면

$$EIy' = -Mx + \frac{Ml}{2}$$

$$EIy = -\frac{M}{2}x^2 + \frac{Ml}{2}$$

점 $A(x=0)$에서 최대처짐각이 발생

$$\therefore \theta_{max} = \theta_A = \frac{Ml}{2EI} = -\theta_B$$

$x = \frac{l}{2}$에서 최대처짐이 발생

$$\therefore y_{max} = \left(-\frac{M}{2}\frac{l^2}{2} + \frac{Ml}{2}\frac{l}{2}\right)\frac{1}{EI} = \frac{Ml^2}{8EI}$$

10.1.2 캔틸레버보

1) 등분포 하중이 작용하는 경우

그림 10.9에서 자유단에서 x에서 휨모멘트(M_x)는

$$M_x = -\frac{wx^2}{2}$$

$$EIy'' = -M_x = \frac{wx^2}{2}$$

$$EIy' = +\frac{wx^3}{6} + C_1 \quad ①$$

$$EIy = +\frac{wx^4}{24} + C_1x + C_2 \quad ②$$

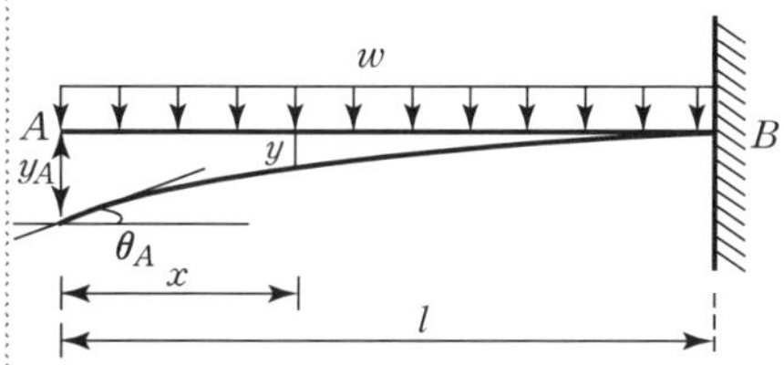

그림 10.9 분포하중을 받는 켄틸레버보

$x = l$ 이면 $\theta_B = y' = 0$, $y = 0$이므로 식 ①과 ②에 대입하면

$$0 = +\frac{wl^3}{6} + C_1 \qquad \therefore C_1 = -\frac{wl^3}{6} \quad ③$$

$$0 = +\frac{wl^4}{24} - \frac{wl^3}{6}l + C_2 \qquad \therefore C_2 = -\frac{wl^4}{8} \quad ④$$

식 ③과 ④를 식 ①과 ②에 대입하면

$$\theta = \frac{1}{EI}\left(\frac{wx^3}{6} - \frac{wl^3}{6}\right) = \frac{w}{6EI}(x^3 - l^3)$$

$$y = \frac{1}{EI}\left(\frac{wx^4}{24} - \frac{wl^3}{6}x + \frac{wl^4}{8}\right)$$

$$= \frac{w}{24EI}(x^4 - 4l^3x + 3l^4)$$

$x = 0$에서 최대처짐각과 최대처짐이 생기므로

$$\therefore \theta_{max} = \theta_A = -\frac{wl^3}{6EI}$$

$$\therefore y_{max} = \frac{wl^4}{8EI}$$

2) 집중하중이 작용하는 경우

그림 10.10에서 자유단에서의 임의점 x의 휨모멘트는 $M_x = -Px$이므로

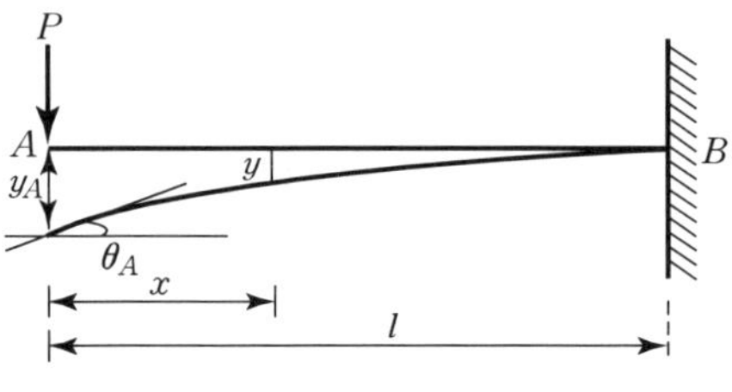

그림 10.10 집중하중을 받는 켄틸레버보

$$EIy'' = -M_x = Px$$

$$EIy' = \frac{Px^2}{2} + C_1 \quad ①$$

$$EIy = \frac{Px^3}{6} + C_1x + C_2 \quad ②$$

$x = l$ 이면 $\theta_B = y' = 0$, $y = 0$이므로 식 ①과 ②에 대입하면

$$0 = \frac{Pl^2}{2} + C_1 \qquad \therefore C_1 = -\frac{Pl^2}{2} \quad ③$$

$$0 = \frac{Pl^3}{6} - \frac{Pl^2}{2}l + C_2 \qquad \therefore C_2 = \frac{Pl^3}{3} \quad ④$$

식 ③과 ④를 식 ①과 ②에 대입하면

$$\theta_x = y' = \frac{P}{2EI}(x^2 - l^2)$$

$$y_x = \frac{P}{6EI}(x^3 - 3l^3x + 3l^3)$$

최대처짐각과 최대처짐은 점 $A(x=0)$에서 생기므로

$$\theta_{max} = \theta_A - \frac{Pl^2}{2EI}$$

$$y_{max} = \frac{Pl^3}{3EI}$$

3) 모멘트 하중이 작용하는 경우

그림 10.11에서 임의점에서 휨모멘트(M_x)는

$$M_x = -M$$

$$EIy'' = -M_x = M$$

$$EIy' = Mx + C_1 \quad ①$$

$$EIy = \frac{M}{2}x^2 + C_1 x + C_2 \quad ②$$

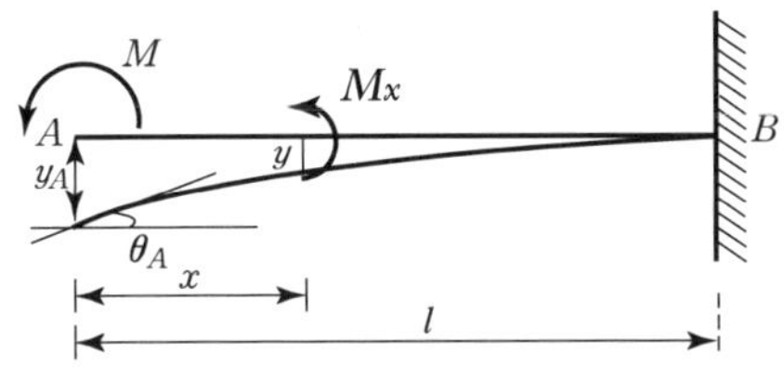

그림 10.11 모멘트하중을 받는 켄틸레버보

$x = l$ 일 때 $y' = 0$, $y = 0$이므로 식 ①과 ②에 대입하면

$$0 = Ml + C_1 \qquad \therefore C_1 = -Ml \quad ③$$

$$0 = \frac{M}{2}x^2 - Mlx + C_2 \qquad \therefore C_2 = \frac{Ml^2}{2} \quad ④$$

③과 ④를 ①과 ②에 대입하면

$$EIy' = Mx - Ml$$

$$EIy = \frac{M}{2}x^2 - Ml + \frac{Ml^2}{2}$$

점 $A(x=0)$에서 최대처짐각과 처짐이 발생

$$\therefore \theta_{max} = \theta_A = \frac{Ml}{EI}$$

$$\therefore y_{max} = \frac{Ml^2}{2EI}$$

10.2 탄성하중법, 공액보법

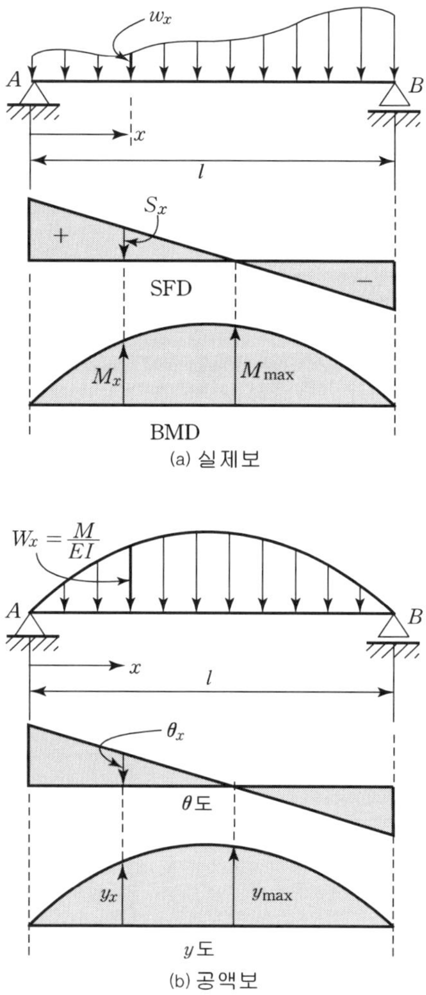

그림 10.12 단순보

5장에서 휨모멘트와 전단력 및 하중과의 관계식 (4.1)~(4.4)는 다음 식과 같다.

$$S_x = -\int w\,dx + D_1 \qquad ①$$

$$M_x = -\iint w\,dx\,dx + D_1 x + D_2 \qquad ②$$

식 (10.5)로부터

$$y' = \theta = \frac{dy}{dx} = -\int \frac{M}{EI}dx + C_1 \qquad ③$$

$$y = -\iint \frac{M}{EI}\,dx\,dx + C_1 x + C_2 \qquad ④$$

그림 10.12의 단순보의 경계조건을 살펴보면

식 ①, ②에서 $x = 0$, $x = l$ 이면 $M = 0$

식 ③, ④에서 $x = 0$, $x = l$ 이면 $y = 0$

으로 경계조건이 서로 일치한다. 따라서 식 ③, ④에서 $\frac{M}{EI} = W$라 놓으면 그림 10.12와 같은 관계가 된다. 그림 10.12(a)는 하중(w)에 대한 S_x와 M_x를 나타낸 것이고, 그림 10.12(b)는 하중 $\frac{M}{EI} = W$에 대한 θ와 y를 나타낸 것임을 알 수 있다.

즉, **탄성하중법에서 단순보의 처짐각은 휨모멘트도(BMD)를 EI로 나눈 값을 하중으로 재하시킨 보의 전단력이고, 처짐은 휨모멘트이다.**

이상의 방법을 **모어의 정리**(Mohr's theorem)라고 하고 $\frac{M}{EI} = W$를 탄성하중(elastic load)이라고 한다. 탄성하중법은 BMD의 면적으로 처짐과 처짐각을 구하므로, 모멘트 면적법(moment area method)라고도 한다.

그러나, 그림 10.13(a)와 같은 캔틸레버보의 경계조건은

식 ①, ②에서 $x = 0$ 에서 $M = 0, \quad S = 0$

식 ③, ④에서 $x = l$ 에서 $y = 0, \quad \theta = 0$

로 경계조건이 서로 일치하지 않는다. 따라서 그림 10.13(b)와 같이 자유단과 고정단을 바꾸어 놓고 생각하면

$x = 0$ 에서 $y = 0, \quad \theta = 0$

가 되어 경계조건이 일치한다.

이와 같이 **단순보에만 적용할 수 있는 탄성하중법을 자유단과 고정단을 바꾼 공액보를 이용하여 처짐과 처짐각을 구하는 방법을 공액보법**(conjugate beam method)이라 한다.

실제보와 공액보의 부호관계는 $(+)\dfrac{M}{EI}$도를 하향의 하중으로 재하시킨 공액보에서 (+)전단력은 (+)처짐각을 (+)모멘트는 (+)처짐을 나타낸다.

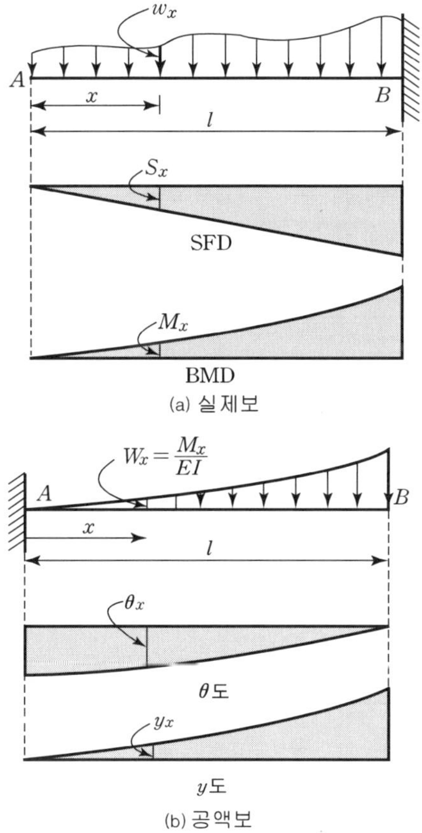

그림 10.13 켄틸레버보

그림 10.14는 실제보를 공액보로 나타낸 것으로, 공액보는 실제보와 길이가 같고 처짐과 처짐각을 구할 때 탄성하중법을 적용하기 위하여 지점조건을 다음과 같이 변경시킨 가상의 보이다. 이상의 방법을 정리하면 다음과 같다.

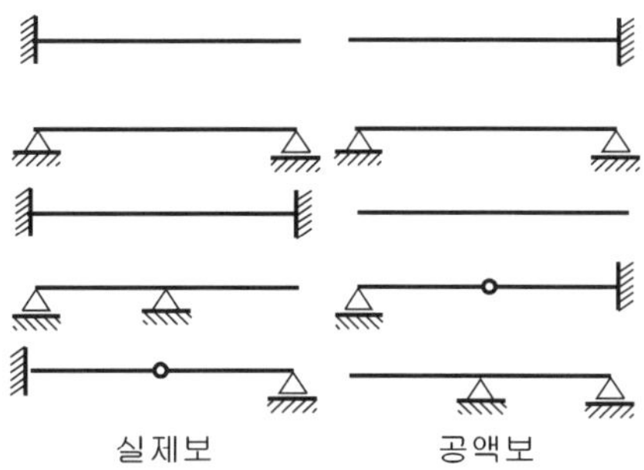

그림 10.14 실제보와 공액보

실제보의 점 i의 처짐각 θ_i = 공액보의 점 i의 전단력 S_i'

실제보의 점 i의 처 짐 y_i = 공액보의 점 i의 모멘트 M_i'

고정단 ⇄ 자유단

내부힌지 ⇄ 외부힌지

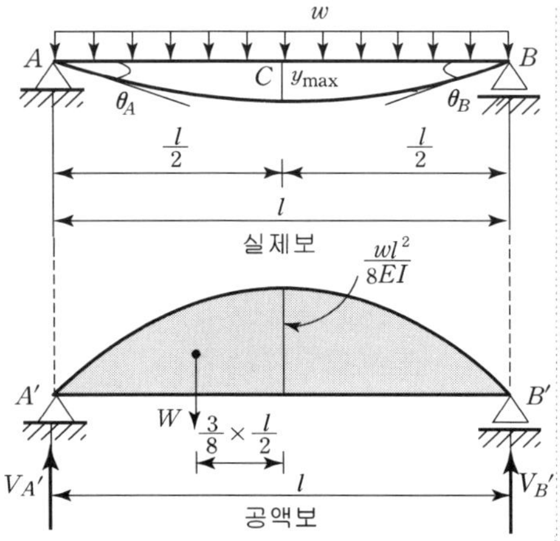

그림 10.15 등분포하중을 받는 단순보

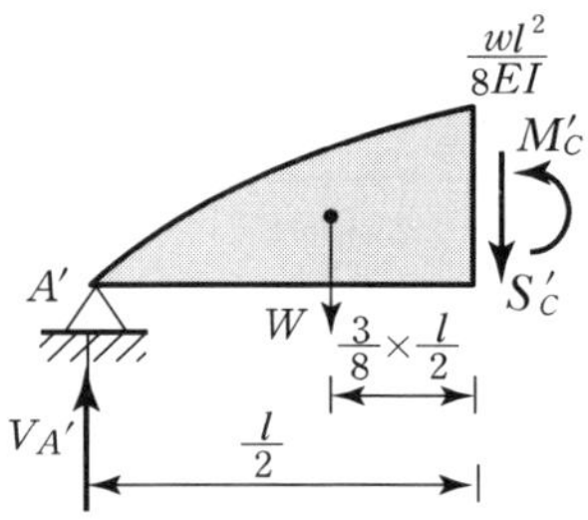

그림 10.15a 자유물체도

10.2.1 단순보

1) 등분포하중을 받는 경우

그림 10.15의 단순보에 등분포하중이 작용할 때

$$M_{max} = \frac{wl^2}{8}$$

$$V_A' = \theta_A = -\theta_B = \frac{2}{3}\times\frac{M_{max}}{EI}\times\frac{l}{2}$$

$$= \frac{2}{3}\times\frac{wl^2}{8EI}\times\frac{l}{2}$$

$$= \frac{wl^3}{24EI}$$

구조물이 대칭이므로 최대처짐은 중앙에서 생기고, 그림 10.15 (a)의 자유물체도에서

$$(\curvearrowright +)\sum M_C = 0$$

$$y_{max} = y_C = M_C' = V_A'\frac{l}{2} - \frac{wl^3}{24EI}\times\frac{3}{8}\times\frac{l}{2}$$

$$= \frac{wl^4}{48EI} - \frac{wl^4}{128EI}$$

$$= \frac{5wl^4}{384EI}$$

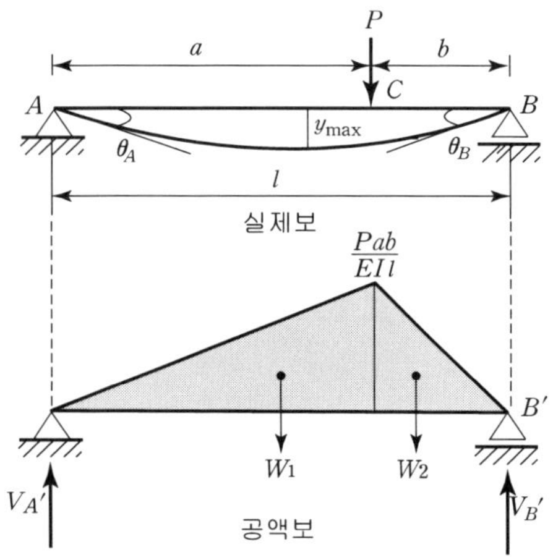

그림 10.16 집중하중을 받는 단순보

2) 집중하중을 받는 경우

그림 10.16의 단순보에 집중하중 P가 작용할 때($a > b$)

(1) A점과 B점의 처짐각

그림 10.16의 공액보에서

$$W_1 = \frac{1}{2}\times\frac{Pab}{EIl}\times a = \frac{Pa^2b}{2EIl}$$

$$W_2 = \frac{1}{2}\times\frac{Pab}{EIl}\times b = \frac{Pab^2}{2EIl}$$

$$(\curvearrowright +)\sum M_B' = 0$$

$$V_A{}' \times l - W_1 \times \left(b + \frac{a}{3}\right) - W_2 \times \left(\frac{2b}{3}\right) = 0$$

$$\theta_A = V_A{}' = \frac{1}{2} \times \frac{Pab}{EIl^2}\left(a \times \left(b + \frac{a}{3}\right) + \frac{2}{3}b^2\right)$$

$$= \frac{Pab}{6EIl^2}(a^2 + 3ab + 2b^2)$$

$$= \frac{Pab}{6EIl}(a + 2b) = \frac{Pb(l^2 - b^2)}{6EIl}$$

$(+\uparrow)\sum V' = 0$

$$V_B{}' + V_A{}' - W_1 - W_2 = 0$$

$$V_B{}' = \left(\frac{1}{2} \times \frac{Pab}{EIl} \times a\right) + \left(\frac{1}{2} \times \frac{Pab}{EIl} \times b\right) - \frac{Pb(l^2 - b^2)}{6EIl}$$

$$= \frac{Pb}{6EIl}(3a^2 + 3ab - l^2 + b^2)$$

$$= \frac{Pb}{6EIl}(2a^2 + ab) = \frac{Pa(l^2 - a^2)}{6EIl}$$

$$\theta_B = -V_B{}' = -\frac{Pa(l^2 - b^2)}{6EIl}$$

(2) 최대 처짐

하중위치가 $a > b$라면 최대처짐은 $0 \leqq x \leqq a$ 구간에 생기므로 그림 10.16(a)와 같이 공액보의 자유물체도에서

$$W_x = \frac{1}{2} \times \frac{Pb}{EIl} x \times x = \frac{Pb}{2EIl}x^2$$

$(+\downarrow)\sum V' = 0$

$$S_x{}' + W_x - V_A{}' = 0$$

$$S_x{}' = \frac{Pb(l^2 - b^2)}{6EIl} - \frac{Pb}{2EIl}x^2$$

$$= \frac{Pb}{6EIl}(l^2 - b^2 - 3x^2)$$

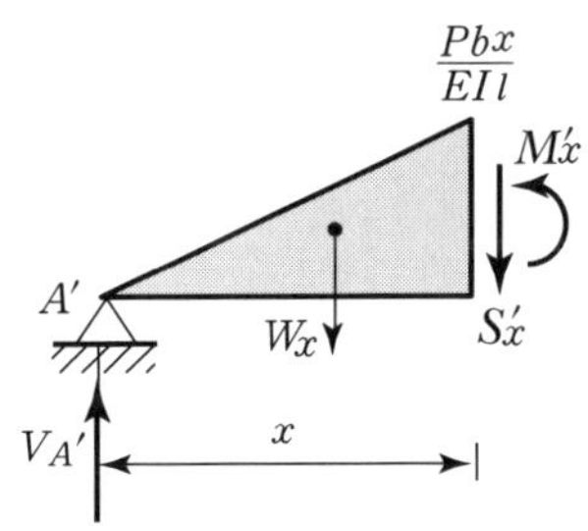

그림 10.16a 자유물체도

전단력이 “0”일 때 모멘트값이 최대이므로

$$l^2 - b^2 - 3x^2 = 0$$

$$\therefore x = \sqrt{\frac{l^2 - b^2}{3}}$$

$$(\overset{\curvearrowleft}{+})\sum M_x{}' = 0$$

$$M_{x'} = y_{\max} = V_A{}' \times x - \frac{1}{2} \times W_x \times \frac{x^2}{3}$$

$$= \frac{Pb(l^2 - b^2)}{6EIl}\sqrt{\frac{l^2 - b^2}{3}} - \frac{1}{2}\frac{Pb}{EIl}\left(\sqrt{\frac{l^2 - b^2}{3}}\right)^2 \frac{1}{3}$$

$$= \frac{Pb}{6EIl}\sqrt{\frac{l^2 - b^2}{3}}\left(l^2 - b^2 - \frac{l^2 - b^2}{3}\right)$$

$$= \frac{Pb(l^2 - b^2)^{\frac{3}{2}}}{9\sqrt{3}\,EIl}$$

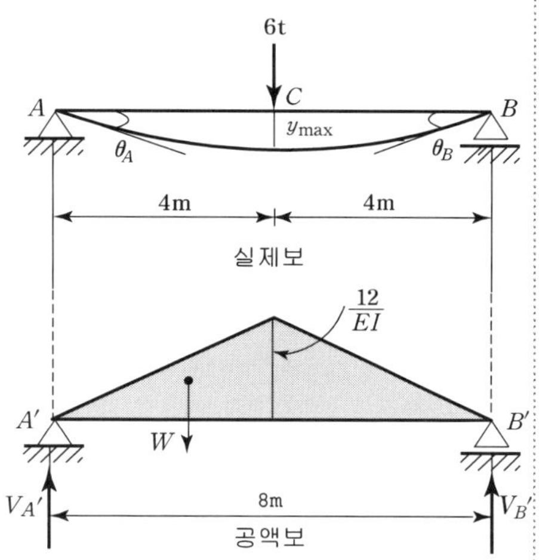

그림 10.17 예제10.2

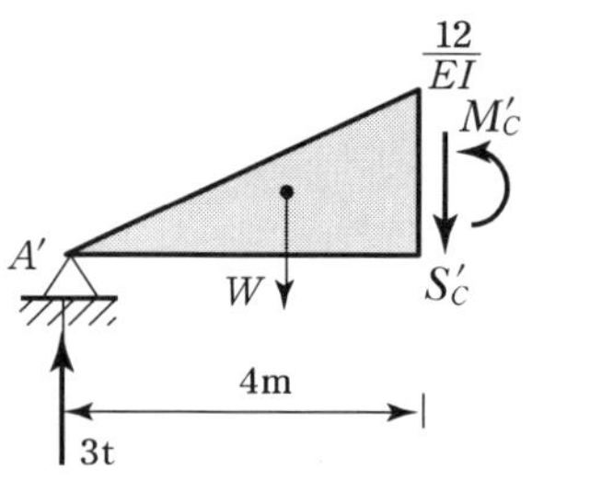

그림 10.17a 자유물체도

예제 10.2 그림 10.17과 같은 단순보의 중앙에 집중하중이 작용할 때 최대처짐각과 처짐을 구하여라.

풀이

1) A점과 B점의 처짐각

그림 10.17(b)의 공액보에서

$$W = \frac{1}{2} \times \frac{12}{EI} \times 4 = \frac{24}{EI}$$

공액보가 대칭이므로

$$(+\uparrow)\sum V' = 0, \quad \theta_A = V_A{}' = W = -\theta_B = \frac{24}{EI}$$

2) 최대 처짐

그림 10.17a의 자유물체도에서

$$(\overset{\curvearrowleft}{+})\sum M_C' = 0$$

$$M_C = y_{\max} = V_A \times 4 - W \times \left(4 \times \frac{1}{3}\right) = \frac{64}{EI}$$

3) 모멘트하중을 받는 경우

그림 10.18의 단순보에 모멘트하중 M이 작용할 때

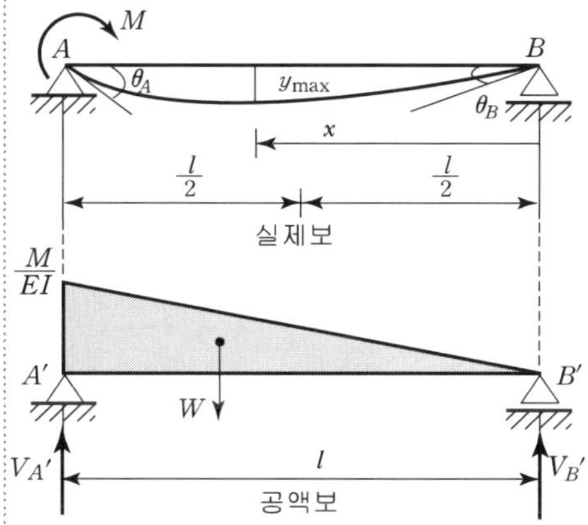

그림 10.18 모멘트하중을 받는 단순보

(1) A점과 B점의 처짐각

그림 10.18의 공액보에서

$$W = \frac{1}{2} \times \frac{M}{EI} \times l = \frac{Ml}{2EI}$$

$$(\overset{\curvearrowright}{+})\sum M_B' = 0$$

$$V_A' \times l - W \times \left(\frac{2l}{3}\right) = 0$$

$$\theta_A = V_A' = \frac{2W}{3} = \frac{Ml}{3EI}$$

$$(+\uparrow)\sum V' = 0$$

$$V_B' + V_A' - W = 0$$

$$V_B' = W - V_A' = \frac{Ml}{2EI} - \frac{Ml}{3EI} = \frac{Ml}{6EI}$$

$$\theta_B = -V_B' = -\frac{Ml}{6EI}$$

(2) 최대 처짐

그림 10.18(a)의 공액보의 자유물체도에서

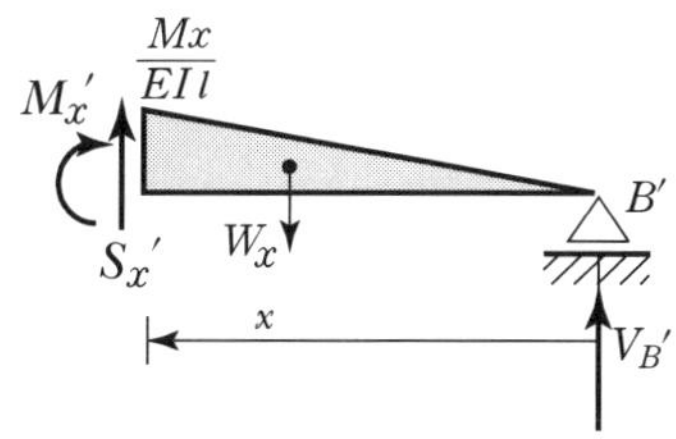

그림 10.18a 자유물체도

$$W_x = \frac{1}{2} \times \frac{Mx}{EIl} \times x = \frac{M}{2EIl}x^2$$

$$(+\uparrow)\sum V' = 0$$

$$S_x' - W_x + V_B' = 0$$

$$S_x' = \frac{Mx^2}{2EIl} - \frac{Ml}{6EI} = \frac{M}{6EIl}(3x^2 - l^2)$$

전단력이 "0"일 때 모멘트값이 최대이므로

$$3x^2 - l^2 = 0$$

$$\therefore x = \frac{l}{\sqrt{3}}$$

$$(\overset{\curvearrowright}{+})\sum M_x' = 0$$

$$M_x' - V_B' \times x + W_x \times \frac{x}{3} = 0$$

$$M_x' = y_{\max} = \frac{Ml}{6EI} \times \frac{l}{\sqrt{3}} - \frac{M}{2EIl}\left(\frac{l}{\sqrt{3}}\right)^2 \times \frac{1}{3}\left(\frac{l}{\sqrt{3}}\right)$$

$$= \frac{5}{9\sqrt{3}}\frac{Ml^2}{EI}$$

예제 10.3 그림 10.19와 같은 단순보의 중앙에 집중하중이 작용할 때 최대처짐각과 처짐을 구하여라.

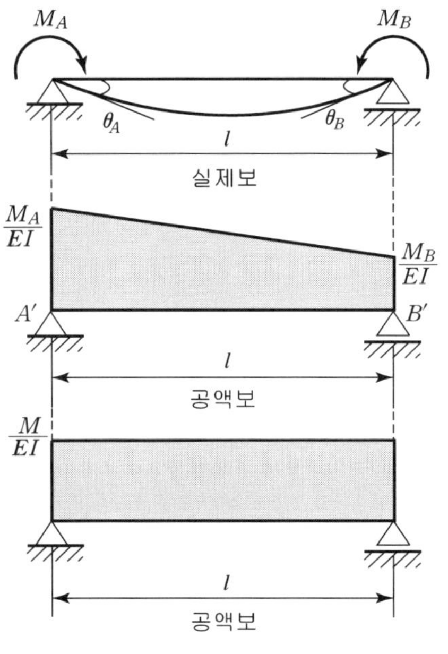

그림 10.19 예제 10.3

풀이

1) $M_A > M_B$인 경우

$$(\overset{\curvearrowright}{+})\sum M_B' = 0$$

$$\theta_A = V_A' = \left(\frac{M_B}{EI} \times \frac{l}{2}\right) + \left(\frac{M_A}{EI} - \frac{M_B}{EI}\right)\frac{l}{2} \times \frac{2}{3}$$

$$= \frac{l}{6EI}(2M_A + M_B)$$

$$\theta_B = \frac{l}{6EI}(M_A + 2M_B)$$

2) $M_A = M_B$인 경우

$$\therefore \theta_A = \theta_B = \frac{Ml}{2EI}$$

$$\therefore y_{\max} = \frac{M_C'}{EI} = \frac{Ml^2}{8EI}$$

10.2.2 캔틸레버보

1) 등분포하중을 받는 경우

그림 10.20의 캔틸레버보에 등분포하중이 작용할 때

$$M_B = \frac{wl^2}{2}$$

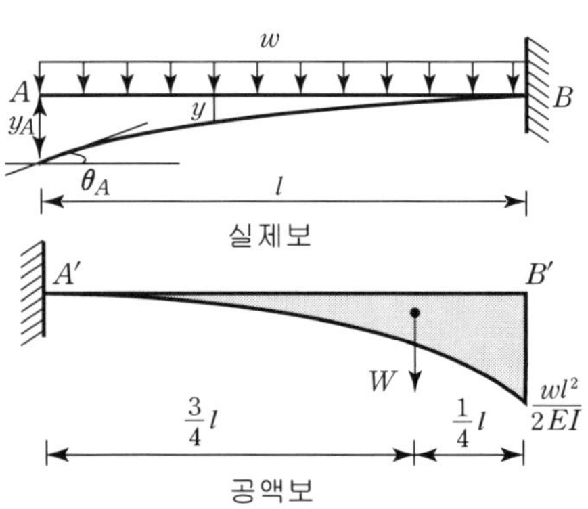

그림 10.20 등분포하중을 받는 캔틸레버보

공액보에서 처짐각은

$$(+\uparrow)\sum V' = 0$$

$$V_A' = \theta_{\max} = \theta_A = \frac{wl^2}{2EI} \times l \times \frac{1}{3} = \frac{wl^3}{6EI}$$

공액보에서 처짐은

$$(\overset{\curvearrowleft}{+})\sum M_A' = 0$$

$$M_A' = y_{\max} = y_A = \frac{wl^2}{2EI} \times l \times \frac{1}{3} \times \frac{3}{4} l = \frac{wl^4}{8EI}$$

예제 10.4 그림 10.21의 캔틸레버보에 등분포하중이 작용할 때 최대 처짐각과 처짐을 구하여라.

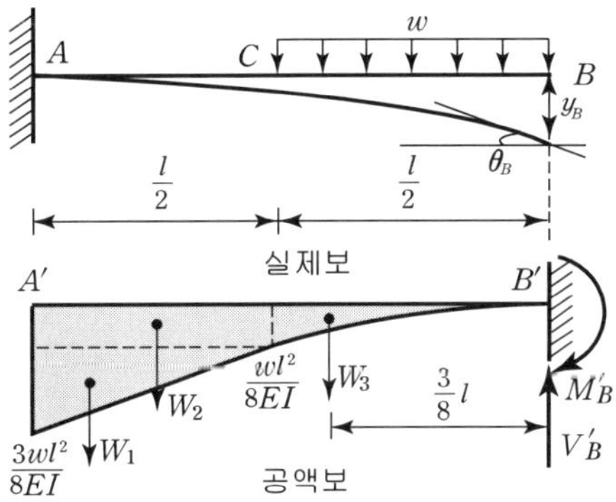

그림 10.21 예제 10.4

풀이

$$M_C = \frac{l}{2} \times w \times \frac{l}{4} = \frac{wl^2}{8}$$

$$M_A = \frac{wl}{2} \times \frac{3}{4} l = \frac{3}{8} wl^2$$

$$W_1 = \frac{1}{2} \times \left(\frac{3wl^2}{8EI} - \frac{wl^2}{8EI} \right) \times \frac{l}{2} = \frac{wl^3}{16}$$

$$W_2 = \frac{wl^2}{8EI} \times \frac{l}{2} = \frac{wl^3}{16}$$

$$W_3 = \frac{1}{3} \times \frac{wl^2}{8EI} \times \frac{l}{2} = \frac{wl^3}{48}$$

1) 처짐각(θ_B)

$$\theta_B = V_B' = (W_1 + W_2 + W_3)$$
$$= \frac{1}{EI}\left(\frac{wl^3}{16EI} + \frac{wl^3}{16EI} + \frac{wl^3}{48EI} \right)$$
$$= \frac{7wl^3}{48EI}$$

2) 처짐(y_B)

$$y_B = M_B'$$
$$= W_1 \times \left(\frac{2}{3} \times \frac{l}{2} + \frac{l}{2} \right) + W_2 \times \left(\frac{1}{2} \times \frac{l}{2} + \frac{l}{2} \right) + W_3 \times \left(\frac{3}{4} \times \frac{l}{2} \right)$$
$$= \frac{wl^3}{16EI} \times \frac{5}{6} l + \frac{wl^3}{16EI} \times \frac{3}{4} l + \frac{wl^3}{48EI} \times \frac{3}{8} l$$
$$= \frac{41wl^4}{384EI}$$

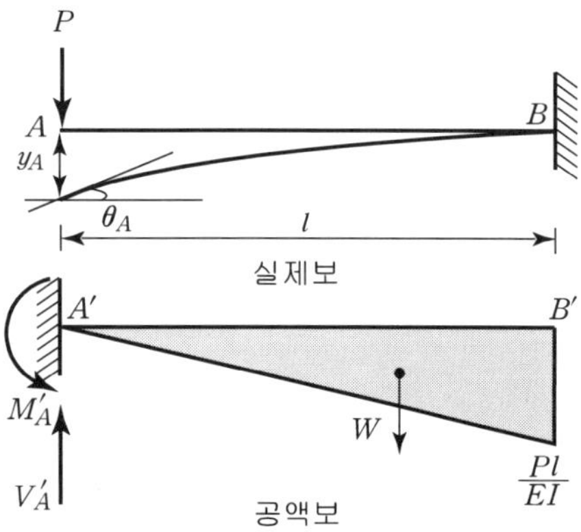

그림 10.22 집중하중을 받는 캔틸레버보

2) 집중하중을 받는 경우

그림 10.22의 캔틸레버보에 집중하중이 작용할 때

$$M_B = Pl$$

공액보에서 처짐은

$$(+\uparrow)\sum V' = 0$$

$$V_A' = \theta_{max} = \theta_A$$

$$= \frac{1}{2} \times \frac{Pl}{EI} \times l = \frac{Pl^2}{2EI}$$

공액보에서 처짐각은

$$(\overset{\curvearrowleft}{+})\sum M_A' = 0$$

$$M_A' = y_{max} = y_A$$

$$= \frac{Pl^2}{2EI} \times \frac{2}{3} l = \frac{Pl^3}{3EI}$$

예제 10.5 그림 10.23의 캔틸레버보에 집중하중이 작용할 때 A점과 C점의 처짐각과 처짐을 구하여라.

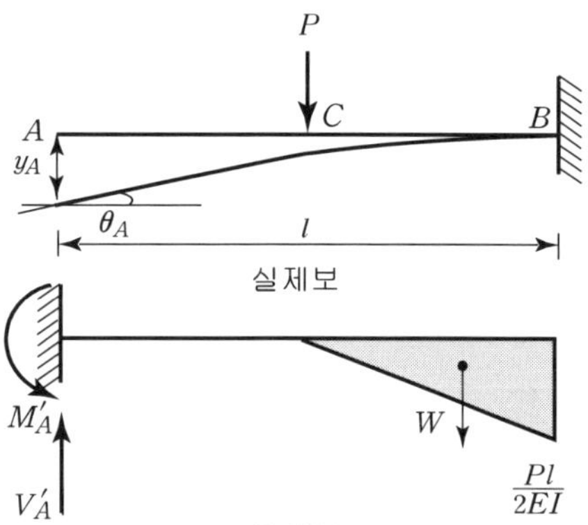

그림 10.23 예제 10.5

풀이

$$M_B = \frac{Pl}{2}$$

1) 처짐각

$$(+\uparrow)\sum V' = 0$$

$$V_A' = \theta_{max} = \theta_A = \theta_C = \frac{1}{2} \times \frac{Pl}{2EI} \times \frac{l}{2} = \frac{Pl^2}{8EI}$$

2) 처짐

$$(\overset{\curvearrowleft}{+})\sum M_C' = 0$$

$$M_C' = y_C = \frac{Pl^2}{8EI} \times \left(\frac{2}{3} \times \frac{l}{2}\right) = \frac{Pl^3}{24EI}$$

$$(\overset{\curvearrowleft}{+})\sum M_A' = 0$$

$$M_A' = y_{max} = y_A = \frac{Pl^2}{8EI} \times \left(\frac{l}{2} + \frac{2}{3} \times \frac{l}{2}\right) = \frac{5Pl^3}{48EI}$$

10.3 가상일의 원리

물체에 외부에서 힘이 작용하면 이 힘은 물체에 일(work)을 한다고 말한다. 이 일은 탄성변형하는 구조물의 내부에 저장된다. 구조물에 힘을 제거하면 원형으로 복귀하고 물체 속에 저장되었던 에너지가 일(work)을 하게 된다. 이때 저장된 에너지를 변형에너지(strain energy) 또는 탄성변형에너지(elastic strain energy resil-ience)라고 한다. 외부에서 힘이 한 일을 외적 일(external work)이라 하고 내부에 저장된 변형에너지를 내적 일(internal work)이라고 한다.

10.3.1 외적 일

1) 힘이 하는 일

그림 10.24(a)와 같이 물체에 일정한 힘 P가 작용하여 Δ만큼 움직였을 때 일 W는 다음과 같다.

$$W_E = P\Delta \tag{10.18}$$

이 식은 그림 10.24(d)에서 사각형의 면적과 같다. 그러나 그림 10.24(b)와 (c)의 실제 구조물은 선형탄성체로 하중이 0에서 P까지 증가할 때 변위도 0에서 Δ까지 증가하므로 외적일은 그림 10.24(d)의 삼각형의 면적이고 다음과 같다.

$$W_E = \frac{1}{2}P\Delta \tag{10.19}$$

2) 모멘트가 하는 일

모멘트가 하는 일도 힘이 작용하는 경우와 같다. 그림 10.25(a)와 같이 모멘트 M이 작용하여 회전각 θ가 생겼을 때 모멘트 M이 한 일 W는

$$W_E = M\theta \tag{10.20}$$

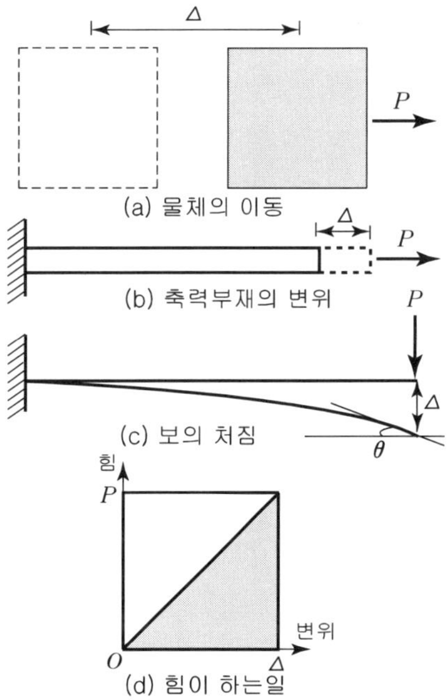

그림 10.24 힘이 하는 일

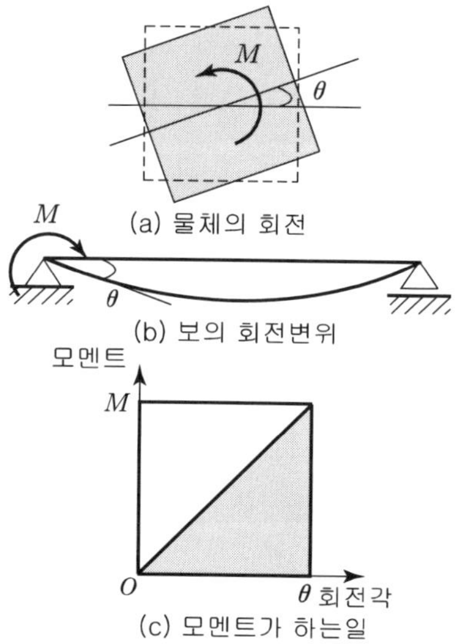

그림 10.25 모멘트가 하는 일

그림 10.25(b)와 같이 모멘트 M이 0에서 M까지 증가할 때 회전각도 0에서 θ까지 증가하므로 외적일은

$$W_E = \frac{1}{2} M\theta \tag{10.21}$$

에너지, 즉 일의 단위는 모멘트의 단위와 같다.

공학단위 t · m (kg · cm)

국제단위 1 N · m = 1 J

1 dyne · cm = 1 erg

1 N · m = 10^7 erg

1 J = 10.2 kg · cm

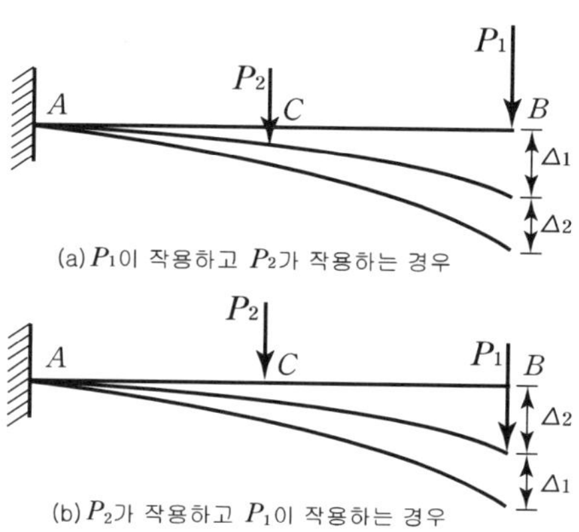

그림 10.26 예제 10.6

예제 10.6 그림 10.26의 캔틸레버보에 집중하중 P_1과 P_2가 작용할 때 외력 P_1이 한 일을 구하여라.

풀이

1) P_1이 먼저 작용하고 P_2가 나중에 작용한 경우

$$W_E = \frac{1}{2} P_1 \Delta_1 + P_1 \Delta_2$$

2) P_2가 먼저 작용하고 P_1이 나중에 작용한 경우

$$W_E = \frac{1}{2} P_1 \Delta_1$$

10.3.2 내적일(탄성 변형에너지)

서서히 작용하는 외력을 받는 구조물에서 하중과 처짐의 관계가 선형적인 범위 내에서는 에너지보존 법칙에 의해 모든 외적 일 W_E는 내적 일 W_I인 **탄성 변형에너지** U로 변환된다. 변형에너지라고 하는 것은 외력을 받는 구조물에서 변형에 의해 구조물에 축적되는 내적 에너지, 즉 내적 일을 말한다. 이 내적 일은 외력

으로 인한 변형에 저항하기 위하여 부재가 지니고 있는 에너지이다.

$$W_E = W_I = U \tag{10.22}$$

1) 축력에 의한 변형에너지

그림 10.27과 같이 외력을 서서히 받는 축력부재에서 서서히 작용한 외력 때문에 보의 미소요소 dx에 발생한 축력이 0으로부터 최종값 F에 도달하는 동안 변위 $d\Delta$를 일으켰다면 저장된 변형에너지 dW_I는 식 (10.19)로부터 다음과 같이 표시될 수 있다.

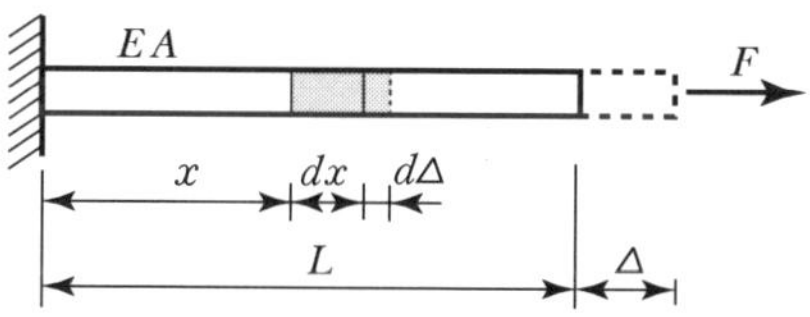

그림 10.27 축력에 의한 변형

$$dW_I = \left(\frac{1}{2}F\right)d\Delta \quad ①$$

3장의 Hooke의 법칙(식 3.8)으로부터 그림 10.27에서 다음과 같은 관계가 성립함을 알 수 있다.

$$d\Delta = \frac{F}{EA}dx \quad ②$$

내적일과 변형에너지는 같다는 식 (10.22)에 의해 식 ②를 식 ①에 대입하면,

$$dW_I = \frac{F^2}{2EA}dx \quad ③$$

따라서 길이 L인 보에 축적된 탄성 변형에너지는 다음과 같이 된다.

$$W_I = \int_0^L \frac{F^2}{2EA}dx \tag{10.23}$$

트러스와 같이 부재별로 축력이 일정한 경우 F는 다음식과 같이 상수가 된다.

$$W_I = \sum \frac{F^2 L}{2EA} \tag{10.24}$$

2) **휨모멘트에 의한 변형에너지**

서서히 작용한 외력 때문에 보의 미소요소 dx에 발생한 모멘트가 0으로부터 최종값 M에 도달하는 동안 각변위 $d\theta$를 일으켰다면 저장된 변형에너지 dW_I는 식 (10.21)을 참고로 하여 다음과 같이 표시될 수 있다.

$$dW_I = \left(\frac{1}{2}M\right)d\theta \qquad ①$$

6.1절의 보의 휨응력에서 그림 6.1a와 식 (6.2)에서 다음과 같은 관계식을 유도하였다.

$$d\theta = \frac{M}{EI}dx \qquad ②$$

내적일과 변형에너지는 같다는 식 (10.22)에 의해 식 ②를 식 ①에 대입하면,

$$dW_I = \frac{M^2}{2EI}dx \qquad ③$$

따라서 길이 L인 보에 축적된 탄성 변형에너지는 다음과 같다.

$$W_I = \int_0^L \frac{M^2}{2EI}dx \qquad (10.25)$$

여기서 M은 단면마다 변하는 경우에는 거리 x의 함수이지만 순수 휨의 경우에는 다음 식과 같이 상수가 된다.

$$W_I = \frac{M^2L}{2EI} \qquad (10.26)$$

전단력과 비틀림에 대한 변형에너지는 변형을 구할 때 무시하므로 본서에서는 생략한다.

10.3.3 가상일의 방정식

가상일의 방법(假想일의 方法, method of virtual work)은 1717년 John Bernoulli가 제시한 방법으로 어떤 종류의 구조물에서든지 변위를 쉽게 계산할 수 있는 에너지 방법의 하나이며 **단위하**

중법이라고도 한다. 이 방법은 트러스, 보, 라멘의 처짐 계산에 모두 적용할 수 있고, 특히 트러스의 처짐에 효과적이다.

가상일의 방법은 구조물에 작용한 외력에 의해 가해진 외적인 일은 그 구조물에 저장된 내적인 탄성에너지와 같다는 에너지 보존의 원리에 근거를 둔 방법이다. 구조물에서 하중과 내력은 서로 평형을 유지하며, 구조물의 재료는 탄성한도 내에서 거동한다는 가정 하에서 가상일의 방법은 유도된 것이다.

가상일의 방정식을 유도하기 위하여 그림 10.28(a)와 (b)를 생각한다. 그림 10.28(a)는 임의의 구조물에 외력 $P_1, P_2 \cdots\ P_m$이 서서히 작용하여 작용선 방향으로 각각 변위 $\Delta_1, \Delta_2 \cdots\ \Delta_m$와 i점의 처짐 Δ_i을 발생하였고, 내부요소 dx는 외력 $P_1, P_2 \cdots\ P_m$으로 인해 내력 F와 내부변형 dL이 발생하였다.

i점의 처짐 Δ_i를 구하기 위하여 그림 10.28(b)와 같이 i점에 Δ_i의 방향으로 가상의 힘 $Q=1$을 서서히 작용시키면 i점의 처짐 δ_i와 실제역계와 같은 내부요소 dx에 내력 f와 내부변형 dl이 발생한다.

(1) 실제역계의 에너지보존

하중에 의한 외적일 W_E는 구조물의 내부요소에 저장된 내적 변형에너지 W_I와 같아야 하므로 그림 10.28(a)의 실제역계에서

$$\frac{1}{2}P_1\Delta_1 + \frac{1}{2}P_2\Delta_2 \cdots \frac{1}{2}P_m\Delta_m = \frac{1}{2}\sum F dL \qquad ①$$

(2) 가상역계의 에너지보존

그림 10.28(b)의 가상역계에서

$$\frac{1}{2}(1)\delta_i = \frac{1}{2}\sum f\, dl \qquad ②$$

(3) 가상역계 후 실제역계의 에너지보존

가상의 힘 $Q=1$이 먼저 i점에 서서히 작용한 후 실제의 외력 $P_1,\ P_2 \cdots\ P_m$가 작용하였다고 하면

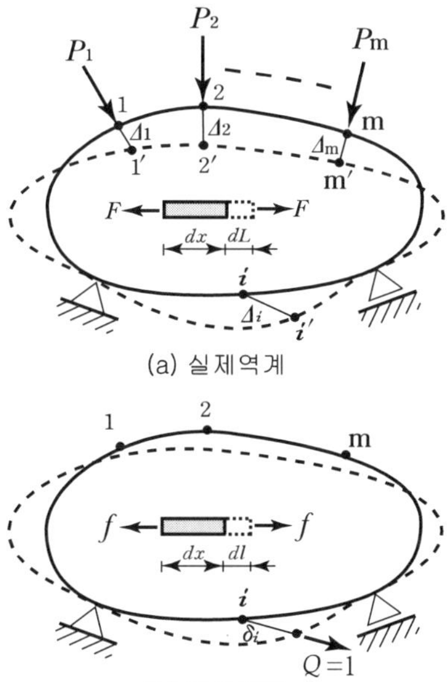

(a) 실제역계

(b) 가상역계

그림 10.28 축력에 의한 변형

$$\frac{1}{2}(1)\delta_i + \left[\frac{1}{2}P_1\varDelta_1 + \frac{1}{2}P_2\varDelta_2 \cdots \frac{1}{2}P_m\varDelta_m + (1)(\varDelta_i)\right] \quad ③$$

$$= \frac{1}{2}\sum f\,dl + \left[\frac{1}{2}\sum F dL + \sum f\,dL\right]$$

여기서 먼저 작용하여 있던 가상의 힘 $Q=1$은 실제의 외력으로 인한 부가적인 $\varDelta_i$가 이동하게 되므로 추가되어야 할 외적 일은 $(1)(\varDelta_i)$이고, 내부요소 dx는 $Q=1$로 인해서 이미 발생하여 있던 가상의 내력 f는 실제의 외력으로 인한 부가적인 내부변형 dL만큼을 변형하므로, 추가되어야 할 내부 변형에너지는 $\sum fdL$이다.

식 ①과 ②를 식 ③에 대입하면 다음과 같이 가상일의 기본방정식을 얻을 수 있다.

실제변위의 적합

$$(1)(\varDelta_i) = \sum (f\,dL) \qquad (10.27)$$

가상힘의 평형

여기서,

- 1 : $\varDelta_i$의 방향으로 작용시킨 외적 가상단위하중($Q=1$)
- f : 가상 단위하중 $Q=1$로 인한 가상내력
- $\varDelta_i$: 작용하중으로 인한 점 i의 처짐
- dL : 작용하중으로 인한 내부변형

식 (10.27)은 가상일의 방법에 관한 기본방정식이며, 실제하중으로 인한 처짐을 (가상력 $Q=1$로 인한 내력)×(실제하중으로 인한 내부변형)의 합의로 표시한 것이다. 가상의 힘을 $Q=1$로 적용하므로 **단위하중법**(unit-load method)이라고도 한다.

i점의 처짐각을 구하는 경우는, i점에 가상의 단위모멘트 $Q=1$을 작용시킨다. 이때 식 (10.27)에서 $\varDelta_i$는 가상의 모멘트 $Q=1$의 작용방향으로의 i점의 처짐각 θ_i와 같다.

$$(1)(\theta_i) = \sum (f\,dL) \qquad (10.28)$$

10.3.4 보와 라멘의 처짐

보와 라멘에서는 전단력과 축력에 의한 변형은 작으므로 휨모멘트에 의한 영향만을 고려한다.

그림 10.29(a)에서 임의의 점 C의 처짐 y_C를 식 (10.27)의 가상일의 원리를 이용하여 구하기 위하여 그림 10.29(c)와 같이 가상역계를 가정하였다. 식 (10.27)에서 f는 가상 단위하중 $Q=1$로 인한 가상내력 이므로 보에서는 그림 10.29(c)의 가상역계의 휨모멘트 m이고, dL은 실제역계의 외력으로 인한 내부변형이므로 그림 10.29(b)에서 $d\theta = \dfrac{M}{EI}dx$이다. 따라서 가상일의 방정식은 다음과 같다.

$$1 \times y_C = \int_0^l m\, d\theta = \int_0^l \frac{mM}{EI} dx$$

$$\therefore y_C = \int_0^l \frac{mM}{EI} dx \tag{10.29}$$

같은 방법으로 처짐각 θ_C를 구하기 위하여 그림 (d)의 가상역계의 휨모멘트 m을 적용하면

$$\therefore \theta_C = \int_0^l \frac{mM}{EI} dx \tag{10.30}$$

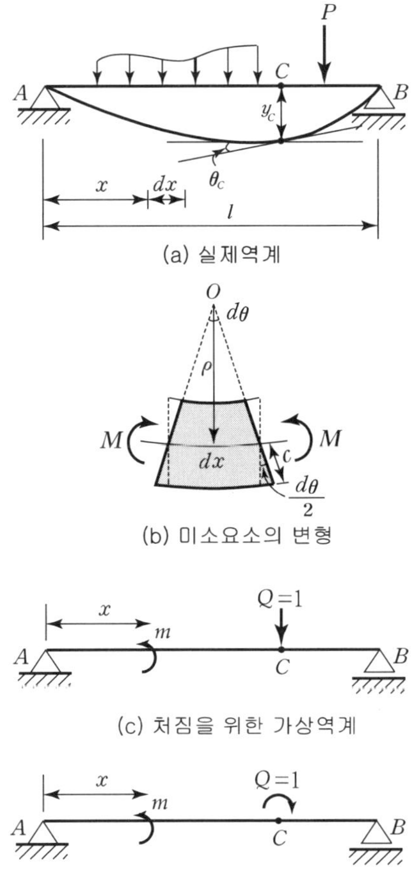

(a) 실제역계

(b) 미소요소의 변형

(c) 처짐을 위한 가상역계

(d) 처짐각을 위한 가상역계

그림 10.29 보의 처짐

가상일에 의한 보와 라멘의 변위 계산순서

① 보와 라멘에 작용하는 하중에 의한 실제역계의 휨모멘트 M을 구한다.

② 변위를 구하려고 하는 위치에서 변위의 방향으로 가상의 단위하중을 작용시킨다.

③ 가상의 단위하중에 대한 가상역계의 휨모멘트 m을 구한다.

④ 위의 ①,③에서 구한 M, m을 식 (10.29)와 식 (10.30)에 대입하여 변위를 구한다.

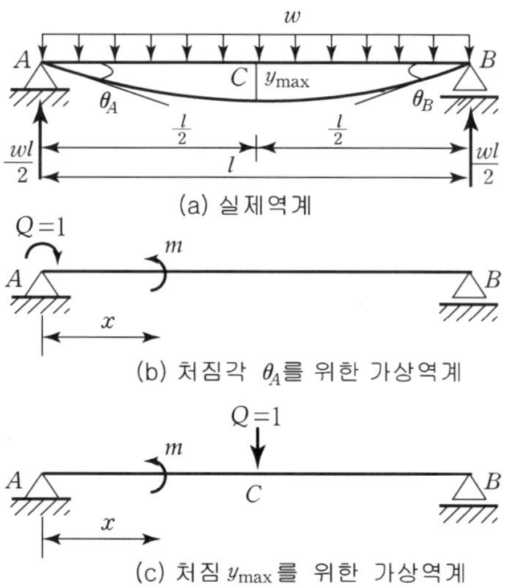

그림 10.30 예제 10.7

예제 10.7 그림 10.30의 단순보에서 점 A의 처짐각과 최대처짐을 가상일의 원리로 구하여라.

풀이

그림 10.30(a)에서 $M = M_x = \frac{wl}{2}x - \frac{w}{2}x^2$

1) 처짐각(θ_A)

그림 10.30(b)에서 $m = m_x = 1 - \frac{1}{l}x$

$$\theta_A = \int_0^l \frac{m\,M}{EI}dx = \int_0^l \frac{1}{EI}\left(1 - \frac{1}{l}x\right)\left(\frac{wl}{2}x - \frac{w}{2}x^2\right)dx$$

$$= \frac{1}{EI}\int_0^l \frac{w(l^2x - 2lx^2 + x^3)}{2l}dx$$

$$= \frac{w}{2EIl}\left[l^2\frac{x^2}{2} - 2l\frac{x^3}{3} + \frac{x^4}{4}\right]_0^l$$

$$= \frac{w}{2EIl}\left(\frac{l^4}{2} - \frac{2}{3}l^4 + \frac{l^4}{4}\right) = \frac{wl^3}{24EI}$$

2) 처짐(y_{max})

그림 10.30(c)에서 $M = M_x = \frac{1}{2}x$

$$y_{max} = y_C = \int_0^l \frac{m\,M}{EI}dx$$

$$= 2\int_0^{\frac{l}{2}} \frac{1}{EI}\left(\frac{x}{2}\right)\left(\frac{wl}{2}x - \frac{wx^2}{2}\right)dx$$

$$= \frac{2}{EI}\int_0^{\frac{l}{2}} \frac{w(lx^2 - x^3)}{4}dx$$

$$= \frac{w}{2EI}\int_0^{\frac{l}{2}} (lx^2 - x^3)\,dx$$

$$= \frac{w}{2EI}\left[\frac{lx^3}{3} - \frac{x^4}{4}\right]_0^{\frac{l}{2}} = \frac{w}{2EI}\left(\frac{5l^4}{192}\right) = \frac{5wl^4}{384EI}$$

예제 10.8 그림 10.31의 단순보에서 A점의 처짐각과 처짐을 가상일의 원리로 구하여라.

풀이

그림 10.31(a)에서 $M_{x1} = 8x_1$, $M_{x2} = 12x_2$

1) 처짐각(θ_A)

그림 10.31(b)에서 $m_{x1} = 1 - 0.1x_1$, $m_{x2} = 0.1x_2$

$$\theta_A = \int_0^l \frac{mM}{EI} dx$$
$$= \int_0^6 \frac{1}{EI}(1-0.1x_1)(8x_1)\,dx_1 + \int_0^4 \frac{1}{EI}(1-0.1x_2)(12x_2)\,dx_2$$
$$= \frac{1}{EI}\int_0^6 (8x_1 - 0.8x_1^2)\,dx_1 + \frac{1}{EI}\int_0^4 (12x_2 - 1.2x_2^2)\,dx_2$$
$$= \frac{1}{EI}\left[4x_1^2 - 0.267x_1^3\right]_0^6 + \frac{1}{EI}\left[6x_2^2 - 0.4x_2^3\right]_0^4$$
$$= \frac{1}{EI}(86.328 + 70.4) = \frac{156.728}{8EI}\ \mathrm{t\cdot m^2}$$

2) 처짐각(θ_C)

그림 10.31(c)에서 $m_{x1} = -0.1x_1$, $m_{x2} = 0.1x_2$

$$\theta_A = \int_0^l \frac{mM}{EI} dx$$
$$= \int_0^6 \frac{1}{EI}(-0.1x_1)(8x_1)\,dx_1 + \int_0^4 \frac{1}{EI}(0.1x_2)(12x_2)\,dx_2$$
$$= \frac{1}{EI}\int_0^6 (-0.8x_1^2)\,dx_1 + \frac{1}{EI}\int_0^4 (1.2x_2^2)\,dx_2$$
$$= \frac{1}{EI}\left[-0.267x_1^3\right]_0^6 + \frac{1}{EI}\left[0.4x_2^3\right]_0^4$$
$$= \frac{1}{EI}(-57.672 + 25.6) = -\frac{32.072}{8EI}\ \mathrm{t\cdot m^2}$$

3) 처짐(y_C)

그림 10.31(d)에서 $m_{x1} = 0.4x_1$, $m_{x2} = 0.6x_2$

$$y_C = \int_0^l \frac{mM}{EI} dx$$
$$= \int_0^6 \frac{1}{EI}(0.4x_1)(8x_1)\,dx_1 + \int_0^4 \frac{1}{EI}(0.6x_2)(12x_2)\,dx_2$$
$$= \frac{1}{EI}\int_0^6 (3.2x_1^2)\,dx_1 + \frac{1}{EI}\int_0^4 (7.2x_2^2)\,dx_2$$
$$= \frac{1}{EI}\left[1.067x_1^3\right]_0^6 + \frac{1}{EI}\left[2.4x_2^3\right]_0^4$$
$$= \frac{1}{EI}(230.4 + 153.6) = \frac{384}{8EI}\ \mathrm{t\cdot m^3}$$

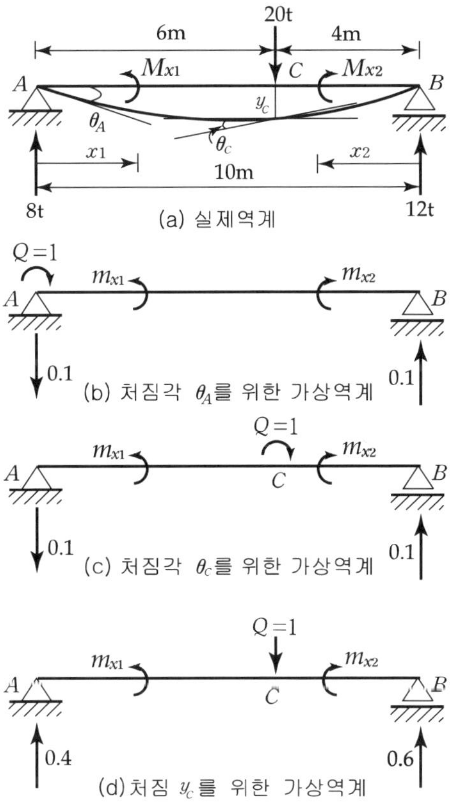

그림 10.31 예제 10.8

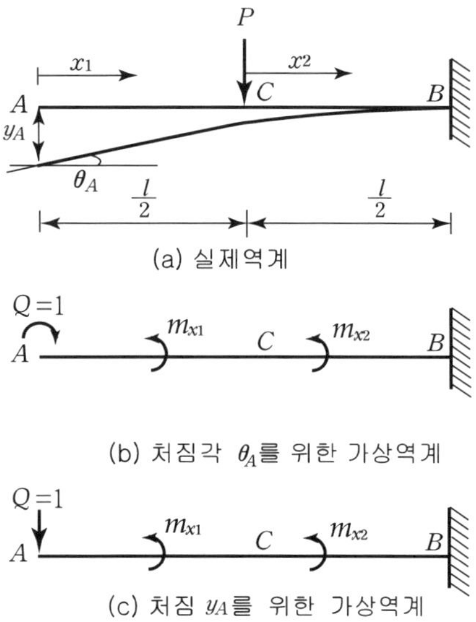

그림 10.32 예제 10.9

예제 10.9 그림 10.32의 캔틸레버보에서 A점의 처짐각과 처짐을 가상일의 원리로 구하여라.

풀이

그림 10.32(a)에서 $M_{x1} = 0,\ M_{x2} = -Px_2$

1) 처짐각(θ_A)

그림 10.32(b)에서 $m_{x1} = 1,\ m_{x2} = 1$

$$\theta_A = \int_0^l \frac{mM}{EI}dx$$
$$= \int_0^{\frac{l}{2}} \frac{1}{EI}(1)(0)\,dx_1 + \int_0^{\frac{l}{2}} \frac{1}{EI}(1)(-Px_2)\,dx_2$$
$$= -\frac{1}{EI}\int_0^{\frac{l}{2}} Px_2\,dx_2 = -\frac{P}{EI}\left[\frac{x_2^2}{2}\right]_0^{\frac{l}{2}} = -\frac{Pl^2}{8EI}$$

2) 처짐($y_{\max}$)

$m_{x1} = -x_1,\ m_{x2} = -x_2$

$$y_A = \int_0^l \frac{mM}{EI}dx$$
$$= \int_0^{\frac{l}{2}} \frac{1}{EI}(-x_1)(0)\,dx_1 + \int_0^{\frac{l}{2}} \frac{1}{EI}(-x_2)(-Px_2)\,dx_2$$
$$= \frac{1}{EI}\int_0^{\frac{l}{2}} Px_2^2\,dx_2 = \frac{P}{EI}\left[\frac{x_2^3}{3}\right]_0^{\frac{l}{2}} = \frac{Pl^3}{24EI}$$

예제 10.10 그림 10.33의 라멘에서 C점의 수평처짐을 가상일의 원리로 구하여라.

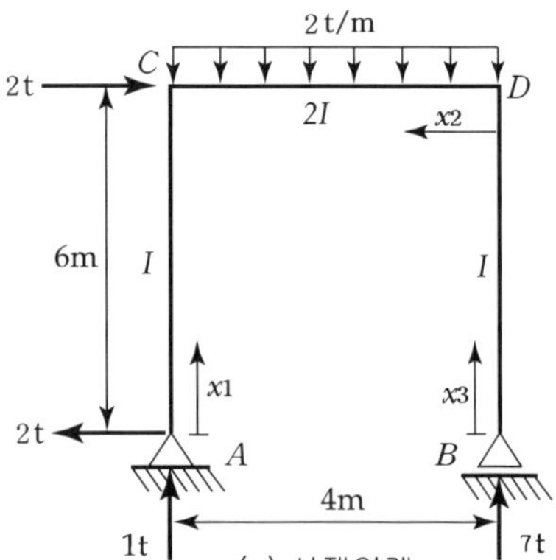

(a) 실제역계

풀이

구간별 단면력 모멘트는 “7장 정정라멘”을 참조

그림 10.33(a)에서 $M_{x1} = 2x_1,\ M_{x2} = 7x_2 - x_2^2,\ M_{x3} = 0$

1) 처짐(x_C)

$m_{x1} = x_1,\ m_{x2} = 1.5x_2,\ m_{x3} = 0$

$$x_C = \int_0^l \frac{mM}{EI}dx$$
$$= \int_0^6 \frac{1}{EI}(x_1)(2x_1)\,dx_1 + \int_0^4 \frac{1}{E(2I)}(1.5x_2)(7x_2 - x_2^2)\,dx_2$$

$$= \frac{1}{EI}\int_0^6 (2x_1^2)\,dx_1 + \frac{1}{2EI}\int_0^4 (10.5x_2^2 - 1.5x_2^3)\,dx_2$$
$$= \frac{1}{EI}\left[\frac{2}{3}x_1^3\right]_0^6 + \frac{1}{2EI}\left[3.5x_2^3 - 0.375x_2^4\right]_0^4$$
$$= \frac{1}{EI}(144+64) = \frac{208}{EI}$$

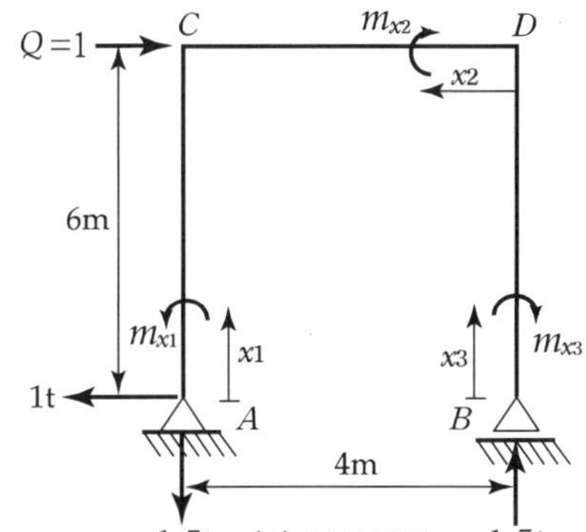

(b) 가상역계

그림 10.33 예제 10.10

10.3.5 트러스의 처짐

보와 라멘과 같은 방법으로 식 (10.27)에서 f는 가상 단위하중 $Q=1$로 인한 가상역계의 축력이고, dL은 실제역계의 외력으로 인한 내부변형이므로 $dl = \frac{F}{EA}dx$이다. 따라서 가상일의 방정식은 다음과 같다.

$$1 \times y_C = \int_0^l f\,dl = \int_0^l \frac{fF}{EA}dx$$

트러스에서는 한 부재에서 축력이 일정하므로

$$\therefore y_C = \sum \frac{fF}{EA}L \tag{10.31}$$

가상일에 의한 트러스의 처짐 계산순서

① 트러스에 작용하는 하중에 의한 실제역계의 축력 F를 구한다.

② 변위를 구하려고 하는 위치에서 변위의 방향으로 가상의 단위하중을 작용시킨다.

③ 가상의 단위하중에 대한 가상역계의 축력 f을 구한다.

④ 위의 ①,③에서 구한 F, f를 식 (10.31)에 대입하여 처짐을 구한다.

예제 10.11 그림 10.34의 트러스에서 E점의 수직처짐을 가상일의 원리로 구하여라.

풀이

실제역계의 부재별 축력은 "8장 예제 8.1"을 참조하고 가상역계의 축력은 절점법, 또는 단면법으로 구한다.

계산의 편리를 위하여 각각 부재에 대한 f, F, L를 표로 정리한다.

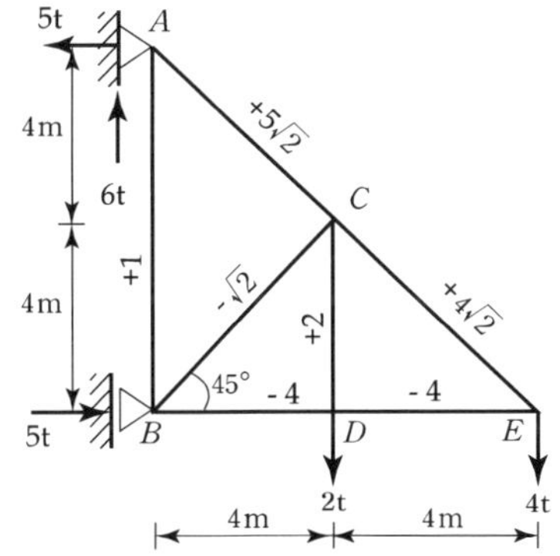

(a) 실제역계

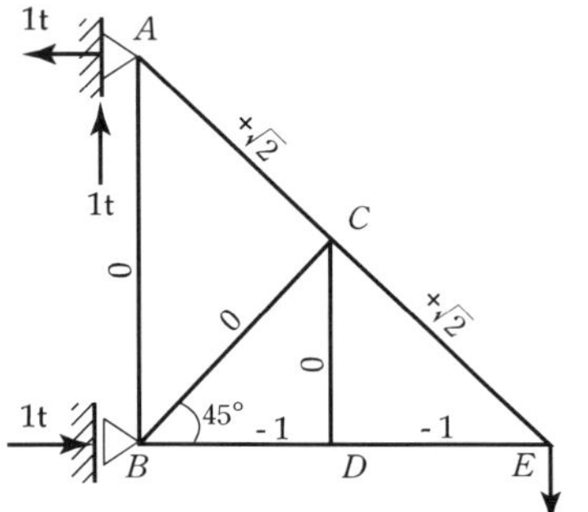

(b) 가상역계

그림 10.34 예제 10.11

부재	L	f	F	fFL
AB	8	0	1	0
AC	$4\sqrt{2}$	$\sqrt{2}$	$5\sqrt{2}$	$40\sqrt{2}$
BC	$4\sqrt{2}$	0	$-\sqrt{2}$	0
BD	4	−1	−4	16
CD	4	0	2	0
CE	$4\sqrt{2}$	$\sqrt{2}$	$4\sqrt{2}$	$32\sqrt{2}$
DE	4	−1	−4	16
				$\sum fFL$ = 133.823

$$\therefore y_E = \sum \frac{fFL}{EA} = \frac{133.823}{EA} \text{ (m)}$$

예제 10.12 그림 10.35의 트러스에서 E점의 수직처짐을 가상일의 원리로 구하여라. [$E = 2.1 \times 10^6 \text{kg/cm}^2$, 단면적 : 상, 하현재($20\text{cm}^2$), 수직재, 사재($10\text{cm}^2$)]

풀이

실제역계의 축력은 "8장 예제 8.2"를 참조.

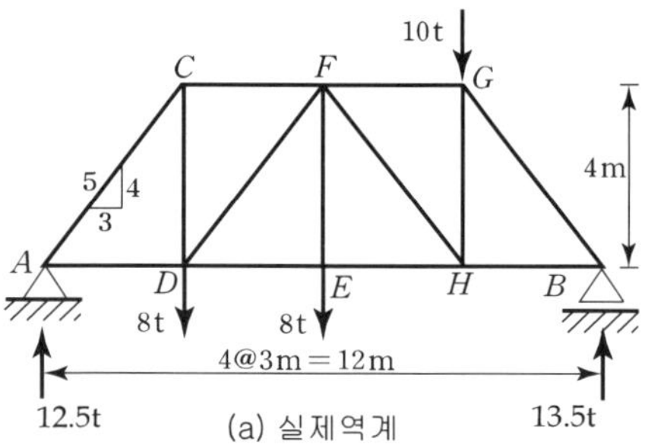

(a) 실제역계

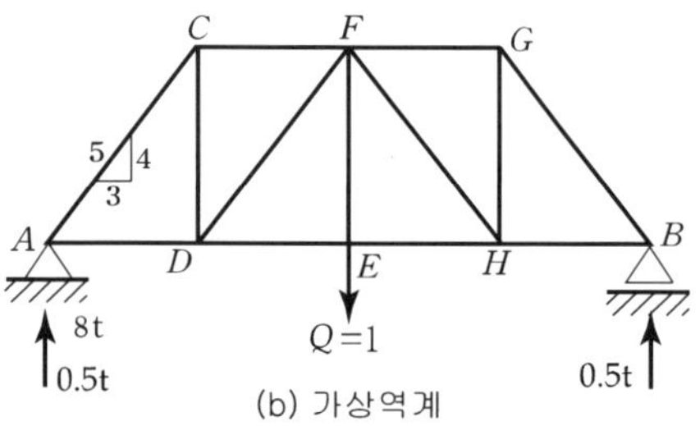

(b) 가상역계

그림 10.35 예제 10.12

부재	$A(\text{cm}^2)$	$L(\text{cm})$	f	F	$\frac{fFL}{A}$
AD	20	300	0.375	9.375	52.7
DE	20	300	0.75	12.75	143.4
EH	20	300	0.75	12.75	143.4
HB	20	300	0.375	10.125	57.0
CF	20	300	−0.375	−9.375	52.7
FG	20	300	−0.375	−10.125	57.0
AC	10	500	−0.625	−15.625	488.3
DF	10	500	−0.625	−5.625	175.8
FH	10	500	−0.625	−4.375	136.7
BG	10	500	−0.625	−16.875	527.3
CD	10	400	0.5	12.5	250.0
EF	10	400	1	8	320.0
GH	10	400	0.5	3.5	70.0
					$\sum \frac{fFL}{A}$ = 2474.3

$$\therefore y_E = \sum \frac{fFL}{EA} = \frac{2474.3}{2100} = 1.17 \text{ cm}$$

10.4 상반정리

상반정리는 구조해석에서 중요한 개념으로 중첩의 원리가 적용되는 선형탄성 구조물에만 적용된다. 따라서 다음과 같은 두 개의 기존조건이 만족되어야 한다. 즉, ① 재료는 Hooke의 법칙을 따라야 하고 ② 변위는 변형전의 형상에 대하여 계산할 수 있도록 충분히 작아야한다.

상반정리는 모든 구조물에 적용되지만 편의상 그림 10.36의 보를 가지고 유도한다. 그림 10.36에서 Δ_{ij}에 사용된 첨자 중 i는 처짐이 발생하는 점이고 j는 하중이 작용하고 있는 점을 나타낸 것으로 Δ_{nm}은 하중 P_m에 의한 n점의 처짐을 나타낸다.

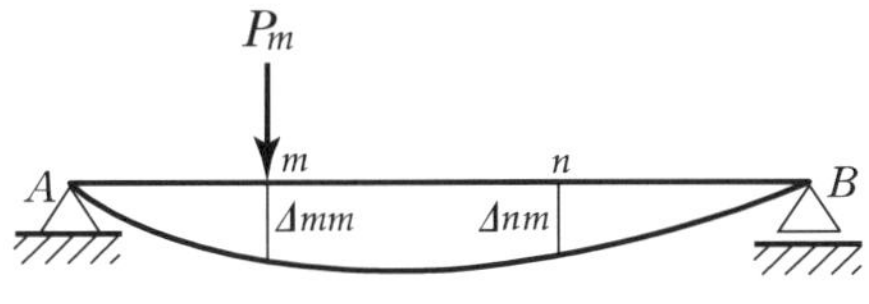

(a) P_m 역계

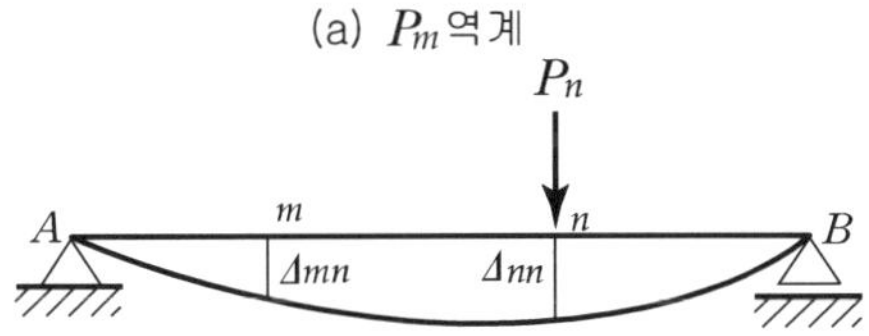

(b) P_n 역계

그림 10.36

P_m역계가 작용한 후 P_n역계가 작용할 때

부가적인 처짐 Δ_{mn}이 일어나는 동안 P_m은 이미 작용하고 있으므로 부가되는 일은 $\frac{1}{2}$의 계수가 없다.

$$\frac{1}{2}P_m\Delta_{mm} + \frac{1}{2}P_n\Delta_{nn} + P_m\Delta_{mn} \qquad ①$$

P_n역계가 작용한 후 P_m역계가 작용할 때

마찬가지로 Δ_{nm}가 일어나는 동안 P_m은 이미 작용하고 있으므로 부가되는 일은 $\frac{1}{2}$의 계수가 없다.

$$\frac{1}{2}P_n\Delta_{nn} + \frac{1}{2}P_m\Delta_{mm} + P_n\Delta_{nm} \qquad ②$$

상술한 중첩의 원리가 적용되는 선형탄성 구조물에서 하중의 작용 순서와 관계없이 변형에너지는 같아야 하므로 ①식과 ②식은 서로 같다.

$$P_m\,\Delta_{mn} = P_n\,\Delta_{nm} \qquad ③$$

그림 10.36에서 P_m과 P_n이 여러 개 있는 경우로 식 ③을 일반화하면

$$\sum(P_m\,\Delta_{mn}) = \sum(P_n\,\Delta_{nm}) \qquad (10.32)$$

식 (10.32)로부터 P_m하중계가 P_n하중계에 의한 대응변위(Δ_{mn})가 발생할 때 하는 일은 P_n하중계가 P_m하중계에 의한 대응변위(Δ_{nm})가 발생할 때 하는 일과 같다. 이 관계를 **베티의 정리**(Betti's theorem) 또는 **상반일의 정리**라고 한다. 식 (10.14)에서 P_m와 P_n의 값이 같거나 1이면

$$\Delta_{mn} = \Delta_{nm} \tag{10.33}$$

식 (10.33)으로부터 m점에 작용하는 하중으로 인한 n점의 처짐은 n점에 작용하는 하중으로 인한 m점의 처짐과 같다. 이 관계는 베티의 정리의 특수한 경우로 **맥스웰의 정리**(Maxwell's theorem) 또는 **상반변위의 정리**라고 한다. 이 두 정리를 구조물의 탄성변형에 대한 **상반정리**(reciprocal theorem)라고 하며 부정정 구조물을 해석할 때 유용하게 이용된다.

예제 10.13 그림 10.37의 단순보에서 C점에 하중 P에 의한 D점의 처짐 y_{DC}와 D점에 하중 P에 의한 C점의 처짐 y_{CD}를 구하여라.

풀이

1) 처짐 y_{DC}

그림 10.37(a)에서 $M_{x1} = \frac{3}{4}Px_1$, $M_{x3} = \frac{1}{4}Px_3$

$$M_{x2} = \frac{3}{4}P(2+x_2) - Px_2 = \frac{1}{4}P(6-x_2)$$

그림 10.37(b)에서 $m_{x1} = 0.5x_1$, $m_{x2} = 0.5(2+x_2)$, $m_{x3} = 0.5x_3$

$$y_{DC} = \int_0^l \frac{mM}{EI}dx = \int_0^2 \frac{1}{EI}(0.5x_1)\left(\frac{3}{4}Px_1\right)dx_1$$

$$+\int_0^2 \frac{1}{EI}(0.5(2+x_2))\left(\frac{1}{4}P(6-x_2)\right)dx_2$$

$$+\int_0^4 \frac{1}{EI}(0.5x_3)\left(\frac{1}{4}Px_3\right)dx_3$$

$$= \frac{1}{EI}\int_0^2\left(\frac{3}{8}Px_1^2\right)dx_1 + \frac{1}{EI}\int_0^2\left(\frac{1}{8}P(12+4x_2-x_2^2)\right)dx_2$$

$$+\frac{1}{EI}\int_0^4\left(\frac{1}{8}Px_3^2\right)dx_3 \qquad ①$$

$$= \frac{P}{8EI}\left[x_1^3\right]_0^2 + \frac{P}{8EI}\left[12x_2 + 2x_2^2 - \frac{1}{3}x_2^3\right]_0^2 + \frac{P}{8EI}\left[\frac{1}{3}x_3^3\right]_0^4$$

$$= \frac{P}{8EI}(8 + 29.333 + 21.333) = \frac{7.333}{EI}P$$

2) 처짐 y_{CD}

그림 10.37(c)에서 $M_{x1} = 0.5Px_1$, $M_{x2} = 0.5P(2 + x_2)$

$M_{x23} = 0.5Px_3$

그림 10.37(d)에서 $m_{x1} = \frac{3}{4}x_1$, $m_{x2} = \frac{3}{4}(2 + x_2) - x_2 = \frac{1}{4}(6 - x_2)$

$m_{x3} = \frac{1}{4}x_3$

$$y_{CD} = \int_0^l \frac{mM}{EI}dx$$

$$= \int_0^2 \frac{1}{EI}\left(\frac{3}{4}x_1\right)(0.5Px_1)\,dx_1$$

$$+ \int_0^2 \frac{1}{EI}\left(\frac{1}{4}(6 - x_2)\right)(0.5P(2 + x_2))\,dx_2$$

$$+ \int_0^4 \frac{1}{EI}\left(\frac{1}{4}x_3\right)(0.5Px_3)\,dx_3$$

$$= \frac{1}{EI}\int_0^2\left(\frac{3}{8}Px_1^2\right)dx_1 + \frac{1}{EI}\int_0^2\left(\frac{1}{8}P(12 + 4x_2 - x_2^2)\right)dx_2$$

$$+ \frac{1}{EI}\int_0^4\left(\frac{1}{8}Px_3^2\right)dx_3 \qquad ②$$

①식과 ②식이 같으므로 $y_{CD} = \frac{7.333}{EI}P \qquad \therefore y_{DC} = y_{CD}$

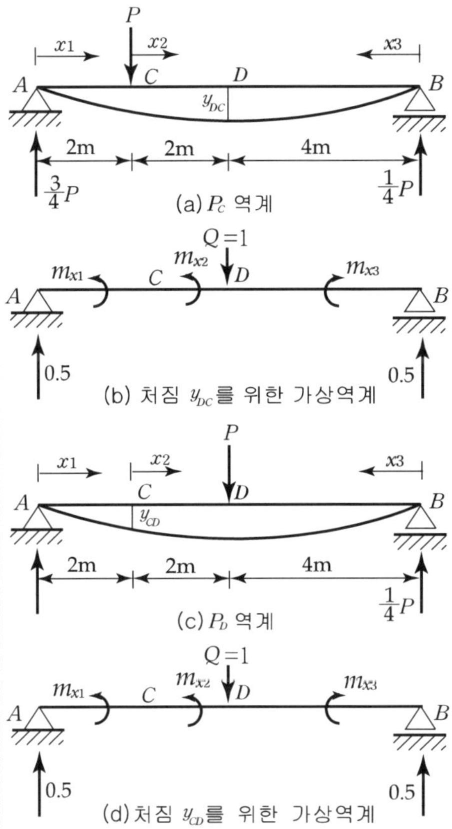

그림 10.37 예제 10.13

10.5 Castigliano의 제2정리

그림 10.38(a)와 같이 하중 $P_1, P_2 \cdots P_i \cdots P_m$을 받는 보에 $P_1 = 1$만 작용할 때 휨모멘트를 M_1, $P_2 = 1$만 작용할 때 휨모멘트를 M_2라고 하면, $P_1, P_2 \cdots P_i \cdots P_m$이 동시에 작용할 때 휨모멘트는 겹침의 원리에 의해 다음식과 같다.

$$M = M_1P_1 + M_2P_2 + \cdots + M_iP_i + \cdots + M_mP_m \qquad ①$$

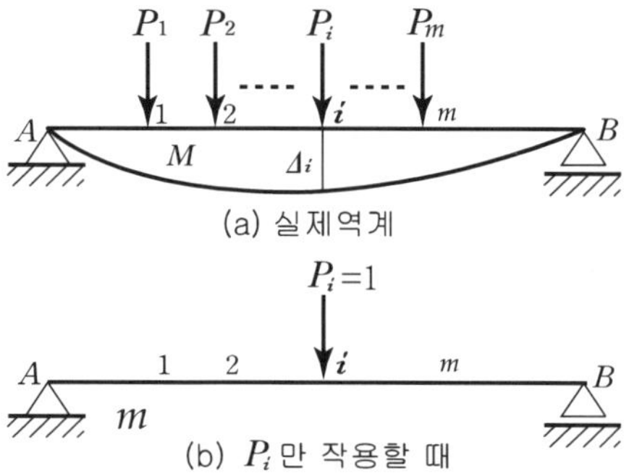

그림 10.38

식 ①을 P_i로 편미분하면

$$\frac{\partial M}{\partial P_i} = M_i \tag{②}$$

그림 10.38(b)에서 휨모멘트 $P_i = 1$을 적용하면 $m = M$가 된다. 식 (10.29)의 보에 대한 가상일의 방정식을 적용하면

$$\Delta_i = \int_0^l \frac{mM}{EI}\,dx = \int_0^l \frac{\partial M}{\partial P_i}\frac{M}{EI}\,dx \tag{③}$$

또한, 보의 변형에너지 식 (10.26)을 P_i로 편미분하면

$$\frac{\partial W_i}{\partial P_i} = \frac{\partial W_i}{\partial M}\frac{\partial M}{\partial P_i} = \int_0^l \frac{\partial M}{\partial P_i}\frac{M}{EI}\,dx \tag{④}$$

식 ③과 식 ④의 우변이 같기 때문에

$$\Delta_i = \int_0^l \frac{\partial M}{\partial P_i}\frac{M}{EI}\,dx = \frac{\partial W_I}{\partial P_i} \tag{10.34}$$

식 (10.34)는 **구조물의 재료가 탄성적이고 온도변화와 지점침하가 없는 경우에 변형에너지를 하중에 대하여 편미분한 것은 처짐과 같다는 것으로** Castigliano**의 제2정리** 라고 한다. 1879년 이탈리아의 철도기사 Albert Castigliano에 의해서 제안되었다.

트러스의 경우도 보와 같이 적용할 수 있는데

$$\Delta_i = \sum \frac{\partial F}{\partial P_i}\frac{F}{EA} \tag{10.35}$$

만일, 하중이 작용하지 않는 점의 변위를 구할 경우에는 실제의 기호로 나타낸 가상의 하중(P, M)을 구하려고 하는 변위의 방향에 작용시켜 단면력을 구하고, 가상하중으로 편미분한 후 가상의 하중을 "0"으로 환원하면 된다.

이것은 가상의 힘 $Q = 1$을 이용한 가상일의 방법과 같아 이 두 방법은 서로 유사성을 가지고 있음을 알 수 있다. 그러나 가상일의 방법은 가상역계를 추가로 생각해야 되지만 Castigliano의 제2정리는 가상역계가 필요 없어 온도변화나 지점침하가 없는 경우에는 더 용이하게 변위를 구할 수 있는 장점이 있다.

예제 10.14 가상일의 원리로 구한 예제 10.7을 Castigliano의 제2정리를 이용하여 구하여라.

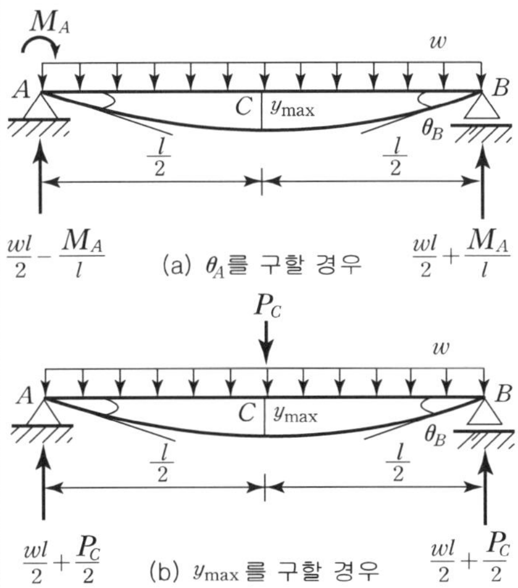

그림 10.39 예제 10.14

풀이

1) 처짐각(θ_A)

그림 10.39(a)에서 $M_x = M_A + \left(\frac{wl}{2} + \frac{M_A}{l}\right)x - \frac{wx^2}{2}$, $\frac{\partial M_x}{\partial M_A} = 1 - \frac{x}{l}$

$M_A = 0$을 대입하면 $M_x = \frac{wl}{2}x - \frac{wx^2}{2}$

식 (10.17)로부터

$$
\begin{aligned}
\theta_A &= \int_0^l \frac{\partial M}{\partial M_A}\frac{M}{EI}dx \\
&= \int_0^l \frac{1}{EI}\left(1 - \frac{1}{l}x\right)\left(\frac{wl}{2}x - \frac{w}{2}x^2\right)dx \\
&= \frac{1}{EI}\int_0^l \frac{w(l^2x - 2lx^2 + x^3)}{2l}dx \\
&= \frac{w}{2EIl}\left[l^2\frac{x^2}{2} - 2l\frac{x^3}{3} + \frac{x^4}{4}\right]_0^l \\
&= \frac{w}{2EIl}\left(\frac{l^4}{2} + \frac{l^4}{4} - \frac{2}{3}l^4\right) = \frac{wl^3}{24EI}
\end{aligned}
$$

2) 처짐($y_{\max}$)

그림 10.39(b)에서 $M_x = \left(\frac{wl}{2} + \frac{P_C}{2}\right)x - \frac{wx^2}{2}$, $\frac{\partial M_x}{\partial P_C} = \frac{x}{2}$

$$
\begin{aligned}
y_{\max} &= y_c = \int_0^l \frac{\partial M}{\partial P_C}\frac{M}{EI}dx \\
&= 2\int_0^{\frac{l}{2}} \frac{1}{EI}\left(\frac{x}{2}\right)\left(\frac{wl}{2}x - \frac{wx^2}{2}\right)dx \\
&= \frac{2}{EI}\int_0^{\frac{l}{2}} \frac{w(lx^2 - x^3)}{4}dx \\
&= \frac{w}{2EI}\int_0^{\frac{l}{2}}(lx^2 - x^3)\,dx \\
&= \frac{w}{2EI}\left[l\times\frac{x^3}{3} - \frac{x^4}{4}\right]_0^{\frac{l}{2}} = \frac{w}{2EI}\left(\frac{5l^4}{192}\right) = \frac{5wl^4}{384EI}
\end{aligned}
$$

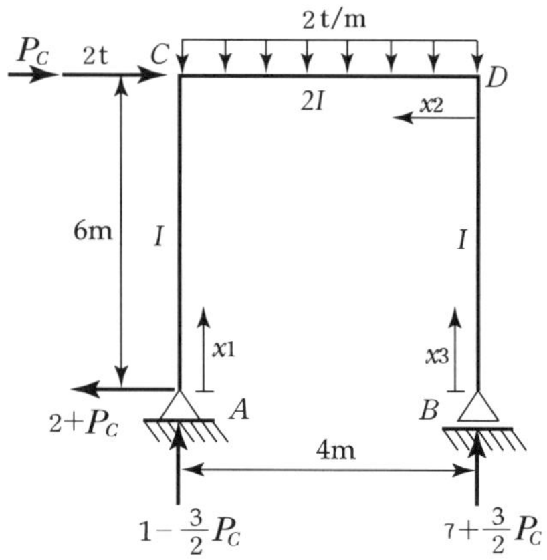

그림 10.40 예제 10.15

예제 10.15 가상일의 원리로 구한 예제 10.10을 Castigliano의 제2 정리를 이용하여 구하여라.

풀이

그림 10.40(a)에서 $M_{x1} = (2+P_C)x_1$, $M_{x2} = \left(7+\frac{3}{2}P_C\right)x_2 - x_2^2$

$$M_{x3} = 0$$

$$\frac{\partial M_{x1}}{\partial P_C} = x_1, \quad \frac{\partial M_{x2}}{\partial P_C} = \frac{3}{2}x_2$$

식 (10.17)로부터

$$x_C = \int_0^l \frac{\partial M}{\partial P_C}\frac{M}{EI}dx$$

$$= \int_0^6 \frac{1}{EI}(x_1)(2x_1)\,dx_1 + \int_0^4 \frac{1}{E(2I)}\left(\frac{3}{2}x_2\right)\left(7x_2 - x_2^2\right)dx_2$$

$$= \frac{1}{EI}\int_0^6 (2x_1^2)\,dx_1 + \frac{1}{2EI}\int_0^4 (10.5x_2^2 - 1.5x_2^3)\,dx_2$$

$$= \frac{1}{EI}\left[\frac{2}{3}x_1^3\right]_0^6 + \frac{1}{2EI}\left[3.5x_2^3 - 0.375x_2^4\right]_0^4$$

$$= \frac{1}{EI}(144+64) = \frac{208}{EI}$$

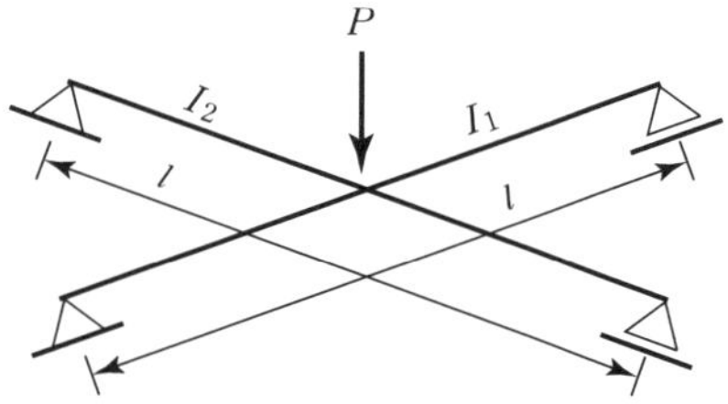

그림 10.41 예제 10.16

예제 10.16 그림 10.41과 같이 2개의 보가 중앙에서 직교하고 교점에 하중 P가 작용한다. 두 보가 분담하는 하중 P_1, P_2를 구하여라. (단, 같은 재료)

풀이

표 10.2의 처짐공식을 이용하여

$$y_1 = \frac{P_1 l^3}{48EI_1}, \quad y_2 = \frac{P_2 l^3}{48EI}$$

두 보가 교점에서 강결되어 있으므로 $y_1 = y_2$이므로

$$\frac{P_1}{I_1} = \frac{P_2}{I_2}, \quad P_1 = \frac{I_1}{I_2}P_2, \quad P_2 = \frac{I_2}{I_1}P_1$$

$$P = P_1 + P_2 = \frac{I_2}{I_1}P_1 + P_1 = \left(\frac{I_2}{I_1}+1\right)P_1 \qquad \therefore P_1 = \frac{I_1}{I_1+I_2}P$$

$$= \frac{I_1}{I_2}P_2 + P_2 = \left(\frac{I_1}{I_2}+1\right)P_2 \qquad \therefore P_2 = \frac{I_2}{I_1+I_2}P$$

표 10.1 캔틸레버보의 처짐공식

구조 및 하중조건	처 짐 각(θ_i)	처 짐(y_i)
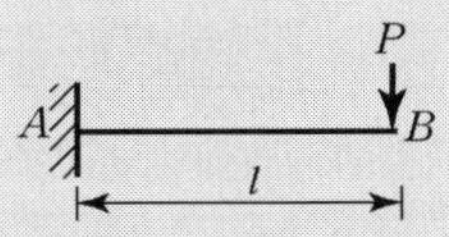	$\theta_B = \frac{Pl^2}{2EI}$	$y_B = \frac{Pl^3}{3EI}$
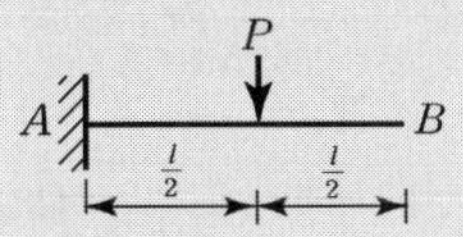	$\theta_B = \frac{Pl^2}{8EI}$	$y_B = \frac{5Pl^3}{48EI}$
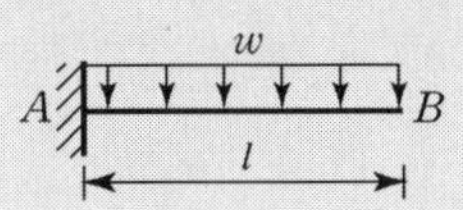	$\theta_B = \frac{wl^3}{6EI}$	$y_B = \frac{wl^4}{8EI}$
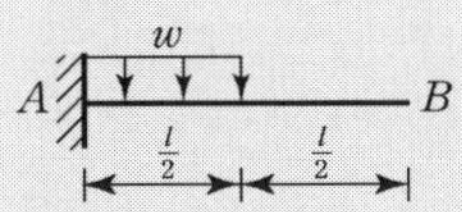	$\theta_B = \theta_C = \frac{wl^3}{48EI}$	$y_B = \frac{7wl^4}{384EI}$
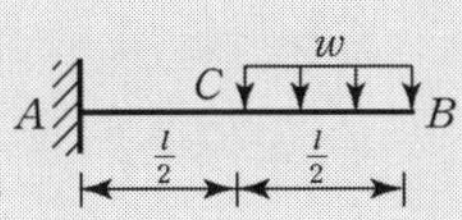	$\theta_B = \frac{7wl^3}{48EI}$	$y_B = \frac{41wl^4}{384EI}$
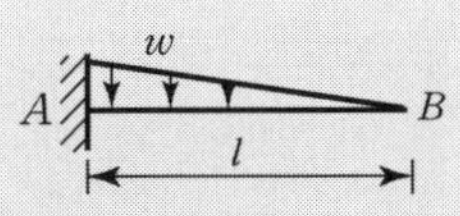	$\theta_B = \frac{wl^3}{24EI}$	$y_B = \frac{wl^4}{30EI}$
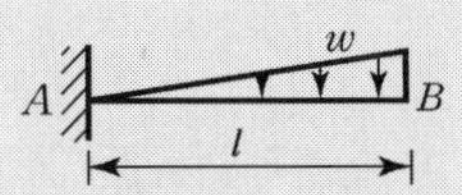	$\theta_B = \frac{wl^3}{8EI}$	$y_{\max} = \frac{11wl^4}{120EI}$
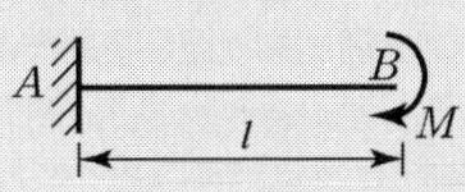	$\theta_B = \frac{Ml}{EI}$	$y_B = \frac{Ml^2}{2EI}$

표 10.2 단순보의 처짐공식

구조 및 하중조건	처 짐 각(θ_i)	처 짐(y_i)
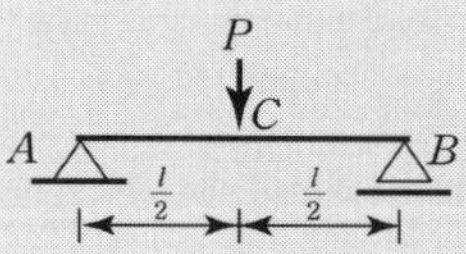	$\theta_A = -\theta_B = \frac{Pl^2}{16EI}$	$y_{\max} = \frac{Pl^3}{48EI}$
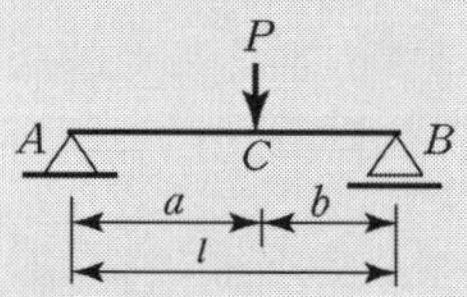	$\theta_A = \frac{Pb}{6EIl}(l^2 - b^2)$ $\theta_B - \frac{Pa}{6EIl}(l^2 - a^2)$	$y_C = \frac{Pa^2b^2}{3EIl}$
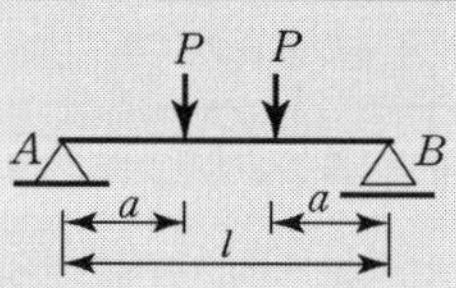	$\theta_A = -\theta_B$ $= -\frac{Pal}{2EI}\left(1 - \frac{a}{l}\right)$	$y_{\max} = \frac{Pa}{24EI}(3l^2 - 4a^2)$
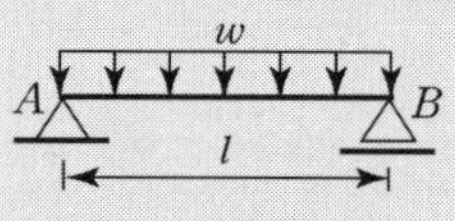	$\theta_A = -\theta_B = \frac{wl^3}{24EI}$	$y_{\max} = \frac{5wl^4}{384EI}$
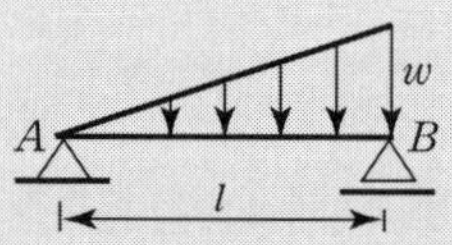	$\theta_A = \frac{7wl^3}{360EI}$ $\theta_B = -\frac{8wl^3}{360EI}$	$y_{\max} = 0.006522\frac{wl^4}{EI}$
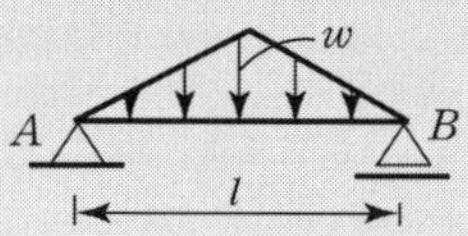	$\theta_A = -\theta_B = \frac{5wl^4}{192EI}$	$y_{\max} = \frac{wl^4}{120EI}$
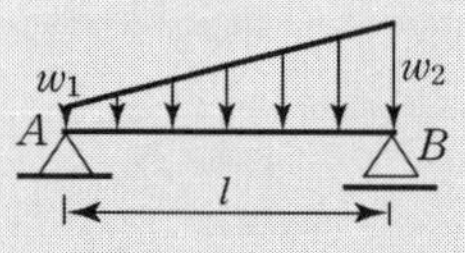	$\theta_A = \frac{l^3}{360EI}(8w_1 + 7w_2)$ $\theta_B = -\frac{l^3}{360EI}(7w_1 + 8w_2)$	$y_{\max} = \frac{5w_1l^4}{384EI}$ $= \frac{5(w_2 - w_1)l^4}{768EI}$
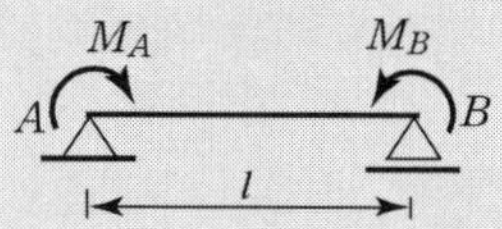	$\theta_A = \frac{l}{6EI}(2M_A + M_B)$ $\theta_B = -\frac{l}{6EI}(M_A + 2M_B)$	$M_A = M_B = M$ $y_{\max} = \frac{Ml^2}{8EI}$
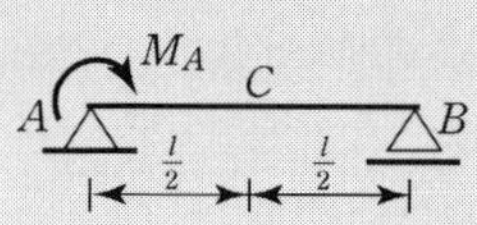	$\theta_A = \frac{M_A l}{3EI}$ $\theta_B = -\frac{M_A l}{6EI}$	$y_C = \frac{M_A l^2}{16EI}$

연습문제

1. 그림 10.42의 단순보에서 처짐각 θ_A와 처짐 y_D를 구하여라.

답 : $\theta_A = \dfrac{5Pl^2}{128EI}$, $y_D = \dfrac{3Pl^3}{256EI}$

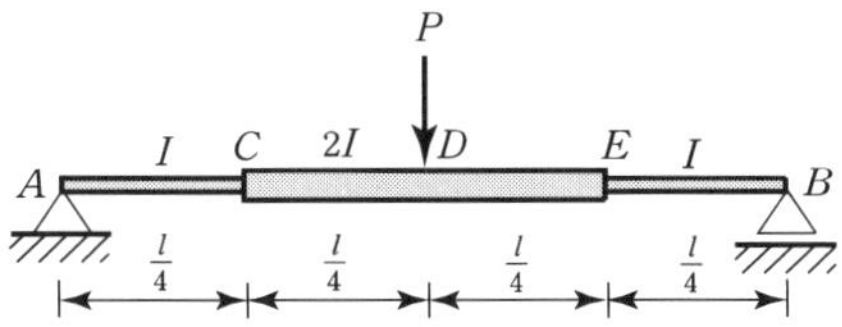

그림 10.42 연습문제 1

2. 그림 10.43의 단순보에서 처짐각 θ_C와 처짐 y_C를 구하여라. (단, $E = 9.0 \times 10^4$ kg/cm^2)

답 : $I = 2.81 \times 10^3$ cm^4, $\theta_C = -0.0070$ rad, $y_C = 28.12$ cm

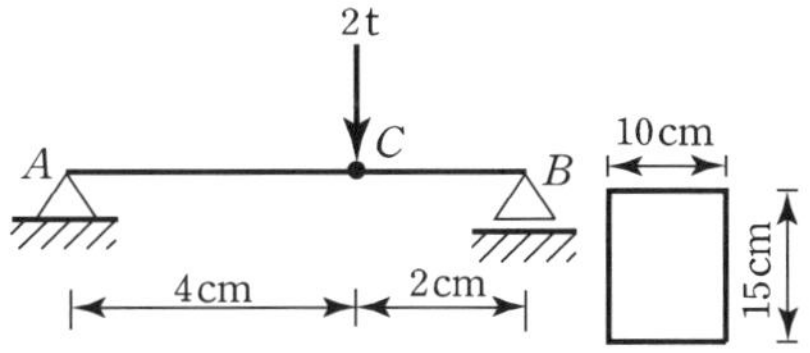

그림 10.43 연습문제 2

3. 그림 10.44의 단순보에서 처짐각 θ_A와 중앙점의 처짐 y_C를 구하여라. (단, $E = 1.5 \times 10^5$ kg/cm^2)

답 : $I = 2.25 \times 10^4$ cm^4, $\theta_A = 0.0296$ rad, $y_C = 5.55$ cm

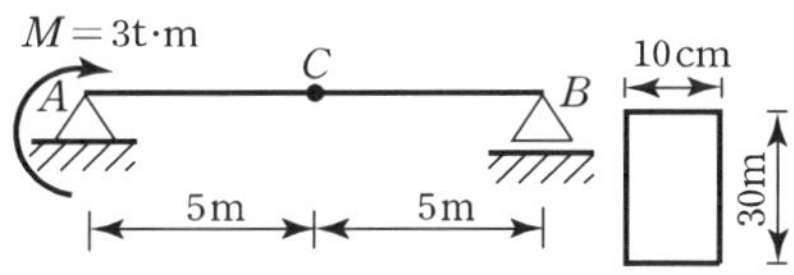

그림 10.44 연습문제 3

4. 그림 10.45의 캔틸레버보에서 처짐각 θ_B와 처짐 y_B를 구하여라. (단, $E = 2.1 \times 10^6$ kg/cm^2, $I = 3 \times 10^4$ cm^4)

답 : $\theta_B = \theta_C = 0.012$ rad, $y_B = 9$ cm

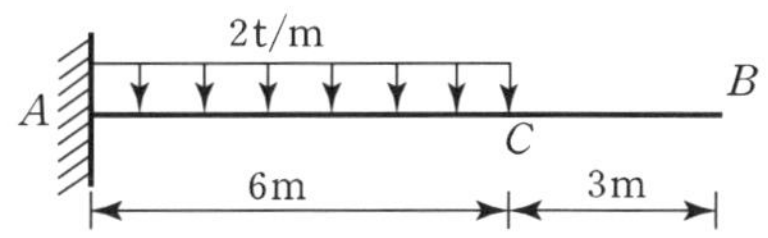

그림 10.45 연습문제 4

5. 그림 10.46의 캔틸레버보에서 처짐각 θ_B와 처짐 y_B를 구하여라. (단, $E = 1.3 \times 10^6$ kg/cm^2, $I = 1 \times 10^6$ cm^4)

답 : $\theta_B = 0.00358$ rad, $y_B = 2.9$ cm

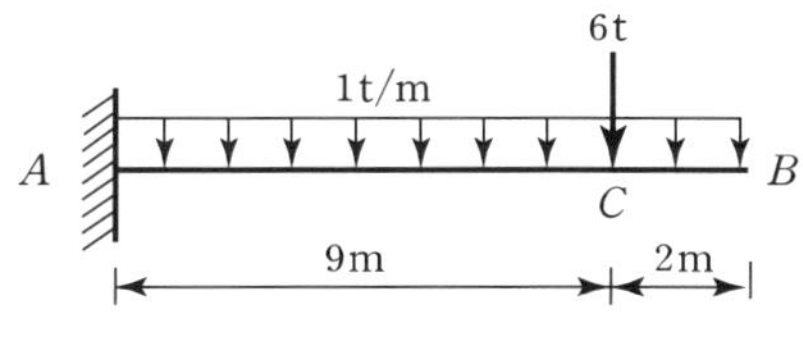

그림 10.46 연습문제 5

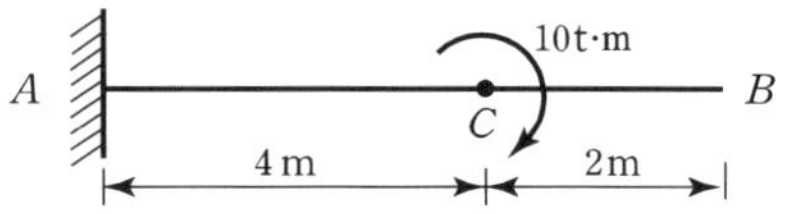

그림 10.47 연습문제 6

6. 그림 10.47의 캔틸레버보에서 처짐각 θ_B와 처짐 y_B를 구하여라.
(단, $E = 1.0 \times 10^6$ kg/cm^2, $I = 22{,}500$ cm^4)

답 : $\theta_B = 0.0178$ rad, $y_B = 7.11$ cm

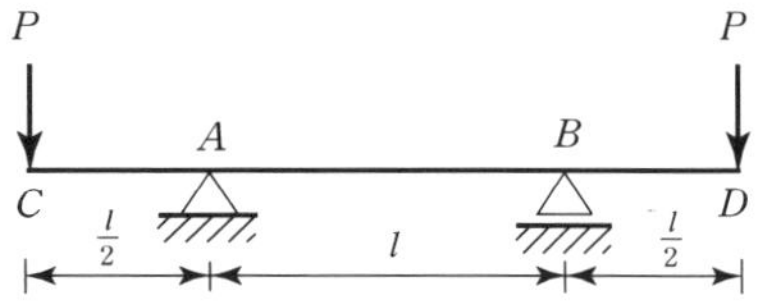

그림 10.48 연습문제 7

7. 그림 10.48의 내민보에서 처짐각 θ_C와 처짐 y_C를 구하여라.

답 : $\theta_C = -\dfrac{3Pl^2}{8EI}$, $y_C = \dfrac{Pl^3}{6EI}$

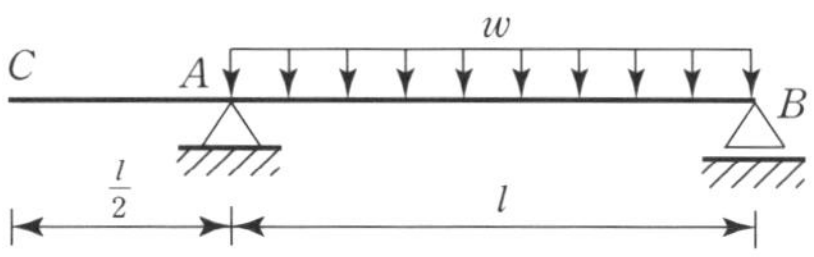

그림 10.49 연습문제 8

8. 그림 10.49의 내민보에서 처짐각 θ_C와 처짐 y_C를 구하여라.

답 : $\theta_C = \dfrac{wl^3}{24EI}$, $y_C = -\dfrac{wl^4}{48EI}$

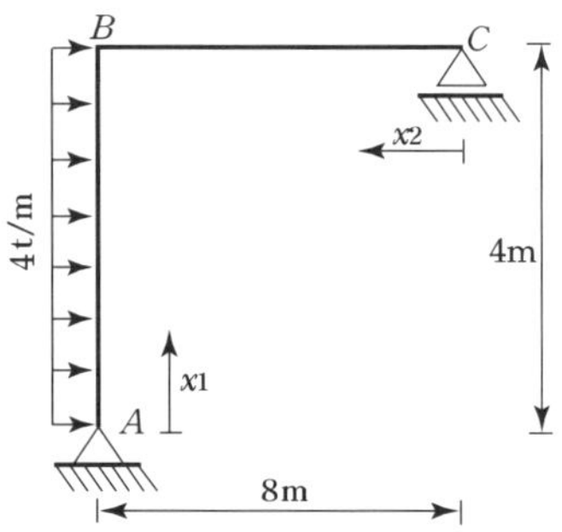

그림 10.50 연습문제 9

9. 그림 10.50의 라멘에서 C점의 수평처짐 x_C를 구하여라.

답 : $x_C = 2.627$ cm

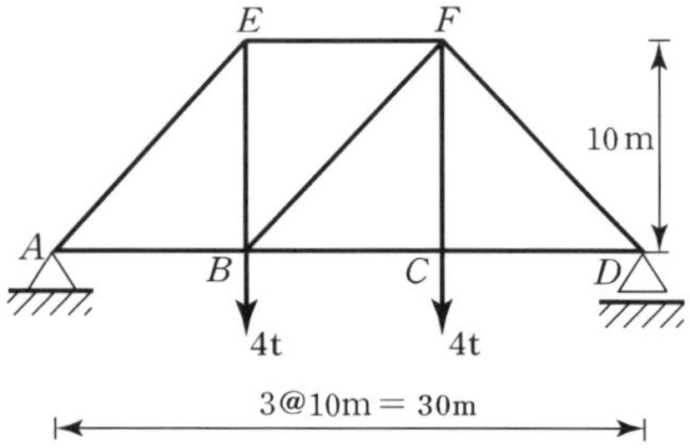

그림 10.51 연습문제 10

10. 그림 10.51의 C점의 수직처짐 y_C를 구하여라.

답 : $y_C = 0.234$ cm

CHAPTER

11 부정정구조물의 해석

CHAPTER

11

부정정구조물의 해석

11.1 개 요

10장까지는 자유물체도의 평형조건을 이용하여 정정구조물의 단면력과 변형을 해석하였고, 4.7절의 구조물의 판별에서 부정정 구조의 부정정 차수를 구하였다. 정정구조와 부정정구조가 각각 장・단점이 있으나 현재 대부분의 구조물은 부정정 구조를 이루고 있다. 설계기술자는 다음과 같은 부정정구조의 장・단점을 고려하여 대상구조물의 형식을 선정해야 한다.

1) 장 점

① 정정구조물은 갑작스런 붕괴를 유발시킬 가능성이 있지만 부정정구조물은 최초의 부재가 파괴된 후 파괴경로와 하중 재분배 능력 때문에 붕괴 메커니즘이 보다 안정적이다.

② 부정정구조물은 많은 구속과 부재간의 연속성으로 큰 강성과 내하력을 갖고 있어 기능성에서 유리하다.

③ 같은 조건에서 부정정구조물은 발생 응력이 작아 단면을 감소시킬 수 있다. 교량의 경우 단순교 대신 연속교로 하면 재료

에 따라 다르지만 대략 10~20%의 재료가 절감이 되고, 지간의 길이를 증가시킬 수 있으므로 교각수가 적어 하부구조의 공사비도 절감된다.

④ 연속 거더구조와 라멘, 아치와 같은 장대지간 구조물에서 미적으로 아름답다.

2) **단 점**

① 구조물의 연속성으로 지점침하, 온도변화, 제작오차 등의 변형으로 2차 응력이 발생한다.

② 구조해석에서 평형조건에 부정정 차수만큼의 구조물의 변형을 고려한 조건식이 추가되어야 하므로 해석에 어려움이 있다. 그러나 현재에는 전산구조해석 및 최적설계가 보편화되고 있어 큰 문제가 되지 않는다.

③ 응력 교체가 많아서 부가적인 부재가 필요한 경우가 있다.

부정정구조의 해석법은 반력이나 단면력을 미지수로 하는 **응력법**(應力法, force method)과 절점변위를 미지수로 하는 **변위법**(變位法, displacement method)으로 구분된다.

부정정차수 만큼의 연립방정식을 매트릭스 대수로 이용하는 매트릭스 구조해석에서는 응력법을 **유연도법**(flexibility method)이라 하고, 변위법은 **강도법**(stiffness method)이라고 한다.

응력법과 변위법은 다음과 같이 구분된다.

응 력 법

① 변형일치법(method of consistent deformation)
: 부정정트러스, 연속보, 라멘

② 3연모멘트법(three-moment equation) : 연속보

③ 최소일의 방법(method of least work)
: 부정정트러스, 연속보, 라멘

변 위 법

① 처짐각법(slope deflection method) : 라멘, 연속보

② 모멘트분배법(moment distribution method) : 라멘, 연속보

매트릭스해법, 유한요소법

: (matrix method, finite element method) 모든 구조물

11.2 변형일치법

그림 11.1(a)는 1차 부정정구조물이다. 그림 11.1(b)는 지점을 제거하여 정정구조물을 만들고 제거된 지점의 반력을 외력으로 작용시켜 실구조물과 같게 하였다. 이것을 주어진 구조물에 대한 **기본구조물**(primary structure)이라 하고 제거된 지점반력을 **부정정력**이라 한다. 겹침의 원리를 이용하여 그림 11.1(b)는 그림 11.1(c)의 하중만 작용하는 경우와 그림 11.1(d)의 부정정력만 작용하는 경우의 합이 된다.

$$y_B = y_{B0} + y_{B1} \tag{11.1}$$

식 (11.1)에서 부정정력 V_B를 구할 수 있고, 이 식을 변위구속조건이라 한다.

그림 11.1(c)는 B점에 내부힌지를 도입하여 기본구조물을 만들고, 단면력 M_B를 부정정력으로 작용시켰다. 실구조물은 B점에서 변형이 연속적이므로 θ_{BA}와 θ_{BC}는 같고, 겹침의 원리에 의해

$$\theta_{BA0} + \theta_{BA1} = \theta_{BC0} + \theta_{BC1} \tag{11.2}$$

식 (11.2)를 변위연속조건이라 한다. 변위구속조건과 변위연속조건을 변위의 **적합조건**이라 하고, 이 조건을 나타내는 식을 **적합방정식** 또는 **탄성방정식**이라 한다.

이 방정식을 사용하여 부정정구조물을 해석하는 방법을 **변위일치법**(method of consistent placement)이라 하며 모든 부정정구조물의 해석에 적용된다.

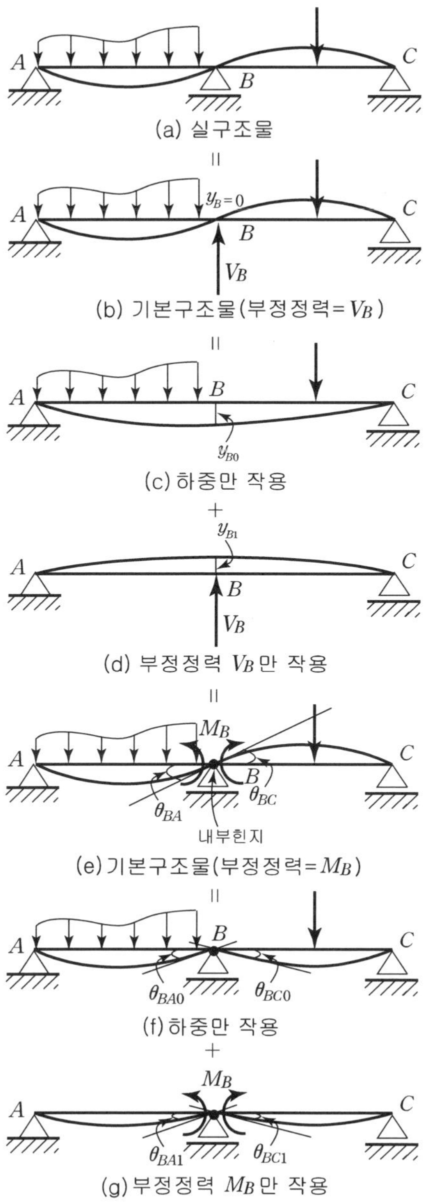

그림 11.1 부정정구조물의 해석

11.2.1 부정정 보

1) V_B를 부정정력으로 선택한 경우

그림 11.2(a)에서 잉여 부정정력을 V_B로 선택하여 그림 11.2(b)와 같이 기본구조물로 해석한다.

그림 11.2(b)의 기본구조물의 변형은 겹침의 원리에 의해 그림 11.2(c)와 같이 하중만 작용하는 경우와 그림 11.2(d)와 같이 부정정력만 작용하는 경우의 합이 된다.

$$y_B = y_{B0} + y_{B1} = 0$$

그림 11.2의 (c)와 (d)에서 y_{B0}와 y_{B1}을 구하여 대입하면

$$\frac{5Pl^3}{48EI} - \frac{V_B l^3}{3EI} = 0$$

$$V_B = \frac{5}{16}P$$

반력 V_B가 구해졌으므로 평형조건 2개를 이용하여 나머지 반력을 구한다.

$$(+\uparrow)\sum V = 0, \quad V_A + \frac{5}{16}P - P = 0$$

$$V_A = \frac{11}{16}P$$

$$(\overset{\curvearrowleft}{+})\sum M_A = 0, \quad M_A - P\frac{l}{2} + \frac{5}{16}Pl = 0$$

$$M_A = \frac{3}{16}Pl$$

반력이 구해졌으므로 5장과 같이 자유물체도를 이용하여 단면력을 구하면 그림 11.2(e)와 같이 된다.

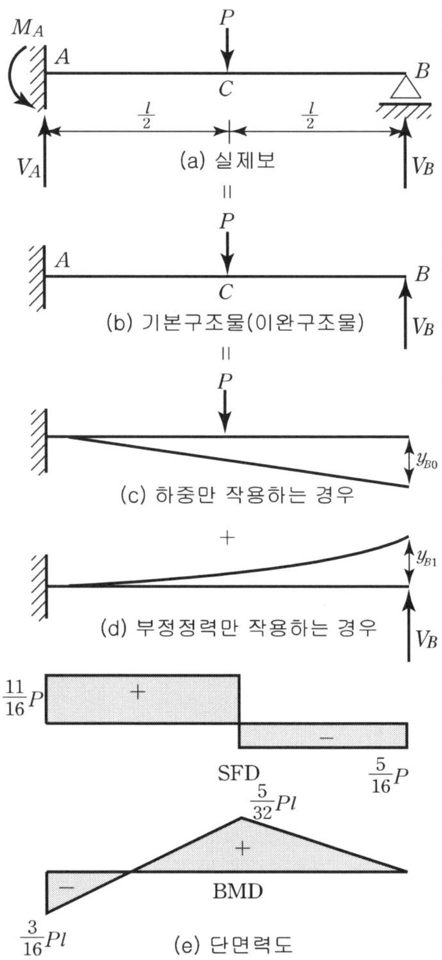

그림 11.2 부정정력 = V_B

2) M_A를 부정정력으로 선택한 경우

이번에는 그림 11.3(a)와 같이 부정정력을 M_A로 선택하여 그림 11.3(b)와 같이 기본구조물을 만들었다.

겹침의 원리에 의해 그림 11.3(c)의 처짐각 θ_{A0}와 그림 11.3(d)의 처짐각 θ_{A1}의 합은 그림 11.3(b)의 θ_A와 같다는 적합조건을 적용한다. 또한, A점에서의 처짐각 $\theta_A = 0$이므로

$$\theta_A = \theta_{A0} + \theta_{A1} = 0$$

그림 11.3의 (c)와 (d)에서 θ_{A0}와 θ_{A1}을 구하여 대입하면

$$\frac{Pl^2}{16EI} - \frac{M_A l}{3EI} = 0$$

$$M_A = \frac{3}{16}Pl$$

반력 M_A가 구해졌으므로 평형조건을 이용하여 나머지 반력을 구한다.

$$(\overset{\frown}{+})\sum M_A = 0, \quad \frac{3}{16}Pl - P\frac{l}{2} + V_B l = 0$$

$$V_B = \frac{5}{16}P$$

$$(+\uparrow)\sum V = 0, \quad V_A - P\frac{l}{2} + \frac{5}{16}Pl = 0$$

$$V_A = \frac{11}{16}P$$

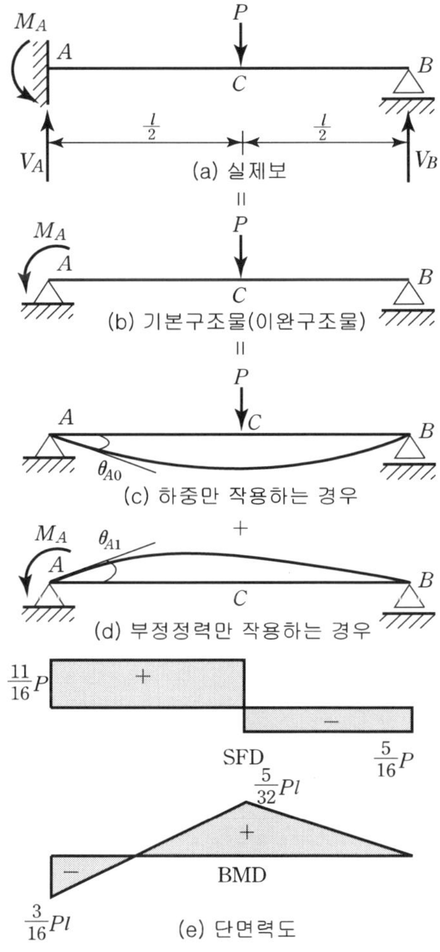

그림 11.3 부정정력 = M_A

예제 11.1 그림 11.4의 부정정보를 변형일치법으로 해석하여라.

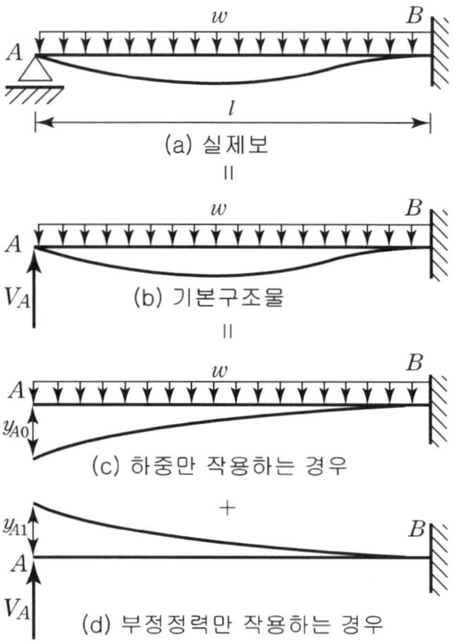

그림 11.4 예제 11.1

풀이

부정정력을 V_A로 선택하여 기본구조물을 만든다.

$$y_A = y_{A0} + y_{A1} = 0$$

$$\frac{wl^4}{8EI} + \left(-\frac{V_A l^3}{3EI}\right) = 0$$

$$\therefore V_A = \frac{3}{8}wl$$

평형조건에서

$$(+\uparrow)\sum V = 0, \quad V_A + V_B - wl = 0$$

$$\therefore V_B = \frac{5}{8}wl$$

$$(\overset{\curvearrowright}{+})\sum M_A = 0, \quad V_A l - \frac{wl^2}{2} + M_B = 0$$

$$\therefore M_B = \frac{wl^2}{8}$$

예제 11.2 그림 11.5의 부정정보를 변형일치법으로 해석하여라.

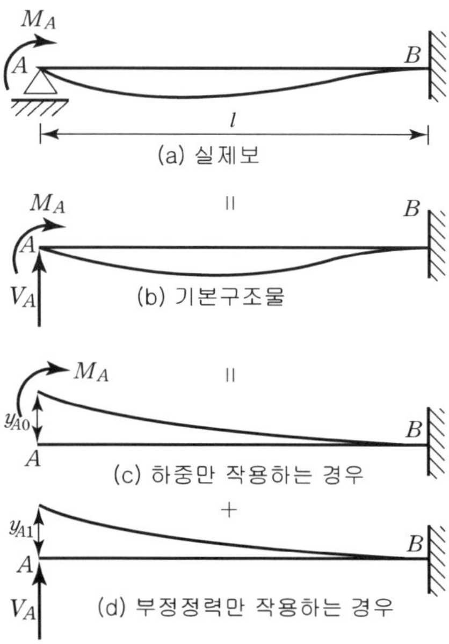

그림 11.5 예제 11.2

풀이

부정정력을 V_A로 선택하여 기본구조물을 만든다.

$$y_A = y_{A0} + y_{A1} = 0$$

$$-\frac{M_A l^2}{2EI} + \left(-\frac{V_A l^3}{3EI}\right) = 0$$

$$\therefore V_A = -\frac{3M_A}{2l}$$

평형조건에서

$$(+\uparrow)\sum V = 0, \quad V_B - \frac{3M_A}{2l} = 0$$

$$\therefore V_B = \frac{3M_A}{2l}$$

$$(\overset{\curvearrowright}{+})\sum M_B = 0, \quad -\frac{3M_A}{2l}l + M_A + M_B = 0$$

$$\therefore M_B = \frac{M_A}{2}$$

예제 11.3 그림 11.6의 양단고정보를 변형일치법으로 해석하여라.

1) $a \neq b$일 때 2) $a = b$일 때

풀이

양단 고정보는 축력이 있는 경우 3차 부정정이지만 축력의 영향이 없는 경우에는 수평반력이 없으므로 2차 부정정구조가 된다.

1) $a \neq b$일 때

그림 11.6(c)에서

$$\theta_{A0} = \frac{Pab}{6EI}(a+2b), \quad \theta_{B0} = -\frac{Pab}{6EI}(2a+b)$$

그림 11.6(d)에서

$$\theta_{A1} = -\frac{l}{6EI}(2M_A + M_B), \quad \theta_{B1} = \frac{l}{6EI}(2M_B + M_A)$$

2차 부정정이므로 2개의 적합조건이 필요하다.

$$\theta_A = \theta_{A0} + \theta_{A1} = 0, \quad \theta_B = \theta_{B0} + \theta_{B1} = 0$$

$$\theta_A = \frac{Pab}{6EIl}(a+2b) + \left\{-\frac{l}{6EI}(2M_B + M_A)\right\} = 0$$

$$2M_A + M_B = \frac{Pab}{l^2}(a+2b) \qquad ①$$

$$\theta_B = -\frac{Pab}{6EIl}(2a+b) + \frac{l}{6EI}(2M_B + M_A) = 0$$

$$2M_B + M_A = \frac{Pab}{l^2}(2a+b) \qquad ②$$

식 ①, ②의 연립방정식을 풀면

$$\therefore M_A = \frac{Pab^2}{l^2}, \quad M_B = \frac{Pa^2b}{l^2}$$

평형조건에서 나머지 반력을 구하면

$$(\overset{\curvearrowright}{+})\sum M_B = 0, \quad V_A l - Pb - \frac{Pab^2}{l^2} + \frac{Pa^2b}{l^2} = 0$$

$$V_A = \frac{Pb}{l^3}(a^2 + 2ab + b^2 + ab - a^2)$$

$$= \frac{Pb}{l^3}\{b(2a+b+a)\} = \frac{Pb^2}{l^3}(l+2a)$$

$$(+\uparrow)\sum V = 0, \quad V_B - P + \frac{Pb^2}{l^3}(l+2a) = 0$$

$$V_B = \frac{Pa^2}{l^3}(l+2b)$$

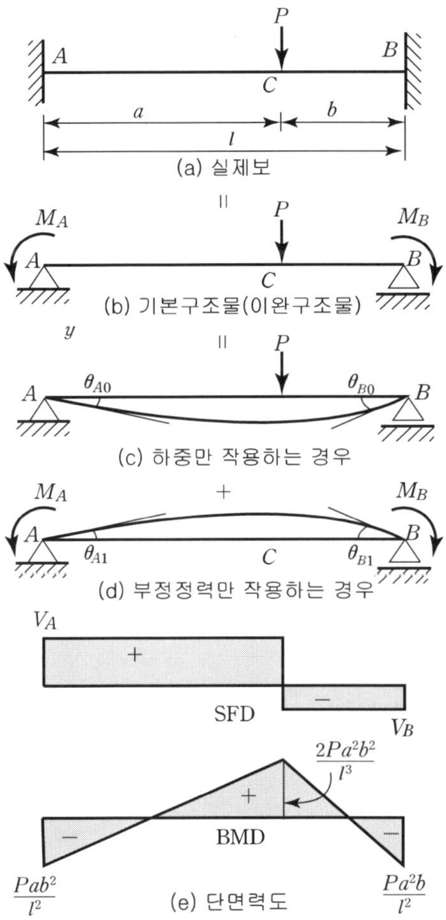

그림 11.6 예제 11.3

$$M_C = V_A a - M_A = \frac{Pb^2}{l^3}(l+2a) \times a - \frac{Pab^2}{l^2}$$

$$= \frac{Pab^2}{l^3}(l+2a-l) = \frac{2Pa^2b^2}{l^3}$$

2) $a=b$일 때, $a=b=\frac{l}{2}$을 대입하면

$$M_A = M_B = \frac{Pl}{8}, \quad V_A = V_B = \frac{P}{2}$$

예제 11.4 그림 11.7의 양단고정보를 변형일치법으로 해석하여라.

풀이

그림 11.7(c)에서

고정단에서 적합조건 $\theta_A = \theta_B = 0$ 이므로

$$\theta_A = \frac{wl^3}{24EI} + \left\{-\frac{l}{6EI}(2M_A + M_B)\right\} = 0$$

$M_A = M_B$ 이므로

$$\frac{wl^3}{24EI} - \frac{M_A l}{2EI} = 0$$

$$\therefore M_A = M_B = \frac{wl^2}{12}$$

평형조건에서

$$V_A = V_B = \frac{wl}{2}$$

$$M_C = V_A \frac{l}{2} - \frac{wl}{2}\frac{l}{4} - M_A = \frac{wl^2}{24}$$

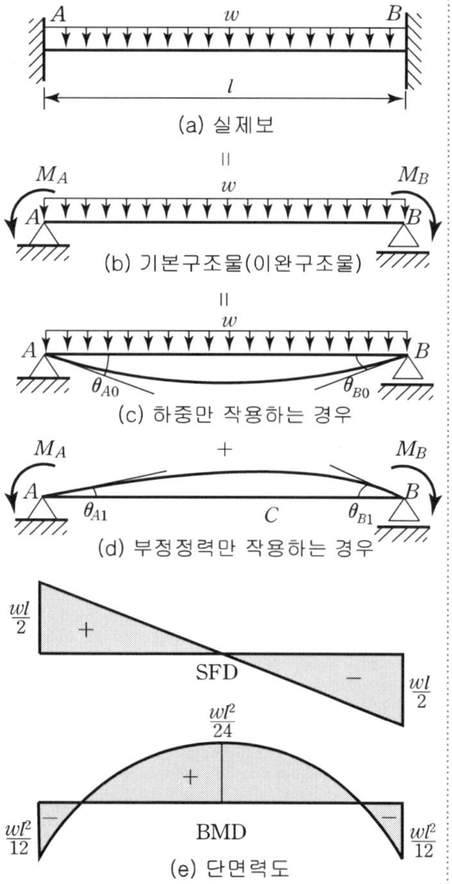

그림 11.7 예제 11. 4

예제 11.5 그림 11.8의 연속보를 변형일치법으로 해석하여라.

풀이

1) 반력

그림 11.8(b)에서 적합조건은

$$\theta_{BA} = \theta_{BA0} + \theta_{BA1} = 0$$

$$\theta_{BA} = \theta_{BC}$$

$$-\frac{wl^3}{24EI} - \frac{M_B l}{3EI} = 0$$

$$\therefore M_B = -\frac{wl^2}{8}$$

그림 11.8(b)의 AB 자유물체도에서

$$(\curvearrowright +)\sum M_B = 0, \quad V_A l - \frac{wl^2}{2} + \frac{wl^2}{8} = 0$$

$$\therefore V_A = V_C = \frac{3wl}{8}$$

$$(+\uparrow)\sum V = 0, \quad V_B - w(2l) + 2\times\frac{3wl}{8} = 0$$

$$\therefore V_B = \frac{5wl}{4}$$

2) 단면력

$$S_x = \frac{3wl}{8} - wx = 0, \quad x = \frac{3}{8}l$$

$$M_x = V_A x - \frac{wx^2}{2} = \frac{3wl}{8}x - \frac{w}{2}x^2$$

$$M_{x=\frac{3}{8}l} = \left(\frac{3wl}{8}\right)\left(\frac{3}{8}l\right) - \left(\frac{w}{2}\right)\left(\frac{3}{8}l\right)^2 = \frac{9wl^2}{128}$$

단순보에서는 지점부에서 휨모멘트가 "0"이었지만, 그림 11.8의 단면력도에서 알 수 있듯이 연속보에서는 내측지점부에서 부(−)모멘트가 발생함을 알 수 있다. 따라서 단면의 상부에 인장응력이 발생하므로 철근콘크리트의 경우 상부에 주철근이 배근되어야 한다.

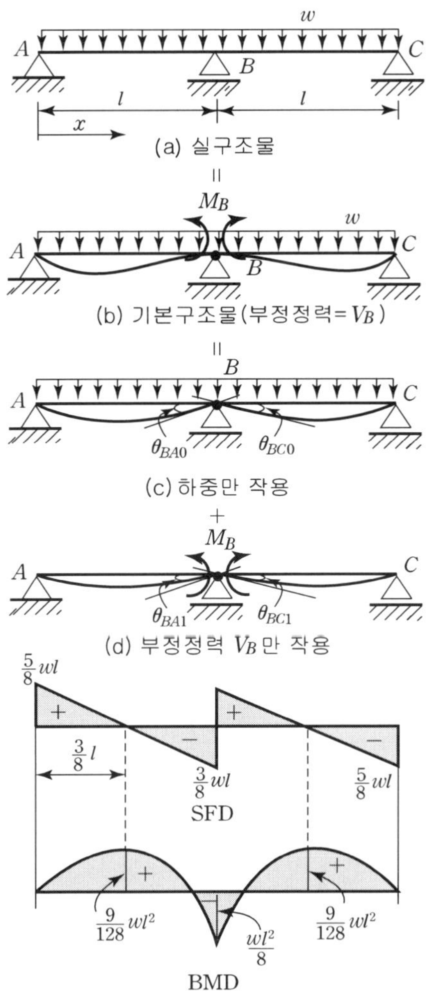

그림 11.8 예제 11.5

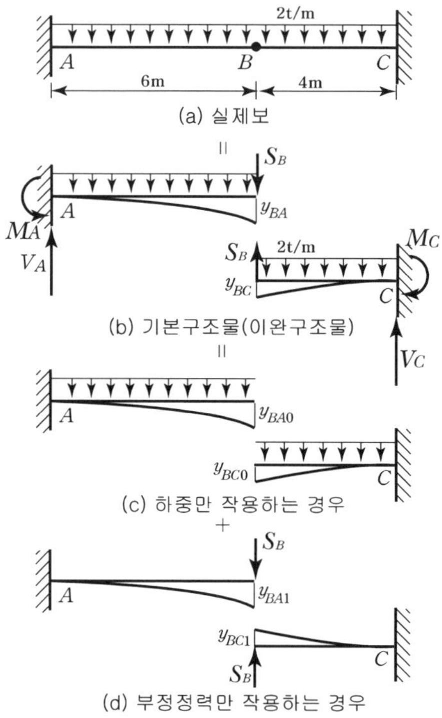

그림 11.9 예제 11.5

예제 11.6 그림 11.9의 연속보를 변형일치법으로 해석하여라. (B점은 내부힌지)

풀이

내부힌지가 있는 1차 부정정보이므로 B점의 전단력 S_B를 부정정력으로 하면 계산이 용이하다. 실제보는 그림 11.9(b)와 같이 두 개의 캔틸레버보가 된다. 보 AB에서 B 점의 처짐 y_{BA}와 보 BC에서 B 점의 처짐 y_{BC}는 같다는 적합조건을 이용한다.

$$y_{BA} = y_{BA0} + y_{BA1} = \frac{2 \times 6^4}{8EI} + \frac{6^3}{3EI} S_B$$

$$y_{BC} = y_{BC0} + y_{BC1} = \frac{2 \times 4^4}{8EI} - \frac{4^3}{3EI} S_B$$

$$y_{BA} = y_{BC}$$

$$\frac{2 \times 6^4}{8EI} + \frac{6^3}{3EI} S_B = \frac{2 \times 4^4}{8EI} - \frac{4^3}{3EI} S_B$$

$$\therefore S_B = -2.786 \text{ t}$$

그림 11.9(a)의 AB의 자유물체도에서

$$(+\uparrow)\sum V = 0, \quad V_A - 2 \times 6 - (-2.768) = 0$$

$$\therefore V_A = 9.214 \text{ t}$$

$$(\overset{\curvearrowleft}{+})\sum M_A = 0, \quad M_A - \frac{2 \times 6^2}{2} - (-2.786 \times 6) = 0$$

$$\therefore M_A = 19.284 \text{ t}\cdot\text{m}$$

그림 11.9(a)의 BC의 자유물체도에서

$$(+\uparrow)\sum V = 0, \quad V_C - 2 \times 4 + (-2.768) = 0$$

$$\therefore V_C = 10.786 \text{ t}$$

$$(\overset{\curvearrowright}{+})\sum M_C = 0, \quad M_C - \frac{2 \times 4^2}{2} + (-2.786 \times 4) = 0$$

$$\therefore M_C = 27.144 \text{ t}\cdot\text{m}$$

11.2.2 부정정 라멘

그림 11.10의 라멘은 외적으로 1차 부정정이므로 그림 11.10(a)와 같이 A점의 수평반력 H_A를 부정정력으로 택하면 계산이 용이하다. 그림 11.10(c)에서

$$M_{x1} = 20x_1 - 4x_1^2 \qquad M_{x2} = 0$$

$$m_{x1} = 0.8x_1 \qquad m_{x2} = x_2$$

$$\begin{aligned} x_{A0} &= \int_0^5 \frac{1}{EI}(0.8x_1)(20x_1 - 4x_1^2)\,dx_1 + \int_0^4 \frac{1}{EI}(x_2)(0)\,dx_2 \\ &= \frac{1}{EI}\int_0^5 (16x_1^2 - 3.2x_1^3)\,dx_1 \\ &= \frac{1}{EI}\left[5.333x_1^3 - 0.8x_1^4\right]_0^5 \\ &= \frac{166.625}{EI} \end{aligned}$$

$$\begin{aligned} x_{A1} &= \int_0^5 \frac{H_A}{EI}(0.8x_1)^2\,dx_1 + \int_0^4 \frac{H_A}{EI}(x_2)^2\,dx_2 \\ &= \frac{H_A}{EI}\left[0.213x_1^3\right]_0^5 + \frac{H_A}{EI}\left[\frac{x_2^3}{3}\right]_0^4 \\ &= \frac{48}{EI}H_A \end{aligned}$$

1) 적합방정식은 $x_A = x_{A0} + x_{A1} = 0$

$$\frac{166.625}{EI} + \frac{48}{EI}H_A = 0,\ H_A = -3.471\ \text{t}$$

2) 평형방정식

$$(\overset{\rightarrow}{+})\sum H = 0, \quad H_C = -3.471\ \text{t}$$

$$(\overset{\curvearrowright}{+})\sum M_C = 0,\ V_A \times 5 + (-3.471 \times 4) - (10 \times 5 \times 2.5) = 0$$

$$V_A = 22.777\ \text{t}$$

$$(+\uparrow)\sum V = 0,\ V_C + 22.777 - 8 \times 5 = 0, \quad V_C = 17.223\ \text{t}$$

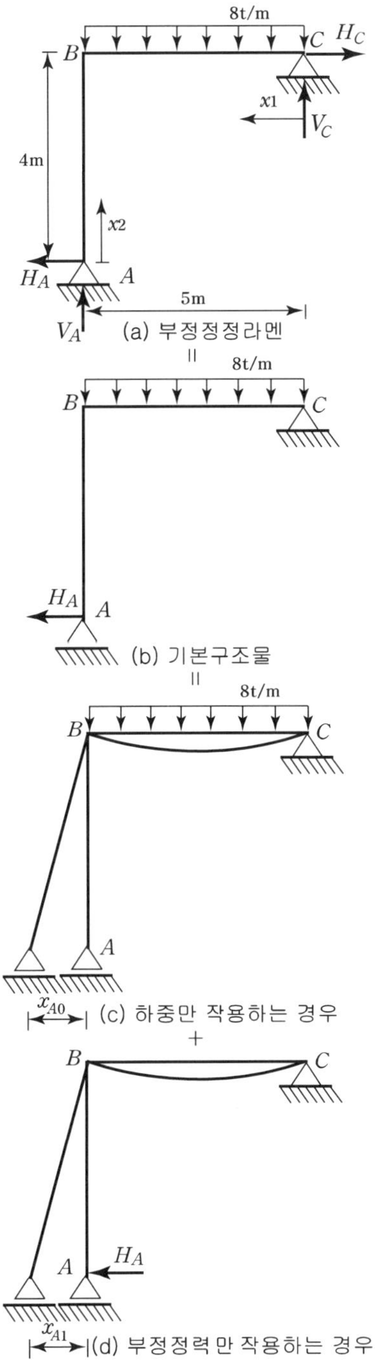

그림 11.10 부정정 라멘

11.2.3 부정정 트러스

그림 11.11의 트러스는 내적으로 1차 부정정이므로 그림 11.11 (b)와 같이 부재력 F_{AD}를 부정정력으로 택하여 기본구조물을 선정하였다.

적합방정식은 하중만 작용하는 경우 그림 11.11(c)에서 AD 부재의 절단면에서 상대처짐 Δ_{AD0}와 부정정력만 작용하는 경우 그림 11.11(d)에서 상대처짐 Δ_{AD1}의 합은 "0"이어야 한다.

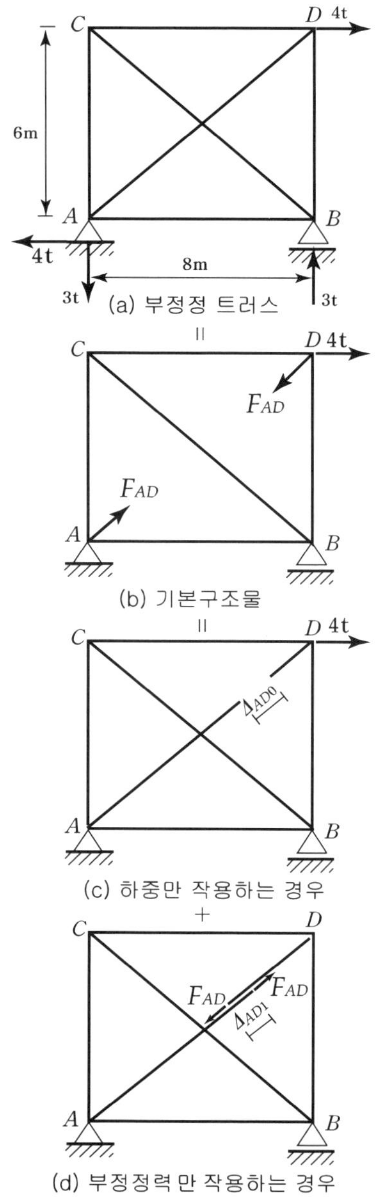

그림 11.11 부정정 트러스

부재	L	f	F	f^2L	fFL
AC	6	−0.6	3	2.16	−10.8
BD	6	−0.6	0	2.16	0
AB	8	−0.8	4	5.12	−25.6
CD	8	−0.8	4	5.12	−25.6
CB	10	1	−5	10	−50
AD	10	1	0	10	0
		$\sum f^2L = 34.56$			$\sum fFL = -112$

하중만 작용하는 경우 표의 계산에서

$$\Delta_{AD0} = \sum \frac{fF}{EA} = -\frac{112}{EA}$$

부정정력만 작용하는 경우 표의 계산에서

$$\Delta_{AD1} = \sum \frac{f^2L}{EA} F_{AD} = \frac{34.56}{EA} F_{AD}$$

따라서

$$\Delta_{AD} = \Delta_{AD0} + \Delta_{AD1} = 0$$

$$\frac{-112}{EA} + \frac{34.56}{EA} F_{AD} = 0$$

$$\therefore\ F_{AD} = 3.241\ \text{t}$$

이 결과를 이용하여 절점법으로 나머지 부재력을 구할 수 있다.

예제 11.7 그림 11.12의 부정정 트러스를 변형일치법으로 해석하여라.

풀이

그림 11.12의 트러스는 외적으로 1차 부정정이므로 그림 11.12(b)와 같이 반력 V_E를 부정정력으로 택하여 기본구조물을 선정하였다. 적합방정식은 하중만 작용하는 경우 그림 11.12(c)에서 처짐 y_{E0}와 부정정력만 작용하는 경우 그림 11.12(d)에서 처짐 y_{E1}의 합은 "0"이어야 한다.

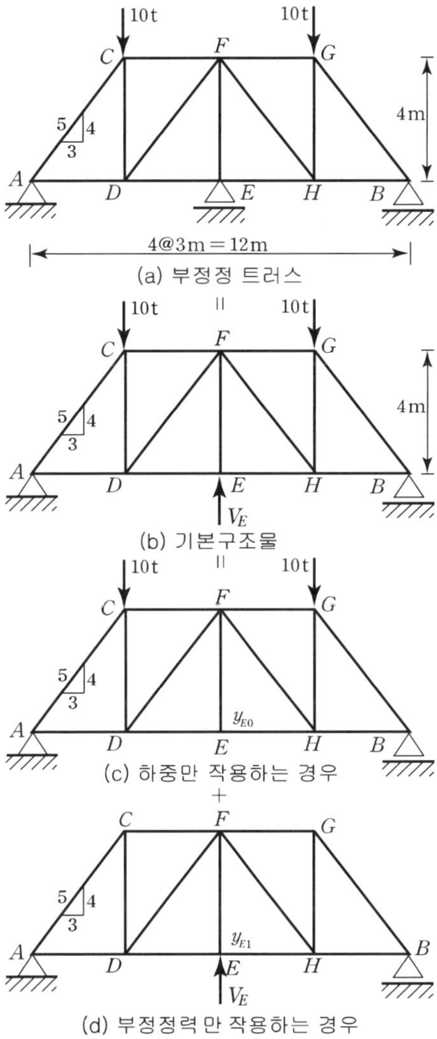

그림 11.12 예제 11.7

부재	L	f	F	f^2L	fFL
AD	3	0.375	7.5	0.422	8.438
DE	3	0.75	7.5	1.688	16.875
EH	3	0.75	7.5	1.688	16.875
HB	3	0.375	7.5	0.422	8.438
CF	3	−0.375	−7.5	0.422	8.438
FG	3	−0.375	−7.5	0.422	8.438
AC	5	−0.625	−12.5	1.953	39.063
DF	5	−0.625	0	1.953	0
FH	5	−0.625	0	1.953	0
BG	5	−0.625	−12.5	1.953	39.063
CD	4	0.5	0	1.000	0
EF	4	1	0	4.000	0
GH	4	0.5	0	1.000	5
			$\sum f^2L$ = 18.876		$\sum fFL$ = 145.628

하중만 작용하는 경우 표의 계산에서

$$y_{E0} = \sum \frac{fF}{EA} L = \frac{145.628}{EA}$$

부정정력만 작용하는 경우 표의 계산에서

$$y_{E1} = \sum \frac{f^2 L}{EA} V_E = -\frac{18.876}{EA} V_E$$

$$y_{E0} + y_{E1} = 0, \quad \frac{145.628}{EA} - \frac{18.876}{EA} V_E = 0$$

$$\therefore V_E = 7.715 \text{ t}$$

$$+\uparrow \sum V = 0, \quad 2V_A + 7.715 - 10 - 10 = 0, \quad V_A = V_B = 6.143 \text{ t}$$

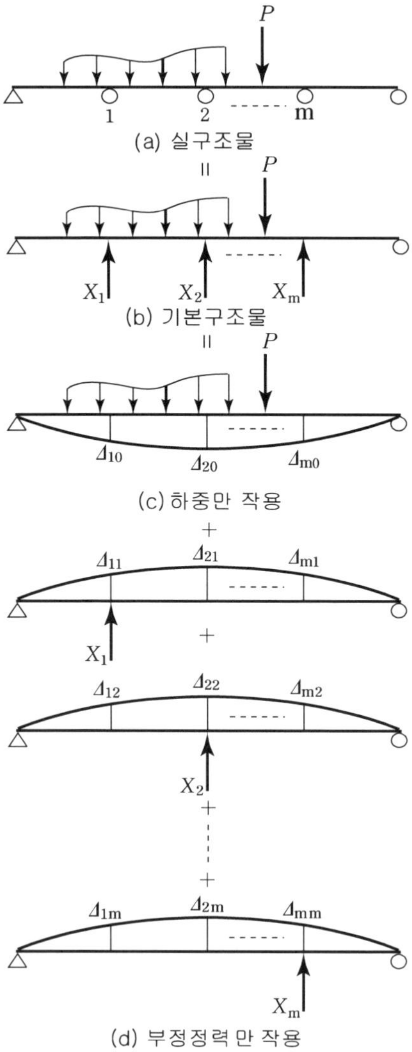

그림 11.13 n차 부정정구조물

11.2.4 고차 부정정 구조물

지금까지는 1·2차 부정정구조물의 해석에 대해서 다루었다. 3차 이상의 n차 부정정구조물의 해석을 위해 일반화된 겹침방정식으로 확대할 수 있다.

$$\Delta_1 = \Delta_{10} + \delta_{11} X_1 + \delta_{12} X_2 + \cdots + \delta_{1m} X_m$$

$$\Delta_2 = \Delta_{20} + \delta_{21} X_1 + \delta_{22} X_2 + \cdots + \delta_{2m} X_m$$

$$\vdots$$

$$\Delta_m = \Delta_{m0} + \delta_{m1} X_1 + \delta_{m2} X_2 + \cdots + \delta_{mm} X_m$$

$$\Delta_i = \Delta_{i0} + \sum \delta_{ik} X_k \quad (i,\ k = 1, 2 \cdots m) \tag{11.3}$$

여기서 Δ_i : i점의 변위

Δ_{i0}: 하중만 작용하는 기본구조물의 i점의 변위

X_i : i점에 작용하는 부정정력

δ_{ik} : k점에 $X_k = 1$을 작용시킬 때 i점의 변위

일반화된 변형일치법의 해석순서

① 기본구조물(이완 정정구조물)을 형성한다.
- 부정정 차수를 확인한다.
- 부정정 차수만큼의 부정정력을 선정한다.
  (부정정반력, 부정정 단면력)
- 선정된 부정정력에 대응하는 구속을 이완시킨다.

② 부정정 차수만큼의 적합방정식을 세운다.

③ ②의 n원 1차 연립방정식을 풀어 부정정력을 구한다.

④ 평형조건을 이용하여 반력과 단면력을 구한다.

연습문제

1. 그림 11.14의 부정정보를 변형일치법으로 해석하시오.

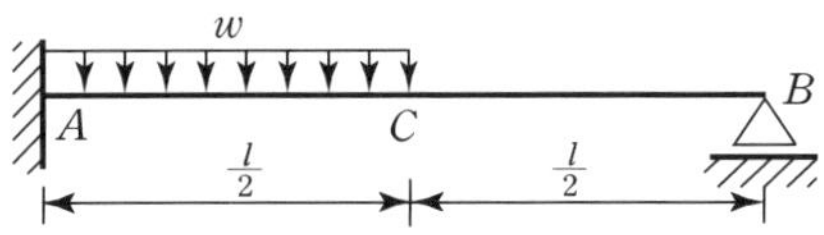

그림 11.14 연습문제 1

답 : $V_B = \frac{7wl}{128}$, $V_A = \frac{57wl}{128}$, $M_A = \frac{9wl^2}{128}$

2. 그림 11.15의 부정정보를 변형일치법으로 해석하시오.

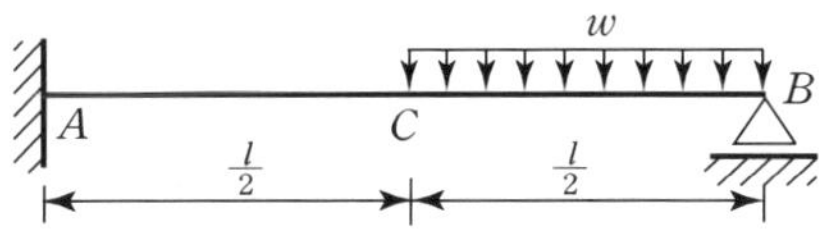

그림 11.15 연습문제 2

답 : $V_B = \frac{41wl}{128}$, $V_A = \frac{23wl}{128}$, $M_A = \frac{7wl^2}{128}$

3. 그림 11.16의 부정정보를 변형일치법으로 해석하시오.

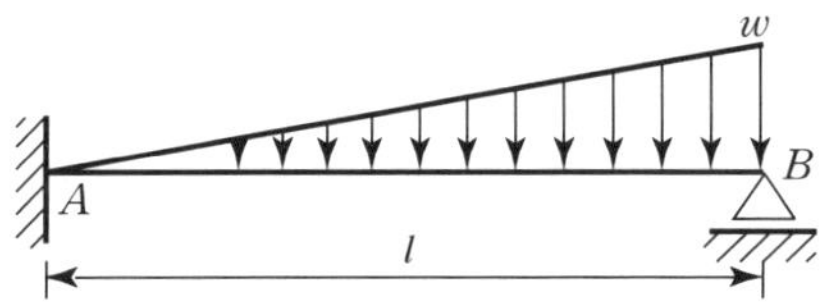

그림 11.16 연습문제 3

답 : $V_B = \frac{11wl}{40}$, $V_A = \frac{9wl}{40}$, $M_A = \frac{7wl^2}{120}$, $M_{\max} = \frac{9wl^2}{20\sqrt{20}}$

4. 그림 11.17의 부정정보를 변형일치법으로 해석하시오.

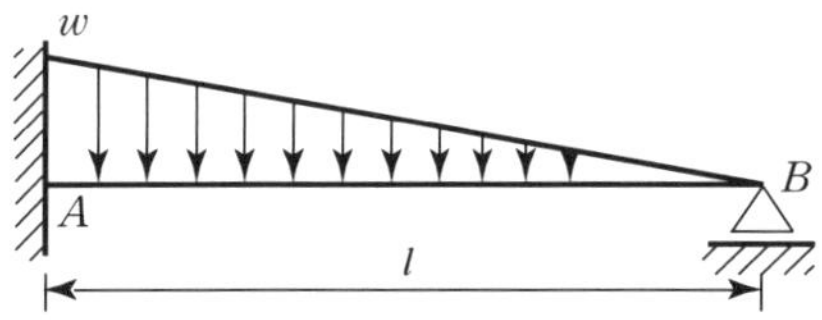

그림 11.17 연습문제 4

답 : $V_B = \frac{wl}{10}$, $V_A = \frac{2wl}{5}$, $M_A = \frac{wl^2}{15}$, $M_{\max} = \frac{wl^2}{15\sqrt{5}}$

5. 그림 11.18의 연속보를 변형일치법으로 해석하시오.

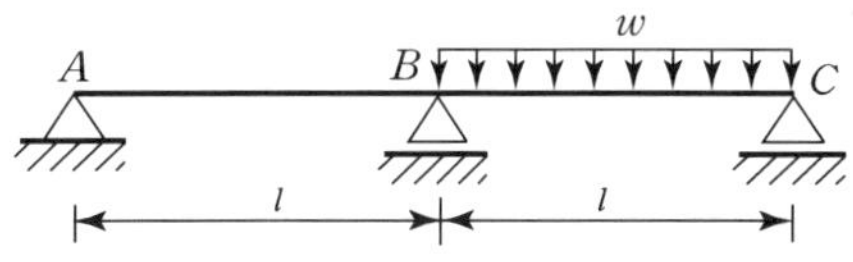

그림 11.18 연습문제 5

답 : $V_A = -\frac{wl}{16}$, $V_B = \frac{5wl}{8}$, $V_C = \frac{7wl}{16}$, $M_B = -\frac{wl^2}{16}$

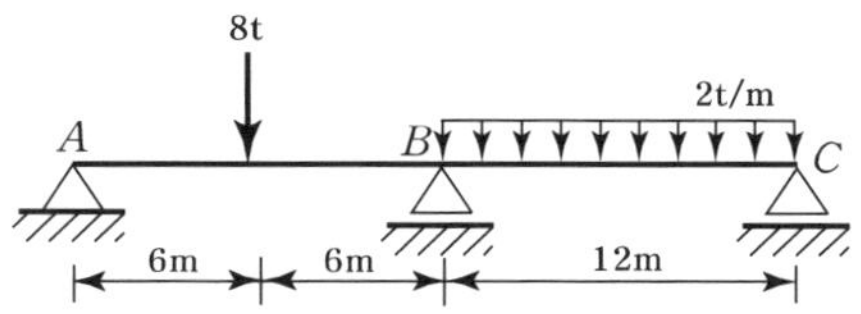

그림 11.19 연습문제 6

6. 그림 11.19의 연속보를 변형일치법으로 해석하시오.

답 : $V_A = 1.75\,\mathrm{t}$, $V_B = 20.5\,\mathrm{t}$, $V_C = 9.75\,\mathrm{t}$, $M_B = -27\,\mathrm{t \cdot m}$

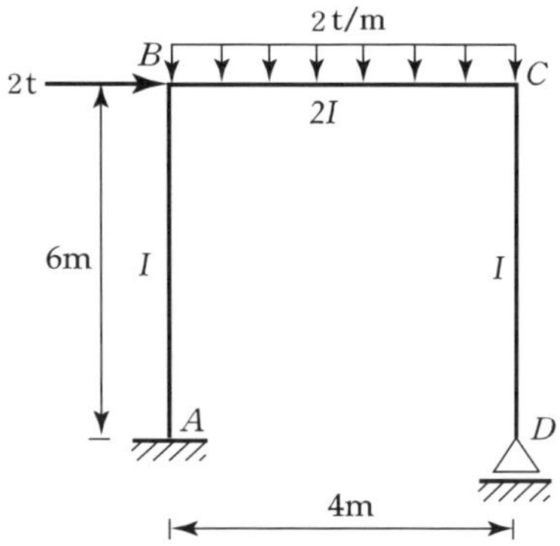

그림 11.20 연습문제 7

7. 그림 11.20의 부정정라멘의 지점반력을 변형일치법으로 해석하시오.

답 : $V_A = 2.750\,\mathrm{t}$, $H_A = 2.0\,\mathrm{t}$, $V_D = 5.250\,\mathrm{t}$, $M_A = 7\,\mathrm{t \cdot m}$

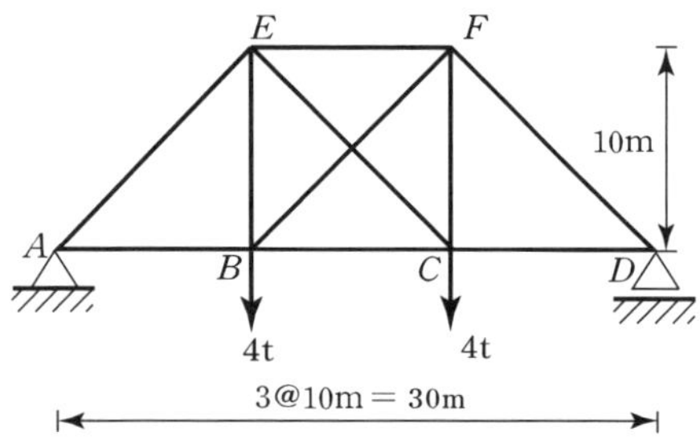

그림 11.21 연습문제 8

8. 그림 11.21의 부정정트러스를 변형일치법으로 해석하시오.

답 : $F_{BF} = F_{EC} = 2.860\,\mathrm{t}$, $F_{AB} = F_{DC} = 4.000\,\mathrm{t}$,
$F_{AE} = F_{DF} = -5.657\,\mathrm{t}$, $F_{BE} = F_{CF} = 1.978\,\mathrm{t}$,
$F_{BE} = F_{CF} = 1.978\,\mathrm{t}$, $F_{EF} = 2.989\,\mathrm{t}$, $F_{BC} = 1.978\,\mathrm{t}$

11.3 3연모멘트 방정식

3연모멘트 방정식(three moments equation)은 임의의 연속된 3개 지점의 휨모멘트를 부정정력으로 선정하여 변위적합조건을 적용한 휨모멘트 상호간의 관계식이다. 3연모멘트 방정식은 연속보의 휨모멘트를 변형일치법으로 정형화한 방정식으로 연속보의 해석에 유용하다.

3연모멘트 방정식을 유도하기 위해 그림 11.22(a)와 같이 연속보의 일부분 i, j, k를 고려한다.

지점의 휨모멘트(M_i, M_j, M_k)는 그림 11.22(c)와 같을 때 (+)로 한다.

탄성계수(E)는 일정하고, 지간은 l_i, l_k이고, 단면2차모멘트는 I_i, I_k라 할 때 연속보의 처짐곡선은 그림 (a)와 같다.

그림 (c)는 지점모멘트 하중이 작용하는 경우이고, 그림 (d)는 하중이 작용하는 경우이다. 즉,

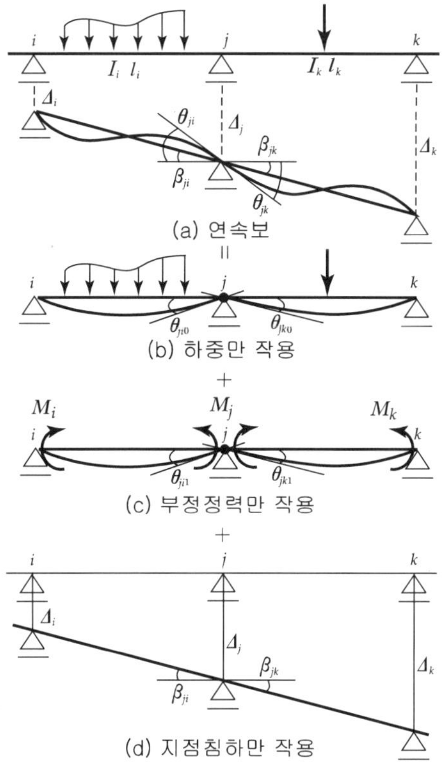

그림 11.22 연속보

여기서

θ_{ji}, θ_{jk} : j에서 i, k 방향 처짐각

β_{ji}, β_{jk} : 부재 ji, jk의 회전각

Δ_i, Δ_j, Δ_k : i, j, k의 침하량

θ_{ji0}, θ_{jk0} : 하중만 작용할 때 j에서 i, k 방향 처짐각

θ_{ji1}, θ_{jk1} : 부정정력만 작용할 때 j에서 i, k 방향 처짐각

그림 (c)에서 기본구조물에 부정정력만 작용할 때 처짐각은

$$\theta_{ji1} = -\frac{l_i}{6EI_i}(2M_j + M_i) \qquad ①$$

$$\theta_{jk1} = -\frac{l_k}{6EI_k}(2M_j + M_k) \qquad ②$$

그림 (d)에서 지점침하에 의한 회전각은

$$\beta_{ji} = \frac{\Delta_j - \Delta_i}{l_i} \qquad ③$$

$$\beta_{jk} = \frac{\Delta_k - \Delta_j}{l_k} \quad ④$$

겹침의 원리에 의해

$$\theta_{ji} = \theta_{ji0} + \theta_{ji1} + \beta_{ji} \quad ⑤$$

$$\theta_{jk} = \theta_{jk0} + \theta_{jk1} + \beta_{jk} \quad ⑥$$

j점에서 탄성곡선은 연속성을 가지므로

$$\theta_{ji} = \theta_{jk} \quad ⑦$$

⑤식과 ⑥식을 ⑦식에 대입하여 정리하면

$$\theta_{ji0} + \theta_{ji1} + \beta_{ji} = \theta_{jk0} + \theta_{jk1} + \beta_{jk}$$

$$-\theta_{ji1} + \theta_{jk1} = \theta_{ji0} - \theta_{jk0} + \beta_{ji} - \beta_{jk} \quad ⑧$$

⑧식에 ①식과 ②식을 대입하여 정리하면, 다음과 같은 3연모멘트 방정식이 유도된다.

$$\frac{l_i}{6EI_i}(2M_j + M_i) + \frac{l_k}{6EI_k}(2M_j + M_k) = (\theta_{ji0} - \theta_{jk0}) + (\beta_{ji} - \beta_{jk})$$

$$\frac{l_i}{I_i}M_i + \left(\frac{l_i}{I_i} + \frac{l_k}{I_k}\right)2M_j + \frac{l_k}{I_k}M_k \quad (11.4)$$

$$= 6E(\theta_{ji0} - \theta_{jk0}) + 6E(\beta_{ji} - \beta_{jk})$$

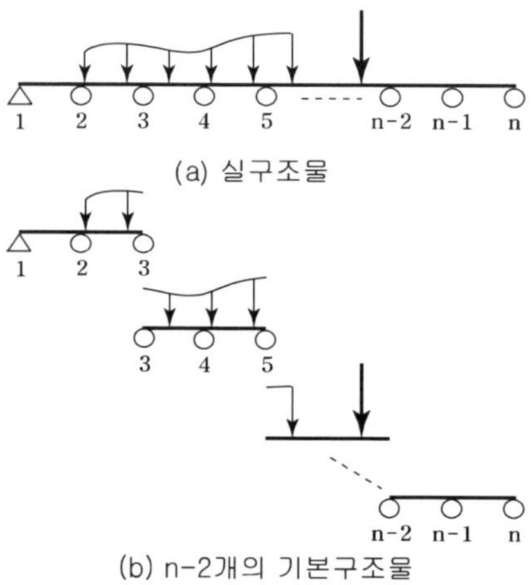

그림 11.23 n차 부정정구조물

그림 11.23(a)와 같이 지점이 n개인 연속보의 부정정 차수는 $n-2$개이므로 3연모멘트 방정식도 $n-2$개가 필요하다. 그림 11.23(b)는 3연모멘트법을 적용하기 위해서 연속보를 $n-2$의 기본구조물로 각각 구분한 자유물체이다.

따라서 $n-2$차 연속보의 3연모멘트법은 $(n-2)$원 1차 연립방정식을 풀어 부정정력인 지점에서의 휨모멘트를 구하는 방법으로 변형일치법의 특수한 경우라고 할 수 있다.

예제 11.8 예제 11.5의 연속보를 3연모멘트 방정식을 이용하여 해석하여라.(단, EI는 일정)

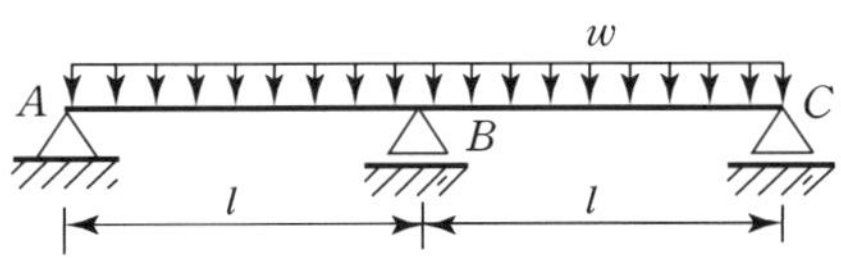

그림 11.24 예제 11.8

풀이

지점침하가 없으므로 식 (11.4)는 다음과 같다.

$$\frac{l_i}{I_i}M_i+\left(\frac{l_i}{I_i}+\frac{l_k}{I_k}\right)2M_j+\frac{l_k}{I_k}M_k=6E(\theta_{ji0}-\theta_{jk0})$$

$I_A=I_C=I,\ l_A=l_C=l$ 이고, $M_A=M_C=0$ 이므로

$$2M_B\left(\frac{l}{I}+\frac{l}{I}\right)=6E(\theta_{BA0}-\theta_{BC0})$$

$$4M_Bl=6EI\left(-\frac{wl^3}{24EI}-\frac{wl^3}{24EI}\right)$$

$$\therefore M_B=-\frac{wl^2}{8}$$

(평형방정식에 의한 반력과 단면력은 예제 11.5 참조)

예제 11.9 예제 11.25의 부정정보를 3연모멘트 방정식을 이용하여 해석하여라.(단, EI는 일정)

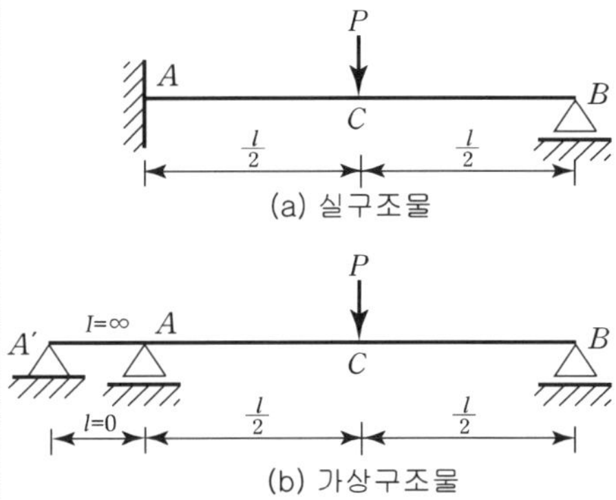

그림 11.25 예제 11.9

풀이

3연모멘트 방정식은 지점이 힌지와 롤러인 경우에 유도된 식이므로 그림 11.25(a)의 고정단 A점은 그림 11.25(b)와 같이 가상의 부재 $A'A$를 이용하여 적용하면 된다. 여기서, 고정단 A에서 처짐각은 0이므로 부재의 강성을 무한대로 하고, 길이는 0으로 한다.

지점침하가 없으므로 식 (11.4)는 다음과 같다.

$$\frac{l_i}{I_i}M_i+\left(\frac{l_i}{I_i}+\frac{l_k}{I_k}\right)2M_j+\frac{l_k}{I_k}M_k=6E(\theta_{ji0}-\theta_{jk0})$$

$I_{A'}=\infty,\ l_A=0$이고, $M_{A'}=M_B=0$이므로

$$2M_A\left(0+\frac{l}{I}\right)=6E(0-\theta_{AB0})$$

$$2M_A\left(0+\frac{l}{I}\right)=6E\left(0-\frac{Pl^2}{16EI}\right)$$

$$\therefore M_A=-\frac{3}{16}Pl$$

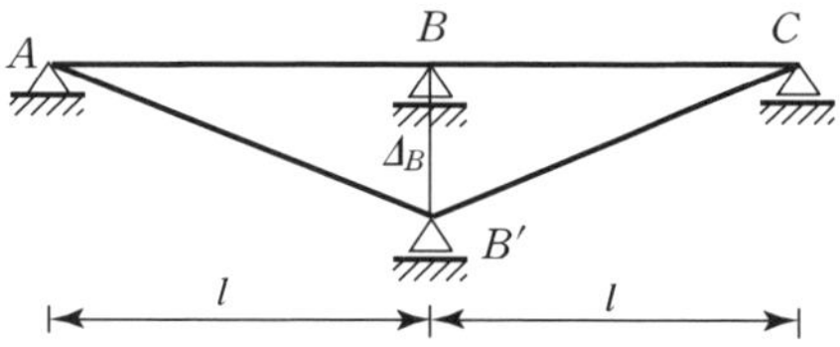

그림 11.26 예제 11.10

예제 11.10 그림 11.26과 같이 점 B의 지점침하가 Δ_B 생겼을 때 점 B의 휨모멘트를 구하여라. (단, EI는 일정함)

풀이

하중이 없고, $M_A = M_C = 0$ 이므로

$$2M_B\left(\frac{l}{I}+\frac{l}{I}\right) = 6E(\beta_{BA}-\beta_{BC})$$

$$\beta_{BA} = \frac{\Delta_B - \Delta_A}{l} = \frac{\Delta_B}{l}$$

$$\beta_{BC} = \frac{\Delta_C - \Delta_B}{l} = -\frac{\Delta_B}{l}$$

$$4M_B l = 6EI\left[\frac{\Delta_B}{l} - \left(-\frac{\Delta_B}{l}\right)\right]$$

$$\therefore M_B = \frac{3EI}{l^2}\Delta_B$$

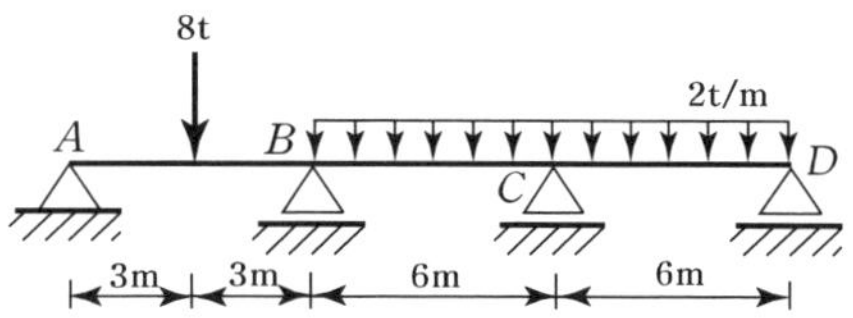

그림 11.27 예제 11.11

예제 11.11 그림 11.27의 연속보에서 M_B와 M_C를 구하여라. (단, EI는 일정함)

풀이

2차 부정정이고, $M_A = M_D = 0$ 이므로

1) ABC에서

$$2M_B\left(\frac{6}{I}+\frac{6}{I}\right) + M_C\left(\frac{6}{I}\right) = 6E(\theta_{BA0}-\theta_{BC0})$$

$$2M_B\left(\frac{12}{I}\right) + M_C\left(\frac{6}{I}\right) = 6E\left(-\frac{Pl^2}{16EI} - \frac{wl^3}{24EI}\right)$$

$$24M_B + 6M_C = 6EI\left(-\frac{8\times 6^2}{16EI} - \frac{2\times 6^3}{24EI}\right)$$

$$24M_B + 6M_C = -216 \qquad ①$$

2) BCD에서

$$M_B\left(\frac{6}{I}\right) + 2M_C\left(\frac{6}{I}+\frac{6}{I}\right) = 6E(\theta_{CB0}-\theta_{CD0})$$

$$M_B\left(\frac{6}{I}\right) + 2M_C\left(\frac{12}{I}\right) = 6E\left(-\frac{wl^3}{24EI} - \frac{wl^3}{24EI}\right)$$

$$6M_B + 24M_C = 6EI\left(-\frac{2\times 6^3}{24EI} - \frac{2\times 6^3}{24EI}\right)$$

$$6M_B + 24M_C = -216 \qquad ②$$

3) ①식과 ②식의 연립방정식을 푼다.

$$\therefore M_B = -7.2\,\text{t·m}, \quad \therefore M_C = -7.2\,\text{t·m}$$

연습문제

1. 그림 11.28의 연속보를 3연모멘트방정식을 이용하여 해석하시오.

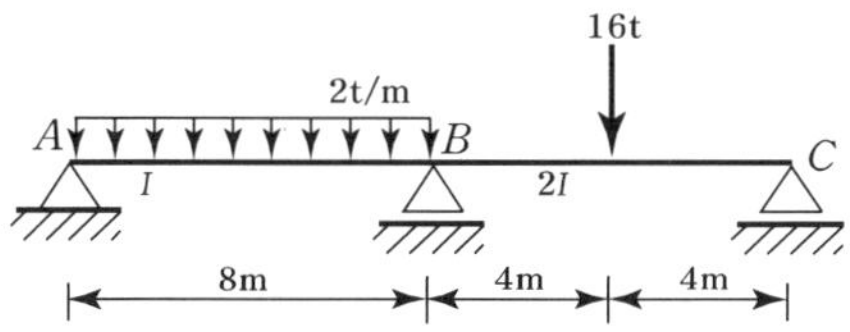

그림 11.28 연습문제 1

답 : $M_B = -18.7\,\mathrm{t\cdot m}$, $V_A = 5.66\,\mathrm{t}$, $V_B = 20.68\,\mathrm{t}$, $V_C = 5.66\,\mathrm{t}$

2. 그림 11.29의 일단고정 타단롤러인 부정정보를 3연모멘트방정식을 이용하여 해석하시오.

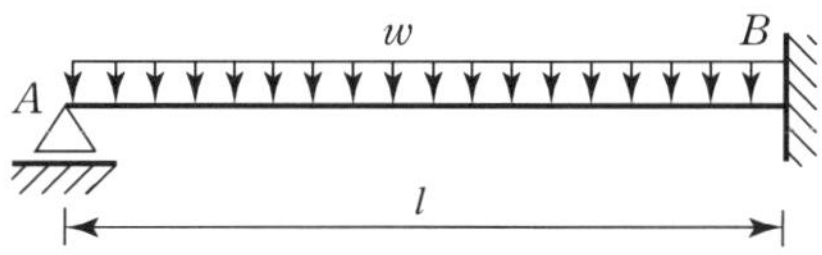

그림 11.29 연습문제 2

답 : $V_A = \dfrac{3}{8}wl$, $V_B = \dfrac{5}{8}wl$, $M_B = \dfrac{wl^2}{8}$

3. 그림 11.30의 양단고정보를 3연모멘트방정식을 이용하여 해석하시오.

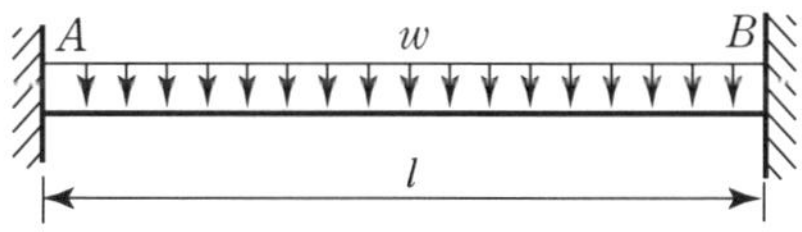

그림 11.30 연습문제 3

답 : $M_A = M_B = \dfrac{wl^2}{12}$, $V_A = V_B = \dfrac{wl}{2}$, $M_{l=\frac{l}{2}} = \dfrac{wl^2}{24}$

4. 그림 11.31의 연속보를 3연모멘트방정식을 이용하여 해석하시오.

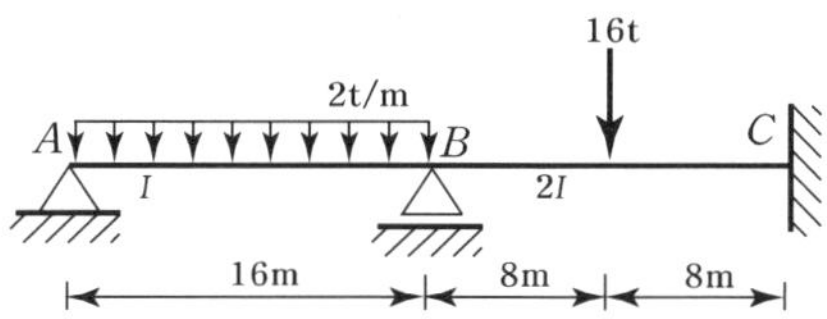

그림 11.31 연습문제 4

답 : $M_B = -68\,\mathrm{t\cdot m}$, $M_C = -56\,\mathrm{t\cdot m}$, $V_A = 11.75\,\mathrm{t}$,

$V_B = 53.75\,\mathrm{t}$, $V_C = -17.5\,\mathrm{t}$

5. 그림 11.32의 2연속보를 3연모멘트방정식을 이용하여 해석하시오.

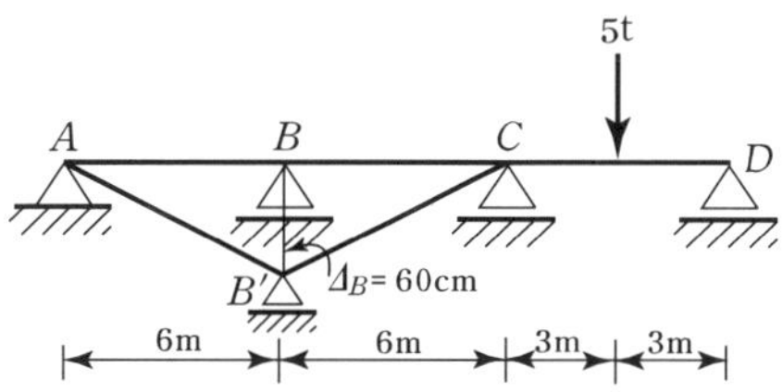

그림 11.32 연습문제 5

답 : $M_B = -17.778EI$, $V_C = -3.556\,EI$

11.4 처짐각법

1915년 마니(G. A. Maney) 교수는 연속보나 라멘 등의 고차 부정정구조물의 해석에서 절점이 강결되었을 때 부재각은 변하지 않으므로 부재각과 처짐각(절점각)의 함수로 재단모멘트를 구하는 방법을 제안하였다. 이 방법을 처짐각법(slope-deflection method)이라 한다. 처짐각법은 부재각과 처짐각(절점각)을 미지수로 하는 대표적인 변위법으로 요각법(撓角法)이라고도 하며 부정정보와 라멘의 해석에 매우 유용한 방법이다. 처짐각법은 미지수를 최소화하기 위하여 다음과 같이 가정한다.

① 절점은 강결되어 변형 전, 후 절점 1개에서 회전각수는 라멘의 절점수와 같다.
② 부재의 변형은 휨모멘트만으로 생기고 축력과 전단력에 의한 변형은 무시한다.
③ 부재는 변형 후에도 길이의 변화가 없는 것으로 한다. 부재각은 절점의 이동으로 생기는 각이므로 지간의 변화가 없고 층의 높이가 일정하면 부재각은 "0"이다.

11.4.1 처짐각 방정식

처짐각 방정식을 유도하기 위하여 그림 11.33(a)와 같이 구조물의 임의의 한 부재 AB를 생각한다. 이 임의의 부재를 그림 11.33(b)처럼 단순보화 하면, A와 B단의 휨모멘트가 추가되어야 한다. 즉, 부정정보에 휨모멘트를 부정정력으로 선택하여 정정보화한 기본구조물이다. 이 휨모멘트 M_{AB}, M_{BA}를 **재단모멘트**(fixed end-moment)라 한다.

그림 11.33(b)에서 부재 AB의 회전각 R_{AB}를 **부재각**, 하중과 재단모멘트 M_{AB}, M_{BA}에 의한 처짐각 τ_A와 τ_B을 **접선각**, A점과 B점의 처짐각 θ_A와 θ_B을 **절점각**이라 한다. 여기서, 재단모멘트와 회전각은 시계방향을 (+), 반시계방향을 (−)로 한다.

그림 11.33(b)에서

$$\begin{cases}\theta_A = \tau_A + R_{AB} \\ \theta_B = \tau_B + R_{AB}\end{cases} \qquad ①$$

여기서, τ_A와 τ_B는 그림 11.33(c)의 하중만 작용하는 경우와 그림 11.33(d)의 재단모멘트만 작용하는 경우의 합이므로

$$\begin{cases}\tau_A = \theta_{A0} + \theta_{A1} \\ \tau_B = \theta_{B0} + \theta_{B1}\end{cases} \qquad ②$$

따라서 ②식을 ①에 대입하면

$$\begin{cases}\theta_A = \theta_{A0} + \theta_{A1} + R_{AB} \\ \theta_B = \theta_{B0} + \theta_{B1} + R_{AB}\end{cases} \qquad ③$$

재단모멘트만 작용하는 경우 회전각은 다음과 같다.

$$\begin{cases}\theta_{A1} = \dfrac{l}{3EI}M_{AB} - \dfrac{l}{6EI}M_{BA} \\ \theta_{B1} = -\dfrac{l}{6EI}M_{AB} + \dfrac{l}{3EI}M_{BA}\end{cases} \qquad ④$$

④식을 ③식에 대입하면

$$\begin{cases}\theta_A = \dfrac{M_{AB}l}{3EI} - \dfrac{M_{BA}l}{6EI} + \theta_{A0} + R_{AB} \\ \theta_B = \dfrac{M_{BA}l}{3EI} - \dfrac{M_{AB}l}{6EI} + \theta_{B0} + R_{AB}\end{cases} \qquad ⑤$$

⑤식의 연립방정식을 M_{AB}와 M_{BA}로 풀면

$$\begin{cases}M_{AB} = \dfrac{2EI}{l}(2\theta_A + \theta_B - 3R_{AB}) - \dfrac{2EI}{l}(2\theta_{A0} + \theta_{B0}) \\ M_{BA} = \dfrac{2EI}{l}(2\theta_B + \theta_A - 3R_{AB}) - \dfrac{2EI}{l}(2\theta_{B0} + \theta_{A0})\end{cases} \qquad ⑥$$

여기서, $\begin{cases}K = \dfrac{I}{l} \\ FEM_{AB} = -\dfrac{2EI}{l}(2\theta_{A0} + \theta_{B0}) \\ FEM_{BA} = -\dfrac{2EI}{l}(2\theta_{B0} + \theta_{A0})\end{cases}$ 라고 하면

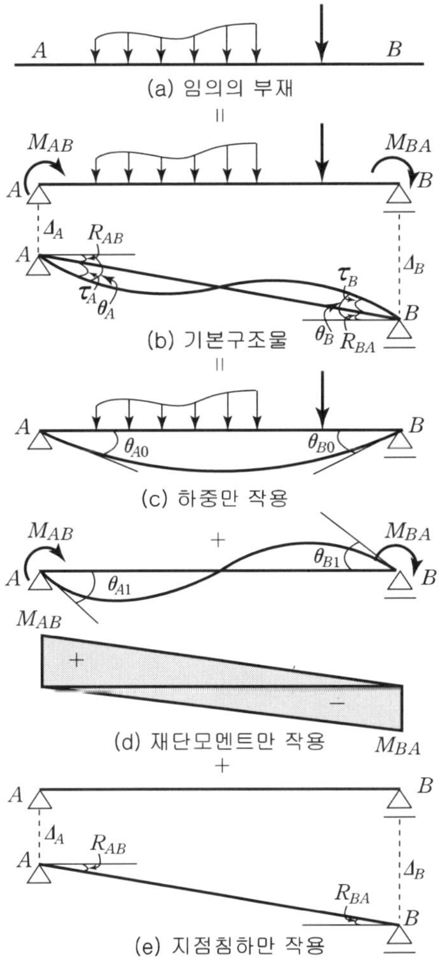

그림 11.33 처짐각법

$$
\begin{cases} M_{AB} = 2EK(2\theta_A + \theta_B - 3R_{AB}) + FEM_{AB} \\ M_{BA} = 2EK(2\theta_B + \theta_A - 3R_{BA}) + FEM_{BA} \end{cases} \tag{11.5}
$$

식 (11.5)에서 $K = I/l$를 **강도계수**(stiffness factor)라 하고, $EK = EI/l$를 **휨강성**(flexural stiffness)이라 해서 변위법을 **강성도법**이라 한다. 식 (11.5)를 하나의 일반식으로 나타내기 위해 한 쪽을 근단 n으로 다른 한쪽을 원단 f로 생각하면 처짐각 방정식은 다음과 같다.

> 재단모멘트
> = 절점각(θ)에 의한 모멘트
> +부재각(R)에 의한 모멘트
> +하중에 의한 모멘트

$$
M_{nf} = 2EK_{nf}(2\theta_n + \theta_f - 3R_{nf}) + FEM_{nf} \tag{11.6}
$$

식 (11.6)에서 $\theta_n = \theta_f = R_{nf} = 0$일 경우 n, f단은 모두 고정단이므로 FEM_{nf}를 **고정단 모멘트**(fixed end moment)라고 한다.

표 11.1 고정단모멘트

하중상태	FEM_{AB}	FEM_{BA}
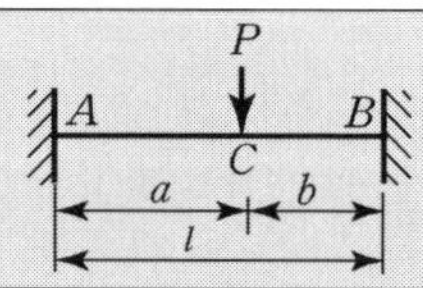	$\frac{Pab^2}{l^2}$	$\frac{Pa^2b}{l^2}$
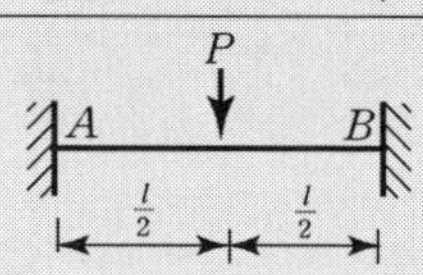	$\frac{Pl}{8}$	$\frac{Pl}{8}$
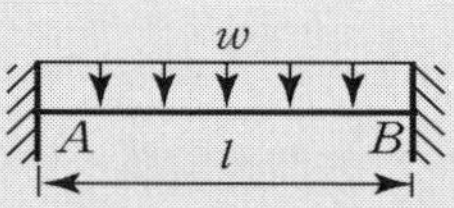	$\frac{wl^2}{12}$	$\frac{wl^2}{12}$
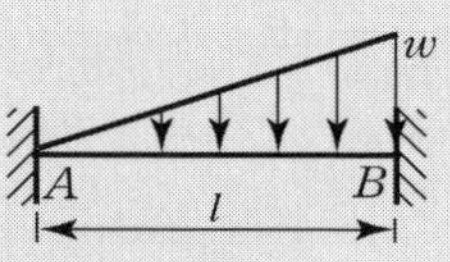	$\frac{wl^2}{30}$	$\frac{wl^2}{20}$
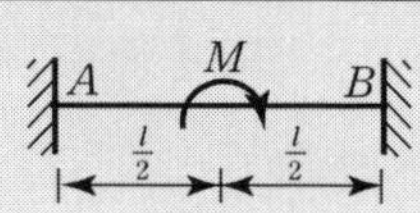	$\frac{Mb}{l^2}(2a-b)$	$\frac{Ma}{l^2}(2b-a)$

11.4.2 실용식

식 (11.6)에서 임의의 부재강도 K_0를 도입하여, K_0에 대한 K_{nf}의 비를 강비 $k_{nf} = \dfrac{K_{nf}}{K_0}$라고 하면, 각 부재의 강도는 $K_{nf} = k_{nf}K_0$이 된다.

$$\begin{cases} \rho_n = 2EK_0\theta_A \\ \rho_f = 2EK_0\theta_B \\ \phi_{nf} = 2EK_0(-3R_{nf}) \end{cases} \quad \text{라고 놓고}$$

식 (11.6)에 대입하여 정리한다.

$$M_{nf} = 2EK_{nf}\left(2\times\frac{\rho_n}{2EK_0} + \frac{\rho_f}{2EK_0}\right) - 6EK_{nf}\left(-\frac{\phi_{nf}}{6EK_0}\right) + FEM_{nf}$$

$$= \frac{K_{AB}}{K_0}(2\rho_n + \rho_f + \phi_{nf}) + FEM_{nf}$$

$$\therefore M_{nf} = k_{nf}(2\rho_n + \rho_f + \phi_{nf}) + FEM_{nf} \quad (11.7)$$

11.4.3 평형방정식

처짐각법의 기본식 식 (11.7)에서 미지수 θ_n, θ_f, R를 구하기 위하여 미지수만큼의 조건식이 필요하다. 이 조건식은 처짐각의 평형방정식으로 **절점방정식**(모멘트 평형조건)과 **층방정식**(전단력 평형조건)이 있다.

1) 절점방정식

한 절점에서 모멘트의 합은 "0"이므로 그림 11.34(a)에서 점 O에서 모멘트 M이 작용할 때, 그림 11.34(b)의 자유물체도의 점 O에서 모멘트 평형조건을 적용하면

$$(\overset{\curvearrowright}{+})\sum M = 0,\ M - (M_{OA} + M_{OB} + M_{OC} + M_{OD}) = 0 \quad (11.8)$$

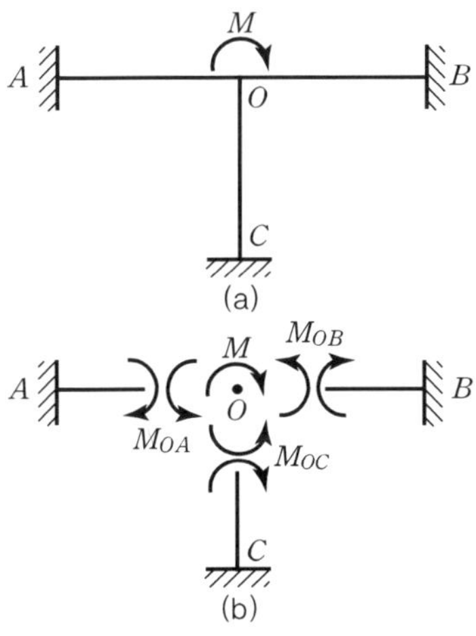

그림 11.34 절점방정식

이 식을 절점방정식(joint equation, 모멘트 평형방정식)이라 하

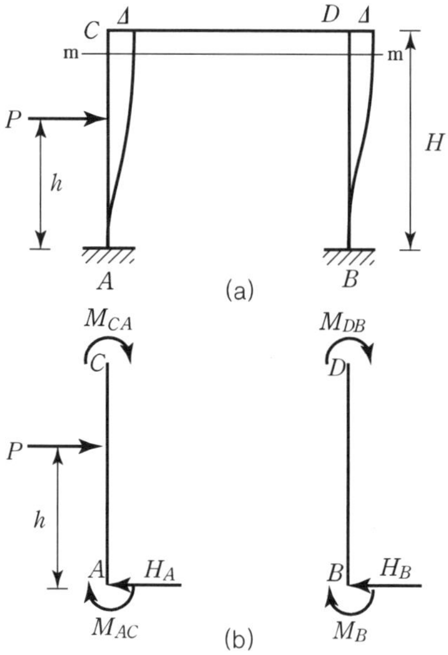

그림 11.35 1층 방정식

고, 절점수만큼 절점방정식이 생긴다.

2) 층방정식

그림 11.35(a)와 같은 라멘에서 수평방향으로 하중이 작용하면 수평방향의 변위(side sway) Δ가 발생한다. 따라서 처짐각 방정식에서 부재각이 추가로 발생하므로 부재각의 수만큼 방정식이 필요하다. 이 방정식을 유도하기 위해서 그림 11.35(a) 라멘의 1층 상부를 지나는 단면 m－m을 절단한 자유물체도인 그림 11.35(b)를 생각한다.

각 층에서 전단력 방향의 평형조건 $\sum H = 0$를 전단력방정식(shear equation, 전단력 평형조건식)이라고 한다.

$$\left(\overset{\rightarrow}{+}\right)\sum H = 0, \quad P - H_A - H_B = 0 \qquad ①$$

H_A, H_B를 재단모멘트로 표현하기 위해서 그림 11.35(b)의 자유물체도에서 모멘트 평형조건을 적용하면

$$\left(\overset{\curvearrowright}{+}\right)\sum M_C = 0, \; H_A \times H + M_{AC} + M_{CA} - P(H-h) = 0$$

$$H_A = -\frac{1}{H}\left[(M_{AC} + M_{CA} + P(H-h)\right] \qquad ②$$

$$\left(\overset{\curvearrowright}{+}\right)\sum M_D = 0, \; H_B \times H + M_{BD} + M_{DB} = 0$$

$$H_B = -\frac{1}{H}(M_{BD} + M_{DB}) \qquad ③$$

식 ②, ③을 식 ①에 대입하면

$$P + \frac{1}{H}\left[(M_{AC} + M_{CA} + P(H-h)\right] + \frac{1}{H}(M_{BD} + M_{DB}) = 0$$

$$\therefore (M_{AC} + M_{CA} + M_{BD} + M_{DB}) + Ph = 0 \qquad (11.9)$$

식 (11.9)를 **층방정식**(bent equation)이라 하고, (상・하단 모멘트 합)＋(수평력)×(거리)＝0의 의미를 가진다.

또한, 그림 11.36과 같이 층이 많은 경우

1층 방정식

$$M_{AB}+M_{BA}+M_{HG}+M_{GH}+P_1\times h_1+(P_2+P_3)\times H_1=0 \quad ④$$

2층 방정식

$$M_{BC}+M_{CB}+M_{FG}+M_{GF}+P_2\times h_2+P_3\times H_2=0 \quad ⑤$$

3층 방정식

$$M_{CD}+M_{DC}+M_{EF}+M_{FE}+P_3\times h_3=0 \quad ⑥$$

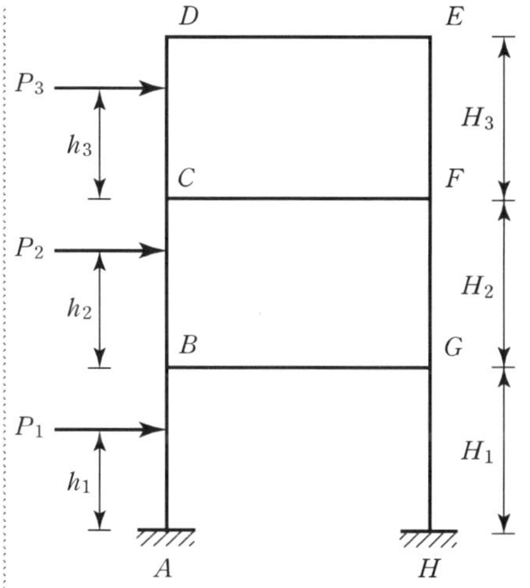

그림 11.36 다층 방정식

이상을 일반화하면 다음과 같다.

$$\sum(M_{nf})+\sum(P_i h_i)+\left(\sum P_{i+1}\right)H_i=0 \qquad (11.10)$$

(그 층의 상하단 모멘트의 합) + (그 층의 수평력×거리)
+ (그 층 위의 수평력 합×그 층의 높이) = 0

처짐각법의 계산순서

① 부재의 강도$\left(K=\dfrac{I}{l}\right)$를 구하고 강비($k$)를 구한다.

② 고정단모멘트(FEM_{nf})를 구한다(표 11.1 참조).

③ 처짐각방정식을 세운다.

$$M_{nf}=k_{nf}(2\rho_n+\rho_f+\phi_{nf})+FEM_{nf}$$

④ 절점방정식 또는 층방정식을 세운다.

$$\sum M=0, \quad \sum H=0$$

⑤ 연립방정식을 풀어 미지수 ρ_n, ρ_f, ϕ_{nf}를 구한다.

⑥ 처짐각방정식에 대입하여 재단모멘트 M_{nf}를 구한다.

⑦ 자유물체도를 이용하여 지점반력과 단면력을 구한다.

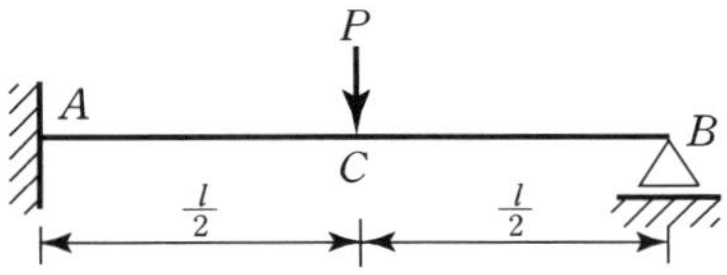

그림 11.37 예제 11.12

예제 11.12 그림 11.37의 부정정보를 처짐각법으로 해석하여라. (단, EI는 일정)

풀이

$$M_{nf}=k_{nf}(2\rho_n+\rho_f+\phi_{nf})+FEM_{nf}$$

1) 부재강도

$$K_{AB}=\frac{I}{l}=K_0\ ,\ k_{AB}=\frac{K_{AB}}{K_0}=1$$

2)고정단모멘트(FEM_{nf})

$$FEM_{AB}=-\frac{Pl}{8},\ FEM_{BA}=+\frac{Pl}{8}$$

3) 처짐각방정식

$$M_{AB}=\rho_B-\frac{Pl}{8}$$

$$M_{BA}=2\rho_B+\frac{Pl}{8}=0$$

4) 연립방정식을 풀면

$$M_{AB}=-\frac{Pl}{16}-\frac{Pl}{8}=-\frac{3Pl}{16}$$

5) 지점반력

자유물체도 AB에서

$$(\circlearrowleft +)\sum M_A=0,\ V_Bl-P\frac{l}{2}-\left(-\frac{3}{16}Pl\right)=0$$

$$V_B=\frac{5}{16}P$$

$$(+\uparrow)\sum V=0,\quad V_A+\frac{5}{16}P-P=0$$

$$V_A=\frac{11}{16}P$$

예제 11.13 그림 11.38의 연속보를 처짐각법으로 해석하여라. (단, E는 일정)

풀이

1) 부재강도

$$K_{AB} = \frac{I}{16} = K_0,\ K_{BC} = \frac{2I}{16},\ k_{AB} = 1,\ k_{BC} = 2$$

2) 고정단모멘트(FEM_{nf})

$$FEM_{AB} = -FEM_{BA} = -\frac{wl^2}{12} = -42.667\ \text{t}\cdot\text{m}$$

$$FEM_{BC} = -FEM_{CB} = -\frac{Pl}{8} = -16\ \text{t}\cdot\text{m}$$

3) 처짐각방정식

$$M_{AB} = (2\rho_A + \rho_B) - 42.667$$
$$M_{BA} = (2\rho_B + \rho_A) + 42.667$$
$$M_{BC} = 2(2\rho_B + \rho_C) - 16$$
$$M_{CB} = 2(2\rho_C + \rho_B) + 16$$

4) 절점방정식

$$\sum M_A = M_{AB} = 0,\ 2\rho_A + \rho_B - 42.667 = 0$$
$$\sum M_B = M_{BA} + M_{BC} = 0,\ \rho_A + 6\rho_B + 2\rho_C + 26.667 = 0$$
$$\sum M_C = M_{CB} = 0,\ 2\rho_B + 4\rho_C + 16 = 0$$

연립방정식을 풀면

$$\rho_A = 25.778,\ \rho_B = -8.889,\ \rho_C = 0.445$$

5) 재단모멘트

ρ_A, ρ_B, ρ_C를 처짐각방정식에 대입하면

$$M_{BA} = 50.667\ \text{t}\cdot\text{m} \qquad M_{BC} = -50.666\ \text{t}\cdot\text{m}$$

6) 지점반력

자유물체도 AB에서 $(\curvearrowright +)\sum M_B = 0$

$$V_A \times 16 - \frac{2\times 16^2}{2} + 50.667 = 0,\ V_A = 12.833\ \text{t}$$

자유물체도 BC에서 $(\curvearrowright +)\sum M_B = 0$

$$V_C \times 16 - 8\times 8 - (-50.667) = 0,\ V_C = 0.833\ \text{t}$$

전체자유물체도에서 $(+\uparrow)\sum V = 0$

$$12.833 + V_B + 0.833 - 2\times 16 - 8 = 0,\ V_B = 26.334\ \text{t}$$

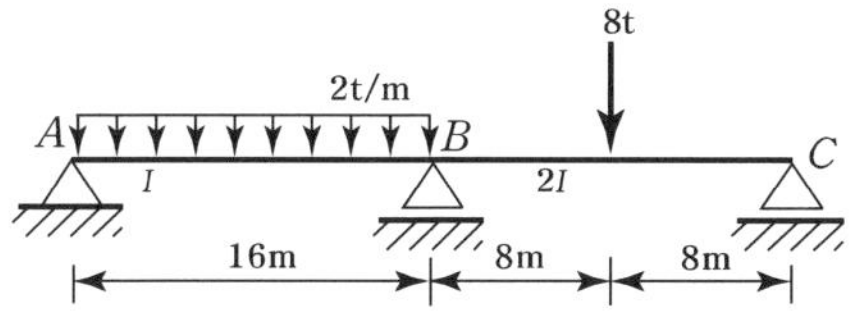

그림 11.38 예제 11.13

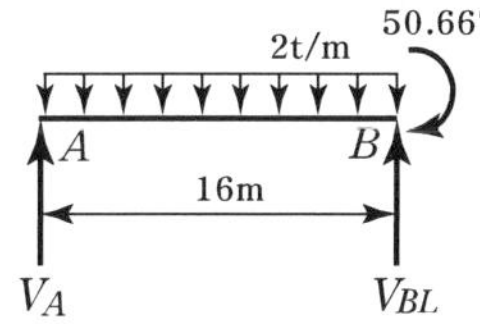

그림 11.38a 자유물체도 AB

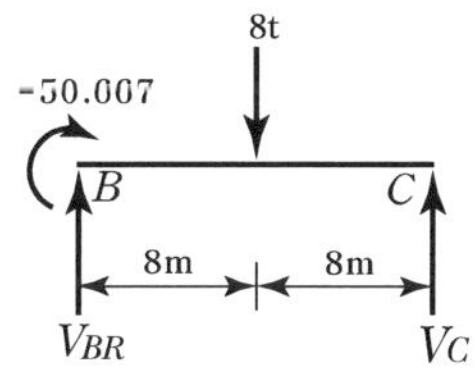

그림 11.38b 자유물체도 BC

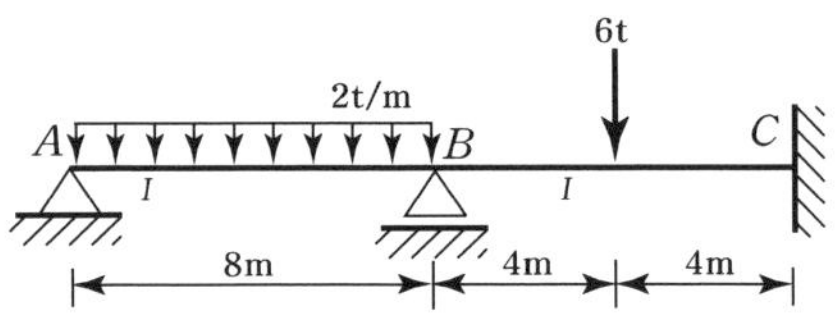

그림 11.39 예제 11.14

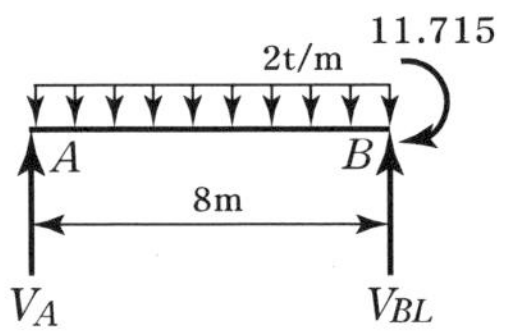

그림 11.39a 자유물체도 AB

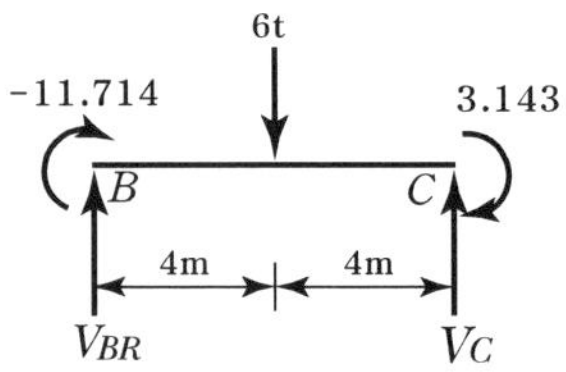

그림 11.39b 자유물체도 BC

예제 11.14 그림 11.39의 연속보를 처짐각법으로 해석하여라.
(단, EI 는 일정)

풀이

1) 부재강도

$$K_{AB} = K_{BC} = \frac{I}{8} = K_0$$

$$k_{AB} = k_{BC} = 1$$

2) 고정단모멘트(FEM_{nf})

$$FEM_{AB} = -FEM_{BA} = -\frac{2\times 8^2}{12} = -10.667\ \text{t}\cdot\text{m}$$

$$FEM_{BC} = -FEM_{CB} = -\frac{6\times 8}{8} = -6\ \text{t}\cdot\text{m}$$

3) 처짐각방정식

$$M_{AB} = (2\rho_A + \rho_B) - 10.667$$

$$M_{BA} = (2\rho_B + \rho_A) + 10.667$$

$$M_{BC} = 2\rho_B - 6$$

$$M_{CB} = \rho_B + 6$$

4) 절점방정식

$$\sum M_A = M_{AB} = 0,\ 2\rho_A + \rho_B - 10.667 = 0$$

$$\sum M_B = M_{BA} + M_{BC} = 0,\ \rho_A + 4\rho_B + 4.667 = 0$$

연립방정식을 풀면 $\rho_A = 6.762,\ \rho_B = -2.857$

5) 재단모멘트

$\rho_A,\ \rho_B$를 처짐각방정식에 대입하면

$$M_{BA} = 11.715\ \text{t}\cdot\text{m},\ M_{BC} = -11.714\ \text{t}\cdot\text{m},\ M_{CB} = 3.143\ \text{t}\cdot\text{m}$$

6) 지점반력

자유물체도 AB에서

$$(\overset{\curvearrowright}{+})\sum M_B = 0,\ V_A \times 8 - \frac{2\times 8^2}{2} + 11.715 = 0,\ V_A = 6.536\ \text{t}$$

자유물체도 BC에서

$$(\overset{\curvearrowright}{+})\sum M_B = 0,\ V_C \times 8 - 6\times 4 - (-11.714) - 3.143 = 0,$$

$$V_C = 1.929\ \text{t}$$

전체자유물체도에서

$$(+\uparrow)\sum V = 0,\ 6.536 + V_B + 1.929 - 2\times 8 - 6 = 0,\ V_B = 13.535\ \text{t}$$

예제 11.15 그림 11.40의 연속보를 처짐각법으로 해석하여라. (단, E는 일정)

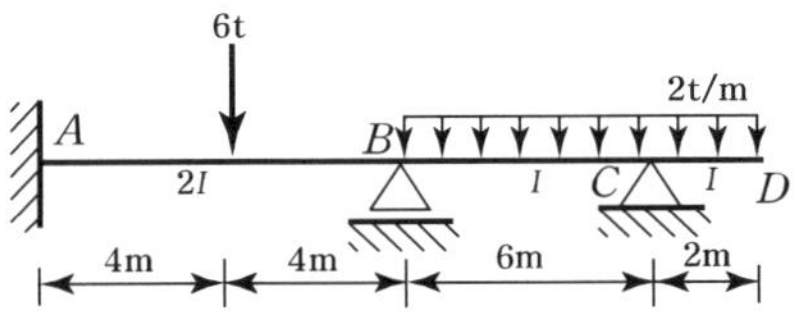

그림 11.40 예제 11.15

풀이

1) 부재강도

$$K_{AB}=\frac{2I}{8},\ K_{BC}=\frac{I}{6},\ K_0=\frac{I}{12}$$

$k_{AB}=3,\ k_{BC}=2$

2) 고정단모멘트(FEM_{nf})

$$FEM_{AB}=-FEM_{BA}=-\frac{6\times 8}{8}=-6\ \mathrm{t\cdot m}$$

$$FEM_{BC}=-FEM_{CB}=-\frac{2\times 6^2}{12}=-6\ \mathrm{t\cdot m}$$

3) 처짐각방정식

$M_{AB}=3(\rho_B)-6$

$M_{BA}=3(2\rho_B)+6$

$M_{BC}-2(2\rho_B+\rho_C)-6$

$M_{CB}=2(2\rho_C+\rho_B)+6$

$M_{CD}=-4\ \mathrm{t\cdot m}$

4) 절점방정식

$\sum M_B=M_{BA}+M_{BC}=0,\ 10\rho_B+2\rho_C=0$

$\sum M_C=M_{CB}+M_{CD}=0,\ 2\rho_B+4\rho_C+2=0$

연립방정식을 풀면

$\rho_B=0.111,\ \rho_C=-0.556$

5) 재단모멘트

ρ_B, ρ_C를 처짐각방정식에 대입하면

$M_{AB}=-5.667\ \mathrm{t\cdot m}$

$M_{BA}=6.667\ \mathrm{t\cdot m}$

$M_{BC}=-6.667\ \mathrm{t\cdot m}$

$M_{CB}=4\ \mathrm{t\cdot m}$

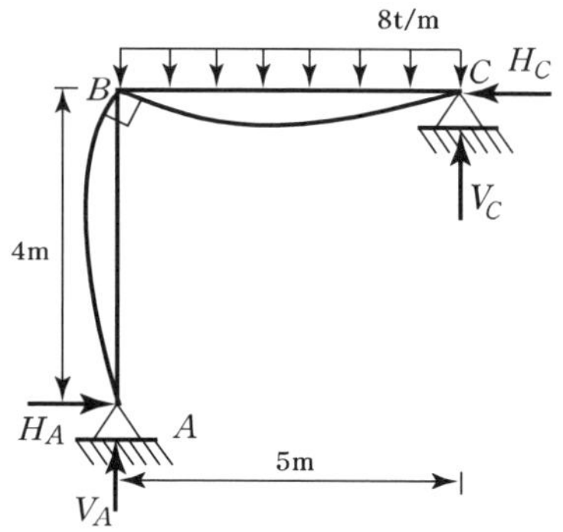

그림 11.41 예제 11.16

예제 11.16 그림 11.41의 라멘을 처짐각법으로 해석하여라. (단, EI는 일정)

풀이

"11.2 변형일치법"의 그림 11.10과 같은 문제

1) 부재강도

$$K_{AB} = \frac{I}{4},\ K_{BC} = \frac{I}{5},\ K_0 = \frac{I}{20}$$

$k_{AB} = 5,\ k_{BC} = 4$

2) 고정단모멘트(FEM_{nf})

$$FEM_{BC} = -FEM_{CB} = -\frac{8 \times 5^2}{12} = -16.667\ \text{t·m}$$

3) 처짐각방정식

$M_{AB} = 5(2\rho_A + \rho_B)$

$M_{BA} = 5(2\rho_B + \rho_A)$

$M_{BC} = 4(2\rho_B + \rho_C) - 16.667$

$M_{CB} = 4(2\rho_C + \rho_B) + 16.667$

4) 절점방정식

$\sum M_A = 0,\ 2\rho_A + \rho_B = 0$

$\sum M_B = 0,\ 5\rho_A + 18\rho_B + 4\rho_C - 16.667 = 0$

$\sum M_C = 0,\ 4\rho_B + 8\rho_C + 16.667 = 0$

연립방정식을 풀면

$\rho_A = -0.926,\ \rho_B = 1.852,\ \rho_C = -3.009$

5) 재단모멘트

ρ_A, ρ_B, ρ_C를 처짐각방정식에 대입하면

$M_{BA} = 13.890\ \text{t·m}$

$M_{BC} = -13.887\ \text{t·m}$

6) 지점반력

자유물체도를 이용하면

$H_A = 3.473\ \text{t},\ H_C = 3.473\ \text{t},\ V_A = 22.777\ \text{t},\ V_C = 17.223\ \text{t}$

예제 11.17 그림 11.42의 라멘을 처짐각법으로 해석하여라. (단, EI는 일정)

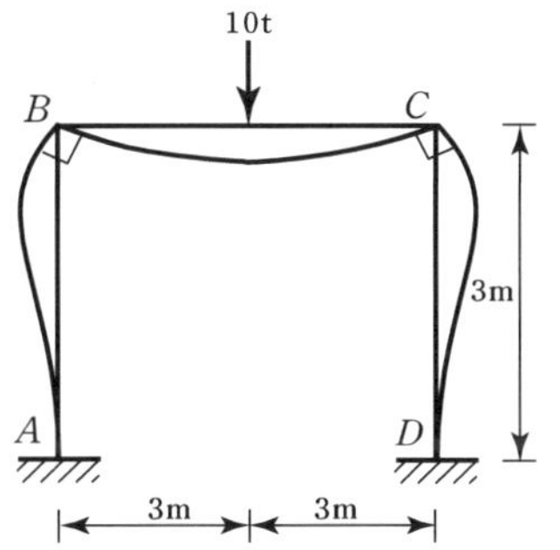

그림 11.42 예제 11.17

풀이

side sway가 없는 경우

1) 부재강도

$$K_{AB}=K_{CD}=\frac{I}{3},\ K_{BC}=\frac{I}{6},\ K_0=\frac{I}{6}$$

$$k_{AB}=k_{CD}=2,\ k_{BC}=1$$

2) 고정단모멘트(FEM_{nf})

$$FEM_{BC}=-FEM_{CB}=-\frac{10\times 6}{8}=-7.5\ \text{t}\cdot\text{m}$$

3) 처짐각방정식

$$M_{AB}=2(\rho_B)$$
$$M_{BA}=2(2\rho_B)$$
$$M_{BC}=(2\rho_B+\rho_C)-7.5$$
$$M_{CB}=(2\rho_C+\rho_B)+7.5$$
$$M_{CD}=2(2\rho_C)$$
$$M_{DC}=2(\rho_C)$$

4) 절점방정식

$$\sum M_B=0,\ 6\rho_B+\rho_C-7.5=0$$
$$\sum M_C=0,\ \rho_B+6\rho_C+7.5=0$$

연립방정식을 풀면

$$\rho_B=1.5,\ \rho_C=-1.5$$

5) 재단모멘트

ρ_B, ρ_C를 처짐각방정식에 대입하면

$$M_{AB}=3\ \text{t}\cdot\text{m},\ M_{BA}=6\ \text{t}\cdot\text{m},\ M_{BC}=-6\ \text{t}\cdot\text{m}$$
$$M_{CB}=6\ \text{t}\cdot\text{m},\ M_{CD}=-6\ \text{t}\cdot\text{m},\ M_{DC}=-3\ \text{t}\cdot\text{m}$$

6) 지점반력

자유물체도를 이용하여 구한다.

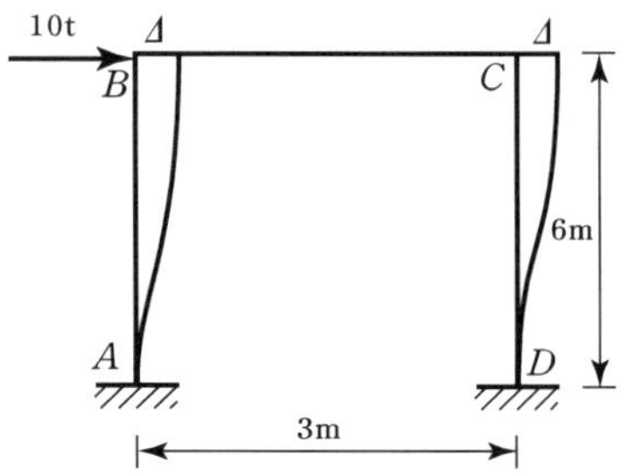

그림 11.43 예제 11.18

예제 11.18 그림 11.43의 라멘을 처짐각법으로 해석하여라. (단, EI는 일정)

풀이

side sway가 있는 경우

1) 부재강도

$$K_{AB}=K_{CD}=\frac{I}{6},\ K_{BC}=\frac{I}{3},\ K_0=\frac{I}{6}$$

$$k_{AB}=k_{CD}=1,\ k_{BC}=2$$

2) 부재각

$\Delta_{AB}=\Delta_{CD}$이므로 $\phi_{AB}=\phi_{CD}=\phi$

3) 처짐각방정식($\rho_B=\rho_C$)

$$M_{AB}=(\rho_B+\phi)$$

$$M_{BA}=(2\rho_B+\phi)$$

$$M_{BC}=2(2\rho_B+\rho_C)=6\rho_B$$

$$M_{CB}=2(2\rho_C+\rho_B)=6\rho_B$$

$$M_{CD}=(2\rho_C+\phi)$$

$$M_{DC}=(\rho_C+\phi)$$

4) 절점방정식

$$\sum M_B=0,\ 8\rho_B+\phi=0$$

5) 층방정식(식 11.10)

$$\sum(M_{nf})+\sum(P_i h_i)+(\sum P_{i+1})H_i=0$$

$$M_{AB}+M_{BA}+M_{CD}+M_{DC}+10\times 6=0$$

$$3\rho_B+2\phi+30=0$$

연립방정식을 풀면

$$\rho_B=2.308,\ \phi=-18.462$$

6) 재단모멘트

ρ_B, ϕ를 처짐각방정식에 대입하면

$$M_{AB}=M_{DC}=-16.154\ \text{t}\cdot\text{m}$$

$$M_{BA}=M_{CD}=-13.846\ \text{t}\cdot\text{m}$$

$$M_{BC}=M_{CB}=13.846\ \text{t}\cdot\text{m}$$

7) 지점반력

자유물체도를 이용하여 구한다.

예제 11.19 그림 11.44의 라멘을 처짐각법으로 해석하여라. (단. EI는 일정)

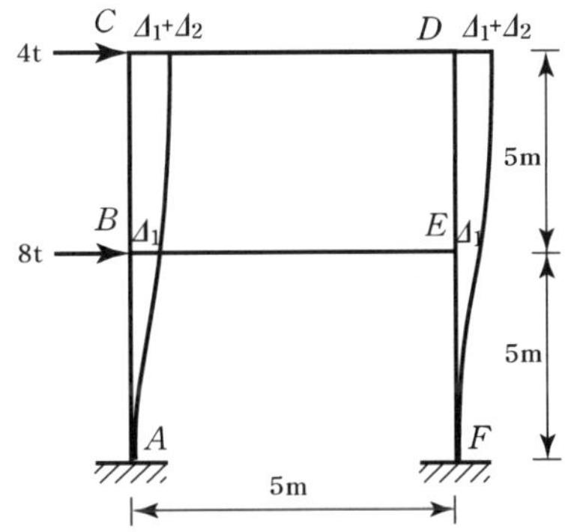

그림 11.44 예제 11.19

풀이

side sway가 있는 경우

1) 부재강도

부재강도가 모두 같으므로 $k_{nf} = 1$

2) 부재각

$R_{AB} = R_{FE} = \dfrac{\Delta_1}{5}$, $R_{BC} = R_{ED} = \dfrac{\Delta_2}{5}$ 이므로

$\phi_{AB} = \phi_{FE} = \phi_1$, $\phi_{BC} = \phi_{ED} = \phi_2$

3) 처짐각방정식($\rho_B = \rho_E$, $\rho_C = \rho_D$)

$M_{AB} = (\rho_B + \phi_1)$

$M_{BA} = (2\rho_B + \phi_1)$

$M_{BC} = (2\rho_B + \rho_C + \phi_2)$

$M_{CB} = (2\rho_C + \rho_B + \phi_2)$

$M_{CD} = (2\rho_C + \rho_D) = 3\rho_C$

$M_{DC} = (2\rho_D + \rho_C) = 3\rho_C$

$M_{BE} = (2\rho_B + \rho_E) = 3\rho_B$

$M_{EB} = (2\rho_E + \rho_B) = 3\rho_B$

$M_{DE} = (2\rho_D + \rho_E + \phi_2) = (2\rho_C + \rho_B + \phi_2)$

$M_{ED} = (2\rho_E + \rho_D + \phi_2) = (2\rho_B + \rho_C + \phi_2)$

$M_{EF} = (2\rho_E + \phi_1) = (2\rho_B + \phi_1)$

$M_{FE} = (\rho_E + \phi_1) = (\rho_B + \phi_1)$

4) 절점방정식

$\sum M_B = M_{BA} + M_{BC} + M_{BE} = 0$

$7\rho_B + \rho_C + \phi_1 + \phi_2 = 0$ ①

$\sum M_C = M_{CB} + M_{CD} = 0$

$\rho_B + 5\rho_C + \phi_2 = 0$ ②

5) 층방정식(식 11.10)

$$\sum(M_{nf})+\sum(P_i h_i)+(\sum P_{i+1})H_i=0$$

1층방정식

$$M_{AB}+M_{BA}+M_{FE}+M_{EF}+8\times5+4\times5=0$$

$$3\rho_B+2\phi_1+30=0 \qquad ③$$

2층방정식

$$M_{BC}+M_{CB+}M_{DE}+M_{ED}+4\times5=0$$

$$3\rho_B+3\rho_C+2\phi_2+10=0 \qquad ④$$

①②③④의 연립방정식을 풀면

$\rho_B=5.273$, $\rho_C=2.182$, $\phi_1=-22.910$, $\phi_2=-16.183$

6) 재단모멘트

ρ_B, ρ_C, ϕ_1, ϕ_2를 처짐각방정식에 대입하면

$M_{AB}=M_{FE}=-17.637$ t·m

$M_{BA}=M_{EF}=-12.364$ t·m

$M_{BC}=M_{ED}=-3.455$ t·m

$M_{CB}=M_{DE}=-6.546$ t·m

$M_{CD}=M_{DC}=6.546$ t·m

$M_{BE}=M_{EB}=15.819$ t·m

7) 지점반력

자유물체도를 이용하여 구한다.

연습문제

1. 그림 11.45의 부정정보를 처짐각법을 이용하여 해석하여라.

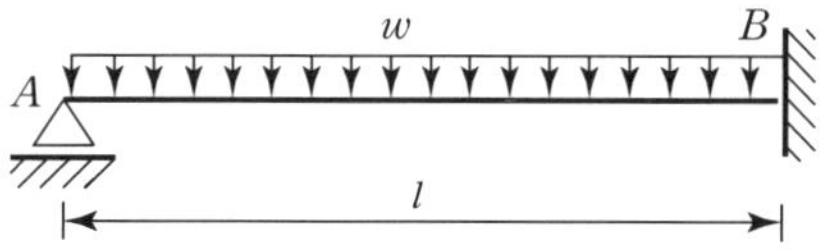

그림 11.45 연습문제 1

답 : $M_B = \dfrac{wl^2}{8}$, $V_A = \dfrac{3}{8}wl$, $V_B = \dfrac{5}{8}wl$

2. 그림 11.46의 연속보를 처짐각법을 이용하여 해석하여라.

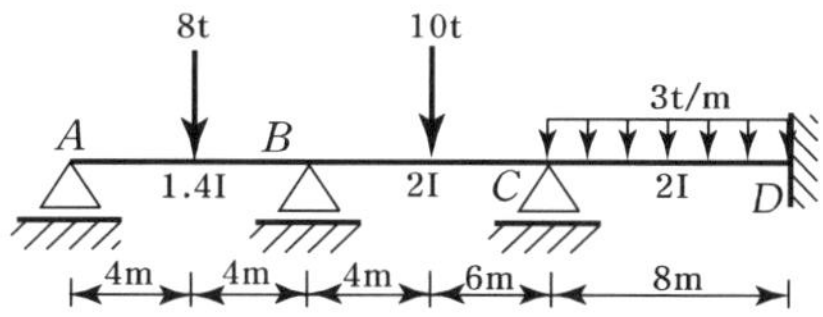

그림 11.46 연습문제 2

답 : $M_{DC} = -17.69$ t·m, $M_{CD} = -M_{CB} = 12.62$ t·m

$M_{BC} = M_{BA} = -12.42$ t·m

3. 그림 11.47의 연속보에서 B점이 3 cm 침하되었을 때 처짐각법으로 해석하여라. (단, $EI = 14 \times 10^6$ kg·cm^2)

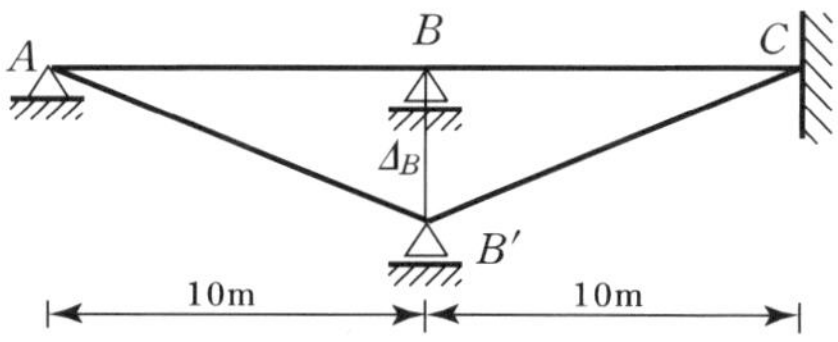

그림 11.47 연습문제 3

답 : $M_{BA} = -180$ kg·cm, $M_{BC} = 180$ kg·cm, $M_{CB} = 216$ kg·cm

$V_A = 0.18$ kg , $V_B = -0.576$ kg, $V_C = 0.396$ kg

4. 그림 11.48의 라멘을 처짐각법을 이용하여 해석하여라. (단, EI는 일정)

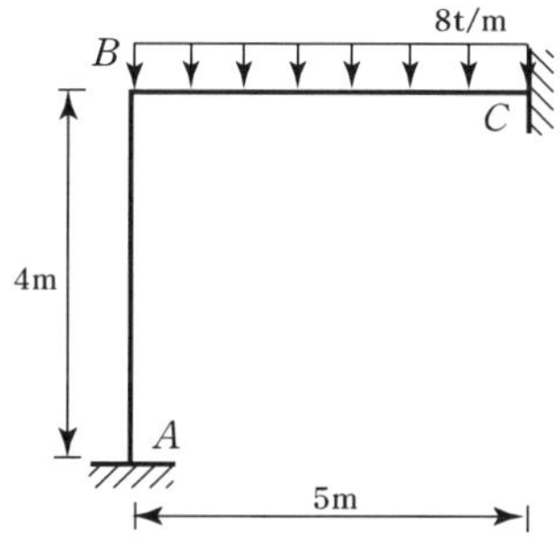

그림 11.48 연습문제 4

답 : $M_{AB} = 4.630$ t·m, $M_{BA} = -M_{BC} = 9.259$ t·m

$M_{CB} = 20.371$ t·m

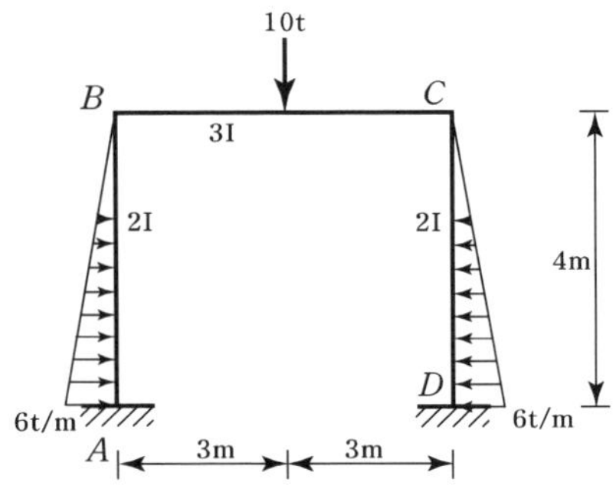

그림 11.49 연습문제 5

5. 그림 11.49의 라멘을 처짐각법을 이용하여 해석하여라.

답 : $M_{AB} = -M_{DC} = -3.367\ \mathrm{t \cdot m}$, $M_{BA} = -M_{CD} = 6.066\ \mathrm{t \cdot m}$,

$M_{CB} = -M_{BC} = 6.066\ \mathrm{t \cdot m}$

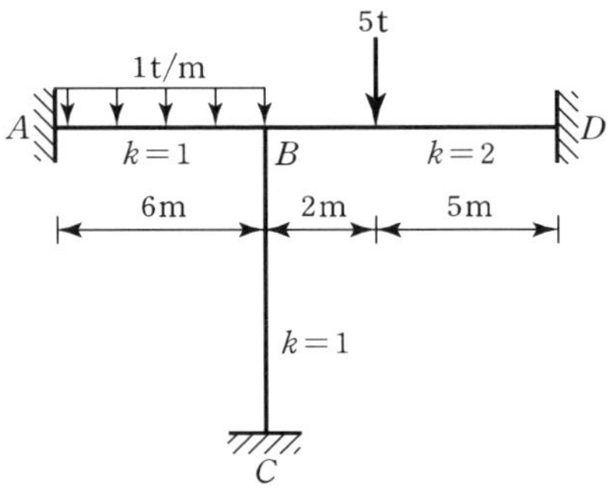

그림 11.50 연습문제 6

6. 그림 11.50의 라멘을 처짐각법을 이용하여 해석하여라.

답 : $M_{AB} = -2.65\ \mathrm{t \cdot m}$, $M_{BA} = 3.7\ \mathrm{t \cdot m}$, $M_{BC} = 1.4\ \mathrm{t \cdot m}$

$M_{BD} = -5.1\ \mathrm{t \cdot m}$, $M_{CB} = 0.72\ \mathrm{t \cdot m}$, $M_{DB} = 0$

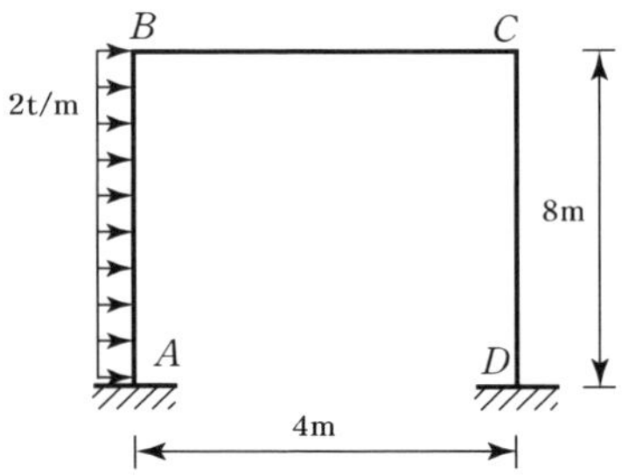

그림 11.51 연습문제 7

7. 그림 11.51의 라멘을 처짐각법을 이용하여 해석하여라.

답 : $M_{AB} = -9.143\ \mathrm{t \cdot m}$, $M_{BA} = 9.143\ \mathrm{t \cdot m}$,

$M_{BC} = M_{CB} = -9.144\ \mathrm{t \cdot m}$, $M_{DC} = 1.524\ \mathrm{t \cdot m}$,

$M_{CD} = -1.524\ \mathrm{t \cdot m}$

11.5 모멘트분배법

1932년 미국의 Hardy Cross는 처짐각법으로 고차의 부정정구조물을 해석하기 위해서는 절점회전각+부재회전각의 수만큼 연립방정식을 풀어야 하는데 이것을 대신하여 축차적으로 반복에 의해 부재단모멘트를 구하는 방법을 제안하였다. 이 방법을 **모멘트분배법**(moment distribution method) 또는 **고정모멘트법**(fixing moment method)이라 한다.

이 방법은 검산이나 계산의 착오를 발견할 수 있는 장점이 있으며, 약간의 오차를 가지는 처짐각법의 근사해법으로서 실용적으로 많이 이용된다.

11.5.1 기본원리

모멘트분배법의 원리를 전개하기 위해서 그림 11.52와 같은 라멘을 생각하자. 변형도를 보면 O점과 P점은 자유단이기 때문에 하중에 의해 회전각 θ_O와 θ_P가 발생한다.

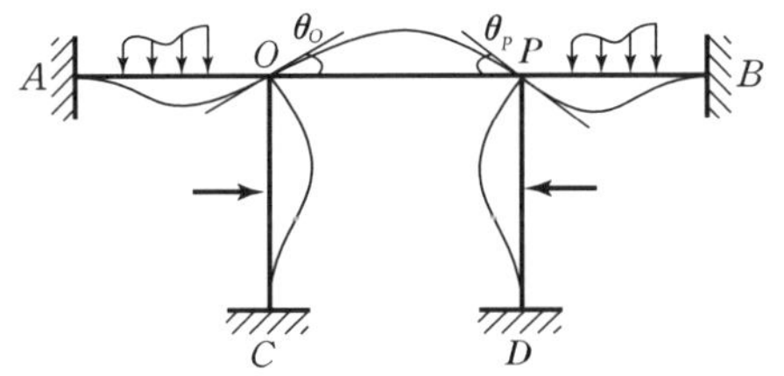

그림 11.52 실구조물

1단계 : 그림 11.52(a)와 같이 자유단 *O*점과 *P*점을 고정시키고 하중을 작용시킨다.

그림 11.52(a)는 자유단 O점과 P점을 고정단으로 고정하였기 때문에 $\theta_{O0}=\theta_{P0}=0$이고, $\sum M_O=0$, $\sum M_P=0$이 되어야 하지만 $\sum M_O\neq 0$, $\sum M_P\neq 0$이다. 즉,

$$\sum M_O = FEM_{OA}+FEM_{OP}+FEM_{OC}=M_{UO0}\neq 0 \quad ①$$

$$\sum M_P = FEM_{PO}+FEM_{PB}+FEM_{PD}=M_{UP0}\neq 0 \quad ②$$

이 모멘트 M_{UO0}, M_{UP0}를 **불균형모멘트**라고 한다.

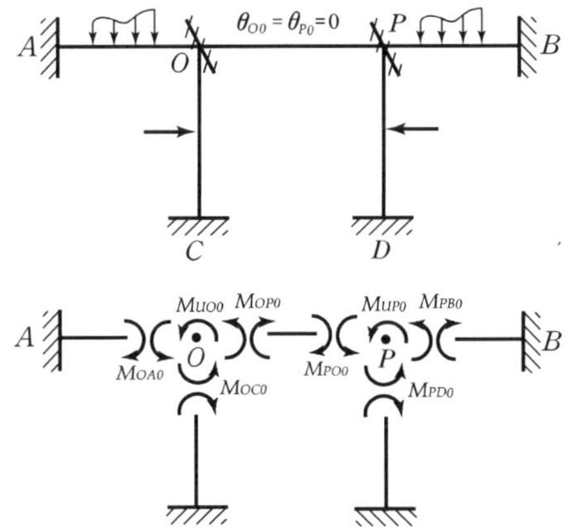

그림 11.52(a) 1순환 -1단계

2단계 : *O*점의 고정을 해제한다.

그림 11.52(b)와 같이 O점을 해제하면 O점에 모이는 부재들

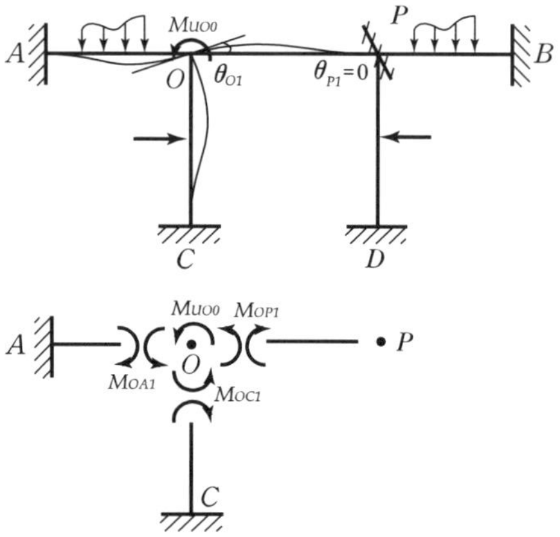

그림 11.52(b) 1순환 – 2단계

의 O점에 저항모멘트가 일어나고 이 저항모멘트의 합이 1단계의 불균형모멘트 M_u와 같아질 때까지 O점은 회전하게 된다. 이 저항모멘트를 **분배모멘트**라고 한다.

$$\sum M_O = M_{OA1} + M_{OP1} + M_{OC1} + M_{UO0} = 0 \qquad ③$$

$$\begin{cases} M_{OA1} = k_{OA}(2\rho_O) \\ M_{OP1} = k_{OP}(2\rho_O) \\ M_{OC1} = k_{OC}(2\rho_O) \end{cases} \qquad ④$$

④식을 ③식에 대입하면

$$2\rho_O(k_{OA} + k_{OP} + k_{OC}) = -M_{UO0}$$

$$2\rho_O = \frac{-M_{UO0}}{(k_{OA} + k_{OP} + k_{OC})} \qquad ⑤$$

⑤식을 ④식에 대입하여 부재 Of에서 O 단의 분배모멘트 M_{Of1}는 다음과 같이 된다.($f = A, P, C$)

$$M_{Of1} = -\frac{k_{OA}}{(k_{OA} + k_{OP} + k_{OC})} M_{UO0} \qquad (11.11)$$

$$= -\frac{k_{Of}}{\sum k} M_{UO0} = -DF_{Of} M_{UO0}$$

여기서, DF_{Of}를 부재 Of의 O단에서 **분배율**(distribution factor)이라 한다.

또한, 부재 Of의 O 단에 분배모멘트 M_{Of1}로 θ_{O1}이 발생하면 고정인 원단 f로 그림 11.52(c)와 같이 모멘트가 전달된다.

$M_{Of1} = k_{Of}(2\rho_O)$, $M_{fO1} = k_{fO}(\rho_O)$ 이므로

$$M_{fO1} = \frac{1}{2} M_{Of1} = C_{Of} M_{Of1} \qquad (11.12)$$

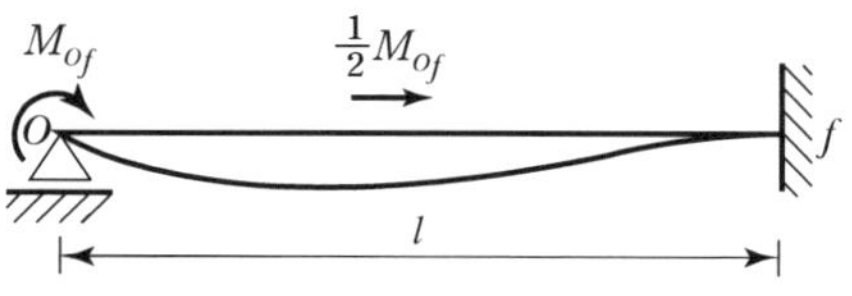

그림 11.52(c) 전달모멘트

즉, O단의 분배모멘트 M_{Of1}은 f단에 1/2이 전달된다. 여기서 1/2를 **전달률**(carry-over factor), M_{fO1}를 **전달모멘트**라 한다.

3단계 : O점을 고정하고 P점을 해제한다.

그림 11.52(a)에서 P점의 불균형모멘트는 ②식 이었으나, 2단계에서 $\frac{1}{2}M_{OP1}$만큼의 모멘트를 전달받았으므로

$$M_{UP2} = M_{UP0} + \frac{1}{2}M_{OP1}$$

가 된다[그림 11.52(d)]. 2단계와 같은 방법으로 불균형모멘트를 분배하고 원단에 전달한다. 자유단의 수만큼 모멘트를 분배, 전달하였으므로 1순환이 종료되었다.

A, B, C, D단은 원래 고정단이므로 자유단으로부터 모멘트를 전달받기만 하면 된다.

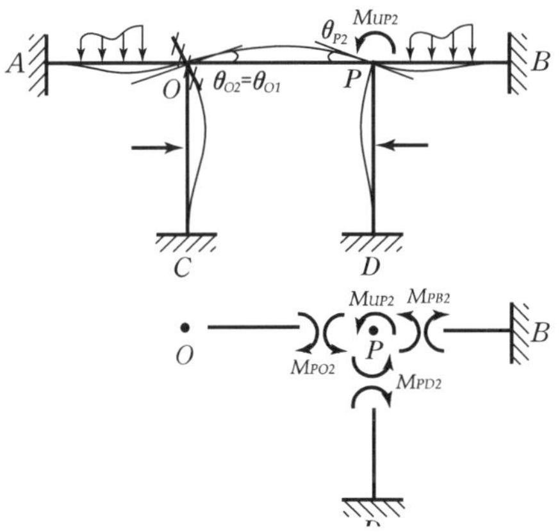

그림 11.52(d) 1순환 - 3단계

4단계 : 순환을 반복한다.

그러나 자유단에서 회전이 "잠갔다" "풀었다"의 반복으로 인해 모멘트를 전달받기 때문에 여전히 불균형모멘트가 존재한다.
1단계~3단계까지의 1순환과 같은 방법으로 2순환, 3순환 … 을 반복하면 1보다 작은 분배율로 인해 불균형모멘트는 현저히 줄어든다. 소요의 정확도가 확보될 때까지 순환을 반복한다.

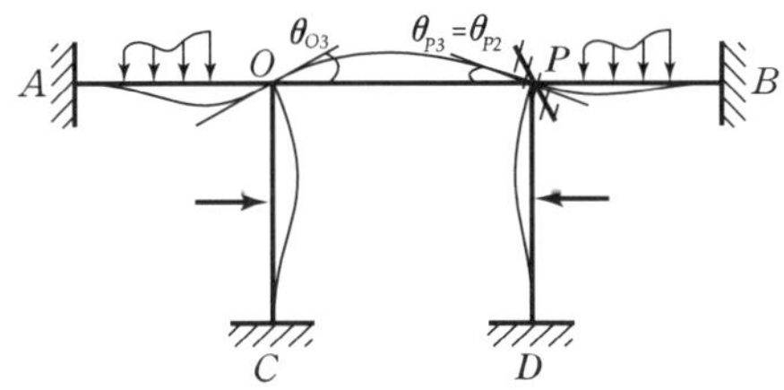

그림 11.52(e) 2순환

11.5.2 수정강도

원단이 힌지일 때, 구조가 대칭이나 역대칭인 경우 강도계수를 수정하면 모멘트분배법을 보다 쉽게 수행할 수 있다.

1) 원단이 힌지인 경우

그림 11.53과 같이 원단이 힌지인 경우

$$M_{AB} = 2EK_{AB}(2\theta_A + \theta_B) \quad ①$$

$$0 = 2EK_{BA}(\theta_A + 2\theta_B) \quad ②$$

②식에서 $\theta_B = -\frac{1}{2}\theta_A$이므로

그림 11.53 원단 힌지

$$\begin{aligned} M_{AB} &= 2EK_{AB}\left(2\theta_A - \frac{1}{2}\theta_A\right) \\ &= 4E\left(\frac{3}{4}K_{AB}\right)\theta_A \\ &= 4EK_{AB}^R\,\theta_A \end{aligned}$$

B단이 고정인 경우, $M_{AB} = 4EK_{AB}^R\theta_A$이므로

$$K_{AB}^R = \frac{3}{4}K_{AB} \tag{11.13}$$

식 (11.11)으로부터 부재에 분배율 산정에서 **수정강도** K_{AB}^R를 사용하면 힌지단을 고정단으로 취급할 수 있다.

2) 대칭 구조인 경우

그림 11.54와 같이 대칭 구조인 경우

$$M_{AB} = 2EK_{AB}(2\theta_A + \theta_B)$$

$\theta_B = -\theta_A$이므로

$$\begin{aligned} M_{AB} &= 2EK_{AB}(2\theta_A - \theta_A) \\ &= 4E\left(\frac{1}{2}K_{AB}\right)\theta_A \\ &= 4EK_{AB}^R\,\theta_A \end{aligned}$$

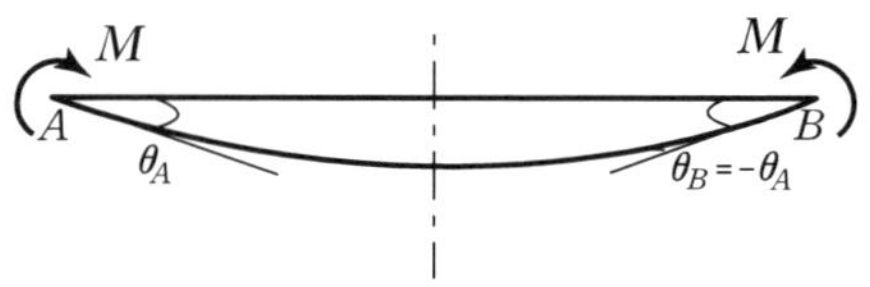

그림 11.54 대 칭

따라서,

$$K_{AB}^R = \frac{1}{2}K_{AB} \tag{11.14}$$

3) 역대칭 구조인 경우

그림 11.55와 같이 역대칭 구조인 경우

$$M_{AB} = 2EK_{AB}(2\theta_A + \theta_B)$$

$\theta_B = \theta_A$이므로

$$\begin{aligned} M_{AB} &= 2EK_{AB}(2\theta_A + \theta_A) \\ &= 4E\left(\frac{3}{2}K_{AB}\right)\theta_A \\ &= 4EK_{AB}^R\,\theta_A \end{aligned}$$

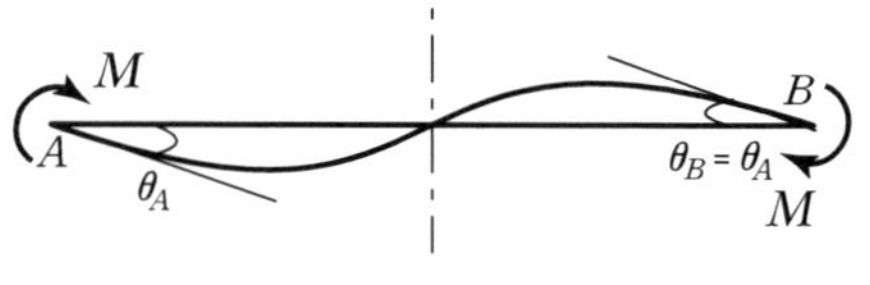

그림 11.55 역대칭

따라서,

$$K_{AB}^R = \frac{3}{2}K_{AB} \tag{11.15}$$

예제 11.20 그림 11.56의 라멘을 모멘트분배법으로 해석하여라. (단, E는 일정)

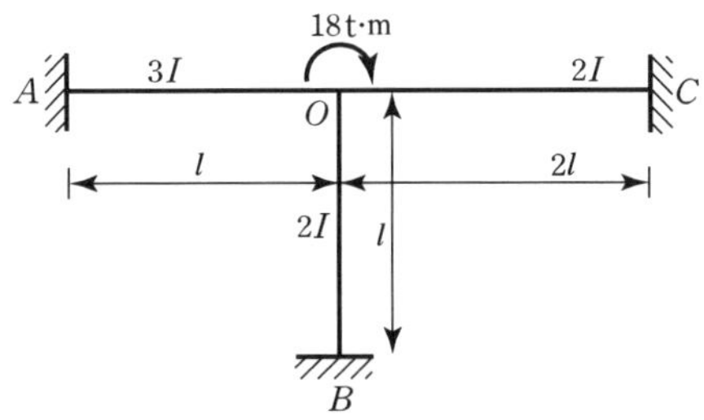

그림 11.56 예제 11.20

풀이

1) 부재강도

$$K_{AO} = \frac{3I}{l},\ K_{BO} = \frac{2I}{l},\ K_{CO} = \frac{2I}{2l} = K_0$$

$$k_{AO} = 3,\ k_{BO} = 2, k_{CO} = 1$$

2) 분배율

$$DF_{OA} = \frac{k_{OA}}{\sum k} = \frac{3}{1+2+3} = \frac{3}{6}$$

$$DF_{OB} = \frac{2}{1+2+3} = \frac{2}{6}$$

$$DF_{OC} = \frac{1}{1+2+3} = \frac{1}{6}$$

3) 불균형모멘트

$M_{UO} = -18\ \text{t·m}$

부재단모멘트가 시계방향일 때 (+)이므로 절점에서는 반시계방향이 (+)가 된다.

4) 분배모멘트

$$M_{OA} = -DF_{OA}M_{UO} = -\frac{3}{6}(-18) = 9\ \text{t·m}$$

$$M_{OB} = -DF_{OB}M_{UO} = -\frac{2}{6}(-18) = 6\ \text{t·m}$$

$$M_{OC} = -DF_{OC}M_{UO} = -\frac{1}{6}(-18) = 3\ \text{t·m}$$

5) 전달모멘트

$$M_{AO} = \frac{1}{2}M_{OA} = \frac{1}{2}\times 9 = 4.5\ \text{t·m}$$

$$M_{BO} = \frac{1}{2}M_{OB} = \frac{1}{2}\times 6 = 3\ \text{t·m}$$

$$M_{CO} = \frac{1}{2}M_{OC} = \frac{1}{2}\times 3 = 1.5\ \text{t·m}$$

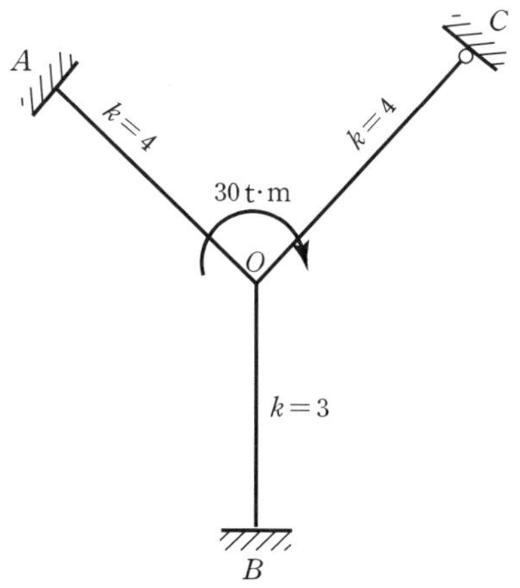

그림 11.57 예제 11.20

예제 11.21 그림 11.57의 라멘을 모멘트분배법으로 해석하여라. (단, E는 일정)

풀이

1) 부재강도

절점 C가 힌지이므로 수정강도를 사용한다.

$$k^R_{OC}=\frac{3}{4}k_{OC}=3$$

2) 분배율

$$DF_{OA}=\frac{4}{4+3+3}=\frac{4}{10},\quad DF_{OB}=DF_{OC}=\frac{3}{4+3+3}=\frac{3}{10}$$

3) 불균형모멘트

$$M_{UO}=-30\ \text{t}\cdot\text{m}$$

4) 분배모멘트

$$M_{OA}=-DF_{OA}M_{UO}=-\frac{4}{10}(-30)=12\ \text{t}\cdot\text{m}$$

$$M_{OB}=-DF_{OB}M_{UO}=-\frac{3}{10}(-30)=9\ \text{t}\cdot\text{m}$$

$$M_{OC}=-DF_{OC}M_{UO}=-\frac{3}{10}(-30)=9\ \text{t}\cdot\text{m}$$

5) 전달모멘트

$$M_{AO}=\frac{1}{2}M_{OA}=\frac{1}{2}\times 12=6\ \text{t}\cdot\text{m}$$

$$M_{BO}=\frac{1}{2}M_{OB}=\frac{1}{2}\times 9=4.5\ \text{t}\cdot\text{m}$$

$$M_{CO}=0$$

예제 11.22 그림 11.58의 연속보를 모멘트분배법으로 해석하여라. (단, E는 일정)

풀이

원단이 힌지인 경우

1) 부재강도

절점 A가 힌지이므로 수정강도를 사용한다.

$$K_{AB}=\frac{I}{10},\quad K^R_{AB}=\frac{3}{4}K_{AB}=\frac{3I}{40},\quad K_{BC}=\frac{1.5I}{12}=\frac{I}{8}=\frac{5I}{40}$$

$$k^R_{AB}=3,\quad k_{BC}=5$$

2) 분배율

$$DF_{BA} = \frac{3}{3+5} = 0.375,\ \ DF_{BC} = \frac{5}{3+5} = 0.625$$

3) 고정단모멘트

$$FEM_{AB} = -\frac{Pab^2}{l^2} = -6.3\ \mathrm{t\cdot m}$$

$$FEM_{BA} = -\frac{Pa^2b}{l^2} = 14.7\ \mathrm{t\cdot m}$$

$$FEM_{BC} = -\frac{wl^2}{12} = -6\ \mathrm{t\cdot m} = -FEM_{CB}$$

3) 모멘트분배

그림 11.58(b)는 모멘트분배를 나타낸 것으로 회전절점 A, B의 보 위에 분배율을 기입한다. C점은 고정단으로 모멘트분배가 없고 전달받기만 한다. 고정단모멘트는 보아래 기입한다.

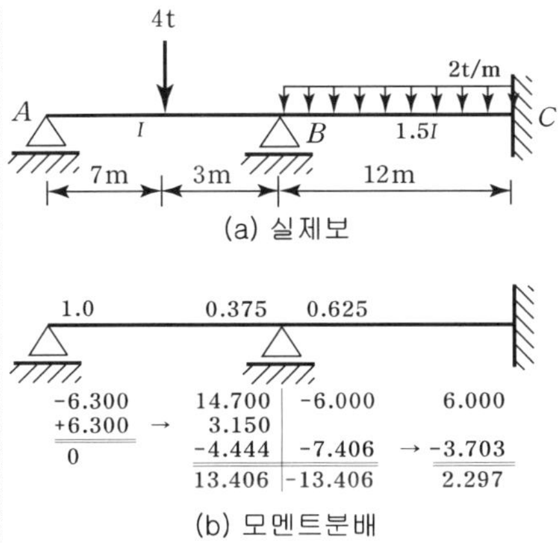

그림 11.58 예제 11.22

1단계 : 절점 A를 해제하여 모멘트를 분배하고 전달한다.
절점 A는 힌지단으로 식 (11.13)의 수정강도를 사용하면 모멘트 전달을 받지 않으므로 A점부터 시작한다. 식 (11.11)과 같이 불균형모멘트 -6.3에 분배율 1.0을 곱하여 부호를 바꾸면 분배모멘트는 $+6.3$이 계산되고 식 (11.12)에 의해 절반인 $+3.15$가 B단으로 전달된다.

2단계 : 절점 B를 해제하여 모멘트를 분배하고 전달한다.
절점 B의 불균형모멘트는 $14.7-6+3.15=11.85$이고, 이 값에 분배율 0.375와 0.625를 곱하여 부호를 바꾸면 -4.444와 -7.406의 분배모멘트가 된다. 이 분배모멘트로 B점은 회전하면서 평형상태를 회복한다. 분배모멘트에 밑줄을 그어 평형상태임을 표시한다. -4.444는 AB 부재에 수정강도 K_{AB}^{R}을 사용했으므로 A단에 모멘트를 전달할 필요가 없다. -7.406은 C단으로 절반인 -3.703이 전달된다.

3단계 : 더 이상 회전 가능한 절점이 없으므로 1순환이 완료되었고 불균형모멘트도 없다. 각 부재 단의 모멘트인 고정단모멘트, 분배모멘트, 전달모멘트를 합하여 최종적으로 부재단모멘트를 구한다.

4) 부재단모멘트

$$M_{AB} = -6.3 + 6.3 = 0$$

$$M_{BA} = 14.7 + 3.15 - 4.444 = 13.406\ \mathrm{t\cdot m}$$

$$M_{BC} = 6 - 3.703 = 2.297\ \mathrm{t\cdot m}$$

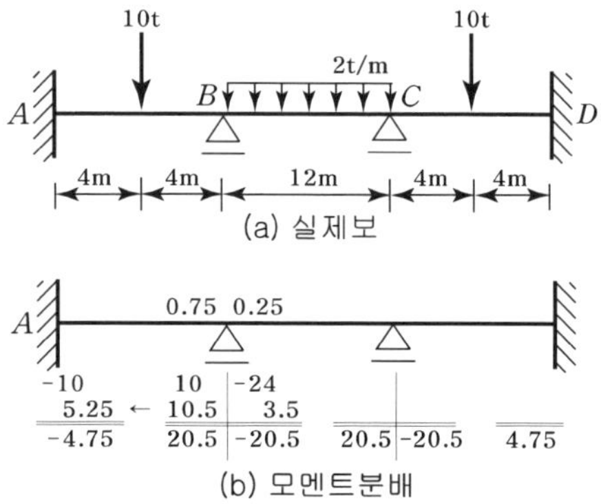

그림 11.59 예제 11.23

예제 11.23 그림 11.59의 연속보를 모멘트분배법으로 해석하여라. (단, E는 일정)

풀이

대칭인 경우

1) 부재강도

대칭구조이므로 식 (11.14)의 수정강도를 이용한다.

$$K_{AB}=\frac{I}{8},\quad K_{BC}=\frac{I}{12},\quad K_{BC}^{R}=\frac{1}{2}\times\frac{I}{12}=\frac{I}{24}=K_0$$

$$k_{AB}=3,\ k_{BC}^{R}=1$$

2) 분배율

$$DF_{BA}=\frac{3}{3+1}=0.75$$

$$DF_{BC}=\frac{1}{3+1}=0.25$$

3) 고정단모멘트

$$FEM_{AB}=-\frac{Pl}{8}=-10\ \text{t·m}=-FEM_{BA}$$

$$FEM_{BC}=-\frac{wl^2}{12}=-24\ \text{t·m}=-FEM_{CB}$$

4) 모멘트분배

그림 11.59(b)와 같이 B에서 모멘트분배를 시작하여 A점으로 전달하여 1순환이 종료되었다. 부재 BC를 수정강도를 사용하였으므로 모멘트를 전달할 필요가 없고, A단은 고정이므로 모멘트를 받기만 한다.

5) 부재단모멘트

$$M_{AB}=-4.54\,\text{t·m}=-M_{DC}$$

$$M_{BA}=20.5\,\text{t·m}=-M_{CD}$$

$$M_{BC}=-20.5\,\text{t·m}=-M_{CB}$$

예제 11.24 그림 11.60의 연속보를 모멘트분배법으로 해석하여라. (단, EI 는 일정)

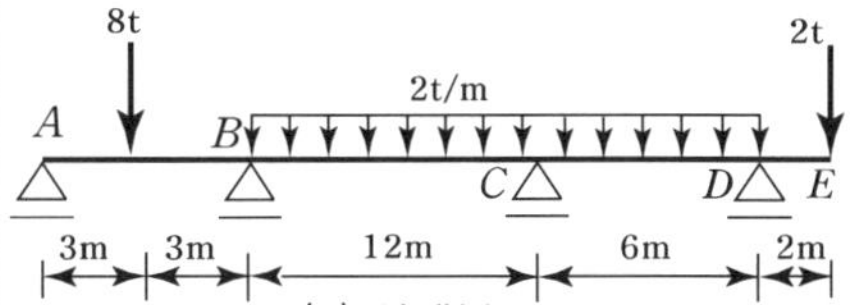

(a) 실제보

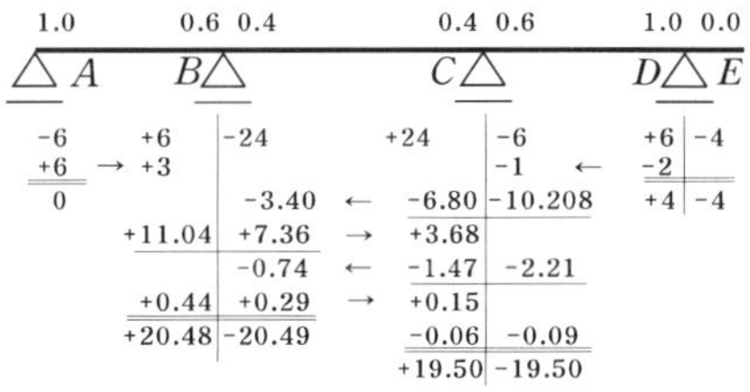

(b) 모멘트분배

그림 11.60 예제 11.24

풀이

1) 부재강도

$$K_{AB}^R = \frac{3}{4}K_{AB} = \frac{I}{8}, \quad K_{BC} = \frac{I}{12}, \quad K_{CD}^R = \frac{3}{4}K_{CD} = \frac{I}{8}$$

$$k_{AB}^R = 3, \; k_{BC} = 2, \quad k_{CD}^R = 3$$

2) 분배율

$$DF_{AB} = DF_{DC} = 1.0 \qquad DF_{DE} = 0$$

$$DF_{BC} = \frac{3}{3+2} = 0.6 \qquad DF_{BA} = 1 - 0.6 = 0.4$$

$$DF_{CB} = \frac{2}{3+2} = 0.4 \qquad DF_{CD} = 1 - 0.4 = 0.6$$

3) 고정단모멘트

$$FEM_{AB} = -\frac{Pl}{8} = -6\,\mathrm{t \cdot m} = -FEM_{BA}$$

$$FEM_{BC} = -\frac{wl^2}{12} = -24\,\mathrm{t \cdot m} = -FEM_{CB}$$

$$FEM_{CD} = -\frac{wl^2}{12} = -6\,\mathrm{t \cdot m} = -FEM_{DC}$$

4) 모멘트분배

부재 AB와 CD는 수정강도를 사용하였으므로 모멘트를 전달할 필요가 없다. 그림 11.60(b)와 같이 A점과 D점에서 모멘트분배를 시작하여 B점과 C점으로 전달하여 1순환이 종료되었다. 소요의 정확도를 소수점 1자리, 즉, 불균형모멘트가 0.1보다 작을 때로 정하면, 1순환 결과 불균형모멘트가 $+3.68$이므로 순환을 계속한다. 2순환 결과 불균형모멘트가 $+0.15$이므로 순환을 계속해야 하지만 같은 방법이므로 3순환은 생략한다.

5) 부재단모멘트

$$M_{BA} \simeq 20.5\,\mathrm{t \cdot m} = -M_{BC}$$

$$M_{CB} \simeq 19.5\,\mathrm{t \cdot m} = -M_{CD}$$

$$M_{DC} = 4\,\mathrm{t \cdot m} = -M_{DE}$$

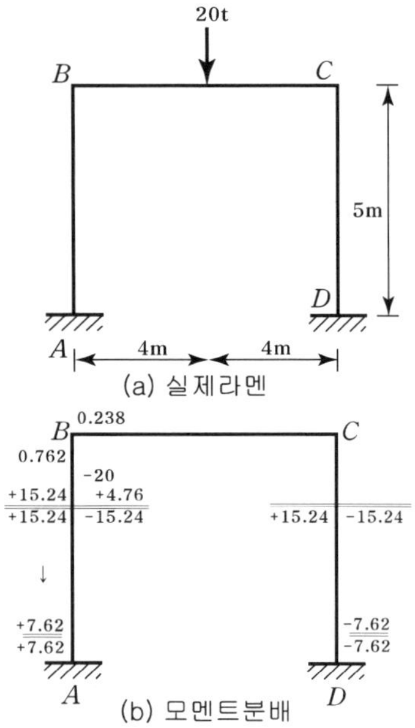

그림 11.61 예제 11.25

예제 11.25 그림 11.61의 라멘을 모멘트분배법으로 해석하여라. (단, EI는 일정)

풀이

대칭구조

1) 부재강도

$$K_{AB} = \frac{I}{5}, \quad K_{BC} = \frac{I}{8}, \quad K_{BC}^{R} = \frac{1}{2}K_{BC} = \frac{I}{16}$$

$$k_{AB} = 16, \quad k_{BC} = 5$$

2) 분배율

$$DF_{BA} = \frac{16}{16+5} = 0.762$$

$$DF_{BC} = 1 - 0.762 = 0.238$$

3) 고정단모멘트

$$FEM_{BC} = -\frac{Pl}{8} = -20\,\mathrm{t \cdot m} = -FEM_{CB}$$

4) 모멘트분배

부재 BC는 수정강도를 사용하여 1순환 후 종료되었다.

연습문제

1. 그림 11.62의 구조물에서 부재단모멘트를 M_{AO}, M_{BO}, M_{CO}를 구하여라.

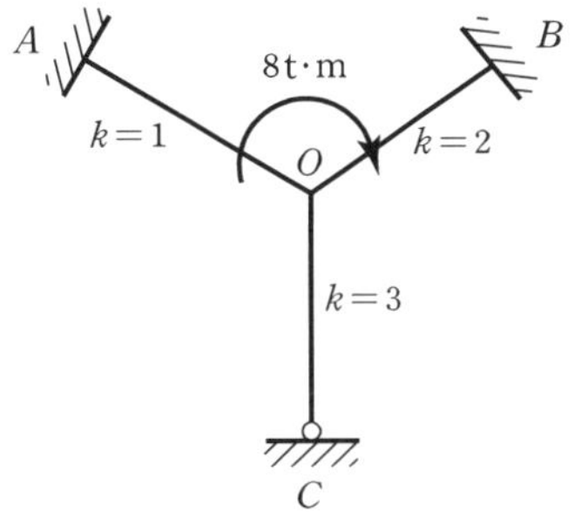

그림 11.62 연습문제 1

답 : $M_{AO} = 0.76$ t·m, $M_{BO} = 1.525$ t·m, $M_{CO} = 0$

2. 그림 11.63의 연속보를 모멘트분배법으로 해석하여라.

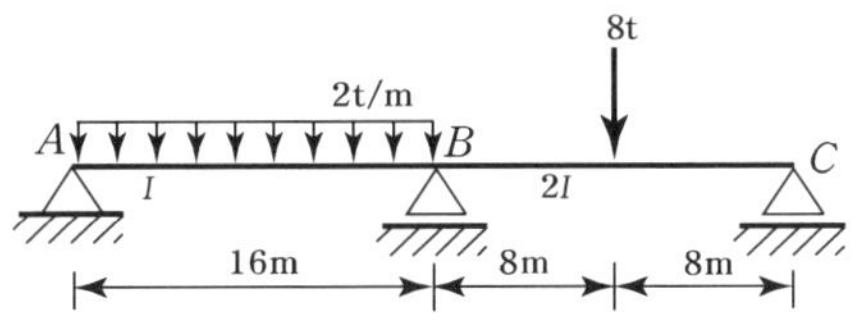

그림 11.63 연습문제 2

답 : $M_{BA} = 50.667$ t· m $= -M_{BC}$

3. 그림 11.64의 연속보를 모멘트분배법으로 해석하여라.

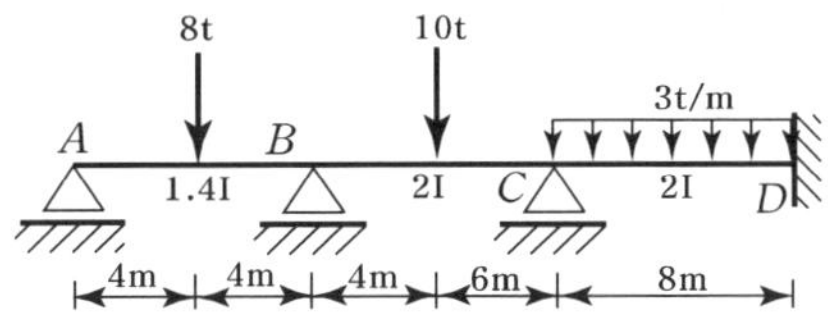

그림 11.64 연습문제 3

답 : $M_{DC} = -17.69$ t· m, $M_{CD} = -M_{CB} = 12.62$ t· m

$M_{BC} = M_{BA} = -12.42$ t· m

4. 그림 11.65의 라멘을 모멘트분배법으로 해석하여라.

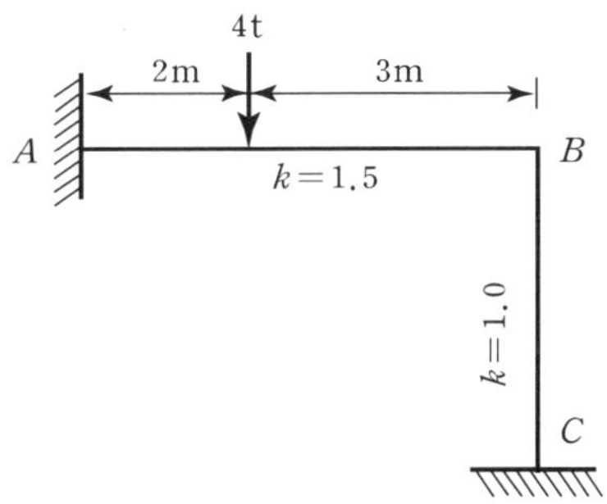

그림 11.65 연습문제 4

답 : $M_{AB} = -3.464$t·m, $M_{BA} = -0.77$t·m $= M_{BC}$, $M_{CB} = 0.39$t·m

SYMBOL TABLE

A	면적
a	가속도, 치수
b	단면의 폭, 치수
C	적분상수
c	중립축까지 거리, 치수
d	직경, 치수
DF_{ij}	ij부재의 분배율
e	기둥의 편심거리
e_x, e_y	x, y축 방향 단면의 핵 거리
E	수직탄성계수
F	힘
f	가상내력
F_{ij}	트러스 ij부재의 축력
FEM_{nf}	nf부재의 고정단모멘트
f_{ij}	가상력계의 트러스 ij부재의 축력
G	전단탄성계수
G_x, G_y	x, y축에 대한 단면 1차모멘트
g	중력가속도 (9.8 m/s^2)
H_i	i점의 수평반력
h	단면의 높이
I_x, I_y	x, y축에 대한 단면 2차모멘트
I_{xy}	단면 상승모멘트
I_P	단면 극2차모멘트(극관성모멘트)
K	체적탄성계수
K_{nf}	nf부재의 강도계수
k	절점 수
k_{nf}	nf부재의 강비
l	길이, 지간(경간)
M	외력(우력)모멘트
M_i	i점의 반력모멘트, 휨모멘트
M_{ab}	절대최대휨모멘트
$M_{i,\max}$	i점의 최대휨모멘트
M_i'	공액보에서 i점의 휨모멘트
M_{nf}	n단에서 f단 쪽의 휨모멘트
M_u	불균형모멘트
m	진량, 푸아송 수, 부재 수
m_i	가상력계의 i점의 휨모멘트
N	부정정차 수
N_e	외적부정정차 수
N_i	내적부정정차 수
n	탄성계수 비, 모드차수
P	집중하중, 축력
P_i	i점의 축력
P_b	좌굴하중
p	압력
Q	가상단위하중
R	합력, 반경, 반력
R_{nf}	nf부재의 회전각
r	원의 반경, 반력 수
r_x, r_y	x, y축에 대한 단면 2차 반경 (회전반경)
S_i	i점의 전단력
S_{ab}	절대최대전단력
$S_{i,\max}$	i점의 최대전단력
S_i'	공액보에서 i점의 전단력
s	안전율, 강절점 수
T	장력, 온도, 비틀림 모멘트(토오크)
t	두께

V_i	i점의 수직반력
V_{ab}	절대최대반력
$V_{i,\max}$	i점의 최대수직반력
V_i'	공액보에서 i점의 반력
W	무게, 일
W_E, W_I	외적 일, 내적 일
X_i	i점의 부정정력
x, y, z	직교좌표계, 거리
$\bar{x}$, $\bar{y}$, $\bar{z}$	도심좌표
x_i	i점의 수평변위
y_i	i점의 수직변위(처짐)
y_c, y_t	중립축에서 상·하연단까지 길이
Z_x, Z_y	x, y축에 대한 단면 계수
α	각, 열팽창계수
β	가로(축 직각방향)변형률, 각
β_{ij}	부재 ij의 회전각
γ	전단변형률
Δ	외적변형
Δ_i	i점의 지점침하
δ_x, δ_y, δ_z	x, y, z방향의 병진변위
ϵ	세로(축 방향)변형률
ϵ_x, ϵ_y, ϵ_z	x, y, z방향의 수직변형률
ϵ_V	체적변형률
θ	각, 단위 길이 당 비틀림 각
θ_i	i점의 회전변위(회전각)
θ_P	주응력면의 각
θ_s	최대전단 응력면의 각
ρ	곡률반경, 극좌표계의 거리, 밀도
ρ_i	i단의 절점각에 의한 모멘트
σ	수직응력
σ_a	허용응력
σ_b	좌굴응력
σ_p	비례한도 응력
σ_y	항복응력
σ_u	극한강도
σ_n	경사면의 수직응력
σ_1, σ_2	주응력
σ_c, σ_t	압축응력, 인장응력
σ_x, σ_y, σ_z	x, y, z축에 대한 수직응력
λ	세장비, 트러스의 격간장
ν	푸아송 비
τ	전단응력
τ_θ	경사면의 전단응력
$\tau_{\max}$	최대전단응력
τ_{xy}	xy평면(z축)에 대한 전단응력
ϕ	각, 비틀림 각
ϕ_i	i단의 부재각에 의한 모멘트
w	분포하중

INDEX

(ㅇ)

(ㅈ)

| 저자소개 |

민 인 기

- 한양대학교 토목공학과 졸업
- 한양대학교 토목공학과 공학박사
- 현) 우송정보대학 철도토목과 교수

쉽게 쓴 **응용역학**

1판 1쇄 발행 2018년 6월 30일
1판 3쇄 발행 2026년 2월 25일

지은이 민인기
발행인 서철종
발행처 도서출판 지우북스
주소 경기도 파주시 문발로 115 세종출판벤처타운 209호
전화 031-915-6670(代)
팩스 031-915-6671
이메일 jwbooks@nate.com
홈페이지 www.jwbooks.co.kr
출판등록 제406-251002017-000032호
ISBN 979-11-88673-20-9 93530

정가 24,000원